人工智能专业核心教材体系建设——建议使用时间

年级						
四年级上		人工智能核心	数理基础 专业基础	智能感知	人工智能系统、设计智能	人工智能实践
三年级下	理论计算机科学导引		计算机视觉导论		设计认知与设计智能	
三年级上		人工智能伦理与安全		自然语言处理导论		人工智能芯片与系统
二年级下	优化基本理论与方法	面向对象的程序设计	高级数据结构与算法分析		机器学习	
二年级上	概率论	数据结构基础		人工智能基础		认知神经科学导论
一年级下	数学分析 II	线性代数 II		高等数学理论基础		
一年级上	数学分析 I	线性代数 I		程序设计与算法基础		

面向新工科专业建设计算机系列教材

智能多媒体理论与实战

微课版

陈　锋　陈平平　郭恩特　郑明魁　吴丽君　编著

清華大学出版社

北京

内容简介

本书全面系统地介绍多媒体通信、多媒体处理技术及其最新的人工智能分析应用，以满足理论教学和实践应用的需要。本书共8章，分为理论篇（第1～5章）和实战篇（第6～8章），在详细介绍多媒体与人工智能的关系、嵌入式多媒体环境、多媒体编程等基本知识的基础上，着重介绍智能多媒体工程实践中相关的数字图像处理技术、图像与视频编码技术以及多媒体通信技术，并详细介绍多媒体开发中的开发框架、FFmpeg、OpenCV以及BMCV开发工具。本书采用北京算能科技有限公司的嵌入式人工智能开发平台进行实验开发，提供了智能多媒体的基础实验和综合实战内容讲解，并且配有完整的实验代码和讲解视频。

本书适合作为高等院校计算机科学与技术、数字媒体技术、网络工程和电子信息工程等专业高年级本科生、研究生的教材，同时可供对嵌入式人工智能比较熟悉并且对人工智能技术有所了解的多媒体开发人员和研究人员参考。

图书在版编目（CIP）数据

智能多媒体理论与实战：微课版/陈锋等编著. —北京：清华大学出版社，2023.12
面向新工科专业建设计算机系列教材
ISBN 978-7-302-65010-2

Ⅰ.①智… Ⅱ.①陈… Ⅲ.①多媒体技术－高等学校－教材 Ⅳ.①TP37

中国国家版本馆CIP数据核字（2023）第235445号

责任编辑：白立军 战晓雷
封面设计：刘 键
责任校对：刘惠林
责任印制：宋林

出版发行：清华大学出版社
网 址：https://www.tup.com.cn，https://www.wqxuetang.com
地 址：北京清华大学学研大厦A座 **邮 编**：100084
社 总 机：010-83470000 **邮 购**：010-62786544
投稿与读者服务：010-62776969，c-service@tup.tsinghua.edu.cn
质量反馈：010-62772015，zhiliang@tup.tsinghua.edu.cn
课件下载：https://www.tup.com.cn，010-83470236
印 装 者：三河市龙大印装有限公司
经 销：全国新华书店
开 本：185mm×260mm **印 张**：20.75 **插 页**：1 **字 数**：508千字
版 次：2023年12月第1版 **印 次**：2023年12月第1次印刷
定 价：69.00元

产品编号：099988-01

出版说明

一、系列教材背景

人类已经进入智能时代，云计算、大数据、物联网、人工智能、机器人、量子计算等是这个时代最重要的技术热点。为了适应和满足时代发展对人才培养的需要，2017 年 2 月以来，教育部积极推进新工科建设，先后形成了“复旦共识”“天大行动”和“北京指南”，并发布了《教育部高等教育司关于开展新工科研究与实践的通知》《教育部办公厅关于推荐新工科研究与实践项目的通知》，全力探索形成领跑全球工程教育的中国模式、中国经验，助力高等教育强国建设。新工科有两个内涵：一是新的工科专业；二是传统工科专业的新需求。新工科建设将促进一批新专业的发展，这批新专业有的是依托于现有计算机类专业派生、扩展而成的，有的是多个专业有机整合而成的。由计算机类专业派生、扩展形成的新工科专业有计算机科学与技术、软件工程、网络工程、物联网工程、信息管理与信息系统、数据科学与大数据技术等。由计算机类学科交叉融合形成的新工科专业有网络空间安全、人工智能、机器人工程、数字媒体技术、智能科学与技术等。

在新工科建设的“九个一批”中，明确提出“建设一批体现产业和技术最新发展的新课程”“建设一批产业急需的新兴工科专业”。新课程和新专业的持续建设，都需要以适应新工科教育的教材作为支撑。由于各个专业之间的课程相互交叉，但是又不能相互包含，所以在选题方向上，既考虑由计算机类专业派生、扩展形成的新工科专业的选题，又考虑由计算机类专业交叉融合形成的新工科专业的选题，特别是网络空间安全专业、智能科学与技术专业的选题。基于此，清华大学出版社计划出版“面向新工科专业建设计算机系列教材”。

二、教材定位

教材使用对象为“211 工程”高校或同等水平及以上高校计算机类专业及相关专业学生。

三、教材编写原则

(1) 借鉴 *Computer Science Curricula* 2013(以下简称 CS2013)。CS2013

的核心知识领域包括算法与复杂度、体系结构与组织、计算科学、离散结构、图形学与可视化、人机交互、信息保障与安全、信息管理、智能系统、网络与通信、操作系统、基于平台的开发、并行与分布式计算、程序设计语言、软件开发基础、软件工程、系统基础、社会问题与专业实践等内容。

(2) 处理好理论与技能培养的关系,注重理论与实践相结合,加强对学生思维方式的训练和计算思维的培养。计算机专业学生能力的培养特别强调理论学习、计算思维培养和实践训练。本系列教材以“重视理论,加强计算思维培养,突出案例和实践应用”为主要目标。

(3) 为便于教学,在纸质教材的基础上,融合多种形式的教学辅助材料。每本教材可以有主教材、教师用书、习题解答、实验指导等。特别是在数字资源建设方面,可以结合当前出版融合的趋势,做好立体化教材建设,可考虑加上微课、微视频、二维码、MOOC 等扩展资源。

四、教材特点

1. 满足新工科专业建设的需要

系列教材涵盖计算机科学与技术、软件工程、物联网工程、数据科学与大数据技术、网络空间安全、人工智能等专业的课程。

2. 案例体现传统工科专业的新需求

编写时,以案例驱动,任务引导,特别是有一些新应用场景的案例。

3. 循序渐进,内容全面

讲解基础知识和实用案例时,由简单到复杂,循序渐进,系统讲解。

4. 资源丰富,立体化建设

除了教学课件外,还可以提供教学大纲、教学计划、微视频等扩展资源,以方便教学。

五、优先出版

1. 精品课程配套教材

主要包括国家级或省级的精品课程和精品资源共享课程的配套教材。

2. 传统优秀改版教材

对于已经出版、得到市场认可的优秀教材,由于新技术的发展,计划给图书配上新的教学形式、教学资源的改版教材。

3. 前沿技术与热点教材

反映计算机前沿和当前热点的相关教材,例如云计算、大数据、人工智能、物联网、网络空间安全等方面的教材。

六、联系方式

联系人：白立军

联系电话：010-83470179

联系和投稿邮箱：bailj@tup.tsinghua.edu.cn

面向新工科专业建设计算机系列教材编委会

2019 年 6 月

面向新工科专业建设计算机系列教材编委会

FOREWORD

前言

习近平总书记在党的二十大报告中指出：教育、科技、人才是全面建设社会主义现代化国家的基础性、战略性支撑。必须坚持科技是第一生产力、人才是第一资源、创新是第一动力，深入实施科教兴国战略、人才强国战略、创新驱动发展战略，这三大战略共同服务于创新型国家的建设。报告同时强调：推动战略性新兴产业融合集群发展，构建新一代信息技术、人工智能、生物技术、新能源、新材料、高端装备、绿色环保等一批新的增长引擎。

当前，人工智能日益成为引领新一轮科技革命和产业变革的核心技术，在制造、金融、教育、医疗和交通等领域的应用场景不断落地，极大地改变了既有的生产生活方式。多媒体视频传输与人工智能是当下飞速发展的现代科学技术，是信息技术的重要发展方向之一，也是推动计算机新技术发展的强大动力。随着计算机软硬件水平的迅速发展，视频传输与人工智能分析是很多行业应用不可分割的两个环节，在各行各业中发挥着重要作用。在计算机、广播电视、工业和教育等行业，都需要分析和处理各种视频图像信息。

关于多媒体信息的处理及应用方法等，目前国内外已有不少相关的专著和教材出版，但是绝大多数限于介绍视频图像的基本原理和处理技术，而关于多媒体数据采集、通信传输网络和后端人工智能分析的开发整体架构的介绍与讨论很少。因此，基于编者团队以及北京算能科技有限公司（简称算能公司）的理论研究和实际项目开发经验，本书全面系统地介绍多媒体通信、多媒体处理技术及其最新的人工智能分析应用，以满足理论教学和实践应用的需要。

本书共分为两篇。第1～5章为理论篇，着重介绍智能多媒体的前置基础、数字图像处理技术、图像与视频编码技术和智能多媒体通信技术以及嵌入式人工智能多媒体开发架构。第6～8章为实战篇，分为基础实验（第6章）和综合实战（第7、8章）两部分。其中，基础实验部分主要介绍智能多媒体的基础实验如开发环境搭建、图像处理和视频编码相关的基础实验；综合实战部分通过两个综合的实践案例介绍智能多媒体前端视频解码、前处理、人工智能检测识别、后处理、结果推流、播放等完整的过程。

本书结构安排合理，语言通俗易懂，讲述细致，内容丰富，选用典型实例，注重基本技术和基本方法的介绍，具有很强的可操作性。实战篇将操作方法和实际训练相结合，着重提高读者的动手能力，具有很强的实用性。

本书适合作为与多媒体制作密切相关的计算机科学与技术、数字媒体技术、网络工程和电子信息工程等专业本科学生相关课程的教材或参考资料，也可以作为多媒体开发方向的研究生系统学习的参考书。

本书在编写过程中得到了算能公司的大力支持，算能公司提供了嵌入式 SE5 开发平台、全套的学习和开发资料以及实验例程编写的指导。本书第 1 章、第 4 章、第 5 章、第 6 章由陈锋、陈平平编写，第 2 章由吴丽君编写，第 3 章由郑明魁编写，第 7 章和第 8 章由郭恩特、陈锋编写。同时还要感谢周简心、迟翔、许金源、黄发仁、余超群、宋道斌、高廷金、林灿辉等同学的帮助。

编　者

2023 年 7 月 16 日于福州

CONTENTS

目录

理 论 篇

第1章 前置基础 ………………………………………… 3

1.1 智能多媒体概述 ………………………………………… 3

1.1.1 多媒体概述 ………………………………………… 3

1.1.2 多媒体与人工智能 ………………………………………… 5

1.1.3 智能多媒体关键技术与指标 ………………………………………… 7

1.2 嵌入式开发基础 ………………………………………… 9

1.2.1 边缘计算 ………………………………………… 9

1.2.2 嵌入式人工智能开发概述 ………………………………………… 14

1.2.3 Linux 开发必备基础 ………………………………………… 16

1.2.4 Docker 开发简介 ………………………………………… 21

1.3 多媒体编程基础 ………………………………………… 23

1.3.1 视频文件读写 ………………………………………… 23

1.3.2 多线程 ………………………………………… 26

1.3.3 同步互斥锁 ………………………………………… 28

1.3.4 套接字 ………………………………………… 30

1.4 本章小结 ………………………………………… 35

习题 ………………………………………… 36

第2章 数字图像处理技术 ………………………………………… 37

2.1 基础知识 ………………………………………… 37

2.1.1 像素 ………………………………………… 37

2.1.2 分辨率 ………………………………………… 38

2.1.3 位深 ………………………………………… 39

2.1.4 帧率 ………………………………………… 40

2.1.5 码率 ………………………………………… 41

2.1.6 PSNR ………………………………………… 42

2.2 彩色图像及图像存储 …… 43
2.2.1 色彩空间模型 …… 43
2.2.2 图像存储格式 …… 47
2.3 图像预处理技术 …… 48
2.3.1 灰度变换 …… 49
2.3.2 灰度直方图变换 …… 52
2.4 边缘检测 …… 57
2.4.1 边缘检测基本概念 …… 57
2.4.2 噪声影响下的边缘检测 …… 58
2.4.3 Sobel 算子 …… 59
2.4.4 Canny 算子 …… 60
2.5 本章小结 …… 63
习题 …… 64
第3章 图像与视频编码技术 …… 65
3.1 图像与视频编码基础 …… 65
3.1.1 图像与视频编码原理概述 …… 65
3.1.2 视频编码框架与基本概念 …… 69
3.1.3 视频编码标准发展历程 …… 72
3.2 JPEG 静止图像编码标准 …… 75
3.2.1 JPEG 编码标准 …… 75
3.2.2 JPEG 工作模式 …… 77
3.2.3 JPEG 编码实现与算能平台 …… 78
3.3 H.264 视频编码标准 …… 78
3.3.1 H.264 编码标准概述 …… 78
3.3.2 H.264 编码方法 …… 79
3.3.3 H.264 的传输与存储 …… 84
3.3.4 H.264 开源编码器 …… 87
3.4 H.265 视频编码标准 …… 89
3.4.1 H.265 编码标准概述 …… 89
3.4.2 H.265 编码方法 …… 93
3.4.3 H.265 的码率控制算法 …… 96
3.4.4 H.265 开源编码器 …… 97
3.5 感兴趣区域编码原理 …… 99
3.6 码流分析工具简介 …… 100
3.6.1 码流分析概述 …… 100
3.6.2 常用码流分析工具 …… 100
3.7 本章小结 …… 104
习题 …… 105

第 4 章 智能多媒体通信技术 …… 106

4.1 多媒体通信基础 …… 106

4.1.1 数字视频接口 …… 106

4.1.2 IP 通信新技术 …… 109

4.1.3 无线多媒体通信技术 …… 112

4.2 TCP 与 UDP …… 119

4.2.1 TCP/IP …… 119

4.2.2 UDP …… 121

4.2.3 TCP …… 122

4.2.4 为什么流媒体通信常用 UDP …… 125

4.3 RTP 与 RTCP …… 126

4.3.1 RTP 简介 …… 126

4.3.2 RTP 的工作机制 …… 126

4.3.3 RTP 数据包解析 …… 127

4.4 RTSP …… 128

4.4.1 RTSP 简介 …… 128

4.4.2 RTSP 的工作机制 …… 130

4.5 RTMP …… 131

4.5.1 RTMP 简介 …… 131

4.5.2 RTMP 的工作机制 …… 131

4.6 GB28181 协议 …… 133

4.6.1 GB28181 协议简介 …… 133

4.6.2 GB28181 的工作机制 …… 134

4.7 本章小结 …… 136

习题 …… 137

第 5 章 嵌入式人工智能多媒体开发架构 …… 138

5.1 概述 …… 138

5.1.1 开发架构 …… 139

5.1.2 硬件加速 …… 140

5.1.3 工作模式 …… 141

5.1.4 设备内存 …… 141

5.1.5 内存同步的时机 …… 142

5.1.6 手动内存同步的原因 …… 143

5.1.7 内存同步示例 …… 143

5.2 FFmpeg …… 146

5.2.1 FFmpeg 概述 …… 146

5.2.2 BM_FFmpeg …… 147

5.3 OpenCV …… 152
5.3.1 OpenCV 简介 …… 152
5.3.2 BM_OpenCV 简介 …… 153
5.4 BMCV …… 156
5.4.1 BMCV 简介 …… 156
5.4.2 BMCV 数据结构 …… 157
5.4.3 BMCV 设备内存管理 …… 161
5.4.4 BMCV API …… 162
5.5 本章小结 …… 167
习题 …… 167

实 战 篇

第6章 基础实验 …… 171
6.1 开发环境搭建 …… 171
6.1.1 开发主机准备 …… 171
6.1.2 下载 SDK 软件包 …… 172
6.1.3 创建 Docker 开发环境 …… 173
6.1.4 编写"Hello,World!"程序 …… 174
6.1.5 硬件部署 …… 176
6.1.6 程序上传与执行 …… 176
6.2 云平台开发环境 …… 178
6.2.1 云平台申请 …… 178
6.2.2 云平台使用 …… 178
6.3 多媒体开发基础编程实验 …… 181
6.3.1 实验原理和流程 …… 181
6.3.2 关键代码解析 …… 183
6.4 边缘检测 …… 186
6.4.1 BMCV 关键函数解析 …… 186
6.4.2 BMCV 检测结果 …… 194
6.4.3 OpenCV 关键函数解析 …… 195
6.4.4 硬件加速性能对比 …… 196
6.5 图像裁剪及尺寸变换 …… 197
6.5.1 bmcv_image_crop()函数 …… 197
6.5.2 bmcv_image_resize()函数 …… 198
6.5.3 bmcv_image_draw_rectangle()函数 …… 200
6.5.4 OpenCV 函数介绍 …… 201
6.5.5 执行结果 …… 202

6.6 图像加权融合 …… 204
6.6.1 bmcv_image_add_weighted()函数 …… 205
6.6.2 OpenCV 下的图像加权融合方法 …… 205
6.6.3 执行结果 …… 206
6.7 图像灰度直方图 …… 208
6.7.1 bmcv_calc_hist()函数 …… 208
6.7.2 OpenCV 的 calcHist()函数 …… 209
6.7.3 画直方图 …… 210
6.7.4 执行结果 …… 210
6.8 FFmpeg 视频编码 …… 211
6.8.1 实验原理简介 …… 211
6.8.2 编码实验过程 …… 219
6.8.3 使用 ffprobe 分析码流 …… 219
6.8.4 使用 VLC 播放视频 …… 222
6.8.5 使用 Elecard StreamEye 分析码流 …… 222
6.9 ROI 视频编码 …… 223
6.9.1 实验原理简介 …… 224
6.9.2 关键核心代码讲解 …… 224
6.9.3 实验过程 …… 227
6.9.4 Elecard StreamEye 分析 …… 228
6.10 FFmpeg 视频解码 …… 229
6.10.1 实验原理简介 …… 230
6.10.2 FFmpeg 解码关键函数 …… 230
6.10.3 实验过程 …… 238
6.11 OpenCV 视频解码 …… 240
6.11.1 实验原理简介 …… 241
6.11.2 实验过程 …… 241
6.12 JPEG 图像编解码 …… 242
6.12.1 实验原理简介 …… 242
6.12.2 实验过程 …… 242
6.12.3 执行与测试 …… 244
6.13 RTSP 拉流＋RTMP 推流 …… 245
6.13.1 实验步骤 …… 245
6.13.2 主线程 …… 245
6.13.3 写线程 …… 247
6.13.4 Windows 下 nginx 的安装与 RTMP 推流 …… 247
6.13.5 Wireshark 安装与使用 …… 250

第7章　嵌入式智能车载终端实战 …… 254

7.1　项目背景 …… 255
7.2　项目需求 …… 255
7.2.1　需求概述 …… 255
7.2.2　功能需求 …… 256
7.3　相关理论 …… 257
7.3.1　目标检测 …… 257
7.3.2　多目标跟踪 …… 258
7.3.3　车道线检测 …… 259
7.3.4　单目测距 …… 260
7.4　总体设计 …… 261
7.4.1　总体架构设计 …… 261
7.4.2　功能模块 …… 262
7.4.3　技术架构 …… 263
7.4.4　开发环境 …… 263
7.5　项目实战 …… 263
7.5.1　环境搭建与数据准备 …… 263
7.5.2　程序框架 …… 271
7.5.3　目标检测 …… 271
7.5.4　多目标跟踪 …… 277
7.5.5　车道线检测 …… 279
7.5.6　测距 …… 280
7.5.7　本地界面播放 …… 281
7.6　部署与测试 …… 283
7.6.1　编译与部署 …… 283
7.6.2　测试结果 …… 287

第8章　基于无人机的建筑图像识别实战 …… 289

8.1　项目背景 …… 289
8.2　项目需求 …… 290
8.2.1　需求概述 …… 290
8.2.2　功能需求 …… 291
8.3　相关理论 …… 291
8.4　总体设计 …… 293
8.4.1　总体架构设计 …… 293
8.4.2　功能模块 …… 294
8.4.3　技术架构 …… 294
8.4.4　开发环境 …… 294

8.5 项目实战 …… 295
8.5.1 环境搭建 …… 295
8.5.2 模型与数据 …… 297
8.5.3 目标检测 …… 301
8.5.4 ROI 编码 …… 305
8.5.5 推流和视频切片 …… 306
8.6 部署与测试 …… 308
8.6.1 编译 …… 308
8.6.2 运行程序与测试结果 …… 309
参考文献 …… 314

理　论　篇

第1章

前置基础

本章视频资料

本章学习目标

- 了解多媒体与人工智能的关系。
- 了解智能多媒体的关键技术与指标。
- 掌握嵌入式人工智能的开发要点、Linux 与 Docker 开发基础。
- 熟练掌握智能多媒体编程中的视频文件读写、多线程、同步、套接字等的基础知识。

本章首先介绍多媒体与人工智能的关系以及智能多媒体关键技术与指标，其次介绍嵌入式人工智能开发要点以及 Linux、Docker 开发基础，最后介绍智能多媒体编程中的文件读写、多线程、同步、套接字等的基础知识。

1.1 智能多媒体概述

本书所探讨的智能多媒体包括“智能”和“多媒体”两部分。多媒体并不是一个新词，它早在 20 世纪 90 年代就已经兴起。今天人工智能技术快速发展，已经与各个行业深度融合。人工智能技术到底和多媒体有什么关系呢？本节将围绕这个问题进行介绍。

1.1.1 多媒体概述

人们对多媒体并不陌生。根据国际电信联盟(International Telecommunication Union，ITU)电信标准部 1993 年推出的 ITU-T I.374 建议的定义，可以将媒体划分为如下 5 类。

(1) 感觉媒体。指能够直接刺激人的感觉器官，使人产生直观感觉的各种媒体。

(2) 展示媒体。指感觉媒体与电磁信号之间的转换媒体，包括输入显示媒体和输出显示媒体。

(3) 表现媒体。对感觉媒体的抽象描述形成表现媒体，例如声音编码、图像编码。通过表现媒体，感觉媒体转换成能够利用计算机进行处理、保存、传输的信息载体形式。

(4) 存储媒体。指媒体数据的物理存储设备。

(5) 传输媒体。指传输表现媒体的物理介质,例如电缆、光缆、电磁波等。

ITU-T I.374 建议将感觉媒体传播存储的各种形式都定义成媒体。

多媒体信息的传递流程如图 1.1 所示。

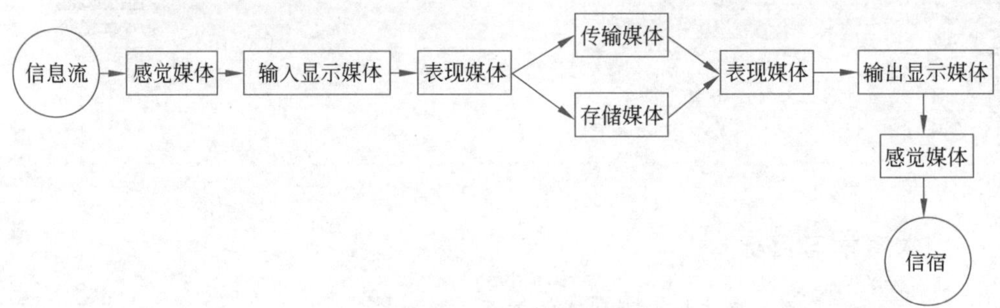

图 1.1 多媒体信息的传递流程

可见,传统多媒体的官方标准定义涵盖的范围非常广。从多媒体信息的前端感知到最终的表示输出,传统多媒体的定义包括多媒体信息传递的整个过程。

实际上,人们通常所说的多媒体(multimedia)可以通俗地理解为 multi 和 media 的组合,即多种媒体的综合。如图 1.2 所示,多媒体一般包括文本、声音、图像和视频等多种媒体形式。

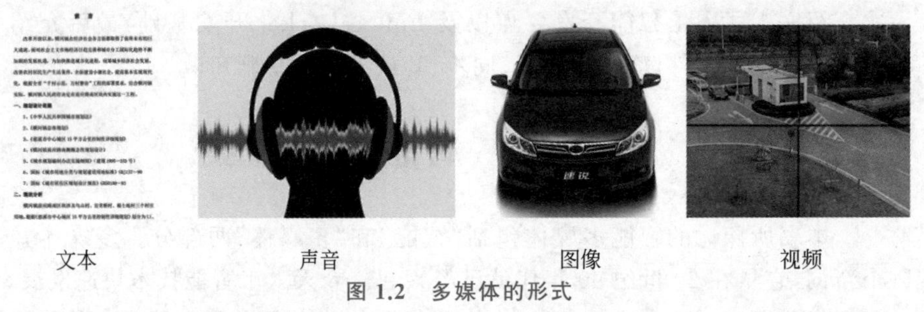

图 1.2 多媒体的形式

近几年,多媒体技术快速发展,涌现了大量新兴的多媒体应用和服务,在多媒体的质量、表现形式、通信方式上都有了飞速发展,出现了 4K 超高清、虚拟现实(VR)、全息、5G 直播等产品和应用,如图 1.3 所示。

这些新兴的多媒体产品和服务在市场中也得到了快速发展:

(1) 以短视频为例,2016 年起短视频用户规模快速增长。根据中国互联网络信息中心(CNNIC)第 51 次报告的数据显示,截至 2022 年 12 月,短视频用户规模首次突破 10 亿,用户使用率高达 94.8%。各家短视频平台财报数据显示,抖音、快手月活用户数量均超过 6 亿,视频号月活达到 8 亿以上。

(2) 超高清视频市场规模从 2017 年的 0.72 万亿元增长到 2022 年年底的 3 万亿元以上,8K 超高清摄像机、8K 监视器、8K 图像传感器、光学镜头等取得了突破并实现产业化应用。

(3) 2022 年,中国 VR/AR 设备市场销量首次突破 100 万台,达到 120 万台,实现了翻倍增长。

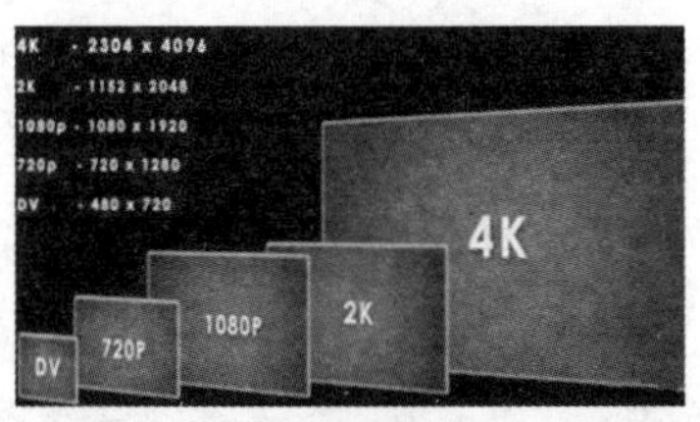

4K超高清

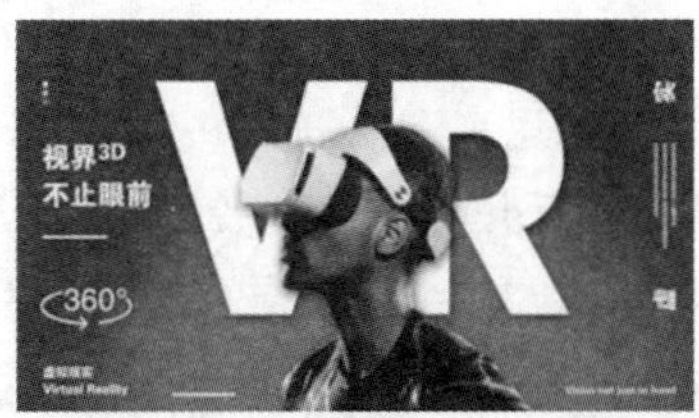

虚拟现实

全息

5G直播

图 1.3　新兴的多媒体应用和服务

众所周知，安防监控的核心就是以视频为主的基于 IP 网络的多媒体信息。可以说，视频监控是近几年多媒体应用的重要领域。随着安防系统的发展，视频监控系统经历了从第一代百分之百的模拟系统（VCR），到第二代部分数字化的系统（DVR），再到第三代完全数字化的系统（网络摄像机和视频服务器）3 个阶段的发展演变。全球视频监控设备市场规模已经由 2017 年的 168 亿美元增长至 2021 年的 220 亿美元，复合年均增长率为 6.97%。在我国，2016 年视频监控设备市场规模约 673.48 亿元，到 2022 年视频监控市场规模达 3000 亿元。在视频监控多媒体应用领域，主要涉及前端的摄像头和后端的视频存储设备，如图 1.4 所示。

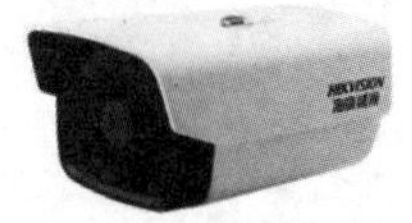

摄像头

视频存储设备

图 1.4　摄像头和视频存储设备

摄像头的功能包括视频采集、编码和传输。目前市面的摄像头采集帧率通常是 25 帧/秒；分辨率通常是 200 万像素，即 1080P 画质；通常支持 H.264 和 H.265 编码，采集的图像经过编码压缩后，再通过 RJ45 以太网接口进行传输。NVR 全称 Network Video Recorder，即网络视频录像机，是网络视频监控系统的存储转发部分，NVR 与视频编码器或网络摄像机协同工作，完成视频的录像、存储及转发功能。NVR 作为视频存储设备可以实现对视频的存储和显示播放功能。

1.1.2　多媒体与人工智能

由于在深度学习领域所取得的重大突破，人工智能近年来得到了迅猛发展。其实早在 20 世纪 50 年代，人工智能就正式成为一门学科[1]，但其发展速度一直很缓慢。甚至在 20 世纪 70 年代初，由于计算机有限的内存和处理速度不足以解决任何实际的人工智能问题，人工智能技术的发展遇到了瓶颈。近几年，随着深度学习技术的发展以及计算机处理能力的提升，尤其是其在多媒体领域处理能力的提升，使人工智能技术迎来了一次新的发展浪潮。

人工智能即利用深度学习技术、图像处理技术、自然语言处理技术等实现类似人的思维能力(如学习、推理、思考和规划等)。20 世纪 70 年代以来,人工智能被称为世界三大尖端技术之一。人工智能在近几年迅猛发展,在很多学科领域获得了广泛的应用,并取得了丰硕的成果。人工智能技术在智慧交通、智慧社区、自然语言处理等场景中快速落地应用,如图 1.5 所示。

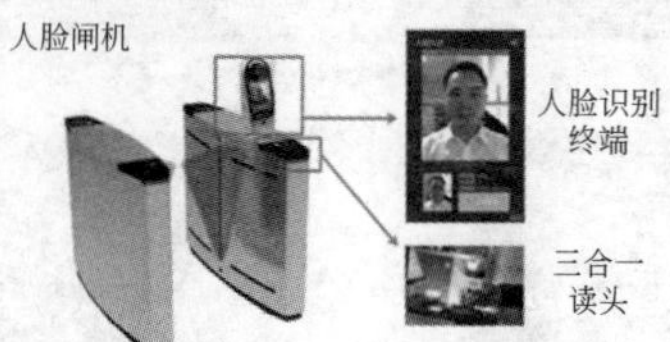

图 1.5 人工智能应用场景

人工智能的核心技术主要包括深度学习技术和多媒体技术。深度学习技术基于神经网络架构,是机器学习的一个子集。它模仿人类获取知识的方式,通过不断地训练学习掌握事物的规律。人工智能的基础是多媒体技术,例如图像处理与识别、音频处理与语言识别,通过对图像、音频的智能分析和处理,实现对多媒体语义信息的理解。

如图 1.6 所示,人工智能的基础是深度学习技术和多媒体技术。深度学习技术是机器学习领域中的一个新的研究方向,是人工智能技术发展的关键。深度学习技术以数据为基础,通过大量的数据训练,进而实现智能理解除训练数据以外的其他数据,这些数据主要是以语音、视频为主的多媒体数据。目前人工智能技术应用最广泛的是基于图像、视频的检测、识别。

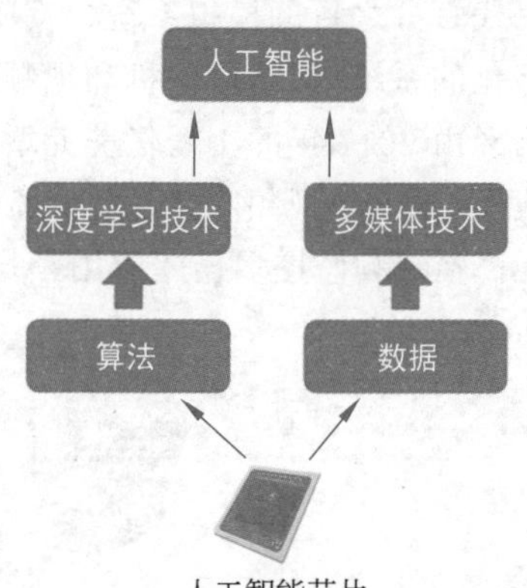

图 1.6 人工智能以深度学习技术和多媒体技术为基础

人工智能芯片作为人工智能系统硬件的核心,其首要能力是提供算力支持,以运行机器学习、深度学习等高复杂度算法。另外,它还要为深度学习提供数据处理能力,包括视频解码能力、图像基础处理能力。因此,对于一款人工智能芯片来说,它的性能指标除了算力外,还包括媒体数据处理能力,如视频解码能力和图像基础处理能力,因为这两个处理也是非常耗资源的。

以算能公司的 BM1684 芯片为例,如图 1.7 所示。作为一款深度学习专用处理器,BM1684 芯片聚焦于云端及边缘应用的人工智能推理。该款芯片的 FP32 精度算力达到 2.2 TFLOPS,INT8 算力可高达 17.6TOPS,并集成高清解码和编码算法,能够支持 32 路高清硬解码功能,也就是可以同时支持对 32 路高清视频流进行解码处理,表现出优秀的媒体处理能力。除此之外,BM1684 芯片还提供了 BMCV 接口,帮助用户通过人工智能芯片实现色彩空间转换、尺度变换、仿射变换、透射变换、线性变换、画框、JPEG 编解码、Base64 编解码、NMS、排序、特征匹配等操作。

再以瑞芯微公司的 Rockchip RK3588 芯片为例,如图 1.8 所示。Rockchip RK3588 是瑞芯微公司的新一代旗舰片上系统,内置高达 6TOPS 算力的人工智能加速器 NPU,面向人工智能和物联网场景。在多媒体处理方面,该芯片支持 8K@60fps H.265/VP9 视频解码和 8K@30fps H.265/H.264 视频编码,支持同编同解,最高可实现 32 路 1080P@30fps 解码和 16 路 1080P@30fps 编码,可见其媒体处理能力同样优秀。

图 1.7　算能公司的 BM1684 芯片

图 1.8　瑞芯微公司的 Rockchip RK3588 芯片

1.1.3　智能多媒体关键技术与指标

人工智能芯片中的智能多媒体关键技术主要包括视频编解码技术、图像处理技术和媒体通信技术。

1. 视频编解码技术

如上所述，人工智能芯片的首要能力就是将视频解码后获得视频帧图像，进而才可以通过人工智能算法对视频图像进行处理。视频编解码技术对视频信号进行相应的预处理，能对视频信号进行格式转换，包括对视频信号进行的采样、编码和解码过程。

衡量视频编解码能力的关键指标是解码路数、帧率和分辨率。

在应用场景中，人工智能处理的数据主要来源于视频，例如监控视频。监控视频通常以数据压缩的形式输入人工智能模块，例如 H.264、H.265 视频压缩。在进行人工智能数据分析前，需要进行解码操作才可以获取视频图像。图 1.9 所示为采用算能公司的 SE5 盒子对摄像头采集到的视频进行编解码处理。SE5 盒子是一款高性能、低功耗的边缘计算产品，搭载算能公司自主研发的第三代 TPU 芯片 BM1684，INT8 算力高达 17.6TOPS，可同时处理 16 路高清视频，支持 38 路 1080P 高清视频硬件解码与 2 路编码。其中，视频解码能力为 1080P @960fps，视频编码能力为 1080P @50fps，图片编解码能力为 1080P 480 幅/秒。

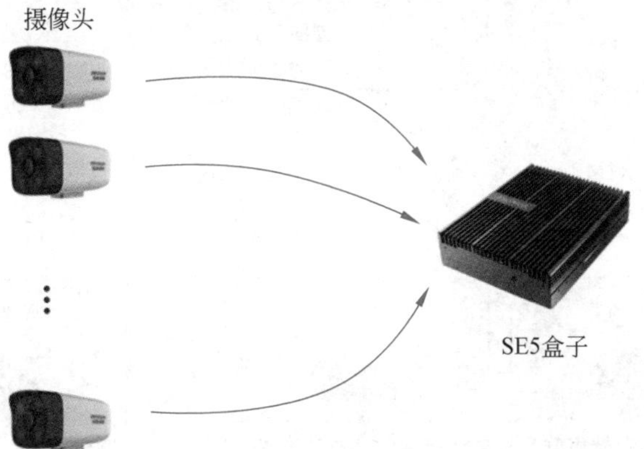

图 1.9　人工智能视频采集和编解码

帧率即每秒多少帧。普通监控的帧率一般为 25 帧/秒或 30 帧/秒；对于工业、交通等场景，由于运动速度快，通常要求帧率较高，才能捕获运动图像，如图 1.10 所示。因此，对于要求低延迟的场景和运动速度快的场景适合采用高帧率摄像头。对应的人工智能芯片媒体处理能力要达到实时的要求,也需要有相应的性能支持。

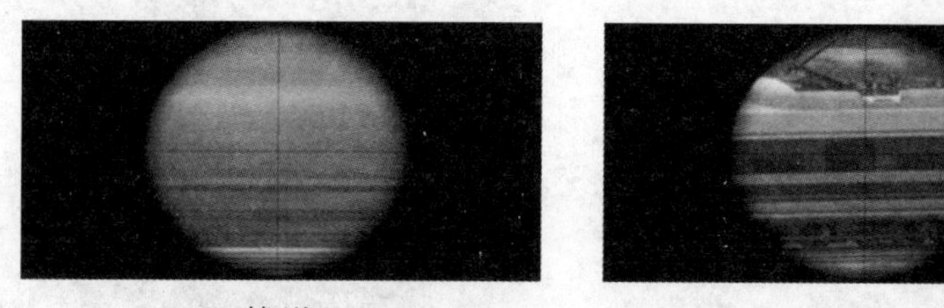

图 1.10 帧率

分辨率体现视频质量,全高清即 1080P。

2. 图像处理技术

如前所述,对于人工智能芯片来说,媒体处理能力除了编解码能力,通常还包括图像处理能力。也就是说,人工智能芯片要提供图像处理硬件加速接口,以避免在 CPU 上进行传统的高复杂度图像处理。评估图像处理能力的关键指标在于图像处理接口的功能(例如色彩空间转换、尺度变换、图像缩放、Base64 编码、特征匹配、图像加权、边缘检测等)丰富程度和硬件加速能力。

以算能公司的 BM1684 芯片为例,其图像处理接口 BMCV 提供了一套基于 Sophon 人工智能芯片优化的机器视觉库,利用 BM1684 芯片的 TPU 和 VPP 模块,可以完成色彩空间转换、尺度变换、仿射变换、透射变换、线性变换、画框、JPEG 编解码、Base64 编解码、NMS、排序、特征匹配、边缘检测等操作。其边缘检测功能还支持 Canny 算子和 Sobel 算子。

3. 媒体通信技术

除了视频编解码技术和图像处理技术,第三个关键技术是媒体通信技术,它在智能多媒体应用场景中起着至关重要的作用。如图 1.11 所示,当摄像头采集到视频流信息后,将通过 RTSP(Real-Time Streaming Protocol,实时流协议)推流至边缘节点。边缘节点对采集

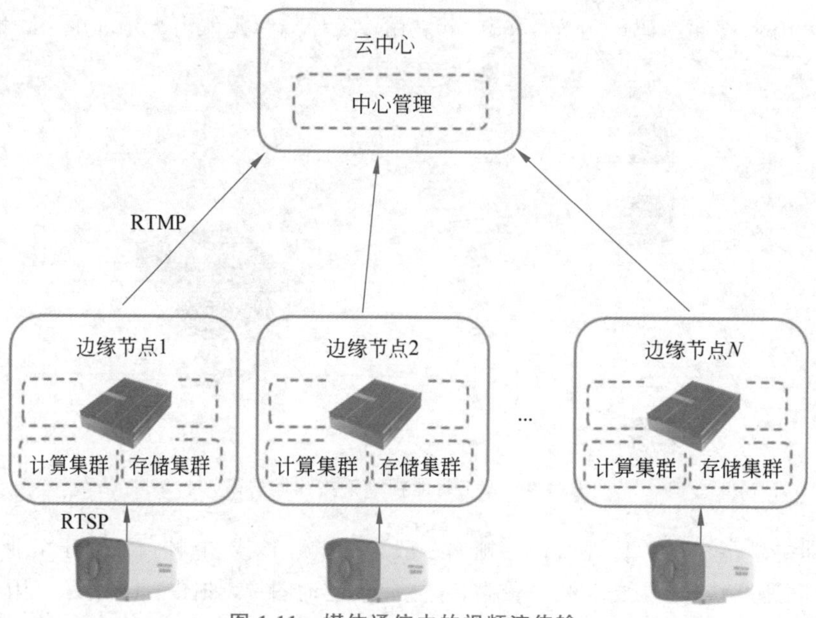

图 1.11 媒体通信中的视频流传输

到的视频流进行相应的人工智能操作，将数据信息通过 RTMP（Real-Time Messaging Protocol，实时消息传输协议）传输到云中心服务器进行管理，媒体通信技术的关键指标是延时和协议支持。

1.2　嵌入式开发基础

人工智能正在以前所未有的速度深刻改变人类社会生活，改变世界。人工智能技术可以在参数调优、应用识别、安全、故障诊断等多方面创造价值。人工智能的三个核心要素是算法、算力和数据。如果将海量的样本数据统一集中到云端设备处理，将严重影响设备的正常运行，对算力资源和通信资源提出更高的挑战；如果所有的处理都放在云中心，很难满足边缘智能设备大规模增长的需要。

近几年来，随着边缘人工智能技术的飞速发展，边缘计算和人工智能、物联网（IoT）的结合产品相继出现在市场上。传统的边缘设备部署采取的是远程云处理的方式，该方式会增加成本以及降低处理效率。因此，直接在设备这一侧进行人工智能处理或物联网处理的产品将会越来越多。可以在云端进行人工智能训练后，将模型部署在边缘进行推理。智能多媒体未来将朝着边缘人工智能方向发展。

边缘人工智能会向着更加智能、更加灵活、更加安全和更易部署的方向发展。边缘人工智能可以不依赖于设备端和云端的通路，在网络环境不稳定甚至断网的情况下也可以正常工作。这就能够打破物理空间对人工智能应用的限制，无论是在偏远的无人区，还是在比较封闭的基地，或者是在高空的监控中心，都可以随时检测设备的运行情况。

对于边缘设备来说，不同的行业应用会有不同的通信协议和传感器接入规范，这就对应用的部署、软件的框架、硬件平台的移植以及设备的管理提出了很高的要求。

边缘人工智能的核心是在嵌入式开发平台上实现更强大的人工智能功能。

1.2.1　边缘计算

边缘人工智能发源于边缘计算。相对于传统的集中式通用计算而言，边缘计算是指将工作负载部署在设备边缘的一种计算方式。最近几年，由于 5G、物联网等业务和场景发展越来越快，智能终端设备越来越多，造成边缘计算业务越来越下沉，边缘计算也随之兴起。边缘计算有助于降低系统的处理负载，解决数据传输的延迟问题。这样的处理是在传感器附近或设备产生数据的位置进行的，因此称为边缘计算。

边缘计算框架如图 1.12 所示。

边缘计算系统主要由以下 3 个模块组成，如图 1.13 所示。

（1）模型模块。也可称为算法模块，集成了多种智能算法。模型模块管理多个模型文件，每个文件中会包含一个或多个模型，不同的模型对应不同的智能算法。用户可以通过加载、删除模型文件对嵌入式人工智能系统使用的智能算法进行管理。

（2）数据模块。具有数据获取、数据预处理的能力，管理设备上所有人工智能功能需要的数据。

（3）算力模块。基于模型模块的算法和数据模块的数据进行推理，推理结果会发送给设备支持的人工智能功能，这些功能会对推理结果进行分析并形成具体配置下发到设备。

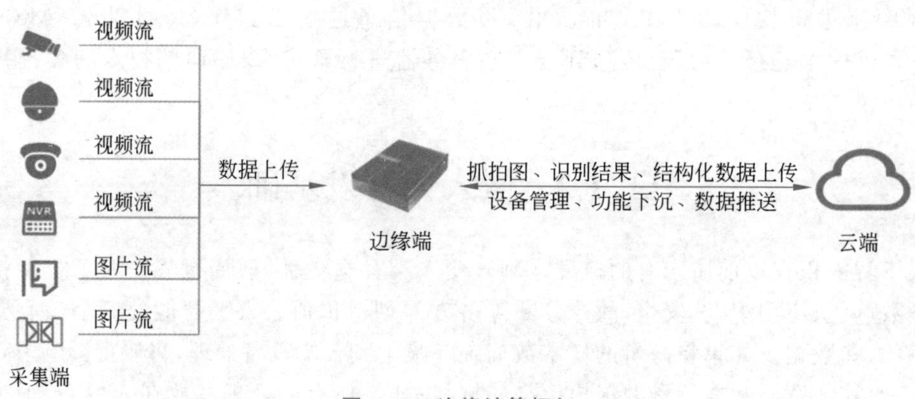

图 1.12 边缘计算框架

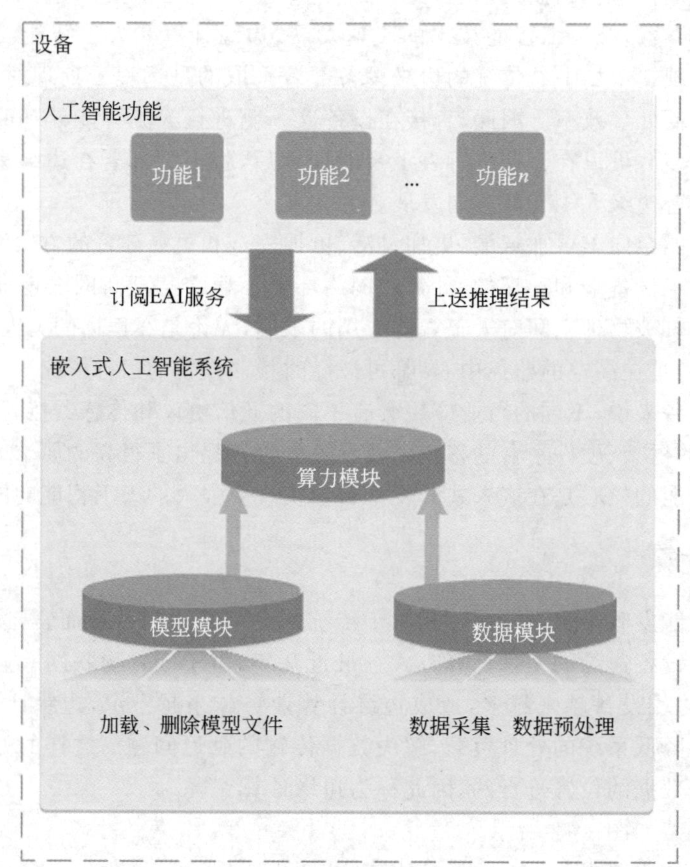

图 1.13 边缘计算系统模块

边缘人工智能主要结合了边缘计算与人工智能两种技术。它利用边缘计算平台,仅在本地即可完成数据处理,真正做到实时处理数据。

边缘人工智能是指在硬件设备上进行本地处理的人工智能算法。它可以在没有网络连接的情况下处理数据,这意味着无须流式传输或在云端存储数据即可进行数据创建等操作。

虽然边缘计算在中国还处于起步阶段,但发展迅速,特别是近两年来进展更加明显,使得中国在边缘计算试点、早期部署和生态合作方面领先于其他主要国家和地区。

目前，企业积极投身尚在起步阶段的边缘计算，其中包括三大移动通信运营商、主要网络设备提供商（爱立信、华为、诺基亚和中兴）以及大型云服务企业（阿里巴巴、腾讯和百度）。众多小型 ICT 公司、云和边缘技术专业公司、垂直行业企业也纷纷加入，寻求边缘新业务和解决方案的机会。

从图 1.14 可以看到，2018—2023 年边缘计算的应用呈现逐步增长的发展趋势。

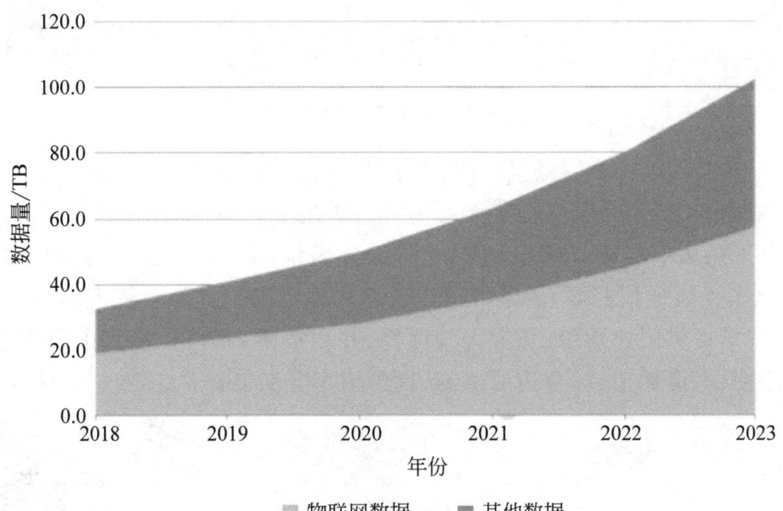

图 1.14　2018—2023 年边缘计算应用发展趋势

边缘人工智能发展进程如下：

(1) 边缘托管。到 2022 年，50%的公司依靠托管服务提高基于边缘人工智能的性能和投资回报率。

(2) 去中心化。到 2023 年，超过 30%新基础架构部署在边缘位置。

(3) 到 2023 年，中国 75%的企业在网络边缘对物联网数据进行处理。

(4) 到 2023 年，近 20%用于处理人工智能工作负载的服务器部署在边缘侧。

(5) 到 2024 年，预计有 50%的计算机视觉和语音识别模型将在边缘运行。

下面简要介绍边缘人工智能的 4 个典型应用场景。

(1) 智能安防。如图 1.15 所示，智能安防是边缘人工智能的重要应用场景之一。人脸识别系统是监控摄像机的发展方向，它可以通过学习人脸识别个体。在过去的智能安防处理过程中，视频分析通常是在云中进行的，存在带宽消耗高、延迟大等问题。随着边缘计算技术的发展，部分视频分析工作可以转移到边缘节点。边缘人工智能可以加强摄像机终端的计算和处理能力，它具有人脸识别功能，可以不再依赖于云服务器，节省了大量的带宽资源和上传时间，通过在本地设备上直接完成人脸识别缩短了识别过程。智能安防可以实现动静态比对识别、视频结构化属性分析、布控轨迹分析等功能。

(2) 智慧交通。随着城市交通智能化的发展以及各种终端设备数量的增加，对海量信息实时处理的需求也显著增加。例如交通监控摄像头，单个路口的高清摄像头每天就会产生几十 GB 的视频文件，如果是一条街、一个区域甚至一座城市，产生的数据量是无比巨大的，而这些视频中真正有效的、需要捕捉的违法行为内容占比很少。

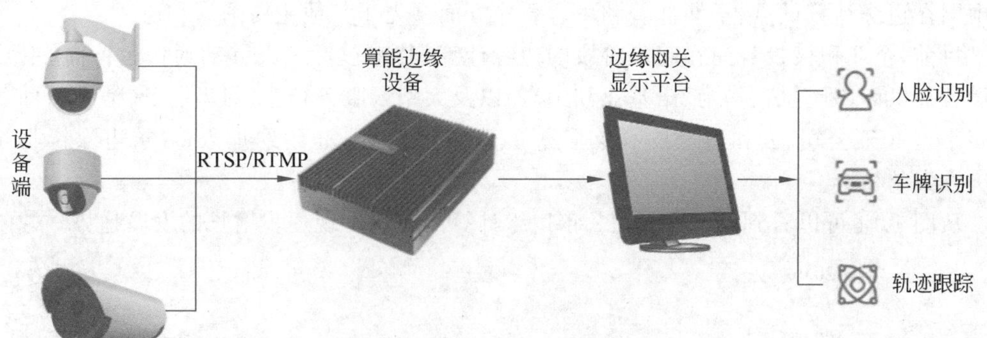

图 1.15 边缘人工智能智能安防

如图 1.16 所示,边缘人工智能计算机可在现场进行智能处理,直接在本地分析违法行为,筛选有价值内容上传,大大降低了无效内容造成的带宽和存储资源浪费。

智慧交通正在从单一场景的交通管理向融合场景的交通服务发展。V2X(Vehicle to Everything,汽车无线通信互联)场景可以让道路驾驶更安全。随着更多的道路智能设备的加入,可以给汽车提供限速预警、恶劣天气预警、并线提醒、路口信号灯配时调度等数据,以及实现卡口监控、占道抓拍、综合违法监测、智慧泊车等功能。

图 1.16 边缘人工智能智慧交通

(3) 智慧园区。随着信息化时代的发展,人们越来越追求智慧化和便利化的生活,园区也逐渐向智慧园区发展。智慧园区是指综合利用物联网、云计算、大数据等新一代信息技术对园区进行全面升级,整合园区资源信息,自主创新服务体系的新型园区,如图 1.17 所示。智慧园区的建设不是盲目的,不同功能的园区具有不同的特点,其智慧化的建设应围绕园区主体需求完成,为园区及园区入驻企业提供便捷的交互方式,实现园区智慧化管理,如无感通行、迎宾、考勤管理、卡口布控、利旧改造等功能。

(4) 智慧零售。随着新零售概念的日渐清晰以及新技术的不断成熟应用,传统商业正围绕新零售生态系统(运用边缘计算、计算机视觉以及人工智能相结合的系统解决方案)逐步完成转变,如图 1.18 所示。人工智能+计算机视觉技术能够帮助商家在后台建立数据中心(如客户信息、商品库存等相关数据)。在分析处理这些数据的过程中,需要建立专门的数据计算架构。基于零售行业的特殊性,其收集的数据需要得到及时的处理,而边缘计算更靠近设备端、用户端,又着眼于实时、短周期数据分析,因此边缘人工智能更能够支撑零售行业

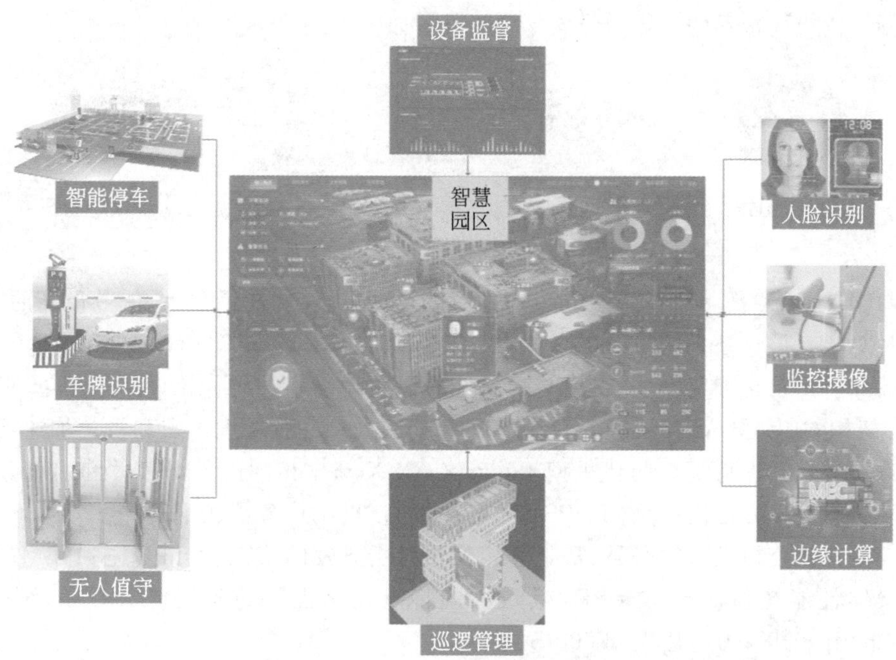

图 1.17 边缘人工智能智慧园区

本地业务的数据处理任务，如商品识别、视觉无人货柜应用、无感支付等功能。

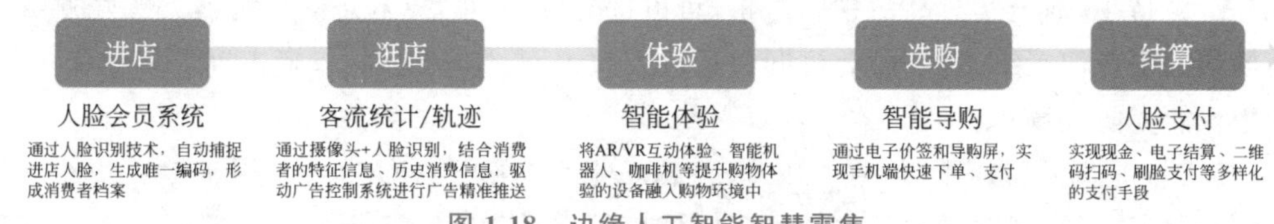

图 1.18 边缘人工智能智慧零售

随着 5G 技术的发展和物联网的普及，网络边缘的数据由地理上分布广泛的移动终端和物联网设备生成，这些在网络边缘生成的数据比大型云数据中心生成的数据还要多。另外，根据国际数据公司(IDC)的预测，到 2025 年，全球物联网产生的数据的 70%都要在网络边缘处理。5G 和边缘计算是互相促进、彼此成就的关系，5G+边缘计算将驱动一个面向行业的局域生态系统，以满足企业的网络、计算和数据处理需求，促进行业的数字化创新，如图 1.19 所示。5G 提供更高带宽和更低延迟的能力为人工智能应用提供了许多新的机会。

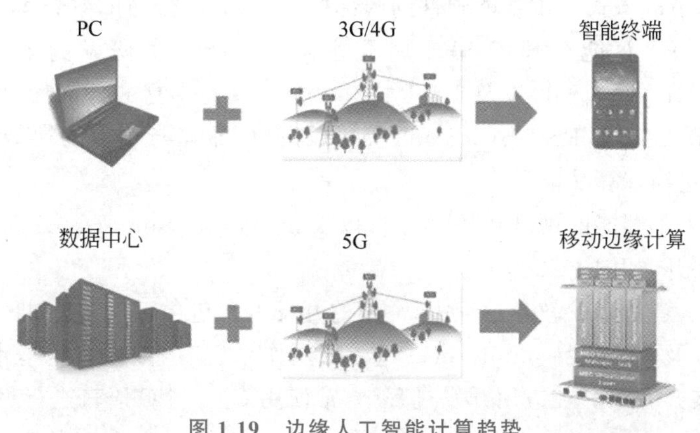

图 1.19 边缘人工智能计算趋势

当前国内市场常见的主流边缘人工智能设备如图1.20所示。

图1.20 主流边缘人工智能设备

NVIDIA AGX是NVIDIA公司发布的一款全球最小、功能最强大、能效最高的人工智能超级计算机。该设备拥有512核Volta GPU和Tensor Cores、32GB RAM、两个深度学习加速器和一个视觉加速器，并支持基于硬件的视频编码和解码。该设备采用了NVIDIA Ampere架构GPU和ARM Cortex-A78AE CPU以及新一代深度学习和视觉加速器，处理能力提升了6倍并保持了与前代机型Jetson AGX Xavier相同的外形尺寸和引脚兼容性，它每秒可进行200万亿次运算(TOPS)，可与内置GPU的服务器相媲美。

SE5是算能公司发布的产品，基于算能公司自主研发的第三代TPU芯片BM1684，该芯片的具体性能在前面已有介绍。其最大的特点就是视频的解码能力强劲，可以达到1080P@960fps，其算力高达17.6TOPS。

华为Atlas 200是一款高性能低功耗的人工智能加速模块。该模块集成了海思昇腾310人工智能处理器(Ascend 310人工智能处理器)，其外形只有半张信用卡大小，耗电量仅为9.5W，支持16通道实时高清视频分析，可以部署在摄像头、无人机和机器人等端侧人工智能场景。支持像素级图像分割，可同时运行人脸识别、姿势识别、车辆识别等多种算法[2]，适用于智能安防等场景。

RK3588是瑞芯微旗下最新的8K旗舰SoC芯片，采用ARM，主要用于PC、边缘计算设备、个人移动互联网设备和其他数字多媒体应用。RK3588集成了四核Cortex-A76和四核Cortex-A55以及单独的NEON协处理器，支持8K视频编解码。RK3588具有十分丰富的扩展接口，高度集成化的SoC设计，可有效降低整机成本。RK3588内置NPU支持INT4/INT8/INT16/FP16混合运算，运算能力高达6TOPS。此外，RK3588引入了新一代完全基于硬件的最大4800万像素ISP(Image Signal Processor，图像信号处理器)。

1.2.2 嵌入式人工智能开发概述

图1.21显示了嵌入式人工智能硬件的内部框架(以算能公司的SE5盒子为例)。

如图1.21所示，算能公司的SE5盒子搭载了算能自主研发的第三代TPU芯片BM1684，内嵌32GB的eMMC以及12GB内存。它还具有丰富的外部接口，其外部接口集成了USB/HDMI/SATA/RS-232/RS-485等接口模块，能够与相应的智能设备进行连接，更为便捷地实现边缘计算功能。

对于嵌入式人工智能的硬件环境部分将以Linux Processor SDK的软件栈和组件(以算能为例)进行展开，如图1.22所示。

在嵌入式人工智能开发教学过程中，常用的开发平台包含以下4种，即ROS操作系统、Docker、Anconda及其替代品miniforge。这4种操作系统有各自的优势，本书实战篇将围绕Docker进行展开介绍。在应用开发过程中，常使用C++与C语言进行程序的编写。

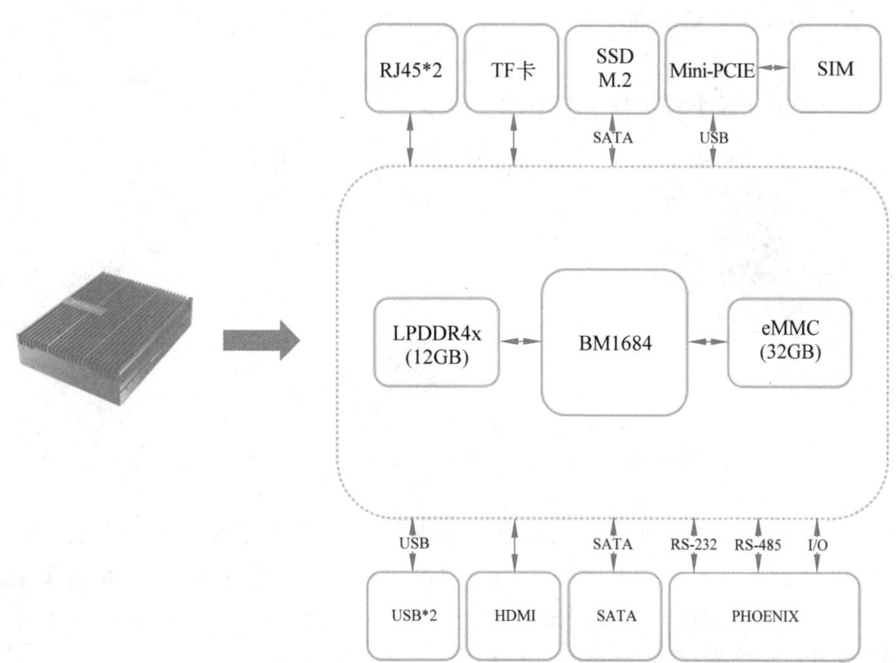

图 1.21　嵌入式人工智能硬件的内部框架

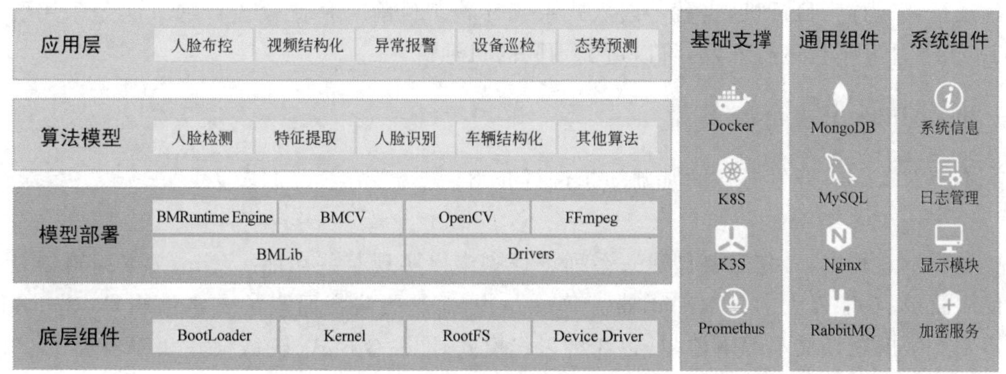

图 1.22　Linux Processor SDK 的软件栈和组件

对于边缘人工智能而言，应当具备多种深度学习框架以实现边缘计算任务，常见的人工智能架构有以下几种：PyTorch、TensorFlow、MXNet 等。

如前所述，智能多媒体未来将朝着边缘人工智能方向发展。因此，下面介绍嵌入式人工智能项目开发环境：

- 外接显示器和鼠标、键盘，也可通过 WiFi 远程控制。
- 安装编译器：PyCharm、Visual Studio Code。

  优点：高效便捷，测试方便。

  缺点：对于深度学习模型训练效率低。

  在工程应用上，Ubuntu 计算机开发将部署在嵌入式开发板上实施，如图 1.23 所示。
- 利用 Ubuntu 交叉编译代码，训练模型。
- 复制模型、可执行文件到嵌入式开发板。

优点：深度学习模型训练方便。

缺点：需要部署相应的环境。

目前主要采用交叉编译方法,如图 1.24 所示。

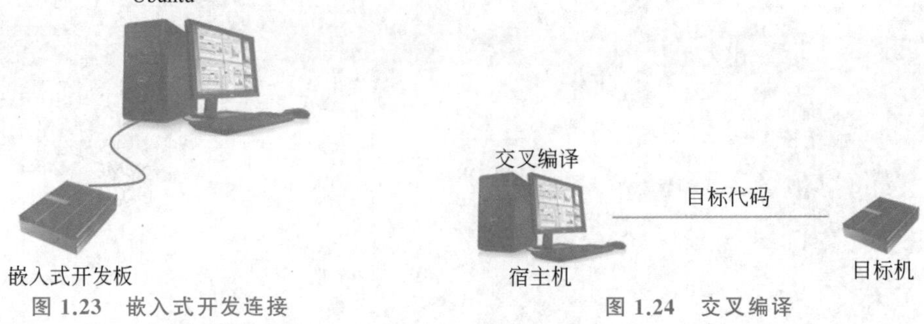

图 1.23 嵌入式开发连接　　　　图 1.24 交叉编译

嵌入式开发所采用的编译为交叉编译。所谓交叉编译,就是在一个平台上生成可以在另一个平台上执行的代码。因此,针对不同的 CPU 需要有相应的编译器,而交叉编译就如同翻译一样,把相同的程序代码翻译成不同的 CPU 对应的语言。要注意的是,编译器本身也是程序,也要在与之对应的某一平台上运行。

一般情况下将进行交叉编译的主机称为宿主机,也就是普通的通用计算机;而把程序实际的运行环境称为目标机,也就是嵌入式系统环境。目前一种比较流行的方法是采用统一的 Docker 开发平台进行开发,可以适配不同的目标机。

1.2.3 Linux 开发必备基础

本节对 Linux 开发必备的基础知识进行介绍。

1. Vim 文本编辑

在开发过程中,首先需要创建一系列工程脚本以实现某些功能。Vim 文本编辑器是一种使用简单、功能强大的文本编辑器。Vim 是由 vi 发展演变而来的文本编辑器,是 Linux 众多发行版的默认文本编辑器,具备 3 种工作模式,即命令模式、输入模式和编辑模式。

(1) 在使用 Vim 编辑文件的过程中,默认处于命令模式。在该模式下能够使用方向键或者 h、j、k、l 字母键移动光标,还可以对文件进行复制、粘贴、替换、删除等操作。在命令模式下,如果要进行插入,可以按 i 键,然后就可以在光标左侧进行输入了。

(2) 在输入模式下,Vim 可以对文件执行写操作。使 Vim 进入输入模式的方式是在命令模式状态下输入 i、I、a、A、o、O 等插入命令。当文件编辑完成后,按 Esc 键即可返回命令模式。

(3) 编辑模式用于对文件中的指定内容执行保存、查找或替换等操作。使 Vim 切换到编辑模式的方法是在命令模式下输入“:”,此时 Vim 窗口的左下方出现“:”提示符,就可以输入相关指令操作了。在使用 Vim 进行文本操作的时候,为了避免错误操作,尽量使用键盘进行指令操作。

在编辑模式下的常用命令和快捷键如表 1.1 和表 1.2 所示。

表 1.1　编辑模式下的常用命令

命　　令	功能描述
:wq	保存文件并退出 Vim 编辑器
:wq!	保存文件并强制退出 Vim 编辑器
:q	不保存文件就退出 Vim 编辑器
:q!	不保存文件且强制退出 Vim 编辑器
:w	保存文件但是不退出 Vim 编辑器
:w!	强制保存文件
:w filename	另存到 filename 文件
:x!	保存文件并退出 Vim 编辑器(更通用的命令)
:ZZ	直接退出 Vim 编辑器

表 1.2　编辑模式下的常用快捷键

快　捷　键	功能描述
x	删除光标所在位置的字符
dd	删除光标所在行
ndd	删除当前行(包括此行)后 n 行文本
dG	删除光标所在行一直到文件末尾的所有内容
D	删除光标位置到行尾的内容
a1,a2d	删除从 a1 行到 a2 行的文本内容

在使用过程中,有时需要查看多个文件。因此,Vim 还给出了多窗口显示的功能,常用命令和快捷键如表 1.3 和表 1.4 所示。

表 1.3　多窗口操作的常用命令

命　　令	功能描述
:close	关闭当前窗口
:only	保留当前窗口,关闭其他窗口
:new	新建一个空窗口
:open	文件名,将在窗口中打开文件

表 1.4　多窗口操作的常用快捷键

快捷键	功能描述	快捷键	功能描述
Ctrl+w s	横向切割窗口	Ctrl+w k	向上移动
Ctrl+w v	纵向切割窗口	Ctrl+w h	向左移动
Ctrl+w j	向下移动	Ctrl+w l	向右移动

图 1.25 显示了某个文本通过 Vim 打开后的操作界面。

```
# Makefile.in generated by automake 1.15.1 from Makefile.am.
# Makefile.  Generated from Makefile.in by configure.

# Copyright (C) 1994-2017 Free Software Foundation, Inc.

# This Makefile.in is free software; the Free Software Foundation
# gives unlimited permission to copy and/or distribute it,
# with or without modifications, as long as this notice is preserved.

# This program is distributed in the hope that it will be useful,
# but WITHOUT ANY WARRANTY, to the extent permitted by law; without
# even the implied warranty of MERCHANTABILITY or FITNESS FOR A
# PARTICULAR PURPOSE.




am__is_gnu_make = { \
  if test -z '$(MAKELEVEL)'; then \
    false; \
  elif test -n '$(MAKE_HOST)'; then \
    true; \
  elif test -n '$(MAKE_VERSION)' && test -n '$(CURDIR)'; then \
    true; \
  else \
    false; \
  fi; \
}
am__make_running_with_option = \
  case $${target_option-} in \
      ?) ;; \
```

图 1.25 Vim 的操作界面

2. Source Insight

Source Insight 是一款功能强大的代码阅读和编辑软件,在开发规模较大的工程时,可以在很大程度上提高代码阅读和开发的效率。此外,Source Insight 支持几乎所有的语言,如 C、C++、ASM、PAS、ASP、HTML 等,还支持自定义关键字以及快速访问源代码和源信息的功能,对于程序的函数查找非常方便。

Source Insight 拥有属于自己的数据库,能够自动创建并维护其自身高性能的符号数据库。而且,Source Insight 可以显示丰富的与程序相关的信息。由于 Source Insight 提供了 Context Window,因此,能够实时显示上下文信息。图 1.26 是 Source Insight 的操作界面。

3. Bluefish 文本编辑器

Bluefish 文本编辑器支持项目管理、远程文件多线程、搜索和替换、递归打开文件、侧边栏、集成 make/lint/weblint/xmllint、无限撤销/重做、在线拼写检查、自动恢复、完整屏幕编辑、语法高亮、多种语言等功能,其操作界面如图 1.27 所示。

4. 文字比较工具

在 Linux 开发过程中,文字比较工具是不可或缺的。尤其在工程应用中,时常需要对文件的内容进行比较,一个好的工具能够提高工作效率。Meld 是一个能够对文本进行比较和合并的工具,不仅能够查找两个文件之间的差异,还能够合并两个文件之间的差异,其操作界面如图 1.28 所示。

5. Wireshark 抓包工具

在多媒体边缘人工智能应用中,摄像头采集到视频流信息后往往通过传输协议进行推流,传输至边缘节点。推流是网络传输的一部分,在传输过程中,需要一个好的网络检测工

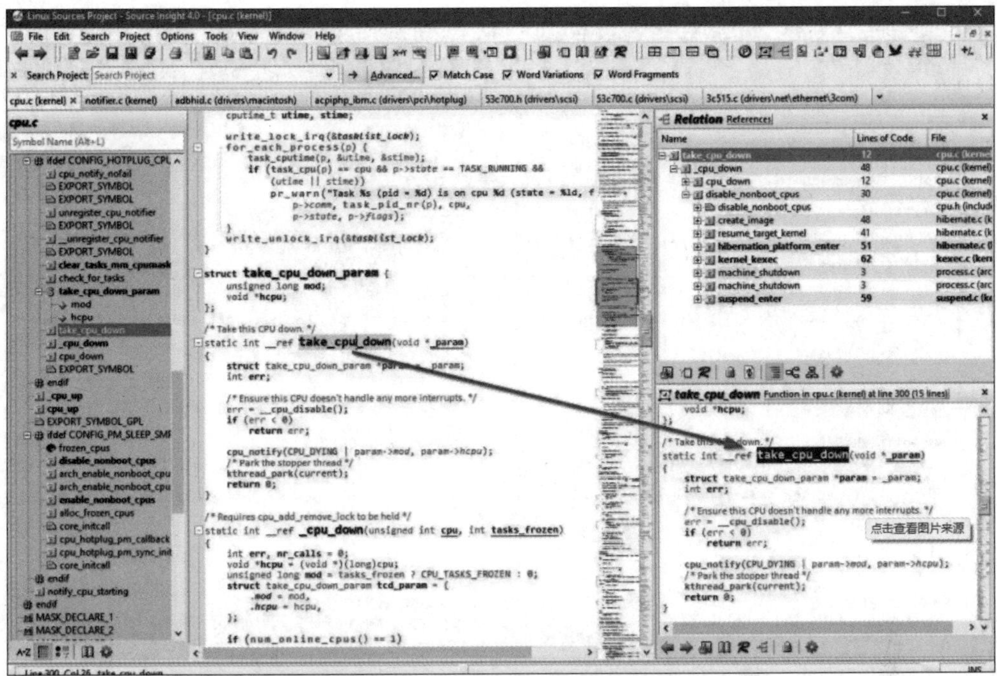

图 1.26 Source Insight 的操作界面

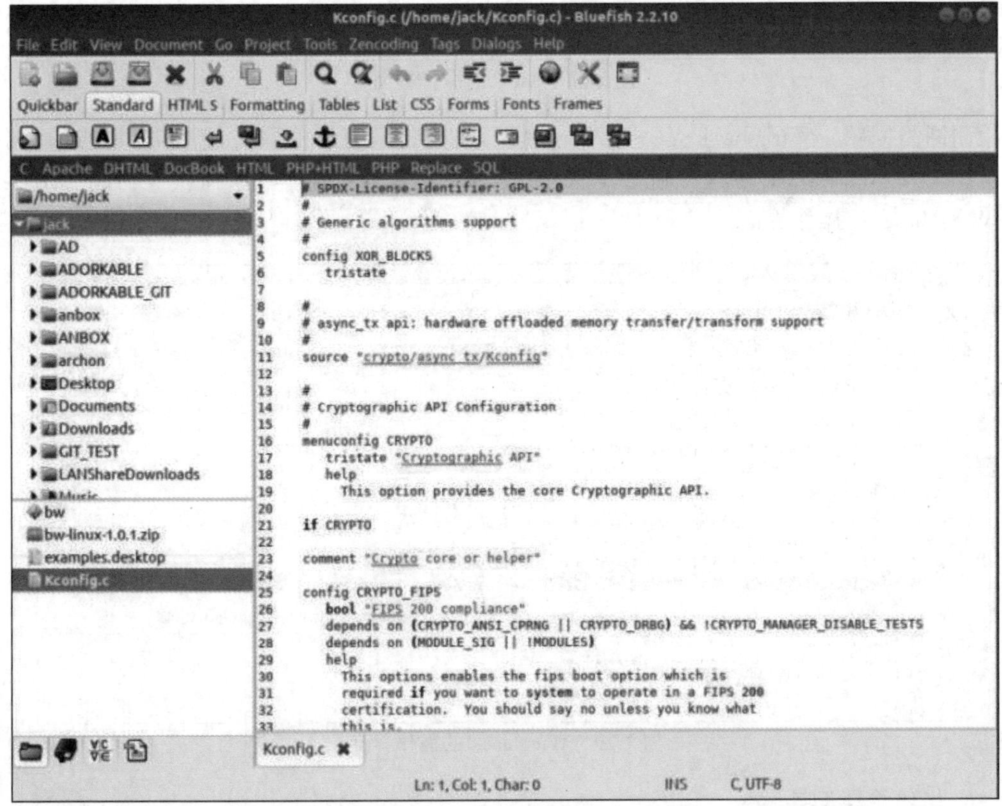

图 1.27 Bluefish 文本编辑器的操作界面

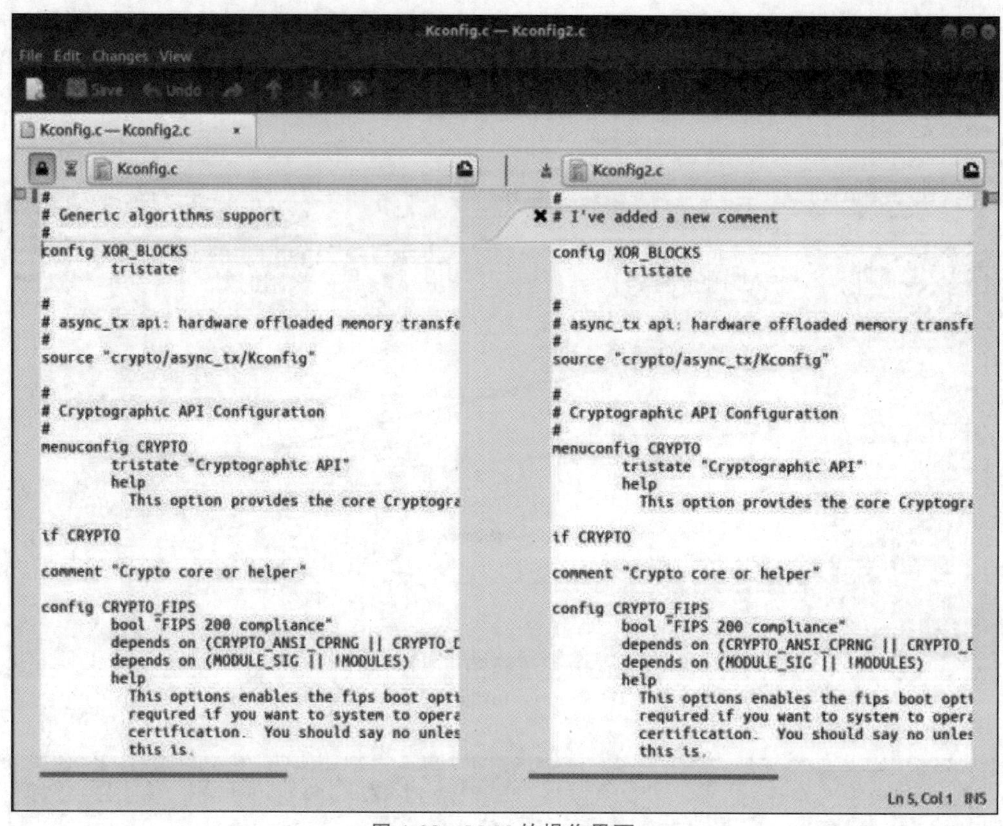

图 1.28 Meld 的操作界面

具检测网络问题。Wireshark 是一个网络封包分析软件,能够截取各种网络封包进行网络分析。此外,Wireshark 还具有确定 TCP 问题以及实施无人值守数据捕获等功能。图 1.29 是 Wireshark 的操作界面。

tcp.dstport==80

No.	Time	Source	Destination	Protocol	Length	Info
1	0.000000	192.168.43.154	36.110.147.36	TCP	66	61630 → 80 [SYN] Seq=0 Win=64240 Len=0 MS
3	0.132461	192.168.43.154	36.110.147.36	TCP	54	61630 → 80 [ACK] Seq=1 Ack=1 Win=66560 Le
4	0.132781	192.168.43.154	36.110.147.36	HTTP	256	GET /api/toolbox/geturl.php?h=80D30241D5F
9	0.234103	192.168.43.154	36.110.147.36	TCP	54	61630 → 80 [ACK] Seq=203 Ack=151 Win=6630
10	0.333621	192.168.43.154	36.110.147.36	TCP	54	61630 → 80 [FIN, ACK] Seq=203 Ack=151 Win
15	1.025241	240e:82:f042:afef:6…	2407:ae80:200:1001:…	TCP	86	61631 → 80 [SYN] Seq=0 Win=64660 Len=0 MS
18	1.148101	240e:82:f042:afef:6…	2407:ae80:200:1001:…	TCP	74	61631 → 80 [ACK] Seq=1 Ack=1 Win=65792 Le
19	1.148353	240e:82:f042:afef:6…	2407:ae80:200:1001:…	TCP	1139	61631 → 80 [PSH, ACK] Seq=1 Ack=1 Win=657
20	1.148442	240e:82:f042:afef:6…	2407:ae80:200:1001:…	TCP	1294	61631 → 80 [ACK] Seq=1066 Ack=1 Win=65792

```
Frame 1: 66 bytes on wire (528 bits), 66 bytes captured (528 bits) on interface \Device\NPF_{B6AB3EFD-EB40-4DB7-90B5-AD2D
Ethernet II, Src: LiteonTe_f2:2a:db (50:5b:c2:f2:2a:db), Dst: HuaweiTe_ab:a0:22 (88:f8:72:ab:a0:22)
Internet Protocol Version 4, Src: 192.168.43.154, Dst: 36.110.147.36
Transmission Control Protocol, Src Port: 61630, Dst Port: 80, Seq: 0, Len: 0
  Source Port: 61630

0000  88 f8 72 ab a0 22 50 5b  c2 f2 2a db 08 00 45 00
0010  00 34 0c 36 40 00 80 06  4a b9 c0 a8 2b 9a 24 6e
0020  93 24 f0 be 00 50 a5 59  d4 cb 00 00 00 00 80 02
0030  fa f0 65 16 00 00 02 04  05 b4 01 03 03 08 01 01
0040  04 02
```

图 1.29 Wireshark 的操作界面

6. 代码管理工具

在嵌入式人工智能开发过程中,往往会有大量的工程代码以及团队协作开发工作,因此一个实用的代码管理工具是必不可缺的。在 Linux 系统中，Git 和 GitHub 的易用性和流行度是其他版本控制工具无法比拟的[3]。Git 是安装在本地计算机上的版本控制系统，而 GitHub 是用于上传和管理项目的远程存储库。二者的安装命令为

```
sudo apt-get install git
```

在 Linux 环境下安装 Git 和 GitHub 的过程如图 1.30 所示。

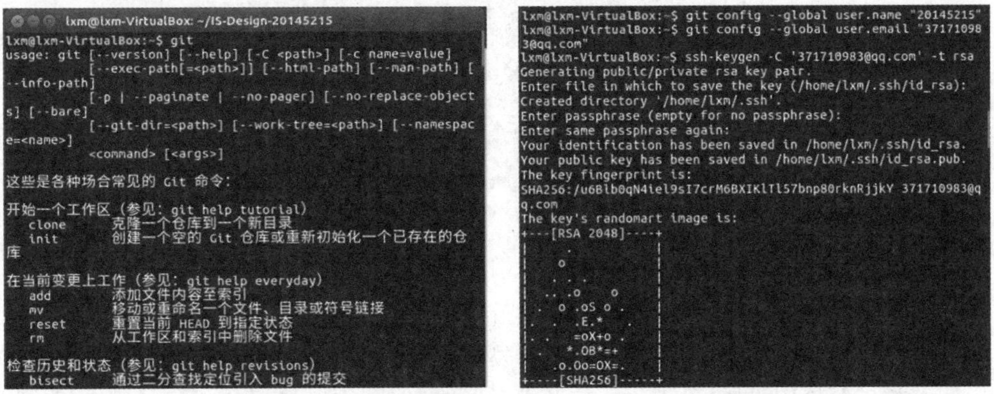

图 1.30　在 Linux 环境下安装 Git 和 GitHub 的过程

7. Liunx 常用命令

Linux 常用命令如表 1.5 所示。

表 1.5　Linux 常用命令

命　令	对应英文	含　义
ls	list	查看当前目录下的内容
pwd	print wrok directory	查看当前所在目录
cd[＋目录名]	change directory	切换目录
touch [＋文件名]	touch	如果文件不存在，在当前目录下新建一个文件
vim [＋文件名]	vi improved	以 Vim 方式打开文件
cat [＋文件名]	concatenate	查看文件内容
mkdir [＋目录名]	make directory	在当前目录下创建一个目录
rm [＋文件名]	remove	删除指定的文件名
clear	clear	清屏

1.2.4　Docker 开发简介

Docker 为嵌入式开发人员提供了一个用于开发、发布和运行应用程序的开放平台。

Docker 技术使用 Linux 内核功能分隔进程，以便各进程相互独立运行。这种独立性正是采用容器的目的所在。Docker 可以独立运行多个进程、多个应用，更加充分地发挥基础设施的作用，同时保持各个独立系统的安全性。Docker 平台的架构如图 1.31 所示。

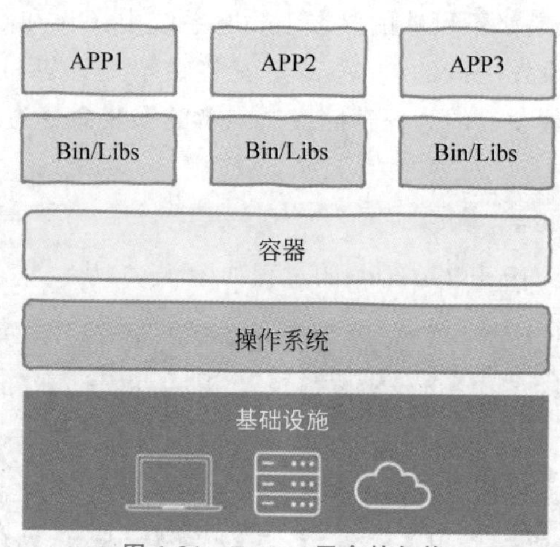

图 1.31 Docker 平台的架构

Docker 的优势如下:

(1) Docker 是一个开源的应用容器引擎,属于 Linux 或 Windows 操作系统的一种封装,能够提供简单易用的容器接口。此外,开发人员可以打包应用程序以及依赖包到一个轻量级、可移植的容器中,可以确保每一位开发者能够在嵌入式人工智能开发过程中都使用相同的工具和开发环境。

(2) Docker 能够创建轻量级容器,因此占用内存小,能够共用一个内核与共享应用程序库。相比于虚拟机的交付速度,Docker 的交付速度更快,资源消耗更低。由于容器不需要硬件虚拟化以及运行一个完整操作系统的额外开销,因此 Docker 可以更高效地利用系统资源。

(3) 相比于传统的虚拟机,Docker 的启动时间大为缩短,能够直接运行在宿主机的内核上,能够达到秒级启动,在很大程度上解决了开发、测试、部署时间的问题。

基于以上优势,目前大部分嵌入式人工智能采用 Docker 进行开发。对于研发公司而言,只需要发布一个 Docker 镜像,就能够把所有的驱动程序、开发工具等集成到 Docker 镜像中。

以算能公司的开发为例,它通过发布 Docker 镜像,把所有的驱动程序、开发工具等都集成到 Docker 镜像中。如图 1.32 所示,用户只需要到官网下载对应的 Docker 镜像,在 Ubuntu 操作系统下启动 Docker 后,通过 Docker 加载与开发板对应的 Docker 镜像,基于开发板的 SDK 即可进行 App 开发,如图 1.33 所示。

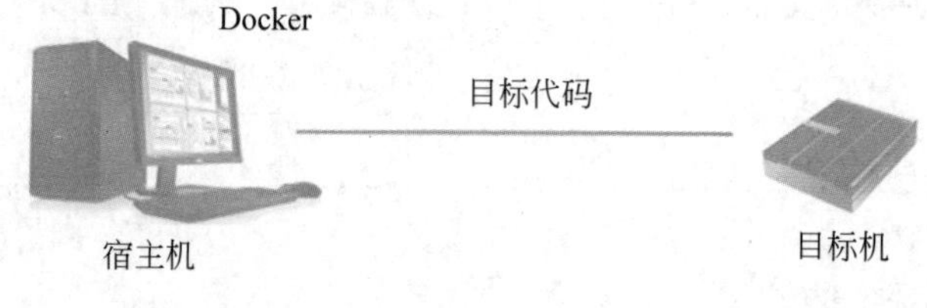

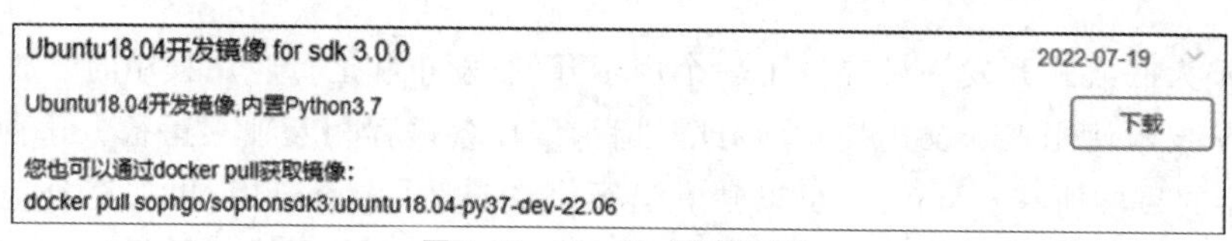

图 1.32 Docker 镜像下载

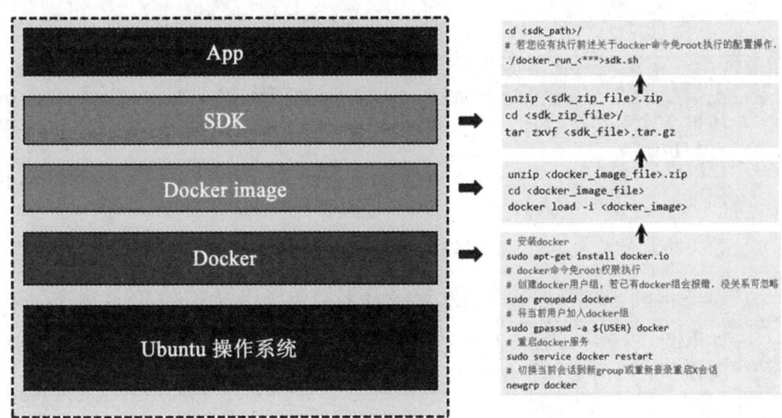

图 1.33　算能人工智能设备安装 Docker 流程

1.3　多媒体编程基础

在多媒体编程中，首先接触的可能就是视频文件的读写，例如读取视频文件进行图像分析处理或者将分析处理后的图像存储到视频文件。因此，本节首先对视频文件读写编程进行介绍，让读者了解如何通过函数接口对视频文件进行读写操作。

1.3.1　视频文件读写

在 Linux 系统中进行文件读写编程，可以使用系统 I/O 所提供的 open、write、read、lseek 等函数。首先使用 open 函数得到文件句柄，然后就可以使用 read 函数和 write 函数对文件句柄进行读写数据，并且可以通过 lseek 函数改变文件的读写位置。需要注意的是，在使用这几个函数时需要包含 unistd.h、sys/stat.h、fcntl.h 头文件。

1. open 函数

open 函数用来打开或创建一个文件。若成功，则返回文件描述符(file descriptor)；否则返回－1。在 Linux 系统中，open 函数的原型如下：

```
int open(const char *pathname, int oflag, mode_t mode);
```

其中，pathname 是要打开或创建的文件的名字；oflag 参数值是表 1.6 中的一个常量，也可以是多个常量执行按位或运算的结果，前 3 个常量必须指定一个并且只能指定一个，其他的常量则是可选的；mode 是一个八进制的数，表示创建的新的文件的访问权限。

表 1.6　open 函数的 oflag 参数值

参数值	含义
O_RDONLY	只读打开
O_WRONLY	只写打开
O_RDWR	读写打开
O_APPEND	将写入内容追加到文件尾

续表

参 数 值	含 义
O_CREAT	如果文件不存在,则创建它。使用该选项时,需要用第三个参数 mode 指定新文件的访问权限
O_EXCL	如果同时指定了 O_CREAT,而文件已经存在,则会出错
O_TRUNC	如果指定的文件存在,而且以只写或读写模式成功打开,则将其长度截短为 0
O_NOCTTY	如果 pathname 指的是终端设备,则不将该设备作为此进程的控制终端
O_NONBLOCK	如果 pathname 指的是 FIFO 文件、块设备文件或字符设备文件,则将文件的本次打开操作和后续的 I/O 操作设置为非阻塞模式

2. write 函数

write 函数将 buf 中的 nbytes 字节内容写入文件描述符 fd。成功时返回写的字节数;失败时返回−1,并设置 errno 变量。在 Linux 系统中,write 函数的原型如下:

```
ssize_t write(int fd, const void * buf, size_t nbyte);
```

在网络程序中,当向套接字文件描述符写数据时有以下两种可能:

(1) 返回值大于 0,表示写了部分或者全部的数据。

(2) 返回值小于 0,此时出现了错误,要根据错误类型处理。如果错误为 EINTR,表示在写的时候出现了中断错误;如果错误为 EPIPE,表示网络连接出现了问题(对方已经关闭了连接)。

3. read 函数

read 函数从文件描述符 fd 中读取内容。成功时,read 返回实际所读的字节数。如果返回的值是 0,表示已经读到文件尾。小于 0,表示出现了错误。如果错误为 EINTR,表示错误是由中断引起的;如果错误为 ECONNREST,表示网络连接出现了问题。在 Linux 系统中,read 函数的原型如下:

```
ssize_t read(int fd, void * buf, size_t nbyte);
```

在多媒体编程中,需要对普通文件和视频文件进行读写操作。那么,普通文件和视频文件有什么不同呢?

普通文件通常是文本文件,以字符为单位存储数据,通常是逐个字符或逐行进行处理的,可以使用系统 I/O 提供的 open、write、read 等函数进行读写。而视频文件通常包含大量的数据,其内部是一帧一帧的图像,读写视频文件需要保留一帧一帧的数据包格式,因此处理时需要考虑到数据量的大小和处理效率的问题。图 1.34 所示的 H.264 码流就是由一个个的 NAL 单元组成的,其中 Sequence Parameter Set、Picture Parameter Set、I slice 和 P slice 是 NAL 单元某一类型的数据,并且每一帧以 0x00000001 为起始码。

因此,视频文件读写比普通文件读写更麻烦,处理视频文件时通常需要使用特定的视频处理库进行读写。图 1.35 是 OpenCV 提供的视频文件操作。

使用 OpenCV 读取视频文件主要包括以下 4 个步骤[4]:

```
0x00000000 H264 Sequence Parameter Set
0x0000002F H264 Picture Parameter Set
0x00000037 I slice  # 0
0x000230F3 P slice  # 1
0x00023465 P slice  # 2
0x00023836 P slice  # 3
0x00023E82 P slice  # 4
0x0002457F P slice  # 5
0x00024C7C P slice  # 6
0x00025397 P slice  # 7
0x00025C34 P slice  # 8
0x0002646A P slice  # 9
0x000279C5 P slice  # 10
0x00028862 P slice  # 11
0x0002959A P slice  # 12
0x0002A63E P slice  # 13
0x0002B4AA P slice  # 14
0x0002C3D6 P slice  # 15
0x0002CF4F P slice  # 16

Hex Viewer
Navigate to  Hex        Find 000001
0x000230D4: C8 44 09 BB 59 28 A3 21 | 48 06 CF 8E 2F B3 C0 4D
0x000230E4: 3C 2B 1A 0C 00 00 00 6C | D1 00 00 6C D1 00 00 00
0x000230F4: 00 00 01 61 E0 22 6F 16 | 69 2C 05 20 E8 B7 89 B0
0x00023104: ED 97 8D 62 23 09 F2 38 | A5 64 ED 5A 5A B2 5D F6
0x00023114: 0B 4C CD 1B AC A9 B3 67 | 1A E5 CB F0 A9 0C 26 FF
0x00023124: 8F 93 CE B8 0D 79 6B B7 | 8E 75 65 BA 6F E1 89 AC
0x00023134: 94 3D 7C 5D E6 A5 2D 2A | F2 4C AC D8 20 D6 25 90
0x00023144: A4 58 5E 24 54 DF 70 F6 | 32 DF B4 D7 FA D8 57 0C
0x00023154: D6 D4 C5 1C A9 62 EE 7D | B0 E8 10 14 B5 D7 56 80
0x00023164: 08 2D A0 38 E0 53 4B 51 | AB 14 42 33 B2 55 18 17
0x00023174: A2 E4 CC 83 BA 7B 7A 89 | 2A 14 BD 77 25 6E 28 FB
0x00023184: 74 AD 6E 0E 61 7A 78 A1 | 77 86 5D 7E D1 FC FD EE
```

图 1.34　H.264 码流

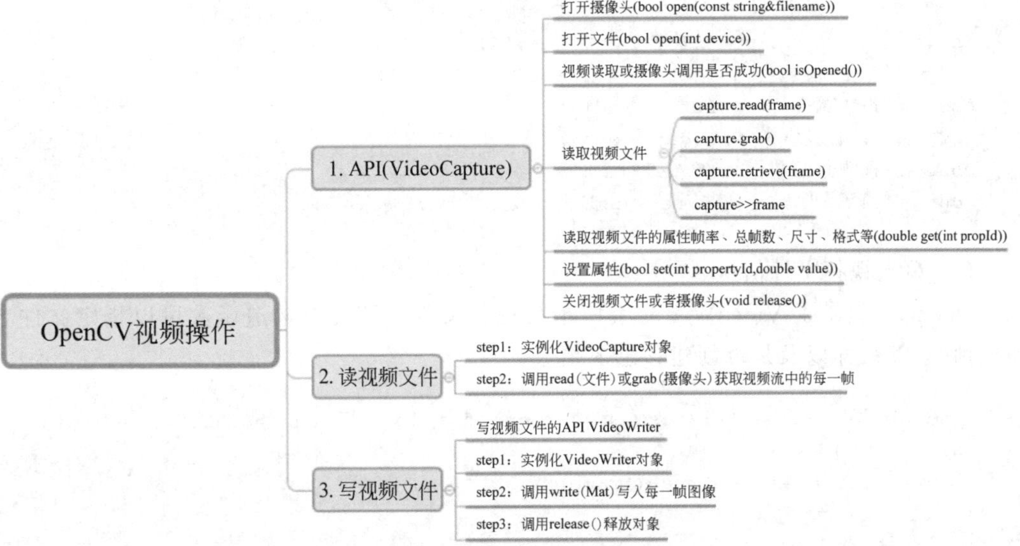

图 1.35　OpenCV 提供的视频文件操作

（1）打开视频。

方法 1：调用 API open 函数。

```
VideoCapture cap;
cap.open("x.avi");
```

方法 2：直接读取文件。

```
VideoCapture cap("x.avi");
```

（2）读取一帧视频。

```
while (true) {
    bool ret = capture.read(frame) ;
    if (!ret)
        break;
```

```
    imshow("frame",frame);
    char c = waitKey(5);
    if (c == 27)  { //Esc键
        break;
    }
}
```

(3) 获取视频文件信息。

```
VideoCapture cap;
cap.open("E:\\2.avi");                                    //打开视频文件
if(!cap.isOpened())
    return;
int width = cap.get(CV_CAP_PROP_FRAME_WIDTH);             //帧宽度
int height = cap.get(CV_CAP_PROP_FRAME_HEIGHT);           //帧高度
int frameRate = cap.get(CV_CAP_PROP_FPS);                 //帧率
int totalFrames = cap.get(CV_CAP_PROP_FRAME_COUNT);       //总帧数
cout<<"视频宽度="<<width<<endl;
cout<<"视频高度="<<height<<endl;
cout<<"视频总帧数="<<totalFrames<<endl;
cout<<"帧率="<<frameRate<<endl;
```

(4) 写入视频文件信息。

OpenCV 提供了 VideoWriter 类用于写视频文件。该类的构造函数可以指定文件名、播放帧率、帧尺寸以及是否创建彩色视频等。

```
VideoWriter writer("D:/test.mp4", type, fps, Size(width, height), true);
while (true) {
    bool ret = capture.read(frame);
    if (!ret)
        break;
    imshow("frame",frame);
    writer.write(frame);
    char c = waitKey(5);
    if (c == 27)                                          //Esc键
        break;
}
```

1.3.2 多线程

为什么要进行多线程编程呢?

在多媒体领域通常涉及图像处理、音频处理、视频编解码、视频渲染等操作,对这些多媒体数据进行处理需要大量的计算和 I/O 资源,使用多线程编程可以在处理多媒体数据时充分利用系统的 CPU、内存和 I/O 等资源,从而提高资源的利用率,降低系统负载,保证系统的稳定性和可靠性[5]。

视频传输的单线程操作和多线程操作如图 1.36 所示。在进行视频传输时,使用单线程进行操作,如果在视频解码后需要对视频内容进行相应的检测后再播放,这时可能由于检测速度较慢而导致程序阻塞在视频接收处,从而影响程序的响应速度和用户体验,并且网络抖动也会造成视频播放出现问题,这些都是单线程操作所无法解决的问题。这时可以通过创建一个接收线程和一个解码线程解决上述问题。当接收线程收到数据后,可以先将数据放到缓存区中,解码线程可以从缓存区中一帧一帧地取出视频数据进行解码播放,这样就不会由于解码速度较慢影响视频的播放流畅性。

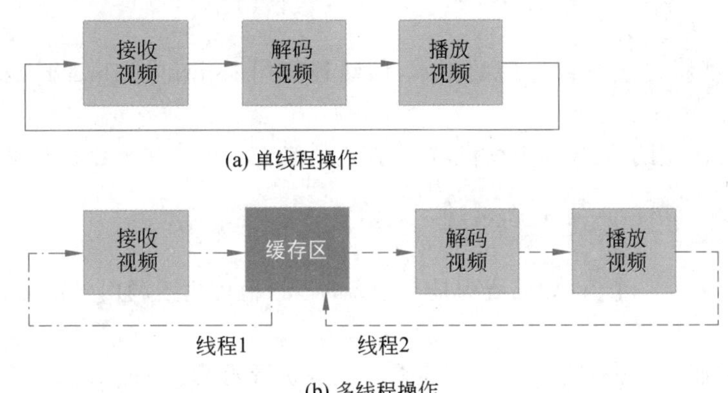

图 1.36　视频传输的单线程操作和多线程操作

那么,进程与线程有什么区别呢?

进程与线程都是操作系统的概念,进程是操作系统资源分配的基本单位,而线程是任务调度和执行的基本单位。

进程是应用程序的执行实例,每个进程由自己私有的虚拟地址空间、代码、数据和各种系统资源组成,进程在运行过程中创建的资源随着进程的终止而销毁。线程是进程内部的执行单元,一个进程一定至少有一个执行线程,例如通常的 main(主线程)。而多线程就是在一个进程内部同时存在多个可并发执行的线程。通过多线程执行,可以避免一个线程长时间占用 CPU 执行。所以,简单说,进程就是一个程序,线程是程序内部的多个可以并行执行的单元。

在多媒体编程中,多线程通常是必须使用的手段。

Linux 系统为多线程编程提供了相关的多线程接口函数,包括 pthread_create()、pthread_join()、pthread_exit()等,以实现多线程编程。需要注意的是,在使用这些接口函数时需要包含 pthread.h 和 stdio.h 头文件。

pthread_create()用来创建一个新的线程,其函数原型如下:

```
int pthread_create(pthread_t * thread, const pthread_attr_t * attr,
    void * (* start_routine) (void *), void * arg);
```

各个参数的含义如下:

- thread:表示 pthread_create 函数调用成功后新建线程的线程 ID。
- attr:指定新建线程的属性。当 attr 设置为 NULL 时,表示新建线程采用默认属性(非绑定、非分离、默认堆栈大小及与父进程同样级别的优先级)。
- start_routine:以函数指针的方式指明新建线程需要执行哪个函数。
- arg:向 start_routinue() 函数的形参传递数据。将 arg 置为 NULL 时,表示不传递任何数据。

pthread_join()用于等待另一个线程结束。其函数原型如下:

```
int pthread_join(pthread_t thread, void **retval);
```

参数含义如下:

- thread:线程 ID。
- retval:线程终止时返回值的副本,即线程调用 return 或 thread_exit()时所指定的值。

pthread_exit()用于阻塞调用线程,直到指定的线程终止。其函数原型如下:

```
void pthread_exit(void * retval);
```

参数 retval 返回一个值(如果线程是非分离的),该值可用于调用 pthread_join()的同一进程中的另一个线程。

这些函数的使用方法如下。首先定义两个线程执行函数:recv_thread()函数用于接收客户端传输过来的数据,将其存储到全局队列中;write_thread()函数用于从全局队列中读取数据,将其写入文件中。然后在主函数中通过 pthread_create()函数创建接收线程和写数据线程,并通过 pthread_join()函数启动相应的线程。最后通过 pthread_exit()函数结束对应的线程。这样可以提高接收数据和写入数据的效率。代码格式如下:

```
/*********************************
 * @recv_thread: 该函数为接收数据线程,读取文件描述符 connfd 中的信息,存储到全局队列中
 * @variable1: 监听客户端的文件描述符
*********************************/
void * recv_thread(int * connfd)
{  …
}
/*******************************
 * @write_thread:该函数为写入数据线程,从全局队列中读取数据,写入文件
 * @variable1:null
******************************/
void * write_thread(void * arg)
{  …
}
pthread_t recv_obj, write_obj;                                    //创建两个线程变量
pthread_create(&recv_obj, NULL, recv_thread, (void * )&connfd);  //接收数据线程
pthread_create(&write_obj, NULL, write_thread, NULL);           //写数据线程
pthread_join(recv_obj, NULL);                                     //启动线程并等待线程结束
pthread_join(write_obj, NULL);
pthread_exit(NULL);                                               //结束调用的线程
```

1.3.3 同步互斥锁

在多线程编程中,多个线程可能会同时访问同一个共享资源,例如共享内存、文件、网络套接字等。当多个线程同时访问同一共享资源时,可能会导致数据的不一致和混乱,这种情

况称为竞态条件。

如图 1.37 所示，在进行视频传输时，当接收视频的写线程在向缓冲区写入一帧数据时，解码视频的读线程又要读出这一帧数据，这样就容易造成数据的混乱。这时就需要使用同步互斥锁保护共享资源，确保每个线程都按照正确的顺序进行访问，避免竞态条件的发生。

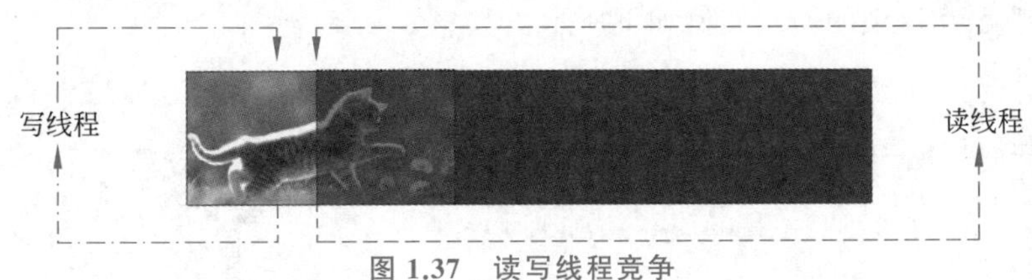

图 1.37　读写线程竞争

那么，互斥锁是什么呢？互斥锁是用来保护对共享资源的操作，即保护线程对共享资源的操作代码可以完整执行，而不会在访问的中途被其他线程介入，对共享资源进行访问。通常把对共享资源操作的代码段称为临界区，其共享资源也可以称为临界资源。因此，互斥锁的工作原理就是对临界区进行加锁，以保证处于临界区的线程不被其他线程打断，确保其运行完整。

使用互斥锁的操作流程如图 1.38 所示。

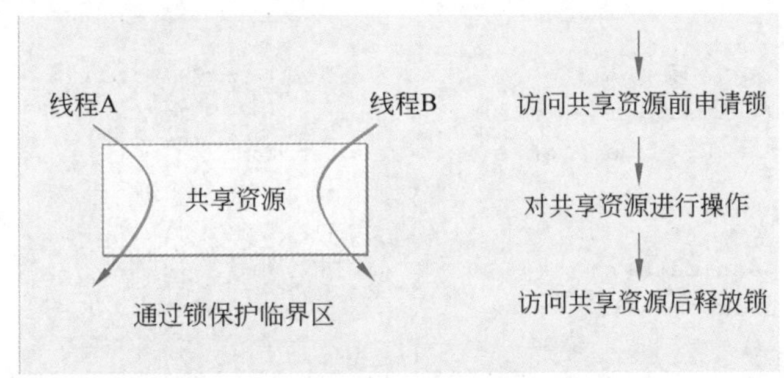

图 1.38　使用互斥锁的操作流程

(1) 在访问共享资源前，需要先申请锁。如果该锁已被其他线程占用，则当前线程进入阻塞状态，等待锁被释放。

(2) 在获得锁之后，可以对共享资源进行访问，此时只有当前线程可以访问该共享资源。

(3) 在访问完共享资源后，当前线程需要释放互斥锁，以便其他线程可以获取该锁并访问共享资源。

如何在多线程编程中使用互斥锁呢？

在 C++ 中可以使用标准库中的 std::mutex 类实现互斥锁，其使用方法如下：

(1) 头文件引入。需要在代码文件中引入头文件<mutex>。

(2) 定义互斥锁变量：std::mutex mx。

(3) 加锁。使用 std::mutex 类的 lock()函数加锁。如果该锁已被其他线程占用，则当前线程进入阻塞状态，等待该锁被释放。

(4) 解锁。使用 std::mutex 类的 unlock()函数释放锁，以便其他线程可以获取该锁并访问共享资源。

在使用完互斥锁后,std::mutex 对象会自动释放资源,不需要调用任何函数对锁进行销毁。

注意,在编程中,上锁和解锁一定要配对使用,使用完毕后一定要解锁。一旦忘记解锁,将导致系统发生死锁,无法继续运行。

多线程编程互斥锁的使用实例如下所示:

```
//std::unique lock<std::mutex> lock(mx);
con_var.wait(lock,[] ()
{ return !(data_que.size() == 0); });
std::string data = data_que.front();
mx.lock();
data_que.pop();
mx.unlock();
con_var.notify_one();
std::cout << " write "<<data.size() << std::endl;
if (data.size() == 0)
{
    fwrite("\0",1, 1, fp);
    break;
}
mx.lock();
con_var.wait(lock,[] ()
{ return ! (data_que.size() == 20) ; });
std::cout <<"read" << data.size() << std::endl;
if (n == 0)
{
    data_que.push(data);
    con_var.notify_one();
    mx.unlock ();
    break;
}
data_que.push(data);
mx.unlock();
con_var.notify_one();
```

1.3.4 套接字

在多媒体通信中,需要在网络中传输多种类型的数据,如音频、视频、图像、文本等,通过互联网或其他网络实现数据的传输和共享,使得用户可以通过网络获得多媒体信息。不同设备之间应该如何进行通信呢?

实际上,两个设备间的通信是对应的应用程序之间的通信。应用程序通常通过套接字(socket)向网络发出请求或者应答网络请求,使主机间或者一台计算机上的进程间可以进行通信。套接字可以看成用户进程与内核网络协议栈的编程接口,它的诞生是为了应用程序能够更方便地将数据经由传输层传输,所以它本质上就是对 TCP/IP 进行了一层封装,应用程序不直接对 TCP/IP 进行操作,而是调用 Socket API 进行通信[6]。TCP/IP 应用程序工作模型如图 1.39 所示。

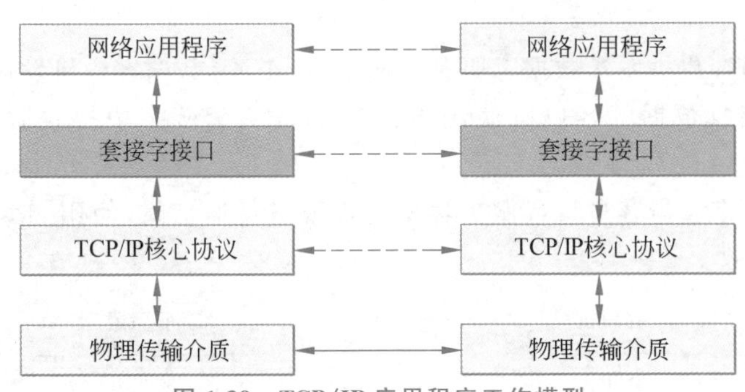

图 1.39　TCP/IP 应用程序工作模型

套接字允许一个应用程序与网络中的其他应用程序进行通信。利用套接字实现收发的基本过程如图 1.40 所示，主要包括以下 3 个步骤：

(1) 主机 A 上的网络应用程序要发送数据时，首先通过调用数据发送函数将要发送的一段数据写入套接字中。

(2) 主机 A 的网络管理软件将套接字中的内容通过主机 A 的网络接口卡发送到主机 B。

(3) 主机 B 的网络接口卡接收到这段信息后，将其传送给主机 B 的网络管理软件，主机 B 的网络管理软件将这段信息保存在主机 B 的套接字中；然后主机 B 上的网络应用程序才从套接字中读取信息。

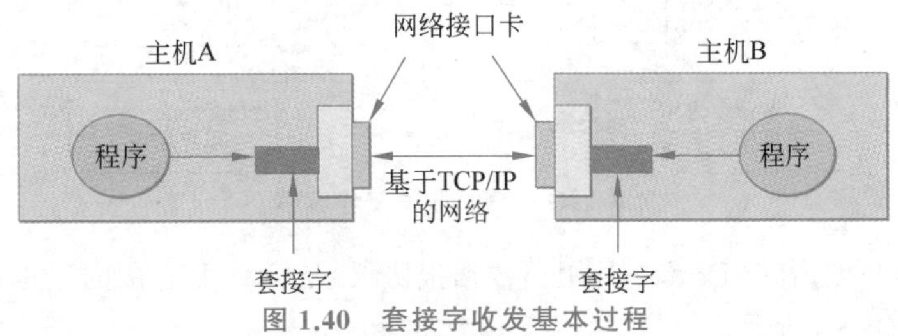

图 1.40　套接字收发基本过程

由于传输层的核心协议有两种：TCP 和 UDP，并且使用不同的协议所对应的 Socket API 也有所不同，分别是流格式套接字和数据报格式套接字，因此利用 TCP 和 UDP 收发数据的工作流程也不同。

TCP(Transmission Control Protocol，传输控制协议)是一种面向连接的可靠数据传输协议，其收发流程如图 1.41 所示，主要包括以下几个步骤：

(1) 服务器创建监听套接字。服务器使用系统调用 socket()函数创建一个套接字，并使用 bind()函数将其与本地 IP 地址和端口号绑定，然后使用 listen()函数将套接字设置为监听状态，等待客户机连接。

(2) 客户机创建套接字并发起连接。客户机使用 socket()函数创建一个套接字，并使用 connect()函数向服务器发起连接请求，建立 TCP 连接。

(3) 服务器接受连接请求并创建新的套接字。当服务器收到客户机的连接请求时，使用 accept()函数接受请求，并创建一个新的套接字，用于与客户机进行通信。

(4) 客户机向服务器发送数据。客户机使用 send()函数向服务器发送数据。

(5) 服务器接收数据。服务器使用 recv()函数从套接字中接收客户机发送过来的数据。

(6) 服务器向客户机发送数据。服务器使用 send()函数向客户机发送数据。

(7) 客户机接收数据。客户机使用 recv()函数从套接字中接收服务器发送过来的数据。

(8) 关闭套接字。当客户机或服务器不再需要进行通信时,使用 closesocket()函数关闭套接字,释放资源。

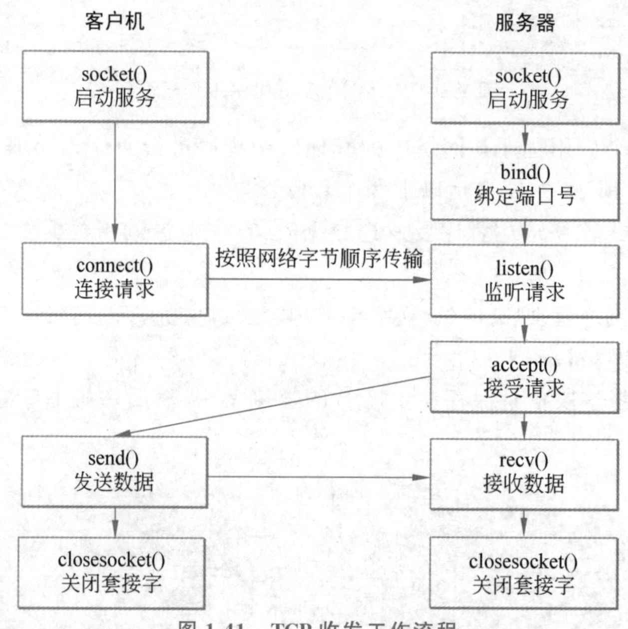

图 1.41 TCP 收发工作流程

UDP(User Datagram Protocol,用户数据报协议)是一种无连接的数据传输协议,其收发工作流程如图 1.42 所示,主要包括以下几个步骤:

(1) 服务器创建套接字。服务器使用 socket()函数创建一个套接字,并使用 bind()函数将其绑定到服务器的 IP 地址和端口号。

(2) 客户机创建套接字。客户机使用 socket()函数创建一个套接字。

(3) 客户机发送数据。客户机使用 sendto()函数向服务器发送数据。该函数需要传入待发送的数据缓冲区、数据长度、目标 IP 地址和端口号等参数。

(4) 服务器接收数据。服务器使用 recvfrom()函数从套接字中接收数据。该函数会阻塞等待,直到有数据到达为止。接收到的数据会保存在指定的缓冲区中,并返回数据长度和发送方的 IP 地址和端口号等信息。

(5) 服务器发送数据。服务器使用 sendto()函数向客户机发送数据。该函数需要传入客户机发送的参数。

(6) 客户机接收数据。客户机使用 recvfrom()函数从套接字中接收数据。该函数会阻塞等待,直到有数据到达为止。客户机接收数据和服务器接收数据的操作一样。

(7) 关闭套接字。服务器和客户机都使用 closesocket()函数关闭套接字,释放资源。

在套接字编程中,下面 10 个函数是实现客户机与服务器通信的关键函数。

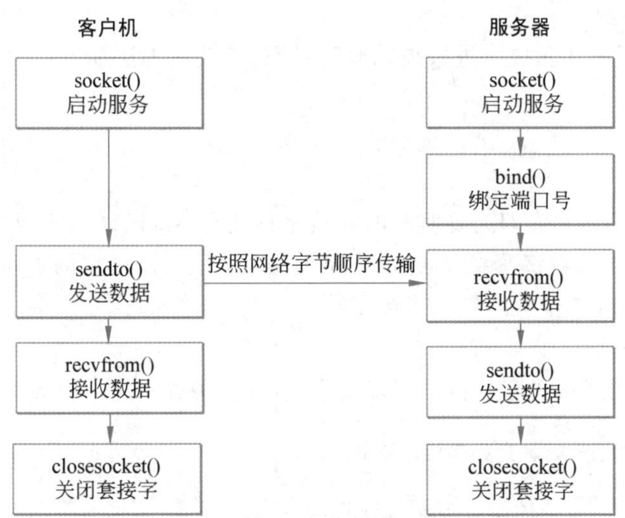

图 1.42　UDP 收发工作流程

(1) socket()函数。

socket()函数用来创建套接字,其使用方法如下:

```
//创建 socket,使用 IP 地址(PF_INET) + SOCK_DGRAM
int fd_socket = socket(PF_INET, SOCK_DGRAM, 0);
```

其中,第一个参数 PF_INET 表示使用 IPv4 地址协议族,第二个参数 SOCK_DGRAM 表示使用 UDP,第三个参数 0 表示自动选择 SOCK_DGRAM 对应的默认协议。该函数返回一个文件描述符。

(2) bind()函数。

bind()函数将套接字与特定的 IP 地址和端口号绑定,其使用方法如下:

```
//绑定 IP 地址和端口号
in_addr_t  ip_num = inet_addr(ip);
sockaddr_in addr_server = {AF_INET, port, ip_num};
bind(fd_socket, (sockaddr *)&addr_server, sizeof(addr_server));
```

其中,第一个参数 fd_socket 指定要绑定的套接字,第二个参数 addr_server 指定该套接字的本地地址信息,第三个参数 sizeof(addr_server)指定该地址结构的长度。

(3) connect()函数。

connect()函数用来建立客户机与服务器的连接,其使用方法如下:

```
//连接服务器
in_addr_t ip_num = inet_addr (ip);
sockaddr_in addr_server = {AE_INET,port,ip_num};          //服务器地址
connect(fd_conn, (sockaddr *)&addr_server, sizeof(addr_server));
```

其中,第一个参数 fd_conn 为客户机的套接字描述符,第二参数 addr_server 为服务器的套接字地址,第三个参数为套接字地址的长度。

(4) listen()函数。

listen()函数用来让套接字进入被动监听状态,其使用方法如下:

```
//监听套接字
listen(fd_listen,num);
```

其中,第一个参数 fd_listen 即为要监听的套接字描述符,socket()函数创建的套接字默认是主动类型的,listen()函数将套接字变为被动类型的,等待客户端的连接请求;第二个参数 num 为相应套接字可以排队的最大连接个数。

(5) accept()函数。

accept()函数用来接受客户机的连接请求,其使用方法如下:

```
//接受客户机连接请求,并返回连接套接字
sockaddr_in addr_client;
socklen_t len_client_addr = sizeof(addr_client);
int fd_conn = accept(fd_listen, (sockaddr *)&addr_client, &len_client_addr);
```

其中,第一个参数 fd_listen 为服务器套接字文件描述符,第二个参数 addr_client 用来保存客户机的 IP 地址和端口号,第三个参数 len_client_addr 表示 addr_client 的长度。此时服务器通过 accept()函数返回的套接字完成与客户机的通信。

(6) send()函数。

send()函数用来发送数据,其使用方法如下:

```
send(fd_conn, message, strlen(message), 0);
sleep(1);
```

其中,第一个参数 fd_conn 为要发送数据的套接字;第二个参数 message 为要发送的数据的缓冲区地址;第三个参数 strlen(message)为要发送的数据的字节数;第四个参数为发送数据时的选项,通常设置为默认值 0。

(7) recv()函数。

recv()函数用来接收数据,其使用方法如下:

```
memset(buf, '\0', sizeof(buf));
int ret = recv(fd_conn, buf, sizeof(buf)-1, 0);
```

其中,第一个参数 fd_conn 为要接收的数据的套接字;第二个参数 buf 为要接收的数据的缓冲区地址;第三个参数 sizeof(buf)−1 为要接收的数据的字节数;第四个参数为接收数据时的选项,通常设置为默认值 0。

(8) sendto()函数。

在使用 UDP 进行套接字通信时,使用 sendto()函数发送数据。由于 UDP 套接字不会保持连接状态,每次传输数据时都要添加目标地址信息,其使用方法如下:

```
sendto(sock, buffer, strlen(buffer), 0, (struct sockaddr *)&servAddr, sizeof
(servAddr));
```

```
int strLen = recvfrom(sock, buffer, BUF_SIZE, 0, &fromAddr, &addrLen);
buffer[strLen] = 0;
```

其中，第一个参数 sock 为用于传输 UDP 数据的套接字；第二个参数 buf 为用来保存待传输数据的缓冲区地址；第三个参数 BUF_SIZE 表示待传输数据的长度；第四个参数为可选参数，若没有数据时可传输 0；第五个参数为存有目标地址信息的 sockaddr 结构体变量的地址；第六个参数为 sockaddr 结构体变量的长度。

(9) recvfrom()函数。

由于 UDP 数据的发送端不定，所以要用 recvfrom()函数定义发送端，其使用方法如下：

```
//定义发送端
memset (buf, '\0', sizeof(buf));
int ret = recvfrom(fd_socket,buf,sizeof(buf)-1,0,
        (sockaddr *)&addr_client,&len_addr_client);
char * ip_client = inet_ntoa(addr_client.sin_addr);
int port_client = addr_client.sin_port;
```

其中，第一个参数 fd_socket 为接收 UDP 数据的套接字；第二个参数 buf 为用于保存接收数据的缓冲区地址；第三个参数 sizeof(buf)－1 表示可接收的最大字节数；第四个参数为可选参数，若没有数据可传输 0；第五个参数表示存有发送端地址信息的 sockaddr 结构体变量的地址；第六个参数表示 sockaddr 结构体变量的长度。

(10) close()函数。

close()函数用来关闭套接字，并释放分配给该套接字的资源，其使用方法如下：

```
//关闭套接字
close(fd_coon);
close(fd_listen);
```

1.4 本章小结

本章主要对智能多媒体的基础知识进行介绍。

首先，概述了智能多媒体基础知识，介绍了多媒体的概念以及多媒体和人工智能的关系——人工智能处理的基础是多媒体数据，并介绍了智能多媒体的 3 个关键技术和性能指标。

其次，从边缘人工智能入手，介绍了边缘人工智能中的嵌入式开发基础，对边缘人工智能的应用场景、开发平台、开发环境搭建和 Docker 开发平台进行了详细介绍，并介绍了 Linux 开发的必备基础，包括 Vim 操作、常用命令以及常用工具等。

最后，介绍了多媒体编程基础，包括视频文件的读写、多线程、同步互斥锁和套接字。

习　　题

1. 简述多媒体与人工智能的关系。

2. 嵌入式人工智能芯片的核心是什么?

3. 请列举至少 3 个嵌入式人工智能芯片厂家。

4. 在多媒体处理中为什么需要多线程编程?

5. 多线程编程中通常利用什么进行线程同步?

6. 设计两个线程,写线程循环写入不同图片文件,读线程读出图片文件(不需要显示),要求两个线程同步。

7. 设计一个发送端和一个接收端,发送端可以发送 TCP/UDP 数据给接收端,接收端可以接收 TCP/UDP 数据。

第2章 数字图像处理技术

本章学习目标

- 掌握图像处理的基本概念。
- 掌握色彩空间模型及其转换方法。

数字图像处理又称为计算机图像处理，是将图像信号转换成数字信号并利用计算机对其进行处理的过程。数字图像处理最早出现于 20 世纪 50 年代，早期图像处理的目的是改善图像质量，以提升其视觉效果。美国喷气推进实验室对航天探测器徘徊者 7 号在 1964 年发回的几千张月球照片使用了几何校正、灰度变换、去除噪声等图像处理技术进行处理，并考虑了太阳的位置和月球环境的影响，由计算机成功地绘制出月球表面地图，获得了巨大的成功，推动了数字图像处理这门学科的诞生。图像处理技术在国民经济的许多应用领域，例如医学、航空航天、遥感、生物医学工程、气象、工业检测、通信领域、机器人视觉等，都受到广泛重视并取得了重大的开拓性成就，使图像处理成为一门引人注目、前景远大的新型学科。随着应用端需求爆发，数字图像处理技术持续保持强劲的增长态势，已在各行业投入使用，是人工智能技术中落地范围最广的技术之一。

本章将介绍图像处理的基础知识，包括图像中像素、分辨率、位深、帧率、码率、色彩空间、灰度等基本概念，RGB、YUV 等各种色彩空间模型及其转换方法，灰度变换、直方图变换等图像预处理技术，以及 Sobel、Canny 边缘检测算法。

2.1 基础知识

数字图像处理技术在多媒体应用中具有重要的地位。像素、分辨率、位深、帧率、码率等是数字图像技术中的重要概念，它们的取值不同会对数字图像的质量产生重要的影响。本节将重点介绍上述各个概念的具体含义。

2.1.1 像素

像素是整个图像中不可分割的单位或元素。对一幅图像进行放大后，可以看到，图像是由明暗不同并按一定规律排列的小点组成的。这些小点称为像素或者像素点，是组成图像的最小单位。每一个像素的灰度值/颜色值是独立取值的，这样就可以组成不同的图像。对数字图像来说,一幅灰度图像通常用矩阵表示,矩阵的维度即为像素数,矩阵中的每个元素就对应相应位置的像素的灰度值,如图 2.1 所示。

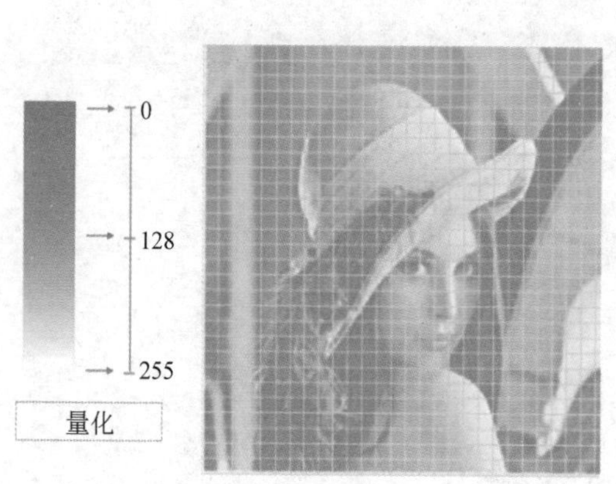

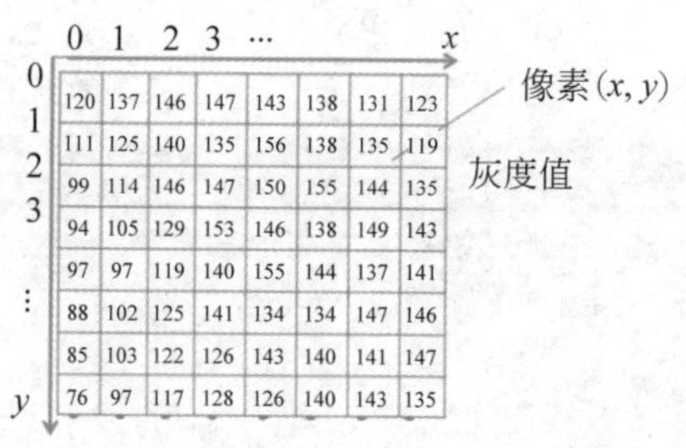

120	137	146	147	143	138	131	123
111	125	140	135	156	138	135	119
99	114	146	147	150	155	144	135
94	105	129	153	146	138	149	143
97	97	119	140	155	144	137	141
88	102	125	141	134	134	147	146
85	103	122	126	143	140	141	147
76	97	117	128	126	140	143	135

$$\boldsymbol{I}=\begin{bmatrix} i_{0,0} & i_{0,1} & \cdots & i_{0,n-1} \\ i_{1,0} & i_{1,1} & \cdots & i_{1,n-1} \\ \vdots & \vdots & \ddots & \vdots \\ i_{m-1,0} & i_{m-1,1} & \cdots & i_{m-1,n-1} \end{bmatrix}$$

图 2.1 像素及其表示

像素越小,单位面积上的像素越多,图像就越清晰。例如,按我国电视标准,每幅画面分解为 625 行,即在垂直方向可以有 625 个像素。因为屏幕宽高比为 4∶3,故在水平方向的像素为 625×4/3≈833 个。因而整个屏幕可分解的像素为 625×833=520 625 个,即一幅电视画面是由 50 多万个位置固定、亮度随时间或空间变化的像素点组成的。电视会将一幅画面分解成许多个像素,并把每个像素都变成电信号发射出去。在接收端,再将这些电信号重新组合还原成光信号,组成图像。

像素数可以用一个数表示,例如一个“0.3 兆像素”的数码相机有 30 万像素;也可以用一对数字表示,例如“640×480 显示器”(例如 VGA 显示器),它表示横向 640 像素、纵向 480 像素,因此其总共有 640×480=307 200 个像素。现在的手机相机的像素已达到亿的级别,但像素是指图像传感器(通常为 CMOS 传感器)上的像素数量,仅是评判手机成像质量的诸多标准之一。成像质量要综合考虑传感器面积(影响进光量)、片上系统的处理能力以及图像处理算法等因素。

2.1.2 分辨率

分辨率决定了位图图像的精细程度,它表示单位物理尺寸上有多少个像素。通常情况下,图像的分辨率越高,包含的像素就越多,图像就越清晰,印制的质量也就越好。同时,它也会增加文件占用的存储空间。表示图像分辨率的方法有很多种,主要取决于不同的用途。

例如,在出版业、平面设计中常用 DPI(Dots Per Inch,点每英寸)表示分辨率。大多数网页的常用图像分辨率为 72DPI,即每英寸像素数为 72,1 英寸等于 2.54 厘米,通过换算可以得出每厘米包含 28 个像素,则 15cm×15cm 的图片分辨率为 420×420。除了 DPI 外,分辨率还经常用线每英寸(Lines Per Inch,LPI)、像素每英寸(Pixels Per Inch,PPI)等单位表示。当图像分辨率以 PPI 度量时,它和图像的宽、高尺寸一起决定了图像文件的大小及图像质量。例如,一幅图像有 8in×6in,分辨率为 100PPI,如果保持图像文件的大小不变,也就是总的像素数不变,将分辨率降为 50PPI,在宽高比不变的情况下,图像将变为 16in×

12in。打印输出变化前后的这两幅图，会发现后者的面积是前者的 4 倍，同时图像质量下降了许多。而把这两幅变化前后的图送入计算机显示器，如送入 800×600 的显示器，则会发现这两幅图的画面尺寸一样，画面质量也没有区别。对于计算机的显示系统来说，一幅图像的 PPI 值是没有意义的，起作用的是这幅图像所包含的总的像素数，也就是另一种分辨率表示方法：水平方向的像素数×垂直方向的像素数。这种分辨率表示方法同时也表示了图像显示时的宽、高尺寸。PPI 值变化前后的两幅图总的像素数都是 800×600，因此在显示时是分辨率相同、幅面相同的两幅图像。

对于显示器来说，分辨率就是屏幕的精密度，即显示器能显示的像素数。分辨率 1024×768 的意思是水平像素数为 1024 个、垂直像素数为 768 个。分辨率越高，像素的数目越多，图像越精细。而在屏幕尺寸一样的情况下，分辨率越高，显示效果就越细腻。分辨率不仅与显示器的屏幕尺寸有关，还受显像管点距、视频带宽等因素的影响。其中，它和刷新频率的关系比较密切，严格地说，只有当刷新频率为无闪烁刷新频率时，显示器能达到的最高分辨率才是其最高分辨率。

视频的空间分辨率通常按行、列、总像素数 3 种方式表示：

(1) 按行表示。常用于视频显示格式，如 1080P，其中 P 意为"逐行扫描"。1080P 表示在宽高比为 16∶9 的情况下，视频总共有 1080 行像素。

(2) 按列表示。表示视频中每一帧图像的列像素数的级别，如 2K 视频表示视频中每一帧图像的列像素数在 2K 级别。

(3) 按总像素数表示。通常说的几百万像素指的是图像的总像素数，即 $M \times N$ 的值。如图 2.2 所示，不同分辨率的图像的视觉效果也大有不同，分辨率越高，显示器可显示的像素越多，画面就越精细。通常，4K 的分辨率为 3840×2160 像素，用于电视、电影、手机等行业；2K 的分辨率为 2560×1440 像素，用于影院银幕、电视机、互联网媒体、手机屏幕；1080P 的分辨率为 1920×1080 像素，用于投影仪、显示器和手机屏幕；720P 的分辨率为 1280×720 像素，如高清视频。常用分辨率如图 2.3 所示。

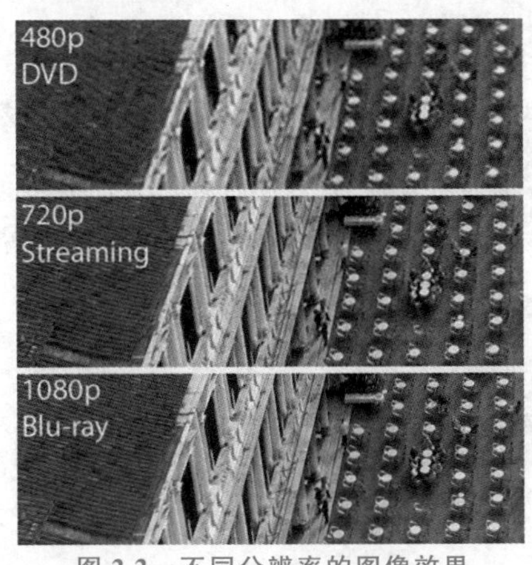

图 2.2　不同分辨率的图像效果

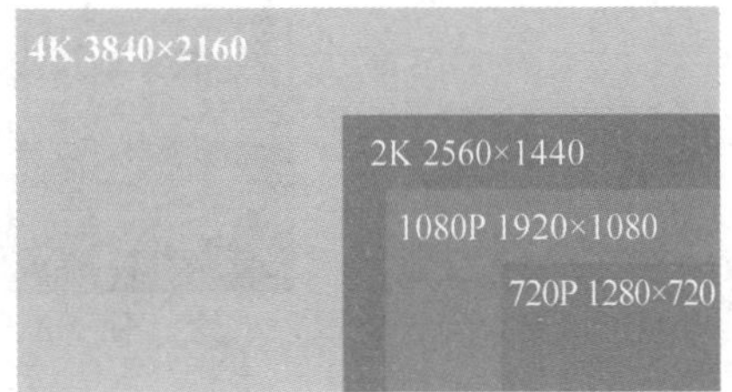

图 2.3　常用分辨率

2.1.3　位深

分辨率可以认为是在空间上对图像进行离散化，而位深则可以认为是在幅值上对图像进行离散化。因此,位深也称作位分辨率(bit resolution),代表一幅图像中每个像素用多少位二进制数表示。这些位表示能够显示或打印的灰度图像每个像素上的灰度值或彩色图像每个像素上的颜色值。当位深为 B 时,可以表示的灰度/颜色的级别共有 2^B 个。不同位深的灰度图像如图 2.4 所示,位深为 1 的图像中每个像素只能取两个灰度级中的一个,因此图像仅能有纯黑和纯白两种颜色;位深为 8 的图像意味着每个像素可以有 2^8(即 256)种灰度或颜色组合。

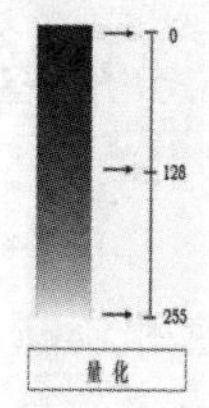

位深为8,
灰度级为256

位深为5,
灰度级为32

位深为3,
灰度级为8

位深为1,
灰度级为2

图 2.4 不同位深的灰度图像

在显示设备上,数字彩色图像中的每个像素通常都由三原色(红色、绿色和蓝色)组合而成。每种原色通常被称为颜色通道,可以具有其位深指定范围内的任何强度值。每种原色的位深称为每通道比特数。每像素比特数指的是所有 3 个颜色通道中的比特数的总和,并表示每个像素可用的总颜色。24 位深能够表现 2^{24}(约 1670 万)种不同的颜色,其中每个颜色通道都分配了 8 位,也就是说三原色每一种都可以有 256 种变化。由于人的眼睛仅能区分 1200~1400 万种不同的颜色,所以 24 位颜色也叫作彩色或真彩色。不同位深的彩色图像如图 2.5 所示。位深越大,彩色图像呈现出来的颜色越丰富,图像越细腻逼真。电影和电视制作中的数字视频标准位深是 8 位。大多数视频流是 8 位色彩深度。以往 10 位位深都用于高端产品,近几年开始在中端数码单反相机中使用。而 12 位位深也逐渐用于超高清视频以提供更逼真的色彩。

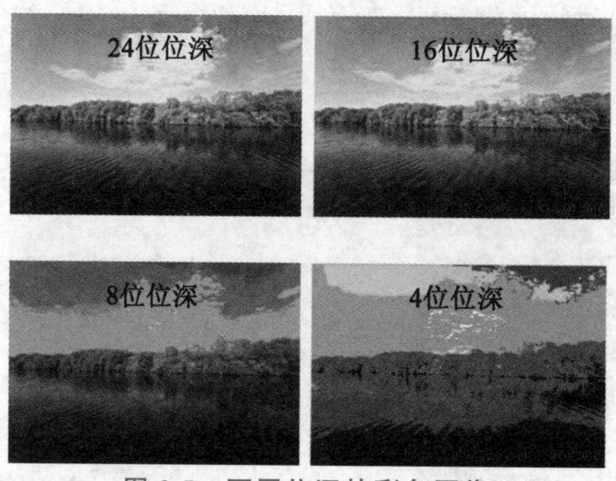

图 2.5 不同位深的彩色图像

2.1.4 帧率

所谓帧率,指的是相机在 1s 内拍摄多少幅连续的画面或图像连续出现在显示器上的频率(速率),它的单位是帧/秒(frame per second,fps)。帧率也可以称为帧频,并以赫兹(Hz)

表示。众所周知,人的视觉系统对画面有短暂的记忆能力,在同一形象不同动作连续出现的时候,只要形象的动作切换速度足够快,人在看下一幅画面时,会重叠前一幅画面的印象,因此产生形象在运动的幻觉。这是视频这一内容形式之所以能成立的生理依据。

帧率表示图形处理器每秒能够更新的次数,高帧率可以得到更流畅、更逼真的动画,而过低的帧率则会导致较强的画面跳动感。一般来说,30fps 就是可以接受的,但是将性能提升至 60fps 则可以明显提升交互感和逼真感,如图 2.6 所示。超过 75fps 就不容易察觉到流畅度有明显的提升了。如果帧率超过屏幕刷新率,只会浪费图形处理的能力,因为显示器不能以这么快的速度刷新,这样超过刷新率的帧率就浪费了。

图 2.6　高帧率可提升交互感和逼真感

2.1.5　码率

码率是数据传输时单位时间传送的数据比特数。码率是视频画面质量控制中的重要参数,单位是 kb/s 或者 Mb/s。一般来说,同样分辨率下,视频文件的码率越高,压缩比就越小,画面质量就越高。码率越高,说明单位时间内取样率越高,数据流精度就越高,处理后的文件就越接近原始文件,图像质量越好,对播放设备的解码能力要求也越高。设 D5 碟中视频文件的容量为 3.546GB,视频长度为 100min,则码率为 $3.546\times1024\times1024\times8/6000=4841.472$kb/s。而时长为 1s 的 8Mb/s 的视频将会产生 1MB 的数据(不含音频数据)。高码率的视频会接近未压缩过的画质,但是过高的码率也会带来数据冗余的问题。编码的核心就是如何以较小的文件容量保留更多的画面和声音信息。

视频在经过编码压缩时可能会降低码率,过低的码率会造成画面中出现马赛克,即画面中一些区域的色阶劣化,从而造成颜色混乱,导致看不清细节的情况,如图 2.7 所示。在码率恒定的情况下,可以通过降低分辨率(也就是每帧画面中的像素数量)防止出现马赛克,因为像素越少,就越不需要共享像素进行渲染。码率与分辨率、帧率、编码格式之间有一定的约束关系。例如,H.265 在高分辨率下可以比 H.264 节约很多带宽,但同时也会带来更高的解码压力。而码率和分辨率的配合也相当重要,高分辨率低码率会造成画面中的马赛克,而高码率低分辨率则会丢失大量细节。假定每一帧的分辨率是固定的,那么提高帧率,就必须同时提高码率。

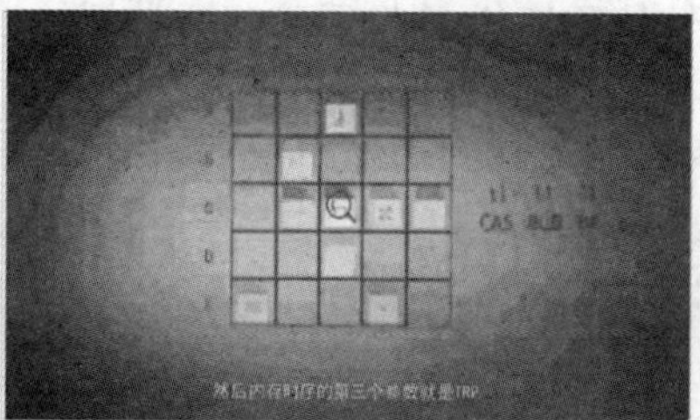

(a) 192kb/s码率

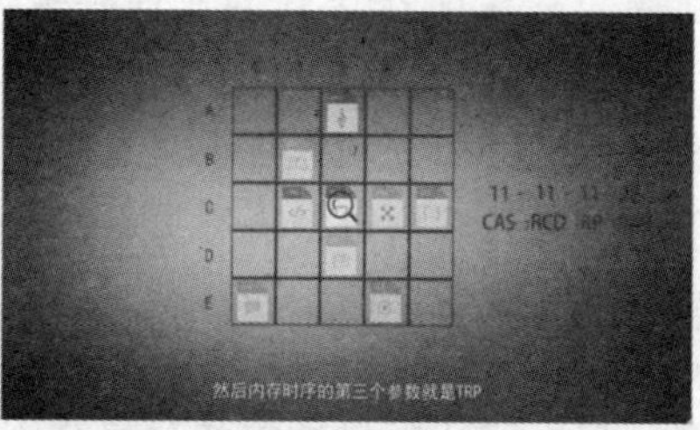

(b) 5354kb/s码率

图 2.7 码率与画面细节

2.1.6 PSNR

在图像压缩、去噪及图像生成时,往往需要利用量化的图像质量评价指标指导算法迭代过程。评估图像质量的方式有很多,可以从像素差异入手,也可以从图像整体结构入手。PSNR,即峰值信噪比(Peak Signal to Noise Ratio),是一种常用的图像质量客观评价指标。基于 PSNR 评价图像整体质量的示例如图 2.8 所示。

(a) 原图

(b) 图像宽高分别缩小1/2再放大到原图，PSNR=30.2dB

(c) 图像宽高分别缩小1/5再放大到原图，PSNR=24.5dB

图 2.8 基于 PSNR 评价图像整体质量的示例

PSNR 借助均方误差计算图像失真情况,其最小值为 0。而 PSNR 值越大代表失真图像与参考图像越接近,即画质越好。计算 PSNR 前,首先要计算均方误差(Mean Square Error,MSE),即两张图片逐像素差异比较的结果。以两张大小为 $M\times N$ 的灰度图片为例,MSE 计算方法如式(2.1)所示:

$$\mathrm{MSE}=\frac{1}{MN}\sum_{i=0}^{M-1}\sum_{j=0}^{M-1}[I(i,j)-K(i,j)]^2 \tag{2.1}$$

其中,$I(i,j)$和$K(i,j)$分别为参考图像与失真图像在(i,j)位置上的灰度值。对于 RGB 格式的图像,可对 3 个通道均进行相应计算后取平均值,即可获得 MSE。

PSNR 的计算公式如式(2.2)所示:

$$\mathrm{PSNR}=10\log_{10}\frac{\mathrm{MAX}^2}{\mathrm{MSE}} \tag{2.2}$$

其中,MAX 为像素可选择范围的上限。例如,每个像素采用 8 位进行量化,则 $\mathrm{MAX}=2^8-1=255$。因为计算简便,PSNR 是目前图像处理领域应用最为广泛的量化评估方式之一。但是它并不能完全合理地接近人的直觉。例如,同一张图像中,人脸区域的像素噪声和大面积天空区域的像素噪声在同等失真程度的情况下,人的主观感受通常会对前者难以忍受,而对后者有比较大的容忍度。但计算 PSNR 时,所有像素点的权重是一样的,因此无法体现出这种差异。类似地，人眼对于亮度信息的敏感度是高于色度信息的。以上种种因素导致PSNR给出的结果与人的主观感受并不完全一致。如图2.9所示，MSE(或PSNR)相同的图像，可能会使人产生完全不同的主观视觉感受。因此，后来又有其他的质量评估标志被陆续提出，但PSNR仍然是最基础、常见的图像质量评价标准之一。

MSE=0, SSIM=1

MSE=309, SSIM=0.928

MSE=309, SSIM=0.987

MSE=309, SSIM=0.580

MSE=309, SSIM=0.641

MSE=309, SSIM=0.730

图 2.9　不同质量的图像

2.2　彩色图像及图像存储

2.2.1　色彩空间模型

色彩是人的眼睛对于不同频率的光线的不同感受。色彩既是客观存在的(不同频率的光)，又是主观感知的，有认识差异。所以人类对于色彩的认识经历了极为漫长的过程，直到近代才逐步完善起来。色彩空间又称作色域。颜色的描述是通过建立色彩空间模型实现的。国际照明委员会(CIE)在进行了大量的色彩测试实验的基础上提出了一系列色彩空间模型，如RGB、HIS、YUV模型，各种色彩空间模型之间可以通过数学方法转换。

1. RGB 模型

RGB是常用的一种色彩信息表达方式，它使用红(Red)、绿(Green)、蓝(Blue)三原色的亮度定量表示颜色。自然界中肉眼所能看到的任何色彩都可以由这3种色彩混合叠加而成，因此该模型也称为加色混色模型，是以三原色互相叠加实现混色的方法，因而适用于显示器等发光体的显示。

RGB可以看作三维直角坐标系统中的一个单位正方体。任何一种颜色在RGB色彩空间中都可以用三维空间中的一个点表示。在RGB色彩空间中，当任何一个原色的亮度值为0时，即在原点处，就显示为黑色；当三种原色都达到最高亮度时，就显示为白色。在连接黑色与白色的对角线上，是亮度相等的三原色混合而成的灰色，该线称为灰色线，如图2.10所示。计算机彩色显示器的输入需要R、G、B分量按不同比例在屏幕上合成所需要的任意颜色。如果每一种颜色值用 8 位表示,则可表示 $2^8 \times 2^8 \times 2^8 = 16\ 777\ 216$ 种颜色。

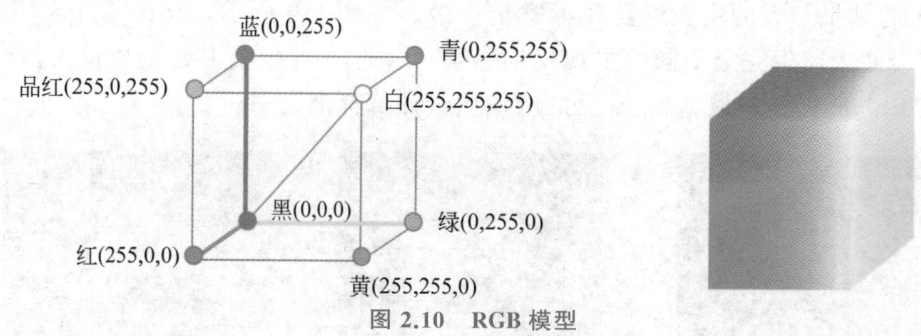

图 2.10 RGB 模型

RGB 模型在存储时常用 RGB555、RGB565(高彩色)或 RGB24(真彩色)格式,如图 2.11 所示。RGB555 是一种 16 位的 RGB 格式,R、G、B 分量都用 5 位表示,剩下的一位不用。在 RGB565 中,R 和 B 分量都用 5 位表示,G 分量用 6 位表示。RGB24 是一种 24 位的存储格式,R、G、B 分量都用 8 位表示,每位取值范围都为 0~255。

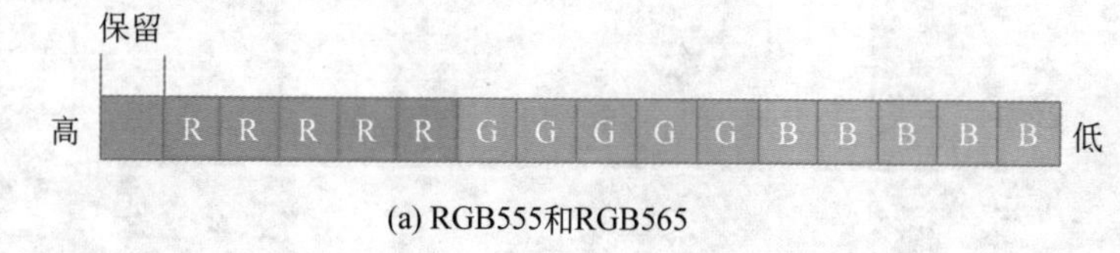

(a) RGB555和RGB565

(b) RGB24

图 2.11 RGB 模型存储格式

RGB 图像中每个像素由 R、G、B 3 个分量表示,空间物理意义明确。但它的颜色与各个分量值的大小有关,因此在图像处理时若改变不同分量的值,则可能会改变颜色。例如,在通过直方图均衡算法调整过暗图片的亮度时,如果直接对 RGB 通道进行直方图均衡,则不仅会改变亮度,还会改变像素的颜色,这与调整的目标不一致。因此,又出现了 HSI 模型和 YUV 模型,将颜色与亮度进行分离。

2. HSI 模型

HSI 色彩空间是从人的视觉系统出发,用色调(Hue)、饱和度(Saturation)和强度(Intensity)描述色彩,它可以用一个圆柱状空间模型描述,如图 2.12 所示。其中,I 表示光照强度,用于确定像素的整体亮度;H 是以角度表示色调,反映该颜色最接近什么光谱波长;S 是色环原点到彩色点的半径长度,用以表示饱和度。

通常把色调和饱和度通称为色度,用来表示颜色的类别与深浅程度。由于人的视觉对亮度的敏感程度远高于对颜色及深浅的敏感程度,为了便于色彩处理和识别,针对人的视觉系统经常采用 HSI 色彩空间,它比 RGB 色彩空间更符合人的视觉特性。

采用 HSI 色彩空间降低了彩色图像处理的复杂性,加快处理速度,它更接近人对彩色的认识和解释。在图像处理和计算机视觉中的大量算法都可以在 HSI 色彩空间中方便地使用,色调、饱和度和亮度可以分开处理而且是互相独立的,因此 HSI 色彩空间可以大大简化图像分析和处理工作。

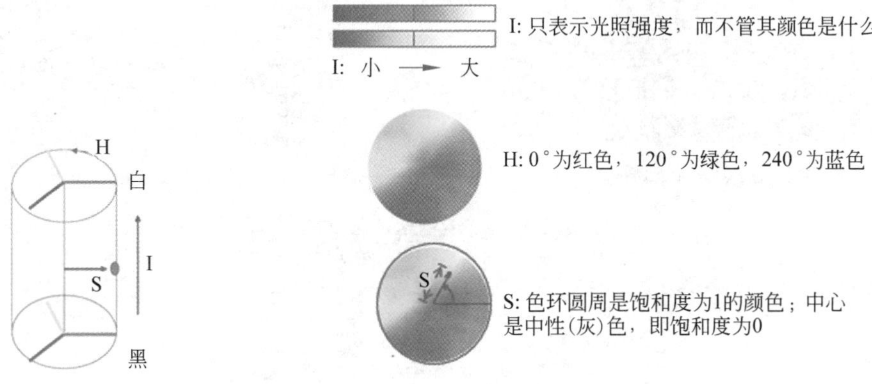

图 2.12　HSI 模型

3. YUV 模型

YUV 是一种颜色编码方法，是亮度参量和色度参量分开表示的像素格式。其中，Y 表示明亮度(luminance)，也就是灰度值；而 U 和 V 表示的则是色度(chrominance)，其作用是描述影像色彩及饱和度，用于指定像素的颜色。

类似的还有 YCbCr 颜色编码方法，其中 Y 是亮度分量，Cb 是蓝色色度分量，而 Cr 是红色色度分量。YCbCr 是在国际视频标准研制过程中作为 ITU-R BT.601 建议的一部分提出的，其实是 YUV 模型经过缩放和偏移的翻版，其中 Y 与 YUV 模型中的 Y 含义一致，Cb、Cr 与 U、V 同样都表示色彩，只是在表示方法上不同而已。在 YUV 模型家族中，YCbCr 模型是在计算机系统中应用最多的一种，其应用领域很广泛，JPEG、MPEG 均采用此格式。一般所说的 YUV 大多是指 YCbCr。YCbCr 常在各种视频处理组件中使用，如图 2.13 所示。

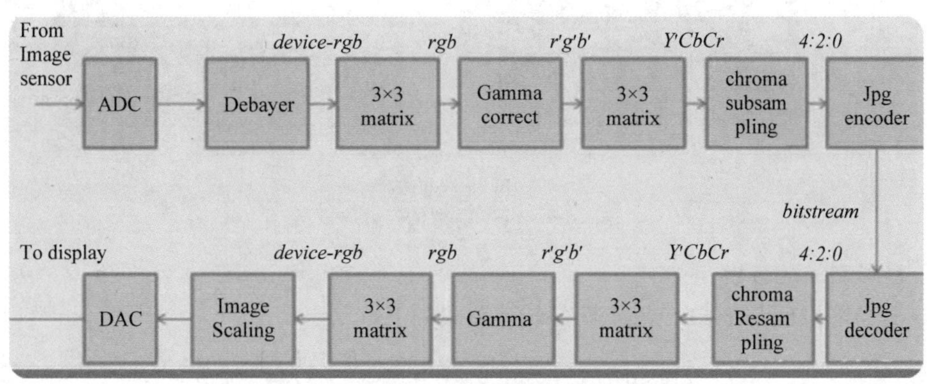

图 2.13　YCbCr 在图像和视频处理中的应用

YUV 模型在对图像或视频进行编码时，考虑到人类的感知能力，允许降低色度的带宽。YUV 码流的存储格式其实与其采样的方式密切相关，平常所说的 YUV $A:B:C$ 一般是指 Y 采样了 A 次、U 采样了 B 次、V 采样了 C 次。主流的采样方式有 3 种：YUV 4∶4∶4、YUV 4∶2∶2 和 YUV 4∶2∶0，如图 2.14 所示。YUV 4∶4∶4 采样是每一个 Y 对应一组 U、V 分量，YUV 4∶2∶2 采样是每两个 Y 共用一组 U、V 分量，而 YUV 4∶2∶0 采样是每 4 个 Y 共用一组 U、V 分量。

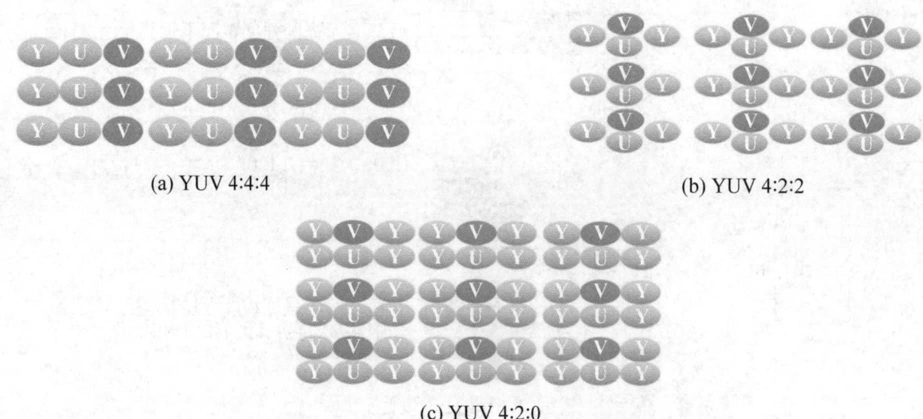

(a) YUV 4:4:4　　(b) YUV 4:2:2

(c) YUV 4:2:0

图 2.14　YUV 模型主流采样方式

而 YUV 模型在具体存储时可分为 Planar 和 Packed 的两种方式，如图 2.15 所示。其中，planer 方式是先连续存储所有 Y 值，接着存储所有的 U 值(或所有的 V 值)，最后再存储所有的 V 值(或所有的 U 值)；而 Packed 方式则是先存储所有像素的 Y 值，然后连续地交错存储 U 值、V 值。

Y0	Y1	Y2	Y3	Y4	Y5
Y6	Y7	Y8	Y9	Y10	Y11
U0	U1	U2	U3	U4	U5
V0	V1	V2	V3	V4	V5

YU16

Y0	Y1	Y2	Y3	Y4	Y5
Y6	Y7	Y8	Y9	Y10	Y11
V0	V1	U2	V3	V4	V5
U0	U1	V2	U3	U4	U5

YV16

(a) Planar方式

Y0	Y1	Y2	Y3	Y4	Y5
Y6	Y7	Y8	Y9	Y10	Y11
U0	V0	U1	V1	U2	V2
U3	V3	U4	V4	U5	V5

NV16

Y0	Y1	Y2	Y3	Y4	Y5
Y6	Y7	Y8	Y9	Y10	Y11
V0	U0	V1	U1	V2	U2
V3	U3	V4	V4	V5	U5

NV61

(b) Packed方式

图 2.15　YUV 模型的存储方式

4. 色彩空间的转换

RGB 色彩空间与 HSI 色彩空间的转换公式如下：

$$\theta = \arcsin \frac{0.5\left[(R-G)+(R-B)\right]}{\left[(R-G)^2+(R-G)(G-B)^{1/2}\right]}$$

$$H = \begin{cases} \theta, & G \geqslant B \\ 360^\circ - \theta, & G < B \end{cases}$$

$$I = \frac{1}{3}(R+G+B)$$

$$S = 1 - \frac{3}{R+G+B}\min(R, G, B) \tag{2.3}$$

(1) 当 $0^\circ \leqslant H < 120^\circ$ 时：

$$R(x,y)=I(x,y)\left[1+\frac{S(x,y)\cos(H(x,y))}{\cos(60^\circ-H(x,y))}\right] \tag{2.4}$$

$$B(x,y)=I(x,y)(1-S(x,y)) \tag{2.5}$$

$$G(x,y)=3I(x,y)-(B(x,y)+R(x,y)) \tag{2.6}$$

(2) 当 $120^\circ \leqslant H < 240^\circ$ 时：

$$R(x,y)=I(x,y)(1-S(x,y)) \tag{2.7}$$

$$G(x,y)=I(x,y)\left[1+\frac{S(x,y)\cos(H(x,y)-120^\circ)}{\cos(180^\circ-H(x,y))}\right] \tag{2.8}$$

$$B(x,y)=3I(x,y)-(R(x,y)+G(x,y)) \tag{2.9}$$

(3) 当 $240^\circ \leqslant H < 360^\circ$ 时：

$$B(x,y)=I(x,y)\left[1+\frac{S(x,y)\cos(H(x,y)-240^\circ)}{\cos(300^\circ-H(x,y))}\right] \tag{2.10}$$

$$R(x,y)=3I(x,y)-(G(x,y)+B(x,y)) \tag{2.11}$$

$$G(x,y)=I(x,y)(1-S(x,y)) \tag{2.12}$$

RGB 色彩空间与 YUV 色彩空间之间也可以互相转换。在 RGB 信号转换为 YUV 信号时，一般先转换为 YUV 4∶4∶4 格式，具体转换公式如式(2.13)所示，然后再将 U、V 信号的分辨率降低，变成所需的格式。在播放视频或显示图像的时候，需要将 YUV 信号转换为 RGB 信号，这个步骤称为渲染，具体转换公式如式(2.14)所示。在进行 YUV 信号到 RGB 信号的转换时，首先需要将 U、V 信号的分辨率拉升到与 Y 信号相同的分辨率，然后再转换为 RGB 信号。

$$\begin{cases} Y=0.299R+0.587G+0.114B \\ U=-0.147R-0.289G-0.436B \\ V=0.615-0.515G-0.100B \end{cases} \tag{2.13}$$

$$\begin{cases} R=Y+1.140V \\ G=Y-0.395U-0.581V \\ B=Y+2.032U \end{cases} \tag{2.14}$$

2.2.2　图像存储格式

图像在现实生活中随处可见，从静态图像到动态视频已经无处不在。为适应各种需求，已有诸多不同的图像格式类型，具体如下。

BMP 是英文 Bitmap(位图)的缩写，它是 Windows 操作系统中的标准图像文件格式，能够被多种 Windows 应用程序所支持。这种格式的特点是包含的图像信息较丰富，几乎不进行压缩，但由此导致了它与生俱生来的缺点——占用存储空间过大。例如，当图像的宽和高分别为 M 和 N，每个像素的量化级别 $L=2^k$ 时，则该图像所需的存储空间为 $M\times N\times k$。如大小为 1366×768、位深为 32 的图像，需要的存储空间为 1366×768×32≈32MB。目前，BMP 格式在单机上比较流行。

GIF 是英文 Graphics Interchange Format(图形交换格式)的缩写。顾名思义，这种格式是用来交换图片的。20 世纪 80 年代，CompuServe 公司针对当时网络传输带宽的限制开发了这种图像格式。GIF 格式的特点是压缩比高,存储空间占用较少,所以这种图像格式迅速得到广泛的应用。最初的 GIF 格式只用来存储单幅静止图像(称为 GIF87a)。后来,随着技术的发展,GIF 格式可以同时存储若干幅静止图像,进而形成动画,成为当时支持 2D 动画为数不多的格式之一(称为 GIF89a)。在 GIF89a 图像中可指定透明区域,使图像具有非同一般的显示效果。目前 Internet 上大量采用的彩色动画文件多为这种格式。此外,考虑到网络传输中的实际情况,GIF 格式还增加了渐显方式,也就是说,在图像传输过程中,用户可以先看到图像的大致轮廓,然后随着传输过程的继续逐步看清图像中的细节部分。但 GIF 格式有一个缺点,即不能存储超过 256 色的图像。尽管如此,这种格式仍在网络上大行其道,这和 GIF 格式的文件较小、下载速度快、可用许多同样大小的图像文件组成动画等优势是分不开的。

JPEG 也是一种常见的图像格式,它由联合照片专家组(Joint Photographic Experts Group)开发并已成为国际标准(ISO 10918-1)。JPEG 文件的扩展名为.jpg 或.jpeg,它用有损压缩方式去除冗余的图像和彩色数据,在获得极高的压缩率的同时能展现生动的图像,可用较小的存储空间得到较好的图像质量。同时 JPEG 格式还具有调节图像质量的功能,允许用不同的压缩率对文件进行压缩以寻求图像质量和文件大小之间的平衡点,最多可以把 1.37MB 的 BMP 文件压缩至 20.3KB。JPEG 格式应用非常广泛,目前各类浏览器均支持 JPEG 格式,因其文件较小,下载速度快,使得网页能以较短的下载时间提供大量图像。

PNG(Portable Network Graphics,便携式网络图形)是一种新兴的网络图像格式。在 1994 年年底,由于 Unysis 公司宣布拥有 GIF 压缩方法的专利,要求开发 GIF 软件的作者支付专利费用,由此促使免费的 PNG 图像格式的诞生。1996 年 10 月 1 日,PNG 被提交给国际网络联盟并得到认可,大部分绘图软件和浏览器开始支持 PNG 图像浏览。PNG 是最不失真的格式,它汲取了 GIF 和 JPG 二者的优点,存储形式丰富,兼有 GIF 和 JPG 的色彩模式。它能把图像文件压缩到极限以利于网络传输,但又能保留与图像品质有关的信息。PNG 格式采用无损压缩方式减少文件的大小,这与牺牲图像品质以换取高压缩率的 JPG 格式有所不同。PNG 格式显示速度很快,只需下载 1/64 的图像信息就可以显示出低分辨率的预览图像。PNG 格式同样支持透明图像的制作,用网页本身的颜色信息作为透明的色彩,让图像和网页背景很好地融合。但 PNG 格式不支持动画应用效果。

2.3 图像预处理技术

图像在成像过程中受光学系统性能限制、光照及电子噪声影响,可能造成成像质量低、视觉效果不佳,使其难以分析理解。在图像分析中,图像质量的好坏直接影响识别算法的设计与效果的精度,因此图像往往需要在分析前进行预处理。图像预处理的主要目的就是消除图像中无关的信息,恢复有分析价值的真实信息,增强有关信息的可检测性,最大限度地简化数据,从而改进特征提取、图像分割、匹配和识别的可靠性。图像预处理技术是深度学习的策略之一。如图 2.16 所示,经预处理,图像的有用细节被增强,不需要的信息被削弱或去除,可以改善图像的视觉效果,或使图像更适合机器设备检测分析。图像增强可以在空间域或者频域上进行,本节主要介绍空间域上的灰度变换和基于直方图的图像预处理技术。

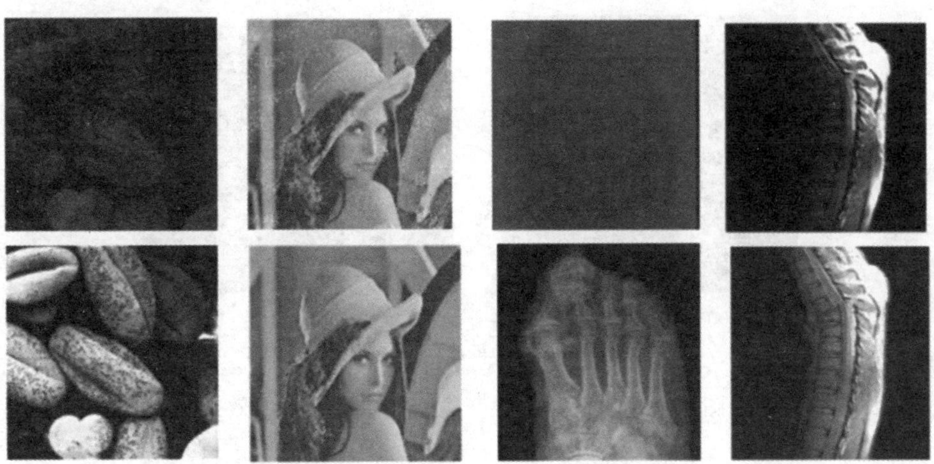

图 2.16 原始图像(上)和增强后的图像(下)

2.3.1 灰度变换

一般成像系统只具有一定的亮度响应范围,亮度的最大值与最小值之比称为对比度。由于成像系统的限制或者成像过程中的操作问题,常出现对比度不足等情况,导致图像视觉效果差。灰度变换是指根据某种目标条件按一定变换关系逐点改变原始图像中每一个像素灰度值的方法,目的是改善画质,使图像的显示效果更加清晰。图像的灰度变换处理是图像增强处理技术中的一种非常基础、直接的空间域图像处理方法,灰度变换可调整图像的灰度动态范围,是图像增强的重要手段,也是图像数字化软件和图像显示软件的一个重要组成部分。

假设原始图像像素的灰度值 $D=f(x, y)$,处理后图像像素的灰度值 $D'=g(x,y)$,则灰度变换可表示为

$$g(x, y)=T\left[f(x, y)\right] \tag{2.15}$$

其中,函数 $T(D)$称为灰度变换函数,表示输入灰度值和输出灰度值之间的转换关系。

灰度变换主要针对独立的像素点进行处理,通过改变原始图像的灰度范围使图像在视觉上得到良好的改变。根据图像的性质和处理的目的,可以选择不同的灰度变换函数进行不同的变换,使像素的动态范围增加,图像的对比度扩展,使图像变得更加清晰、细腻,容易识别。灰度变换可以分为线性灰度变换和非线性灰度变换两种。

1. 线性灰度变换

在曝光过度或不足的情况下,图像灰度可能会局限在一个很小的范围内。这时在显示器上看到的将是一个模糊不清、没有灰度层次的图像,如图 2.17 所示。此时,可以用一个线性单调函数对图像内的每一个像素进行线性扩展,将有效地改善图像的视觉效果。假定原始图像灰度 $f(x,y)$的范围为$[a,b]$,希望变换后图像灰度 $g(x, y)$的范围扩展至$[c,d]$,则线性灰度变换可表示为

$$g(x,y)=\frac{d-c}{b-a}\left[f(x,y)-a\right]+c \tag{2.16}$$

由此可见,对原始图像的灰度范围进行线性扩展或压缩采用的映射函数为线性函数,如图 2.18

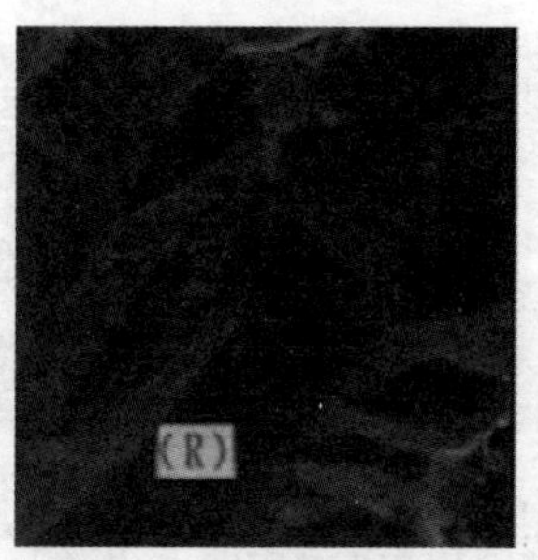

(a) 曝光过度

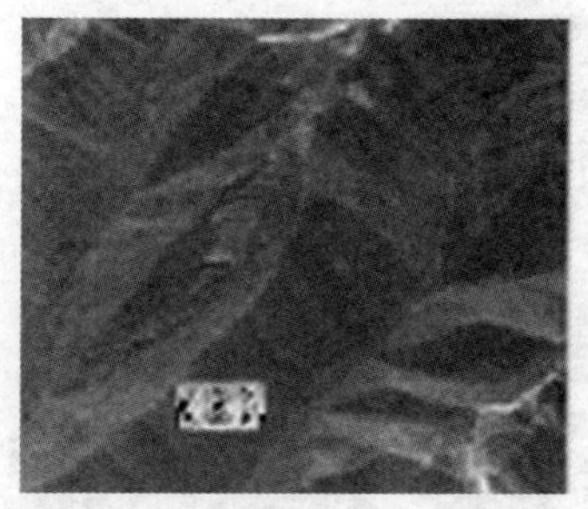

(b) 曝光不足

图 2.17 曝光过度或不足的图像

所示。图 2.19 为对原始图像采用不同的线性灰度变换函数得到的效果。

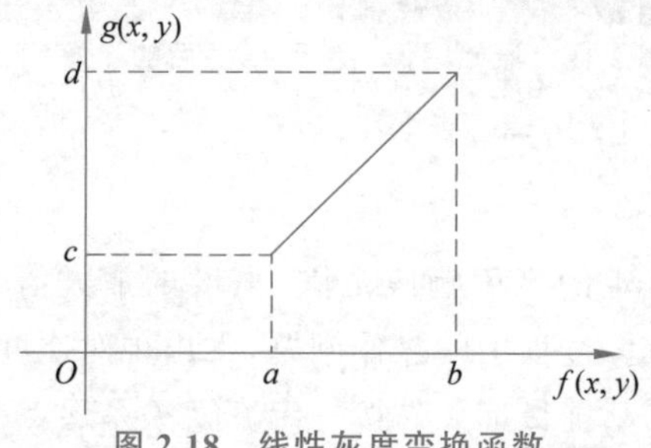

图 2.18 线性灰度变换函数

(a) 原图 f

(b) $G=f+50$

(c) $G=1.5f$

(d) $G=0.8f$

(e) $G=-f+255$

图 2.19 采用不同的线性灰度变换函数的效果

若图像总的灰度级为 L,其中大部分像素的灰度级分布在$[a,b]$区间,小部分像素的灰度级超出了此区间,则可以在$[a,b]$区间内进行线性灰度变换,超出此区间的灰度可以变换为常数或保持不变,即进行分段线性灰度变换,如式(2.17)和式(2.18)所示。其效果如图 2.20 所示,通过分段线性灰度变换函数参数的选择,可突出感兴趣的灰度区间,抑制不感兴趣的灰度区间。

$$g(x,y)=\begin{cases} c, & 0 \leqslant f(x,y) < a \\ \dfrac{d-c}{b-a}[f(x,y)-a]+c, & a \leqslant f(x,y) \leqslant b \\ d, & b < f(x,y) < L \end{cases} \tag{2.17}$$

$$g(x,y)=\begin{cases} \dfrac{d-c}{b-a}[f(x,y)-a]+c, & a \leqslant f(x,y) \leqslant b \\ f(x,y), & \text{其他} \end{cases} \tag{2.18}$$

2. 非线性灰度变换

除了线性灰度变换外,还可以对图像进行非线性灰度变换,如对数变换、幂次变换等。

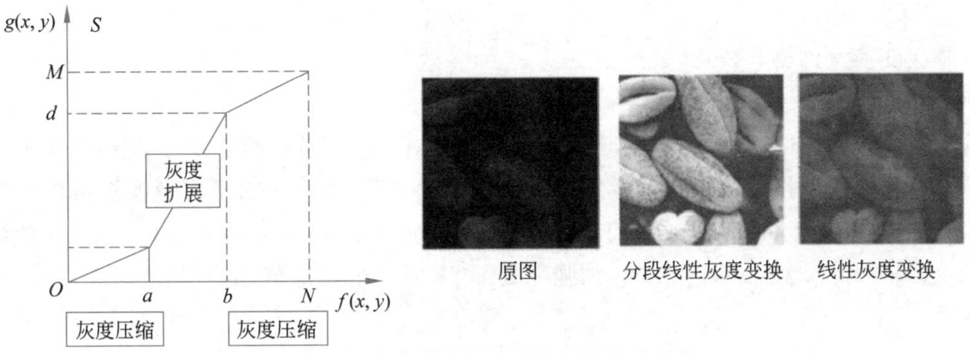

图 2.20　分段线性灰度变换函数及其效果

1）对数变换

对数变换可将窄带低灰度输入图像值映射为宽带输出值。如图 2.21 所示，可以利用对数变换扩展暗像素的范围。对数变换可用于对灰度值范围过大的数据进行调整，以扩展低灰度值。例如，对图像进行傅里叶变换后得到的频谱取值范围可以较大（$0\sim1.5\times10^6$），但大部分灰度值比较小，所以当图像显示时，频谱图中的大部分像素为黑色，无法看出频谱的变化情况，如图 2.22(a)所示。而经过对数变换后，暗处的细节被放大输出，有利于人眼观察频谱分布情况，如图 2.22(b)所示。

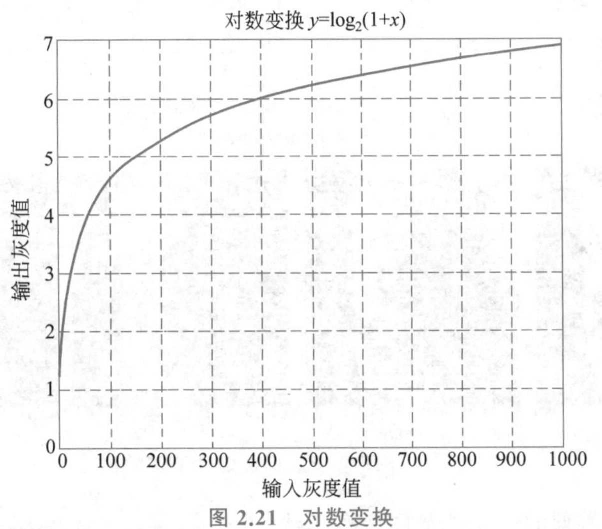

图 2.21　对数变换

(a) 对数变换前

(b) 对数变换后

图 2.22　对数变换前后的频谱图

2) 幂次变换

幂次变换又称伽马校正,公式如下:

$$s = cr^{\gamma} \tag{2.19}$$

通过设置不同的 γ 值,可以实现对低值部分或对高值部分进行扩展。如图 2.23 所示,γ 值等于 5 的幂次变换可用于扩展像素值高的部分,γ 值等于 0.2 的幂次变换则可以扩展像素值低的部分。当 $\gamma>1$ 时,效果和对数函数相似,加强暗处细节,弱化亮处细节,随着数值的减少,效果相应增强;当 $\gamma<1$ 时,加强亮处细节,弱化暗处细节,随着数值增大,效果相应增强。

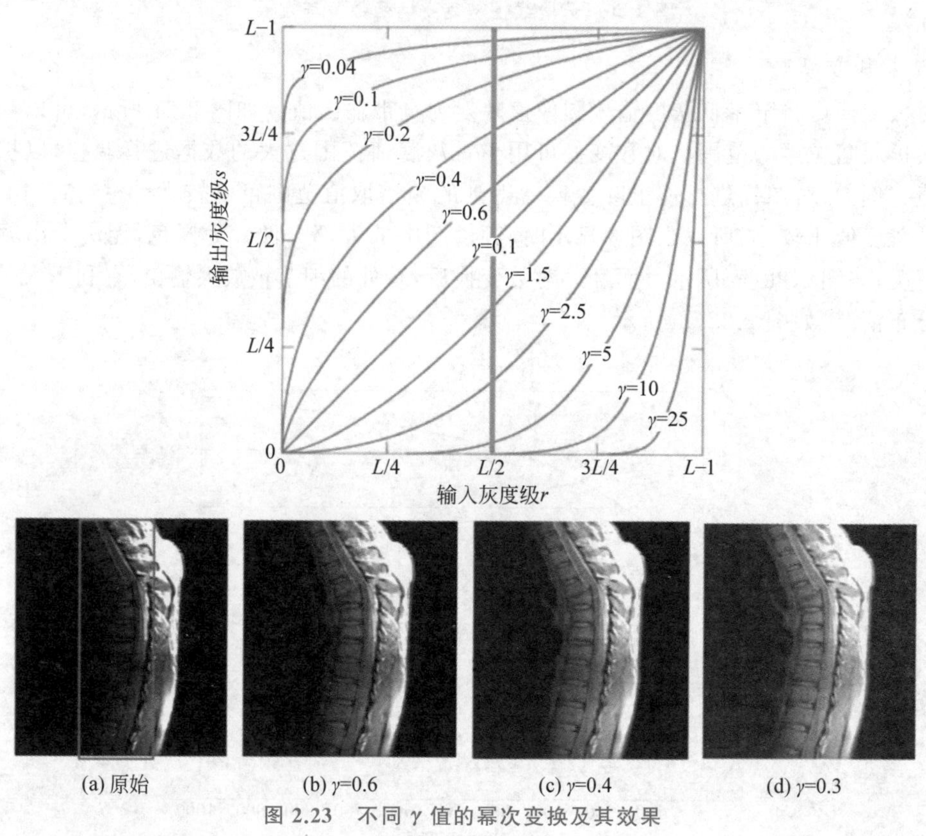

(a) 原始　(b) γ=0.6　(c) γ=0.4　(d) γ=0.3

图 2.23　不同 γ 值的幂次变换及其效果

图 2.24 为不同类型的非线性灰度变换函数。

2.3.2 灰度直方图变换

灰度变换可以得到良好的效果,但是要求人工设定合适的变换函数,因此适用范围受限。而基于直方图可以实现自适应的灰度扩展过程。

直方图(histogram)是统计学中的概念,用以表示数据分布的情况。因计算量小且平移、旋转、缩放不变,直方图被广泛应用于灰度图像的阈值分割、基于颜色的图像检索以及图像分类等领域。而灰度直方图则用于统计灰度的分布情况,表示图像中具有每种灰度级的像素的个数,反映图像中每种灰度出现的频率。如图 2.25 所示,灰度直方图的横坐标是灰度级,纵坐标是该灰度级的像素出现的频率,是图像最基本的统计特征。基于灰度直方图,

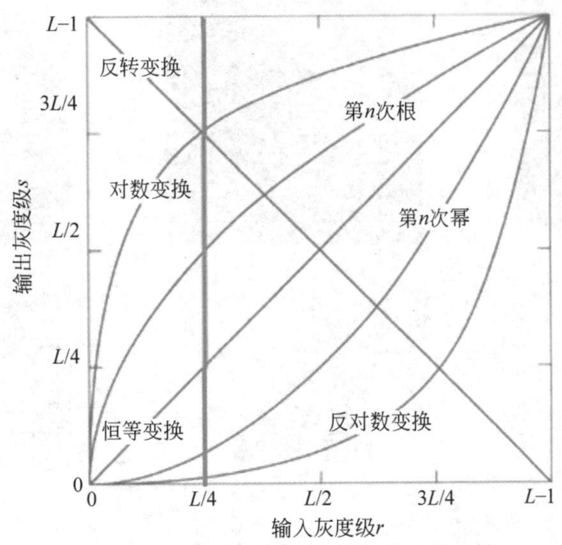

图 2.24　不同类型的非线性灰度变换函数

可以实现灰度均衡化，实现自适应的图像灰度扩展。

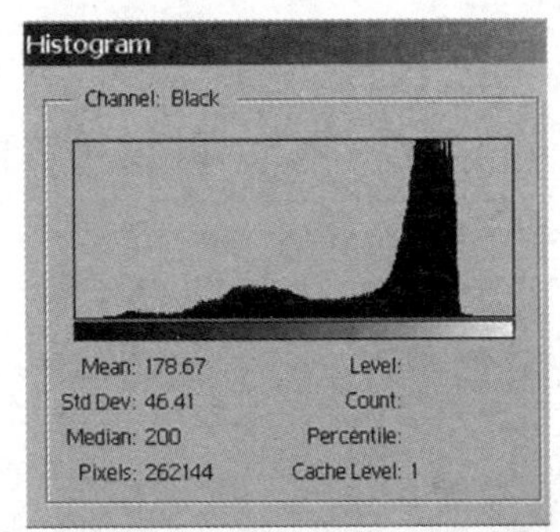

图 2.25　图像的灰度直方图

1. 灰度直方图均衡

灰度直方图反映了像素灰度值的分布信息，也反映了图像的清晰程度，当直方图较为均衡时，图像最清晰，如图 2.26 所示。如果一幅图像中的大多数像素集中在某一较小的灰度值范围之内，则图像的对比度比较低，所以应该把它的直方图横向拉伸，以扩大图像像素灰度值的分布范围，提高图像的对比度。灰度直方图均衡化是对原图像进行某种变换，得到一幅灰度直方图较为均衡的新图像的方法，这样就增加了像素灰度值的动态范围，从而达到增强图像整体对比度的效果，如图 2.27、图 2.28 所示。

灰度直方图均衡是以图像灰度值的累积分布函数作为变换函数的一种灰度变换方法。首先统计出各个灰度值出现的频次，然后计算出灰度值的累积分布函数作为具体的灰度变换函数。以一个 64×64 大小、灰度级为 8 级的图像为例，假如灰度值 k 的出现频次为 n_k，则可以算出其归一化灰度值 r_k 的分布概率 $p(r_k)$，如表 2.1 所示。

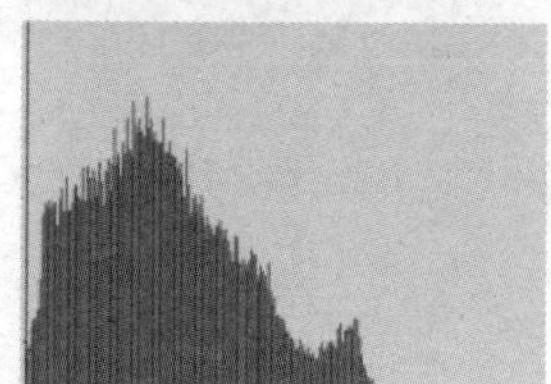
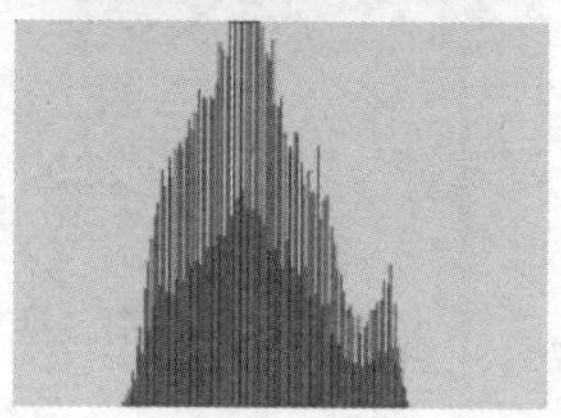
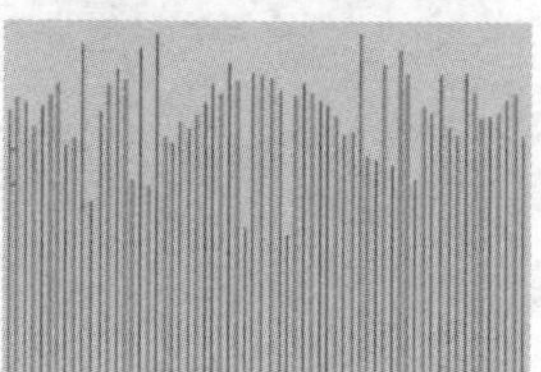

图 2.26 3 幅图像及其对应的直方图

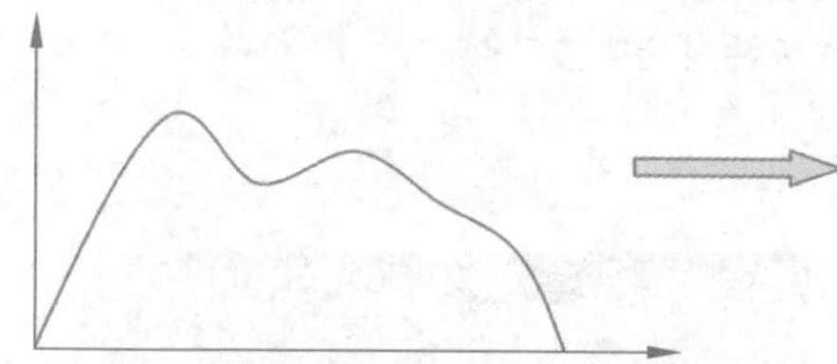
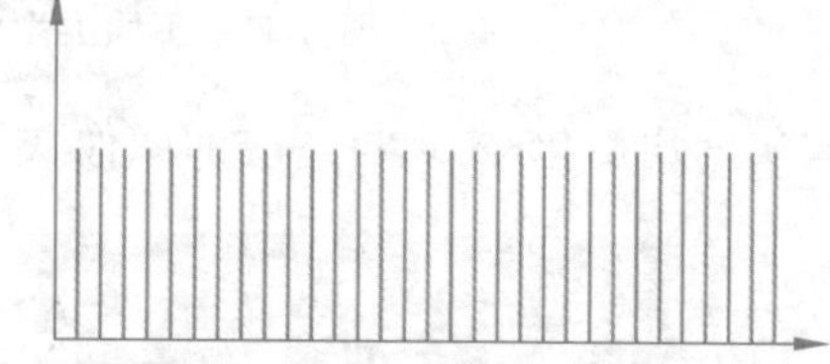

图 2.27 灰度直方图均衡化

(a) 原图

(b) 均衡化后的图像

图 2.28 灰度直方图均衡效果图

表 2.1 灰度值分布情况

k	r_k	n_k	$p(r_k)=n_k/n$
0	0	790	0.19
1	1/7	1023	0.25
2	2/7	850	0.21
3	3/7	656	0.16
4	4/7	329	0.08
5	5/7	245	0.06
6	6/7	122	0.03
7	1	81	0.02

可以计算得到该图像的累积分布函数在各个点的值作为相应的灰度变换函数 $T(r_k)$，并将变换后的值进行归一化处理，从而可以得到直方图均衡后的灰度值：

$$s_0 = T(r_0) = \sum_{j=0} p(r_j) = p(r_0) = 0.19 \rightarrow 1/7 \tag{2.20}$$

$$s_1 = T(r_i) = \sum_{j=0}^{1} p(r_j) = p(r_0) + p(r_1) = 0.44 \rightarrow 3/7 \tag{2.21}$$

$$s_2 = T(r_2) = \sum_{j=0}^{2} p(r_j) = p(r_0) + p(r_1) + p(r_2) = 0.65 \rightarrow 5/7 \tag{2.22}$$

$$s_3 = T(r_3) = \sum_{j=0}^{3} p(r_j) = p(r_0) + p(r_1) + \cdots + p(r_3) = 0.81 \rightarrow 6/7 \tag{2.23}$$

$$s_4 = T(r_4) = \sum_{j=0}^{4} p(r_j) = p(r_0) + p(r_1) + \cdots + p(r_4) = 0.89 \rightarrow 6/7 \tag{2.24}$$

$$s_5 = T(r_5) = \sum_{j=0}^{5} p(r_j) = p(r_0) + p(r_1) + \cdots + p(r_5) = 0.95 \rightarrow \tag{2.25}$$

$$s_6 = T(r_6) = \sum_{j=0}^{6} p(r_j) = p(r_0) + p(r_1) + \cdots + p(r_6) = 0.98 \rightarrow 1 \tag{2.26}$$

$$s_7 = T(r_7) = \sum_{j=0}^{7} p(r_j) = p(r_0) + p(r_1) + \cdots + p(r_7) = 1.00 \rightarrow 1 \tag{2.27}$$

最后，统计灰度直方图均衡后的图像中各灰度值的出现频次，如表 2.2 所示。变换前后的灰度直方图如图 2.29 所示，可以看到，均衡后的图像上灰度值的分布相对更为均匀。

表 2.2　灰度直方图均衡后各灰度值分布情况

k	r_k	n_k	$p(r_k)=n_k/n$
0	0	790	0.19
1	3/7	1023	0.25
2	5/7	850	0.21
3	6/7	985	0.24
4	1	448	0.11

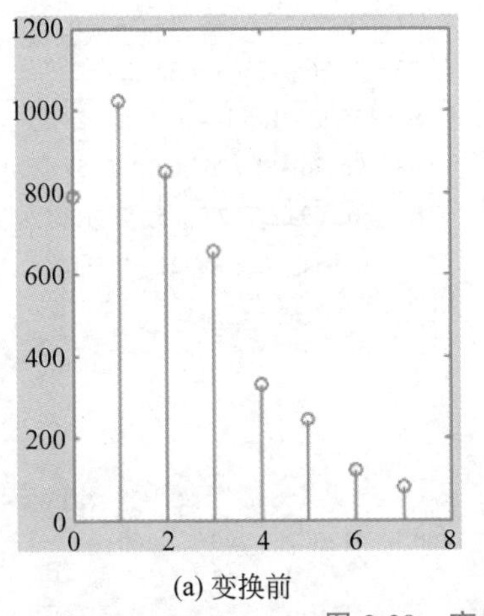

(a) 变换前

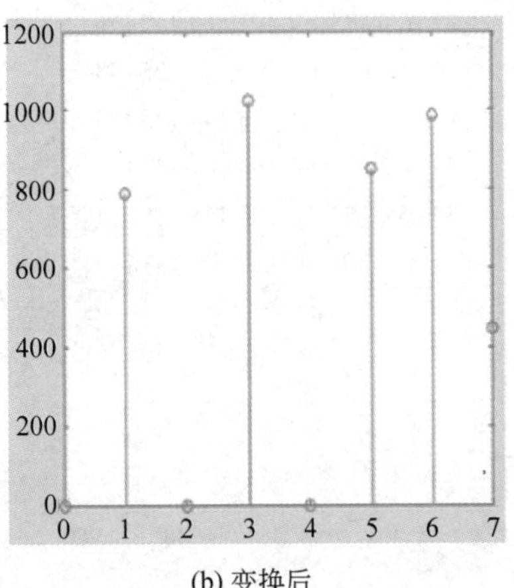

(b) 变换后

图 2.29　变换前后的灰度直方图

基于灰度直方图,不仅可以进行直方图均衡,还可以判断图像量化是否恰当(分布均衡),确定图像二值化的阈值(双峰之间的 Threshold 点,通常可用于分辨背景和对象),计算直方图中物体的面积,以及计算图像信息量 H(Entropy,熵)等。

2. 加权直方图

直方图作为一个统计概念,不仅可以用来统计灰度值的分布情况,而且可以用来统计其他变量的分布情况。例如,在 SIFT 特征检测、HOG 行人检测算法中,都用到了区域的梯度方向直方图,用于统计一个区域内的梯度方向分布情况。图 2.30 为 HOG 算法在进行行人特征提取时得到的区域内梯度大小和方向的分布情况。为更好地统计其梯度方向分布情况,HOG 算法引入了梯度方向加权直方图,即统计梯度方向分布时,会结合其相应的梯度幅值的大小作为权重系数,幅值大的贡献大,如图 2.31 所示。

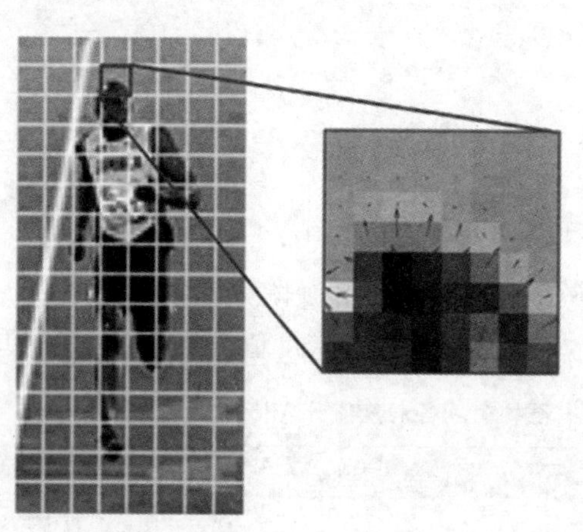

2	3	4	4	3	4	2	2
5	11	17	13	7	9	3	4
11	21	23	27	22	17	4	6
23	99	165	135	85	32	26	2
91	155	133	136	144	152	57	28
98	196	76	38	26	60	170	51
165	60	60	27	77	85	43	136
71	13	34	23	108	27	48	110

梯度幅值

80	36	5	10	0	64	90	73
37	9	9	179	78	27	169	166
87	136	173	39	102	163	152	176
76	13	1	168	159	22	125	143
120	70	14	150	145	144	145	143
58	86	119	98	100	101	133	113
30	65	157	75	78	165	145	124
11	170	91	4	110	17	133	110

梯度方向

图 2.30 HOG 算法中区域梯度大小和方向的分布情况

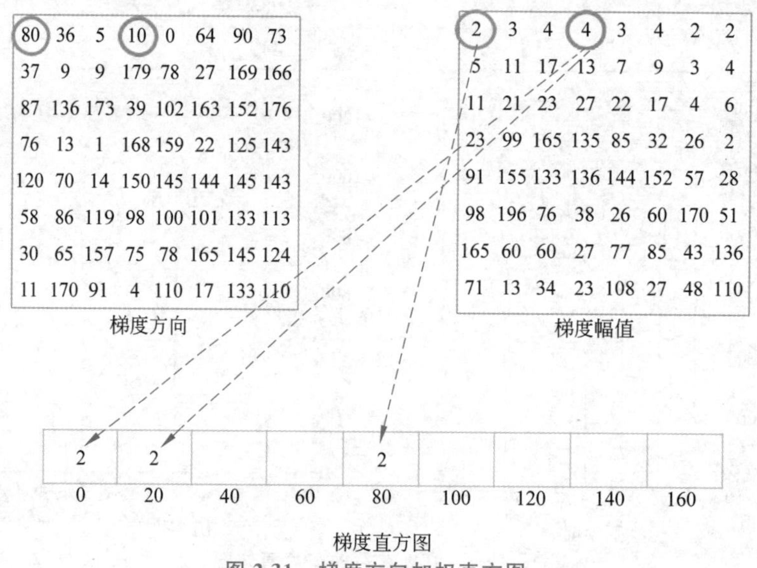

图 2.31 梯度方向加权直方图

2.4　边缘检测

边缘检测是图像处理和计算机视觉中的基本问题，是特征提取中的一个研究领域。边缘检测的目的是标识数字图像中亮度变化明显的点。图像亮度的显著变化通常反映了属性的重要事件和变化，包括深度不连续、表面方向不连续、物质属性变化或场景照明变化。如图 2.32 所示，边缘检测可用于细胞边缘提取、车道线检测、裂纹检测等场景，在物体识别或图像的几何视角变换方面有重要的应用。

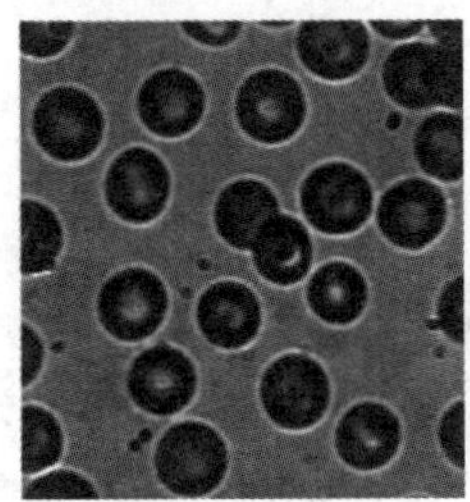

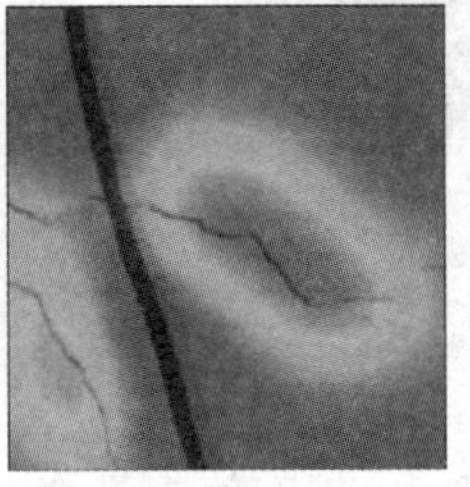
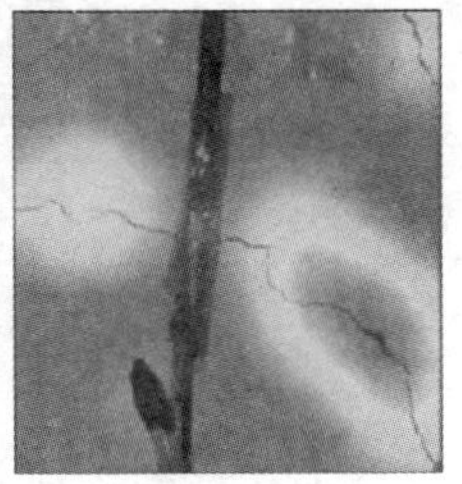

图 2.32　边缘检测的应用

所谓边缘是指其周围像素灰度具有明显变化区域的那些像素的集合，它存在于目标与背景、目标与目标、区域与区域、基元与基元之间，因此它是图像分割所依赖的重要特征，也是纹理特征的重要信息源和形状特征的基础，而图像的纹理特征和形状特征的提取又常常依赖于图像分割。图像的边缘提取也是图像匹配的基础，因为它是位置的标志，对灰度的变化不敏感，它可作为匹配的特征点。边缘具有方向和幅度两个特征。沿边缘走向，像素值变化比较平缓；垂直于边缘走向，则像素值变化比较剧烈，而这种剧烈可能呈现阶跃状，也可能呈现斜坡状。边缘处像素值的一阶导数较大；二阶导数在边缘处为零，呈现过零点。经典的、最简单的边缘检测方法是对原始图像按像素的某邻域构造边缘算子。由于原始图像往往含有噪声，而边缘和噪声在空间域均表现为灰度值剧烈变化，在频域中都是高频分量，这就给边缘检测带来了困难。

2.4.1　边缘检测基本概念

图像边缘检测大幅度地减少了数据量，并且剔除了不相关的信息，保留了图像重要的结构属性。边缘检测大致可划分为两类：基于极值检测和基于过零点检测的方法。基于极值检测的方法通过寻找图像一阶导数中的最大值和最小值检测边界，通常将边界定位在梯度最大的位置。基于过零点检测的方法通过寻找图像二阶导数零穿越检测边界，通常是拉普拉斯过零点或者非线性差分表示的过零点。

边缘是图像上灰度变化剧烈的地方。如图 2.33 所示的图像灰度矩阵中含有竖向的边缘和横向的边缘。可以对图像各个像素点进行微分或求二阶微分以确定边缘像素位置。如图 2.34 所示，边缘对应一阶微分图像的极值，在图像处理过程中常采用差分代替一阶导数运算。因为图像是二维的，而一阶导数/差分具有固定的方向性，只能检测特定方向的边缘，所以不具有普遍性。为此，边缘一般通过求取图像的梯度极值获取。图像梯度的方向是图像灰度变化率最大的方向，可以反映出图像边缘上的灰度变化方向。

$$
\boldsymbol{I}=\begin{bmatrix}10 & 10 & 20 & 20 & 20\\ 10 & 10 & 20 & 20 & 20\\ 10 & 10 & 20 & 20 & 20\\ 10 & 10 & 20 & 20 & 20\\ 10 & 10 & 20 & 20 & 20\end{bmatrix}\qquad
\boldsymbol{I}=\begin{bmatrix}10 & 10 & 10 & 10 & 10\\ 10 & 10 & 10 & 10 & 10\\ 20 & 20 & 20 & 20 & 20\\ 20 & 20 & 20 & 20 & 20\\ 20 & 20 & 20 & 20 & 20\end{bmatrix}
$$

图 2.33　带竖向及横向边缘的图像灰度矩阵

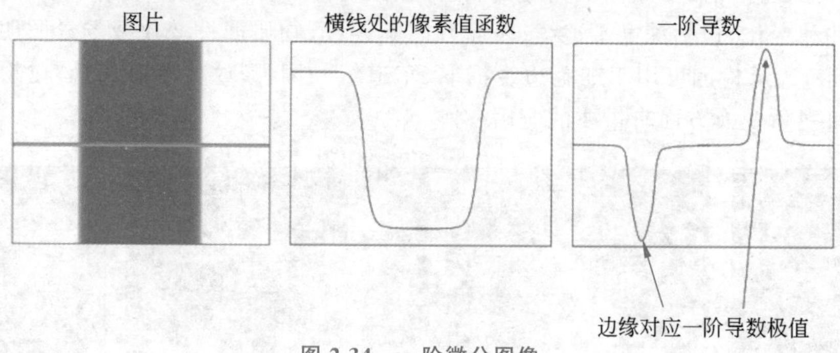

图 2.34　一阶微分图像

在数字图像处理中,灰度值都是离散的数字,故通常采用离散差分算子计算像素点亮度值的近似梯度。离散差分算子的定义如下:

$$\Delta_x f(x,y)=f(x,y)-f(x-1,y) \tag{2.28}$$

$$\Delta_y f(x,y)=f(x,y)-f(x,y-1) \tag{2.29}$$

根据梯度的定义,图像 $f(x,y)$的梯度幅度为

$$G[f(x,y)]=\{[\Delta_x f(x,y)]^2+[\Delta_y f(x,y)]^2\}^{\frac{1}{2}} \tag{2.30}$$

为了避免平方和开方运算,可将式(2.30)表示为

$$G[f(x,y)]\approx|[\Delta_x f(x,y)]|+|[\Delta_y f(x,y)]| \tag{2.31}$$

2.4.2　噪声影响下的边缘检测

实际图像不可避免地会存在噪声污染,如果直接对其进行梯度运算,则难以检测到边缘。如图 2.35 所示,以含有噪声的一维图像为例,对其求导后,边缘信息将淹没在噪声中难以检测。为此,需要在求导前引入高斯低通滤波以滤除噪声,如图 2.36 所示,在低通滤波后的信号上进行求导则可以检测出边缘。图 2.37 显示了一维及二维高斯核函数的形式。

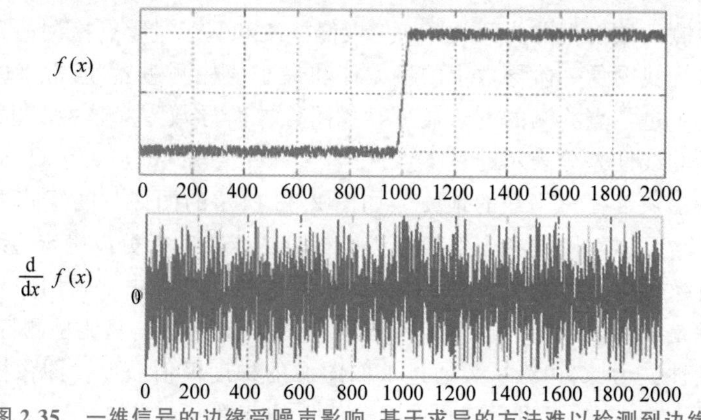

图 2.35　一维信号的边缘受噪声影响,基于求导的方法难以检测到边缘

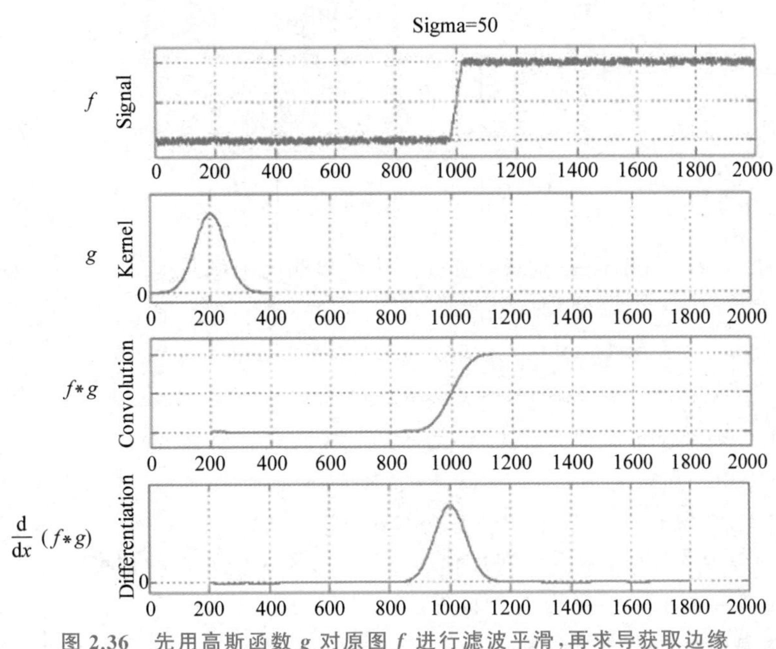

图 2.36　先用高斯函数 g 对原图 f 进行滤波平滑，再求导获取边缘

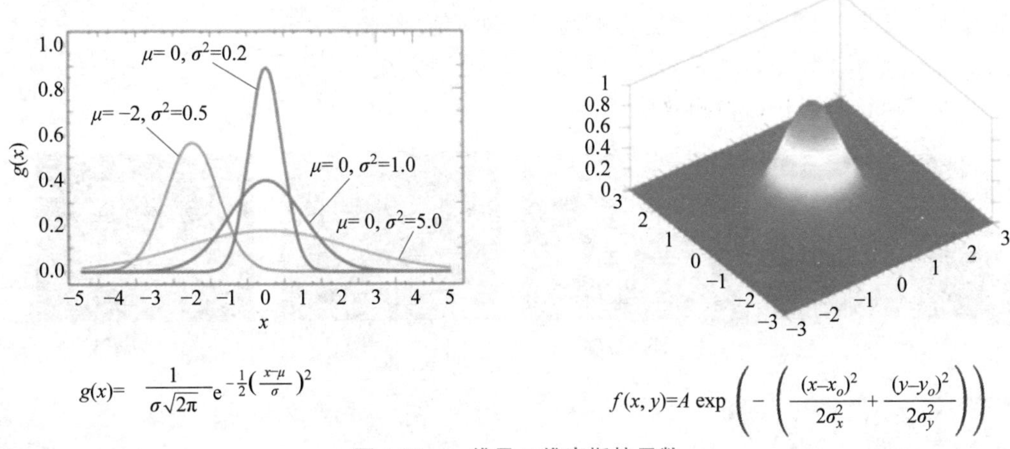

图 2.37　一维及二维高斯核函数

基于上述知识，接下来介绍两种边缘检测算子。

2.4.3　Sobel 算子

Sobel 算子常用于边缘检测，在粗精度下，是最常用的边缘检测算子。图像的一阶导数越大，说明像素在该方向的变化越大，边缘信号越强。因为图像的亮度值都是离散的数字，所以 Sobel 算子采用离散差分算子计算图像像素亮度值的近似梯度。

该算子包含两组 3×3 的矩阵，分别为横向矩阵及纵向矩阵，将之与图像作平面卷积，即可分别得出横向及纵向的亮度差分近似值。横向的离散差分算子如式(2.32)所示，纵向的离散差分算子如式(2.33)所示。

$$G_x = \begin{bmatrix} -1 & 0 & +1 \\ -2 & 0 & +2 \\ -1 & 0 & +1 \end{bmatrix} \times \boldsymbol{I} \tag{2.32}$$

$$G_y = \begin{bmatrix} -1 & -2 & -1 \\ 0 & 0 & 0 \\ +1 & +2 & +1 \end{bmatrix} \times \boldsymbol{I} \tag{2.33}$$

如果以 $\boldsymbol{G}_x$ 及 $\boldsymbol{G}_y$ 分别代表经横向及纵向边缘检测的图像灰度值,其公式如下:

$$\begin{aligned} \boldsymbol{G}_x = & (-1) \times f(x-1, y-1) + 0 \times f(x, y-1) + 1 \times f(x+1, y-1) \\ & + (-2) \times f(x-1, y) + 0 \times f(x, y) + 2 \times f(x+1, y) \\ & + (-1) \times f(x-1, y+1) + 0 \times f(x, y+1) + 1 \times f(x+1, y+1) \end{aligned} \tag{2.34}$$

$$\begin{aligned} \boldsymbol{G}_y = & 1 \times f(x-1, y-1) + 2 \times f(x, y-1) + 1 \times f(x+1, y-1) \\ & + 0 \times f(x-1, y) + 0 \times f(x, y) + 0 \times f(x+1, y) + (-1) \times f(x-1, y+1) \\ & + (-2) \times f(x, y+1) + (-1) \times f(x+1, y+1) \end{aligned} \tag{2.35}$$

其中,$f(a,b)$ 表示图像 (a,b) 点的灰度值。Sobel 算子根据像素的梯度在 8 个邻域范围内是否达到极值这一现象来检测边缘。如图 2.38 所示,Sobel 算子可以认为是由高斯平滑算子和差分求导算子两部分组成的,因此它对噪声具有一定的平滑作用,可提供较为精确的边缘方向信息,但边缘定位精度不够高。当对精度要求不是很高时,Sobel 算子是一种较为常用的边缘检测方法。图 2.39 为 Sobel 算子边缘检测效果。

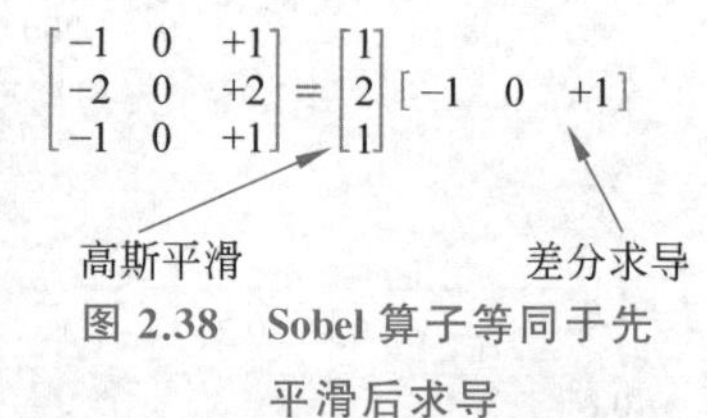

图 2.38 Sobel 算子等同于先平滑后求导

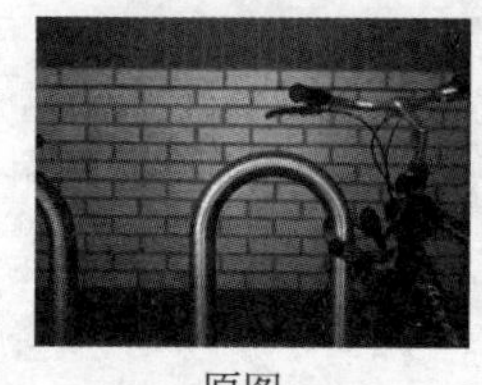

原图

水平边缘

竖直边缘

Sobel边缘

图 2.39 Sobel 算子边缘检测效果

2.4.4 Canny 算子

Canny 算子是一个多级边缘检测算法,也被很多人认为是边缘检测的最优算法。边缘检测算法的 3 个主要评价标准如下:

(1) 低错误率。标识出尽可能多的实际边缘,同时尽可能地减少噪声产生的误报。

(2) 高定位性。标识出的边缘要与图像中的实际边缘尽可能接近。

(3) 最小响应。图像中的边缘只能标识一次。

为了满足这些要求,Canny 算子边缘检测流程如图 2.40 所示。

图 2.40 Canny 算子边缘检测流程

1. 高斯平滑滤波

实际的信号中不可避免地带有噪声。如果没有去除噪声，求导后，边缘信号将淹没在噪声中，无法检测出来。因此，Canny 算法先对图像信号进行滤波，以去除噪声干扰，如图 2.36 所示。通常选用高斯滤波，有时也可以选用均值滤波、中值滤波等。在此过程中，需要遍历整幅图像两次以进行滤波和求导，效率低下。为提升效率，Canny 算子通过对低通滤波器求导后再与原图进行卷积，实现了仅需要遍历一次图像即可获得边缘信息，如图 2.41 所示。图 2.42 为滤波后的导数模板。

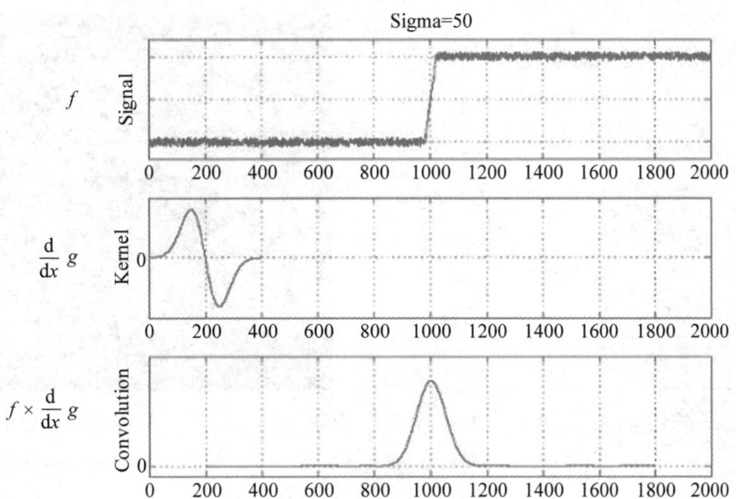

图 2.41　Canny 算子将滤波和求导两个步骤合并为对低通滤波器求导后再与原图进行卷积

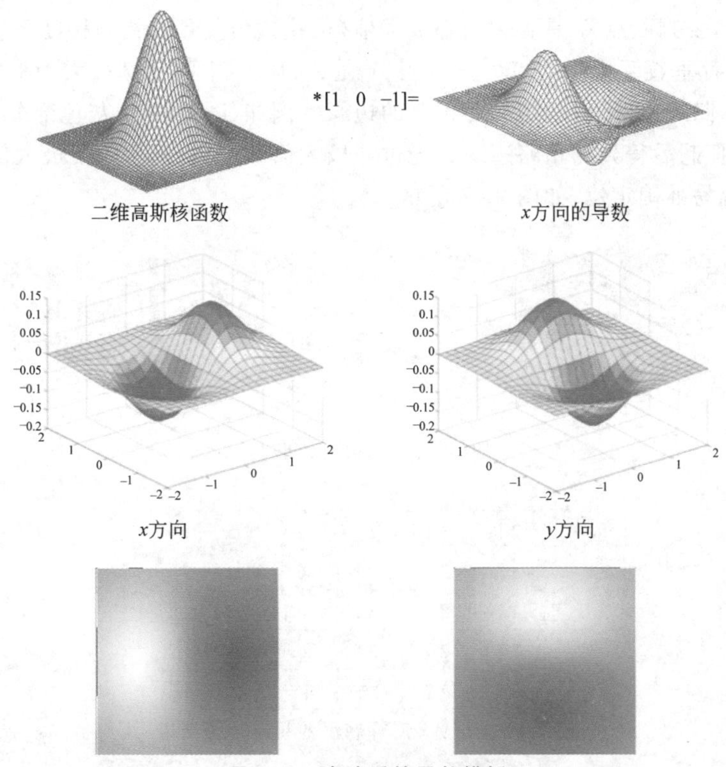

图 2.42　滤波后的导数模板

2. 计算梯度

对平滑后的图像采用Sobel算子计算梯度大小和方向。梯度方向可以分为垂直、水平和两个对角线一共8个方向。例如,图2.43为一幅图像的梯度大小和方向。

3. 非极大值抑制

同一个边缘会在相邻的几个像素上有较强的梯度响应,导致难以准确定位边缘,如图2.44所示。在用阈值确定某个点是否为边缘前,需要先遍历图像,去除所有不是极值的点,即非极大值抑制。

2↑	3↑	2↑	2↑	5↑
3↑	2↑	9↑	6↑	2↑
4↑	8↑	6↑	3↑	3↑
7↑	2↑	2↑	2→	4↗
6↑	2↑	2→	1→	2→

图2.43 一幅图像的梯度大小和方向

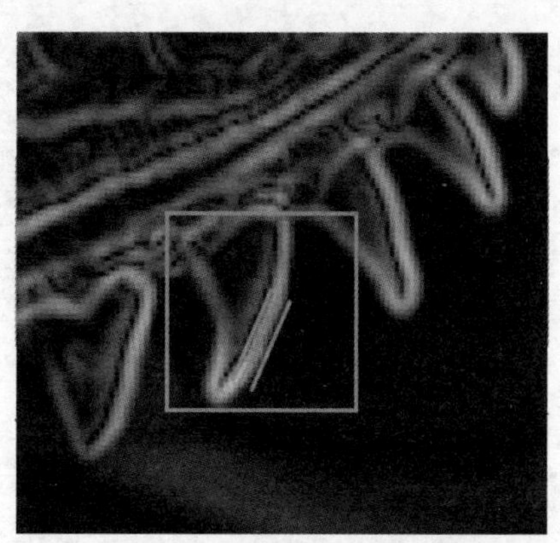

图2.44 同一个边缘会在相邻的几个像素上有较强的梯度响应

具体地,逐个遍历像素,判断当前像素是否是周围像素中具有相同方向梯度的极大值。如图2.45所示,要判断点A是否为局部极大值,须找到与其具有相同梯度方向的相邻点B、C,即梯度方向都垂直于边缘的点。只有当A是A、B、C中的局部极大值时,才保留该点;否则就抑制它(归零)。所得的结果为粗略的边缘。例如,图2.46中灰色部分所示为图2.45经过非极大值抑制后得到的粗略边缘。经过非极大值移植后,只保留了极大值的边缘,因此边缘变细了,容易准确定位,如图2.47所示。

图2.45 非极大值抑制

2↑	3↑	2↑	2↑	5↑
3↑	2↑	9↑	6↑	2↑
4↑	8↑	6↑	3↑	3↑
7↑	2↑	2↑	2→	4↗
6↑	2↑	2→	1→	2→

图2.46 非极大值抑制后的粗略边缘结果

图 2.47　非极大值抑制前后的边缘对比

4. 双阈值和滞后阈值

非极大值抑制后的粗略边缘需要经过阈值化，以得到最后的边缘。该阈值如果设置得太小，则会引入大量的假边缘；如果设置得太大，则容易造成边缘断断续续，甚至边缘丢失。为此，Canny 算子采用了双阈值法确定最终的边缘，即可设定阈值上界和阈值下界。图像中的像素如果大于阈值上界则认为是强边缘；小于阈值下界则认为不是边缘；两者之间的像素则认为是候选项（称为弱边缘）；仅当它与强边缘相连时，才可以认为是边缘的一部分，如图 2.48 所示。阈值上界是阈值下界的 2～3 倍时实现的效果比较好。图 2.49 为单阈值与双阈值检测边缘对比，可以看到，边缘连续性得到了优化。

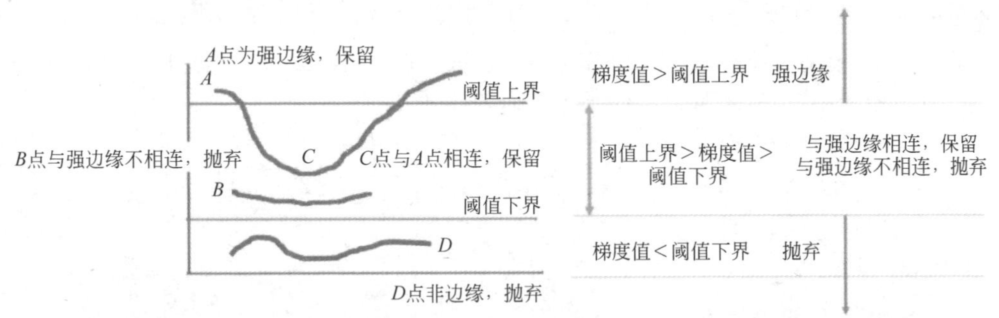

图 2.48　双阈值法原理

图 2.49　单阈值与双阈值检测边缘对比

2.5　本章小结

本章主要对传统数字图像处理的基础知识进行概述。首先介绍了图像中像素、分辨率、位深、帧率、码率等相关基础概念并探讨了它们之间的相互关系，阐述了色彩空间、灰度等概念,并针对彩色图像的 RGB、YUV、HSI 等模型、相互转换方法及相关存储方式进行了介绍。然后介绍了如何通过灰度变换、直方图变换等图像预处理技术进行增强,以改善图像视觉效果。最后介绍了边缘检测原理,分析了噪声对边缘检测的影响及先滤波再检测的思路,介绍了 Sobel、Canny 边缘检测算法。

习　　题

1. 图像与灰度直方图间的对应关系是(　　)。

A. 一一对应　　B. 多对一　　C. 一对多　　D. 以上都不是

2. 在以下算子中,(　　)可用于图像的平滑。

A. $\begin{bmatrix} 1 & 1 & 1 \\ 1 & 1 & 1 \\ 1 & 1 & 1 \end{bmatrix}$　　B. $\begin{bmatrix} -1 & -2 & -1 \\ -2 & 12 & -2 \\ -1 & -2 & -1 \end{bmatrix}$

C. $\begin{bmatrix} 0 & -1 & 0 \\ -1 & 4 & -1 \\ 0 & -1 & 0 \end{bmatrix}$　　D. $\begin{bmatrix} -1 & -1 & -1 \\ -1 & 8 & -1 \\ -1 & -1 & -1 \end{bmatrix}$

3. 对彩色图像通过直方图均衡的方式进行增强时,(　　)在经直方图均衡后会改变图像的颜色。

A. HSI 模型　　B. RGB 模型　　C. YUV 模型　　D. 以上都不是

4. 以下模板中,(　　)可以检测水平方向的线条。

A. $\begin{bmatrix} -1 & -1 & -1 \\ -1 & 8 & -1 \\ -1 & -1 & -1 \end{bmatrix}$　　B. $\begin{bmatrix} -1 & -1 & -1 \\ 2 & 2 & 2 \\ -1 & -1 & -1 \end{bmatrix}$

C. $\begin{bmatrix} 1 & 2 & 1 \\ 0 & 0 & 0 \\ -1 & -2 & -1 \end{bmatrix}$　　D. $\begin{bmatrix} 1 & 0 & -1 \\ 2 & 0 & -2 \\ 1 & 0 & -1 \end{bmatrix}$

5. 存储一幅大小为 256×256,像素灰度级取值范围为 0～31 的图像,需要________位的存储空间。

6. 一个大小为 2.6GB、时长为 120min 的 MKV 视频文件(位深为 8 位)的码率是________ kb/s。

7. 求图 2.50 所示两个矩阵的卷积运算结果,假设边缘部分补零。

40	107	5
198	226	223
37	68	193

3	4	3
4	8	4
3	4	3

图 2.50　题 7 用图

第3章

图像与视频编码技术

本章学习目标

- 熟练掌握图像与视频压缩编码的基本方法。
- 熟悉 JPEG、H.264、H.265 等图像与视频国际编码标准和编码方法。
- 了解码流分析工具的使用方法。

本章首先介绍图像与视频压缩编码的基本方法,再介绍 JPEG、H.264、H.265 等图像与视频国际编码标准,最后介绍码流分析工具的使用方法。

3.1 图像与视频编码基础

3.1.1 图像与视频编码原理概述

人们主要通过视觉感知外部世界。心理学实验证实,人类获取的信息 83%来自视觉。因此,汉语中有"眼见为实"的说法,英语中也有"Seeing is believing"的说法,这两句话都符合科学事实。正因为如此,在这个信息时代,与视觉相关的应用往往受到用户的广泛欢迎。涉及图像视频的应用已经渗透到现代人类社会的方方面面,如数字电视、视频会议、电子游戏、拍照摄像、网络直播、车载传感、医疗设备甚至是最近的热门话题——元宇宙等,数字视频是这些应用中的主角。

但是,人们在实际应用中接触到的视频都是压缩视频。这是因为未压缩的原始视频的数据量非常大,根本无法直接用于实际传输或存储。因此,视频应用的关键技术是视频编码(video coding),也称为视频压缩(video compression),其目的是尽可能去除视频数据中的冗余成分,减小视频的数据量。

视频编码主要是通过去除视频中的空间冗余、时间冗余和编码冗余实现的。具体地讲,视频编码器中包括很多编码算法,这些算法在视频编码器中被有效地组合在一起,使整个视频编码器具有较高的压缩效率。目前主流的视频编码器采用的技术主要有预测、变换、量化、熵编码等,这些技术在视频编码器中的基本次序关系如图 3.1 所示。

1. 预测编码

预测编码(prediction coding)是视频编码的核心技术之一。对于视频序列来

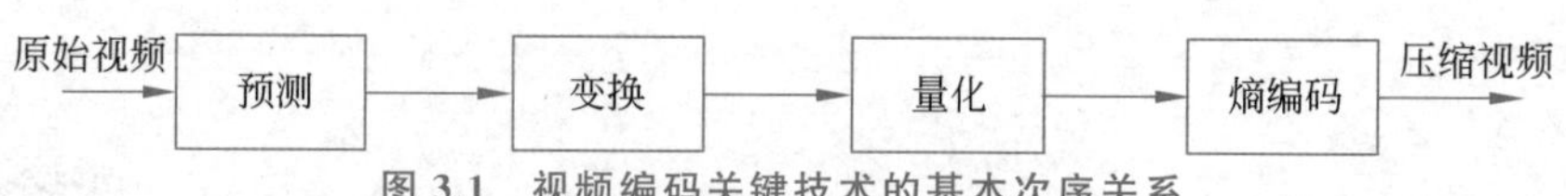

图 3.1 视频编码关键技术的基本次序关系

说,其空域和时域有着很强的相关性。这样就可以根据已编码的一个或几个样本值,利用某种模型或方法对当前的样本值进行预测,并对样本真实值和预测值之间的差值进行编码。预测编码最早的系统模型是 1952 年贝尔实验室的 Culter 等实现的差值脉冲编码调制(Differential Pulse Code Modulation,DPCM)系统,其基本思想是:不直接对信号进行编码,而是用前一信号对当前信号作出预测,对当前信号与预测值的差值进行编码传送。同年,Oliver 和 Harrison 将 DPCM 技术应用到视频编码中。DPCM 技术在视频编码中的应用分为帧内预测技术及帧间预测技术,分别用于消除空域冗余及时域冗余。

帧内预测利用图像在空间上相邻像素之间具有相关性的特点,由已编码的相邻像素预测当前块的像素值,可以有效地去除块间冗余。1952 年,Harrison 首先对帧内预测技术进行了研究,其方法是用已编码像素的加权和作为当前像素的预测值,这一基本思想在无损图像编码标准 JPEG-LS 的 LOCO-I 算法中得到了应用。该方法虽然简单易行,但是难以获得更高的压缩率。随着离散余弦变换(Discrete Cosine Transform,DCT)在图像与视频编码方面的广泛应用,帧内预测转变为在频域实现。DCT 技术被广泛应用于早期的一些图像与视频编码标准当中,如 JPEG、H.261、MPEG-1 等。但是 DCT 技术的性质决定了它只能反映当前块内像素的取值,无法体现出图像、视频的纹理信息。在现代视频编码中,采用了基于块空域帧内预测技术,包含多个预测模式,每个预测模式对应一种预测方向,按照图像本身的特点选择一个最佳的预测方向,最大限度地去除空间冗余。多方向空间预测技术与 DCT 技术相结合,可以弥补 DCT 技术只能去除块内冗余的缺点,获得较高的编码性能。基于块的帧内预测技术在现代视频编码标准中的应用有 MPEG-4 标准中相邻块的频域系数预测,(如 DC 预测及 AC 预测)以及 H.264/AVC、H.265/HEVC、AVS 标准中的多方向空间预测技术。

帧间预测是消除运动图像时间冗余的技术。Seyler 在 1962 年发表的关于帧间预测编码的研究论文奠定了现代帧间预测编码的基础。他提出视频序列相邻帧间存在很强的相关性,因此只需要对视频序列相邻帧间的差异进行编码,并指出相邻帧间的差异是由于物体的移动、摄像机镜头的摇动及场景切换等造成的。在此之后,帧间预测技术的发展经历了条件更新、3D-DPCM、基于像素的运动补偿等几个阶段,最终从有效性及可实现性两方面综合考虑,确定了基于块的运动补偿方案。现代视频编码系统都采用了基于块的运动补偿的帧间预测技术,用于消除时域冗余。

由于视频相邻帧中的场景存在着一定的相关性,因此可为当前块搜索出在相邻帧中最相似的参考块,该过程被称为运动估计(Motion Estimation,ME),并可根据参考块的位置得出两者在空间位置上的相对偏移量,即通常所说的运动矢量(Motion Vector,MV),当前块与参考块的像素差值被称为预测残差(Prediction Residual,PR)。根据 MV 得到的参考块对当前块进行预测的过程称为运动补偿(Motion Compensation,MC),MC 得到的预测值加上预测残差,就得到了最终的重建值。

2. 变换

变换技术对图像进行正交变换以去除空间像素之间的相关性,也就是变换后的频域系数使图像信息的表示更加紧凑，这有利于编码压缩。另一方面，正交变换使得原先分布在每个像素上的信息集中到频域的少数几个低频系数上，这代表了图像的大部分信息；而高频系数值较小，这是与大多数图像的高频信息较少相一致的。频域系数的这种性质有利于采用基于人类视觉特性的量化方法，例如，对低频系数采用小的量化步长以保持大部分信息不丢失，而对高频系数量化步长大一些，虽然信息损失较多，但人的视觉系统对这部分信息损失不敏感。

K-L(Karhunen-Loeve)变换是均方误差标准下的最佳变换，但其计算复杂度高，需要针对每个输入图像计算特征向量，从而获得变换矩阵，不适合对实时性要求较高的视频编码系统，很难在实际应用中被采用，并且变换矩阵需要转送到解码端，这额外增加了传输的开销。后来人们退而求其次，寻找不必每次都要计算变换矩阵的正交变换方法。使用正交变换的原因是，正交变换的转置矩阵和逆矩阵是相等的，这在逆变换(解码)时非常方便。人们开始尝试使用快速傅里叶变换(Fast Fourier Transform，FFT)，后来发现，对于图像数据压缩这个特定问题，由于图像数据是非负的，在傅里叶空间中只有第一象限被涉及，表现效率低。

随后，人们采用离散余弦变换(DCT)代替 K-L 变换，取得了很好的效果。DCT 不依赖于输入信号的统计特性，而且有快速算法，因此得到了广泛应用。考虑到实现的复杂性，不是对整幅图像直接进行变换，而是把图像分成不重叠的固定大小块，对每个图像块进行变换。MPEG-2、H.263 以及 MPEG-4 都采用了 8×8 DCT。这些标准中的 DCT 技术采用了浮点 DCT 实现，浮点计算会引入较高的运算量，同时如果对浮点精度不作规定，解码器会出现误差漂移。人们又提出了用整数 DCT 技术解决这个问题，同时整数 DCT 只需加法和移位操作即可实现，计算复杂度低。最新的 H.264/AVC 及 AVS 标准都采用了整数 DCT 技术。DCT 技术的另一个重要进展是 H.264/AVC 标准制定过程中出现了自适应块大小变换技术(Adaptive Block-size Transforms，ABT)。ABT 的主要思想是用与预测块相同尺寸的变换矩阵对预测残差去相关，这样不同块尺寸的预测残差系数的相关性都可以被充分地利用。ABT 技术可以使编码效率提高 1dB。

变换技术的另一个重要进展是离散小波变换(Discrete Wavelet Transform，DWT)技术，DWT 具有多分辨率多频率时频分析的特性，信号经 DWT 分解为不同频率的子带后更易于编码，并且采用适当的熵编码技术，码流自然地具有嵌入式特性。JPEG2000 图像编码标准建立在 DWT 技术之上，MPEG-4 标准也采用 DWT 技术对纹理信息进行编码。此外，采用 DWT 技术的视频编码方案也得到了深入研究。

除了 DCT 和 DWT 外，视频编码标准中常用的变换还有哈达玛(Hadamard)变换，主要用于空域去相关编码。理论上，哈达玛变换比快速傅里叶变换更利于小块的压缩，但会产生更多的块效应。由于哈达玛变换的计算复杂度较低，仅仅需要加减操作就可以实现，因此常在运动估计或模式决策中被用来替代 DCT，得到和 DCT 相近的决策结果，再根据决策结果用 DCT 进行编码。在 H.265/HEVC 标准中，针对帧内预测残差系数的相关性分布，离散正弦变换(Discrete Sine Transform，DST)比 DCT 具有更好的去相关性能。

3. 量化

量化是降低数据表示精度的过程，通过量化可以减少需要编码的数据量，达到压缩数据的目的。量化可分为矢量量化和标量量化两种。矢量量化是对一组数据联合量化。标量量化独立量化每一个输入数据，标量量化也是一维的矢量量化。根据香农提出的信息率失真理论,对于无记忆信源,矢量量化编码总是优于标量量化编码,但设计高效的矢量编码码本却是十分复杂的问题,因此当前的编码标准通常采用标量量化。由于 DCT 具有能量集中的特性,变换系数的大部分能量都集中在低频范围,只有很少的能量落在高频范围。利用人的视觉系统对高频信息不敏感的特点,通过量化可以减小高频的非零系数,提高压缩效率。

量化是一种有损压缩技术,量化后的视频图像不能进行无损恢复,因此导致源图像与重建图像之间的误差,称为失真。编码图像的失真主要是由于量化引起的,失真是量化步长的函数。量化步长越大,量化后的非零系数越少,视频压缩率越高,但重建图像的失真也越大。从这里可以看出,图像质量和压缩率是一对矛盾。通过在量化阶段调整量化步长,可控制视频编码码率和编码图像质量,根据不同应用的需要,在两者之间进行选择和平衡。

4. 熵编码

变换量化系数在熵编码之前通常要通过 Z 形(Zigzag)扫描将二维变换量化系数重新组织为一维系数序列,经过重排序的一维系数再经过有效的组织能够被高效编码。如图 3.2 所示,给出了 8×8 变换量化系数块的 Z 形扫描的顺序。扫描的顺序一般根据待编码的非零系数分布,按照空间位置出现非零系数的概率从大到小排序。排序的结果是使非零系数尽可能出现在整个一维系数序列前面,而后面的系数尽可能为零或者接近零,这样排序非常利于提高系数的熵编码效率。基于这一原则,在 H.265/HEVC 标准中,针对帧内预测块的系数分布特性,还专门设计了垂直、水平和对角等新的扫描方式。

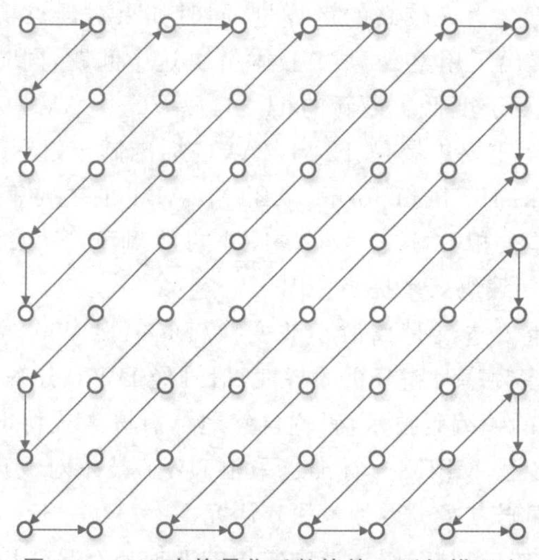

图 3.2　8×8 变换量化系数块的 Z 形扫描顺序

利用信源的信息熵进行码率压缩的编码方式称为熵编码,它能够去除经预测和变换后依然存在的统计冗余信息。视频编码常用的熵编码方法有两种:变长编码(Variable Length Coding,VLC)和算术编码(Arithmetic Coding,AC)。变长编码的基本思想是:为出现概率大的符号分配短码字,为出现概率小的符号分配长码字,从而达到总体平均码字最短。1971 年,Tasto 和 Wintz 首次将熵编码应用到图像编码中。在他们的方案中,对量化后的每个系数进行变长编码。1976 年,Tescher 在他的自适应变换编码方案中首次提出了 DCT 系数的高效组织方式,即 Z 形扫描。Chen 在 1981 年利用哈夫曼码构造了两个变长码表,分别用于扫描产生的非零系数和连续零系数游程的编码。1986 年,Chen 又采用变长码联合编码非零系数与零系数游程，这一方法被称为 2D-VLC。这是利用联合熵提高熵编码效率的一个实例，这一技术被应用到 H.261、MPEG-1 及 MPEG-2 标准中。在 H.263 及 MPEG-4 标准中，采用了 3D-VLC，非零系数与零系数游程以及是否是最后一个非零系数的信息进行联合编码。对于给定的信源及其概率分布，哈夫曼编码是最佳编码方法。哈夫曼编码用于视频编码有两个缺点：一个是编码器建立哈夫曼树的计算开销巨大；另一个是编码器需要向解码器传送哈夫曼码字表，解码器才能正确解码，这会降低压缩效率。因此，实际应用中常使用有规则结构的指数哥伦布码（Exp-Golomb Code，EGC）代替哈夫曼编码。对于服从一般高斯分布的符号编码，指数哥伦布码的编码性能不如哈夫曼编码，但因为指数哥伦布码的码字结构对称，编解码复杂度较低，容易在编解码器中实现，所以被广泛采用。

算术编码是另一类重要的熵编码方法，在平均意义上可为单个符号分配码长小于 1 的码字，通常算术编码具有比变长编码更高的编码效率。算术编码和变长编码不同，不是采用一个码字代表一个输入信息符号的方法，而是采用一个浮点数代替一串输入符号。算术编码计算输入符号序列的联合概率，将输入符号序列映射为实数轴上的一个小区间，区间的宽度等于该序列的概率值，然后在此区间内选择一个有效的二进制小数作为整个符号序列的编码码字。可以看到，算术编码是对输入符号序列进行操作，而非单个符号，因此在平均意义上可以为单个符号分配长度小于 1 的码字。算术编码的思想在香农信息论中就已提出，但直到 1979 年才由 Rissanen 和 Langdon 将算术编码系统化。由于算术编码对当前符号的编码需要依赖前一个编码符号的信息，因此很难并行实现，计算复杂度较高。

熵编码技术应用于视频编码的一次技术革新是在 H.264/AVC 标准的制定过程中引入了上下文自适应技术。在编码过程中，熵编码器利用上下文信息自主切换码表或更新符号的条件概率，这较好地解决了以往熵编码技术中全局统计概率分布与编码符号局部概率分布不一致的问题，因此编码效率进一步提高。基于上下文的熵编码由上下文建模与编码两个技术模块构成。上下文建模挖掘了高阶条件熵，因此提高了编码效率。比较典型的基于上下文的熵编码方法包括无损图像编码中的 LOCO-I 与 CALIC、JPEG2000 标准中的 EBCOT、AVS 视频编码标准中的 C2DVLC 与 CBAC、H.264/AVC 标准中的 CAVLC 与 CABAC 等。编码可通过变长编码或算术编码实现。

3.1.2 视频编码框架与基本概念

1. 视频编码数据组织

下面介绍视频编码中常见的基本概念与常见术语。

(1) 帧组（Group of Pictures，GOP）。在视频编码中，GOP 指定了帧内和帧间的排列顺序。GOP 是编码视频流中的一组连续图像，每个编码视频流由连续的 GOP 组成，从其中包含的图像生成可见帧。

(2) I 帧、B 帧、P 帧。编码标准通常将画面（即帧）分为 I 帧、P 帧、B 帧 3 种，I 是内部编码帧，P 是前向预测帧，B 是双向内插帧。简单地讲，I 帧是一个内部独立编码的画面，而 P 帧和 B 帧记录的是相对于 I 帧的变化。没有 I 帧，P 帧和 B 帧就无法解码。GOP 越长，B 帧所占比例越高，编码的率失真（rate distortion）越大。

(3) 宏块和块。宏块是运动补偿的基本单元，块是 DCT 的基本单元。

(4) 量化参数（Quantization Parameter，QP）。量化参数通常在编码器参数设定时选用。量化参数和量化步长息息相关。量化参数越小,量化步长越小,代表精度越高;反之精度越低。

(5) 码率(bit rate)。数据传输时单位时间传输的数据位数,一般采用的单位是 kb/s,即千位每秒。

(6) 压缩比。视频文件压缩前和压缩后文件大小的比值。

(7) 传输流(transport stream)。它是将一个节目的多个组成部分按照其相互关系进行组织,加入各组成部分关系描述和节目组成信息,并进一步封装成传输包后的码流。传输流是将视频、音频、PSI(Program Specific Information,节目特定信息)等数据打包进行传送。传输流主要用于节目传输。传输流的传输包长度固定,一般为 188B。

2. 视频编码器结构(以 MPEG-2 为例)

MPEG-2 视频编码标准支持对不同格式的数字视频进行不同复杂度的压缩编码处理,因此它的应用范围十分广泛。针对不同的应用要求,MPEG-2 标准规定了 4 种输入视频格式,称之为级(level),分别为低级(LL,格式为 352×288×25 帧或 352×248×30 帧)、主级(ML,格式为 720×576×25 帧或 720×480×30 帧)、1440 高级(H1440L,格式为 1440×1080×25 帧或 1440×1080×30 帧)和高级(HL,格式为 1920×1080×25 帧或 1920×1080×30 帧)。

针对不同复杂度的压缩编码处理要求,MPEG-2 标准定义了 5 种不同的压缩编码处理类型,简称为类(Profile),分别为简单类(Simple Profile,SP)、主类(Main Profile,MP)、信噪比可分级类(SNR Scalable Profile,SNRP)、空间可分级类(Space Scalable Profile,SSP)和高类(High Profile,HP)。

MPEG-2 视频编码器也采用了基于运动补偿和变换编码的混合型压缩编码结构,其基本模块包含了采用 DCT 的变换编码、非线性量化器、相邻帧的运动预测以及采用哈夫曼编码和游程编码的熵编码等基本单元。图 3.3 是 MPEG-2 视频编码器的工作原理框图。实践证明,对于主级和主类(720×576×25 帧),在压缩比为 30∶1 或更低时,可以提供广播质量的编码图像。

经过压缩编码后的视频信号形成视频基本码流(Elementary Stream,ES),MPEG-2 标准的视频基本码流可分成 6 个层次,从高往低依次是视频序列层(Sequence)、图像组层(GOP)、图像层(Picture)、像条层(Slice)、宏块层(Macro Block)和像块层(Block)。MPEG-2 标准的视频基本码流的帧结构如图 3.4 所示。图 3.4 中的 SC 是起始码(Start Code),PIC 是图像。

视频编码器和音频编码器输出的码流分别为视频基本流和音频基本流,即 ES。ES 再经过打包后输出的是包基本流,即 PES (Packet Elementary Stream)。包基本流的包长度是可变的,视频通常是一帧(即一幅图像)一个包;音频包长度通常为一个音频帧,不超过 64KB。

为了把同一个电视节目的视频、音频和其他数据合成为一路节目流进行传输,需要将视频基本流、音频基本流和其他数据流进行合成,这一过程称为单节目复用。单节目复用的结果可以形成两种不同结构的码流:一种称为节目流,即 PS (Program Stream);另一种称为传输流,即 TS (Transport Stream)。

MPEG-2 传输流结构是为系统复用和传输所定义的,属于系统传输层结构中的一种。

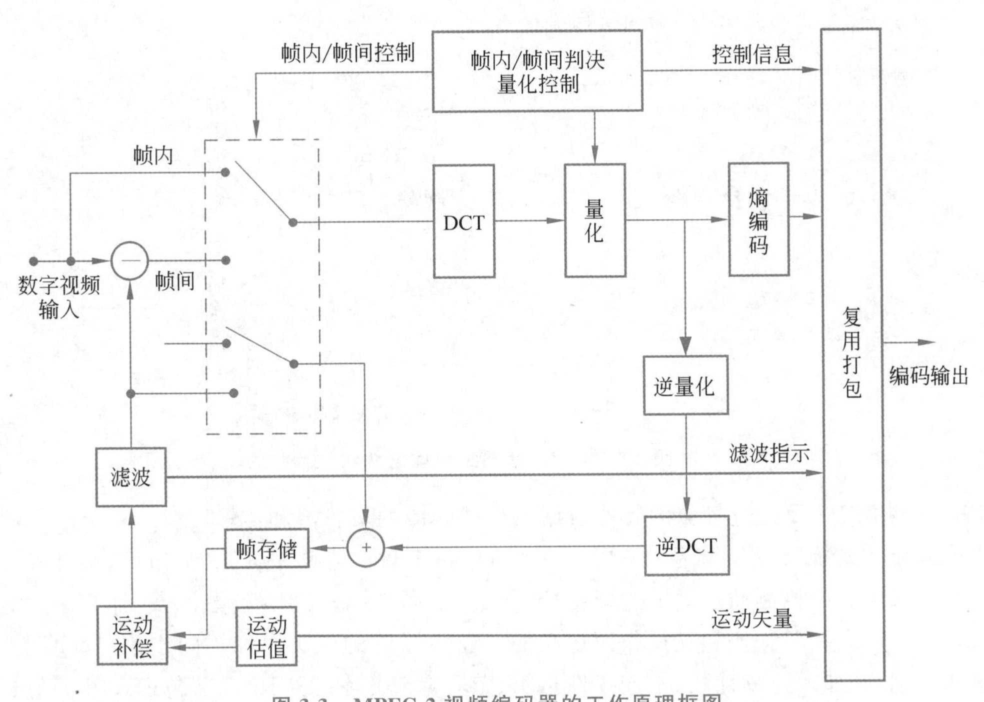

图 3.3 MPEG-2 视频编码器的工作原理框图

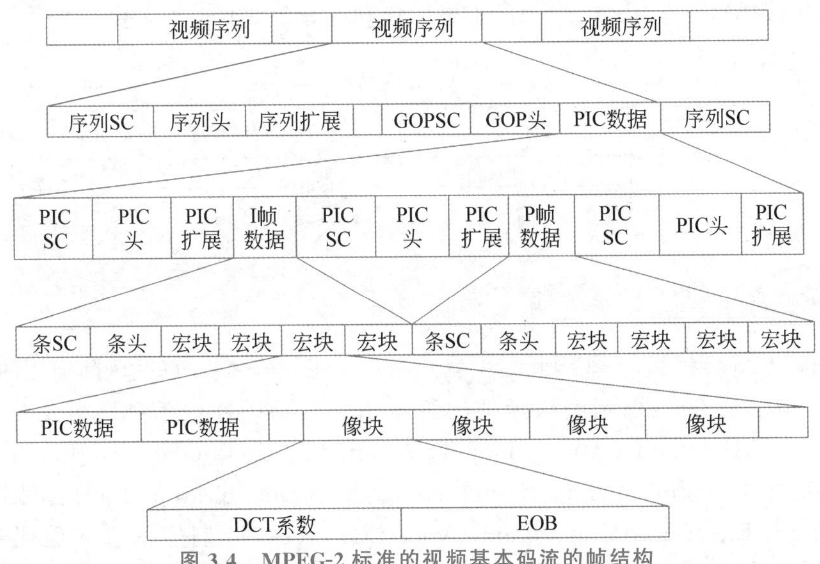

图 3.4 MPEG-2 标准的视频基本码流的帧结构

通过与 MPEG-2 系统时序模型的建立、节目特殊信息(PSI)及服务信息(Service Information,SI)共同作用实现在恶劣的信道环境中灵活可靠的复用、传输与解复用。MPEG-2 系统部分给出了多路音频、视频的复用和同步标准。MPEG-2 系统传输层的结构可以用图 3.5 描述。

数字视频和音频分别经过视频编码器和音频编码器编码之后,生成视频基本流和音频基本流。在视频基本流中还要加入一个时间基准,即 27MHz 时钟信息。然后,再分别通过各自的打包器将相应的基本流转换为包基本流。最后,节目复用器和传输复用器分别将视

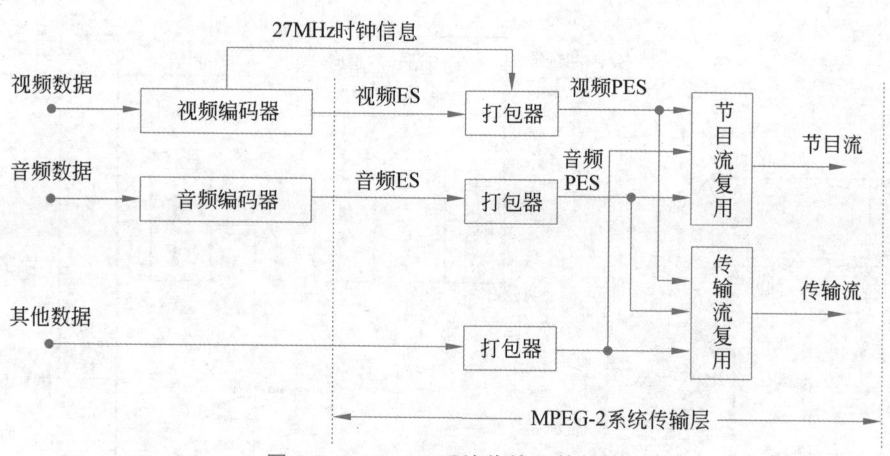

图 3.5 MPEG-2 系统传输层的结构

频 PES、音频 PES 及经过打包的其他数据组合成相应的节目流和传输流。

传输流的系统层可分作两个子层：一个对应特定数据流操作(PES 分组层,可变长度),该层是为编解码的控制而定义的逻辑结构;另一个对应多路复用操作(TS 分组层,188B 固定长度),该层是针对交换和互操作而定义的。在传输流的包头中加入同步信息,说明有无差错和加扰,并加入连续计数、不连续性指示、节目参考时钟(PCR)以及包 ID(PID)等。传输流的包结构如图 3.6 所示,由包头、调整字段(自适应区)和有效负载(包数据)3 部分组成。每个包长度为固定的 188B,包头占 4B,调整字段和有效负载共占 184B。

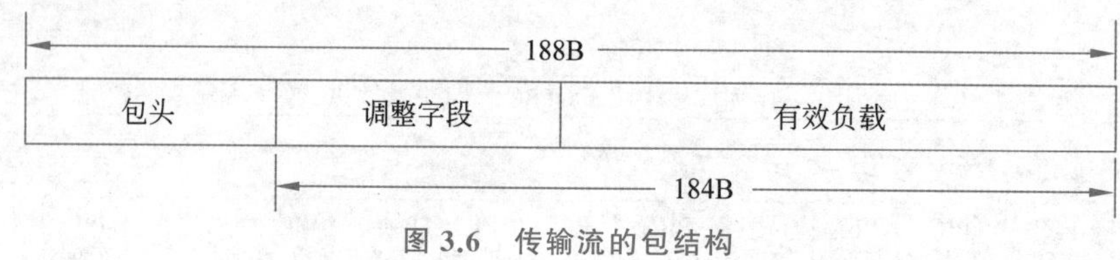

图 3.6 传输流的包结构

3.1.3 视频编码标准发展历程

自 20 世纪 80 年代起,一些国际组织就开始着手建立一套规范的、国际通用的视频编码标准。目前,国际上制定视频编码标准的组织主要包括国际电信联盟电信标准化部门(International Telecommunication Union-Telecommunication Standardization Sector,ITU-T)、国际标准化组织(International Organization for Standardization,ISO)、国际电工委员会(Intenational Electrotechnical Commission,IEC)。ITU-T 制定的视频编码标准就是 H.26x 系列,被广泛应用于基于网络传输的视频通信。人们熟知的 MPEG 系列视频编码标准是由 ISO/IEC 的动态图像专家组(Moving Picture Experts Group,MPEG)制定的,主要应用于视频存储(如 VCD/DVD)、广播电视、网络流媒体等。ITU-T 视频编码专家组(Video Coding Experts Group,VCEG)与 ISO/IEC 在视频编码标准制定中也有多次合作。例如,H.262/MPEG-2 标准,成为当时 DVD 的核心技术;H.264/AVC 视频编码标准,在视频广播、视频存储、交互式视频等领域得到了广泛的应用;更有后来著名的 H.265/HEVC 视频编码标准,获得了突出的压缩性能,正在被广泛应用。新一代通用视频编码标准 H.266/VVC 由双方联合制定。

2002 年,我国成立了数字音视频编解码技术标准工作组,也叫 AVS 工作组,制定了具有我国自主知识产权的音视频编码标准(AVS),并在 2006 年正式成为国家标准。随着广电高清数字广播的不断发展,2012 年,我国成立了 AVS 技术应用联合推进工作组,并在 2016 年完成了第二代视频编码标准(AVS2),在 2019 年完成了第三代视频编码标准(AVS3 Phase 1),在 2021 年完成了 AVS3 第二阶段标准(AVS3 Phase 2)。

视频编码领域的另一大标准制定者是由谷歌公司于 2015 年主导的开放媒体联盟(Alliance for Open Media,AOM),旨在建立一个开发开放式、无版权费的视频编码标准。在开源编解码器 VP9 的基础上,2018 年年底,AOM 完成了 AV1 视频编码格式(标准),其性能优于 x265 编码器,并且还在不断优化,已达到近似于 VP9 的实现复杂度要求。目前,AOM 正在组织开发下一代视频编码标准 AV2。

下面概述各大视频编码标准的发展历程。

1. H.26x 系列标准

H.261 标准是 ITU-T 在 1990 年制定的数字视频编码标准,针对的是基于综合业务数字网(Integrated Services Digital Network,ISDN)的视频通信应用,如可视电话、视频会议等。另外,H.261 还针对世界各国不同的电视制式提出了一种通用中间格式(Common Intermediate Format,CIF)以解决不同制式的格式转换问题。H.261 主要采用了基于运动补偿的帧间预测、DCT、量化、Z 形扫描和熵编码等。这些构成了混合编码(hybrid coding)框架,被认为是混合编码标准的鼻祖并沿用至今。

H.263 标准也由 ITU-T 制定,最初是为低码率的视频会议应用而设计的,后期证明 H.263 不局限于低码率传输环境,还适用于很大范围的动态码率。H.263 标准仍以混合编码框架为核心,其基本原理、原始数据和码流组织都与 H.261 相差无几,但与此同时也吸纳了 MPEG 系列标准等其他一些国际标准技术。成功应用于基于 H.323 标准的视频会议系统以及基于 H.320、RTSP(Real Time Streaming Protocol,实时流协议)和 SIP(Session Initiation Protocol,会话初始协议)标准的视频通信系统。

2. MPEG 系列标准

MPEG-1 标准是 MPEG 制定的第一个视频和音频有损压缩标准,也是最早推出及在市场上应用的 MPEG 技术。当初,它主要是针对数字存储媒体(如 CD)记录活动图像及其伴音的编码方式。MPEG-1 标准后来成为影音光碟(即 VCD)的核心技术。

MPEG-2 标准是继 MPEG-1 标准制定之后由 MPEG 推出的音视频编码标准,于 1994 年面世。MPEG-2 标准的应用领域包括卫星电视、有线电视等,经过少量修改后,成为广为人知的 DVD 产品的核心技术。前面曾提到,MPEG-2 视频编码标准(MPEG-2 标准第 2 部分)事实上是由 MPEG 和 ITU-T 联合制定的,ITU-T 的 H.262 与 MPEG-2 视频编码标准是完全相同的。不过,MPEG-2 标准是人们更为熟悉的名称。MPEG-2 视频编码标准中开始引入了级和类的概念,能够针对不同应用要求进行编码模式的选择。MPEG-2 标准按编码图像的分辨率分为 4 级,按不同的编码复杂程度分为 5 类。级与类的若干组合构成 MPEG-2 视频编码标准在某种特定应用下的子集:对某一输入格式的图像,采用特定集合的编码工具,产生规定速率范围内的编码码流。

MPEG-4 标准在 1998 年 11 月被 ISO/IEC 正式批准。相比于 MPEG-1 标准和 MPEG-2 标准,MPEG-4 标准涵盖的内容非常丰富,它包括 31 部分(Part)。MPEG-4 标准的不同部分分别定义了系统、音视频编码、多媒体传输集成框架、知识产权管理、动画框架扩展和3D图形压缩等内容,其中第10部分就是著名的H.264/AVC标准。

H.264/AVC标准是由ITU-T的VCEG和ISO/IEC的MPEG组成的联合视频组(Joint Video Team,JVT)共同开发的数字视频编码标准,也称ITU-T H.264建议和MPEG-4第10部分先进视频编码(Advanced Video Coding,AVC)标准。H.264/AVC标准仍然采用了混合编码框架的理念,此框架支持许多先进的编码技术,如具有方向性的帧内预测、多参考帧的运动补偿、灵活分块的运动补偿、可用于预测的B帧、4×4/8×8的整数DCT、环路去方块滤波和自适应熵编码等。H.264/AVC标准比H.263+、MPEG-4(SP)标准减少了约50%的码率,因此在视频存储、广播和流体等领域得到广泛应用。

H.265/HEVC标准也是由ITU-T的VCEG和ISO/IEC的MPEG联合组成的JVT共同开发的数字视频编码标准。该标准沿用了混合编码框架,支持许多先进的编码技术,如四叉树编码单元划分结构、35种帧内预测模式、运动信息融合技术、先进的运动矢量预测技术、自适应变换技术、像素自适应补偿技术等,在相同重建视频质量条件下,H.265/HEVC比H.264/AVC标准减少了约50%的码率。

3. AVS系列标准

音视频编码标准(Audio Video coding Standard,AVS)是我国具有自主知识产权的第二代信源编码标准。AVS1-P2是第一个AVS视频标准,针对标清和高清视频进行了编码工具的优化,在编码性能与编解码复杂度之间实现了较好的平衡。该标准采用了16×16的宏块结构。随着视频内容分辨率由高清向4K过渡,以及视频内容位宽由8位演进为10位,AVS标准工作组于2012年启动了第二代AVS视频编解码标准(简称AVS2-P2)制定工作,AVS2-P2与H.265/HEVC编码压缩性能相当。在监控场景中,AVS2-P2编码性能则超过H.265/HEVC。

第三代AVS视频编解码标准(AVS3-P2)于2021年4月完成第二阶段标准(AVS3-P2 Phase 2)的制定。AVS3-P2 Phase 2面向高编码压缩性能的应用,其目标性能与H.266/VVC基本持平。帧内编码的预测模式由33种扩展为65种,并采用非方形的帧内预测块划分技术。帧间预测和编码过程引入了解码端导出运动信息及修正运动信息的技术,并将滤波技术应用于帧间预测块的获取过程,采用了更灵活的帧间预测块划分形状(非方形),扩展了运动矢量和预测模式的编码方式。

4. AOM标准

2015年9月,谷歌、微软、Netflix等多家科技公司创立了开放媒体联盟(AOM),旨在通过制定全新、开放、免版权费的视频编码标准和视频格式,创建一个持久的生态系统,为下一代多媒体体验创造新的机遇。2011年11月至2013年7月,谷歌公司研发了开源的VP9编码标准,在不同测试条件下VP9的性能与H.265/HEVC相当或低于H.265/HEVC。2014年起,谷歌公司开始了VP10编码标准的研发工作。随着2015年9月AOM的成立,谷歌公司停止了VP10的研发工作,而后AOM开始了AV1标准的研究。2018年6月,AOM发布了其首款免版权费、开源的视频编码格式AV1。AV1沿用了传统的混合视频编码框架,它始于同样免版权费、开源格式的VP9的衍生版本,同时采纳了谷歌公司的VP10、Mozilla公司的Daala、Cisco公司的Thor共3款开源编码项目中的技术成果。AV1共推出了100多个新的编码工具,在压缩效率方面显著优于同期的编码器,在实现方面也考虑了硬件可行性和后续可扩展性。

3.2　JPEG 静止图像编码标准

3.2.1　JPEG 编码标准

JPEG(Joint Photographic Experts Group,联合图像专家组)编码标准允许对静止图像进行有损和无损的编码。JPEG 有几个定义的模式,包括基本、渐进和分级模式,其中压缩算法主要分为两种,一种是以离散余弦变换为基础的有损压缩算法,另一种是以预测技术为基础的无损压缩算法。JPEG 算法基本编码框架如图 3.7 所示,在基于 DCT 块压缩的帮助下,可以实现平均 15∶1 的压缩比。利用预测编码压缩技术可以实现无损编码,包括差分编码、游程编码和哈夫曼编码。JPEG 进行按照 HVS 加权的均匀量化。对量化系数要进行 Z 形扫描,因为它允许以从低频分量到高频分量的顺序进行熵编码。JPEG 图像压缩算法能够在提供良好的压缩性能的同时具有比较好的重建质量,被广泛应用于图像、视频处理领域。JPEG 格式是最常用的图像文件格式。

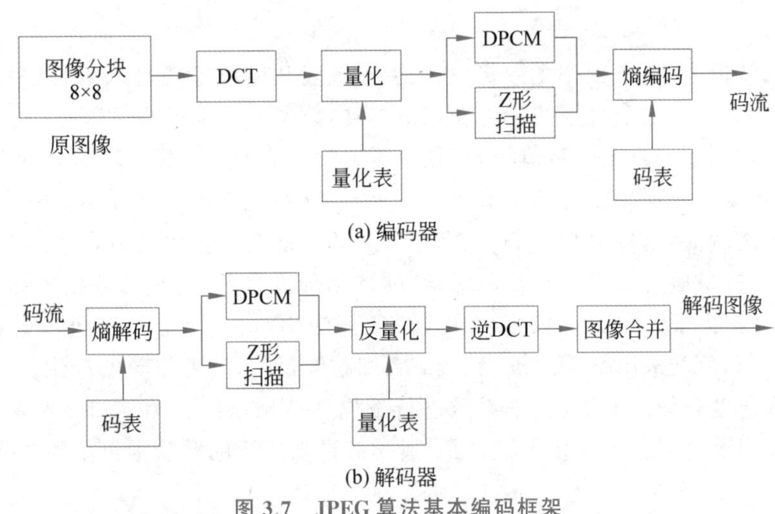

图 3.7　JPEG 算法基本编码框架

对于输入的图像,JPEG 编码要经过以下 6 个步骤。

1. 图像预处理

图像预处理包括色彩空间转换、采样与分块处理等。JPEG 采用的是 YCrCb 色彩空间,因此将输入图像转换为 YCrCb 色彩空间,并按一定的采样格式进行采样。在 YCrCb 色彩空间中,Y 代表亮度,Cr、Cb 则代表色度和饱和度(也有人将 Cb、Cr 两者统称为色度),三者通常以 Y、U、V 表示,即用 U 代表 Cb,用 V 代表 Cr。

研究发现,人眼对亮度变化的敏感度要比对色彩变化的敏感度高出很多。因此,可以认为 Y 分量要比 Cb、Cr 分量重要得多。在 BMP 图像中,R、G、B 3 个分量各采用一字节进行采样;而 JPEG 图像中,通常采用两种采样方式:YUV411 和 YUV422,它们所代表的意义是 Y、Cb、Cr 3 个分量的数据取样比例为 4∶1∶1 或者 4∶2∶2。这样的采样方式虽然损失了一定的精度,但在人眼不易察觉到的范围内减小了数据的存储量。当然,JPEG 格式也允许将每个点的 U、V 值都记录下来。

分块处理将输入图像分成若干 8×8 的小块。在此过程中需要对图像的宽和高进行裁剪,使其都为 8 的倍数,不足的部分复制与其最邻近的像素值。编码时,按从左至右、从上至下的顺序依次读取一个 8×8 块,对其进行 DCT、量化、编码后,再读取下一个 8×8 块。

2. 零偏置

JPEG 编码将图像分为 8×8 的块作为数据处理的最小单位,对于灰度级为 256 的像素,通过减去 128,将无符号数变成有符号数。即对于原来图像的灰度范围 0～255 的像素,减去 128 后,范围变成了－128～127。经过零偏置后,像素灰度的绝对值被控制在较小的范围内,便于后续的编码。

3. DCT

将帧数据分成 8×8 的矩阵子块,每个块按从左到右、从上到下的顺序送入离散余弦变换器进行二维 DCT。一般 8×8 的二维数据块经 DCT 后变成 8×8 个变换系数,这些系数都有明确的物理意义。例如当 U、V 分量为 0 时,$F(0,0)$是原来 64 个样本值的平均值,相当于直流分量;随着 U、V 分量值的增加,相应系数分别代表逐步增加的水平空间频率和垂直空间频率分量的大小。

4. 量化

图像数据转换为 DCT 频率系数之后,还要经过量化阶段才能进入编码过程。JPEG 量化是事先建立 1 张 8×8 个数据的量化表,量化表内数据大小排布的规律是:数值随频率上升而上升,直流/低频位置上的数值小,高频位置上的数值大。量化阶段需要两个 8×8 量化矩阵数据,一个专门处理亮度的频率系数,另一个则针对色度的频率系数,将频率系数除以量化矩阵的值之后取整,即完成了量化过程。频率系数经过量化之后,由浮点数转换为整数,这才便于执行最后的编码。不难发现,经过量化阶段之后,所有的数据只保留了整数近似值,也就再度损失了一些数据内容。在 JPEG 算法中,由于对亮度和色度的精度要求不同,分别对亮度和色度采用不同的量化表,前者细粒度量化,后者粗粒度量化。

对亮度和色度分量的 DCT 频率系数进行量化,使用如表 3.1 和表 3.2 所示的标准亮度分量量化表和标准色度分量量化表,这两个量化表是从广泛的实验中得出的。当然,也可以自定义量化表。

表 3.1 标准亮度分量量化表

16	11	10	16	24	40	51	61
12	12	14	19	26	58	60	55
14	13	16	24	40	57	69	56
14	17	22	29	51	87	80	62
18	22	37	56	68	109	103	77
24	35	44	64	81	104	113	92
49	64	78	87	103	121	120	101
72	92	95	98	112	100	103	99

表 3.2　标准色度分量量化表

17	18	24	47	99	99	99	99
18	21	26	66	99	99	99	99
24	26	56	99	99	99	99	99
47	66	99	99	99	99	99	99
99	99	99	99	99	99	99	99
99	99	99	99	99	99	99	99
99	99	99	99	99	99	99	99
99	99	99	99	99	99	99	99

量化表去掉了很多高频量，对 DCT 频率系数进行量化后得到的结果中会出现大量的 0，使用 Z 形扫描可以将这些 0 集中到一起，减小编码后的视频大小。越偏离左上方，表示频率越高，通过量化将图像的高频信息去掉了。

5. Z 形扫描

从量化后的 DCT 频率系数表中读出数据和表示数据的方式也是减小码率的一个重要过程。读出的方式可以有多种选择，如水平逐行读出、垂直逐列读出、交替读出和 Z 形扫描读出。其中 Z 形扫描读出是最常用的一种方式，它实际上是按二维频率的高低顺序读出频率系数。

6. 熵编码

对直流分量进行 DPCM 编码，对交流分量进行 RLC 编码，这两种编码都有中间格式，以进一步减小存储量。在得到直流分量系数的中间格式和交流分量系数的中间格式之后，为进一步压缩图像数据，有必要对两者进行熵编码，通过对出现概率较高的字符采用较小的位数编码以达到压缩的目的。JPEG 标准具体规定了两种熵编码方式：哈夫曼编码和算术编码。JPEG 基本系统规定采用哈夫曼编码。

哈夫曼编码的基本思想是：对出现概率大的字符分配长度较小的二进制编码，对出现概率小的字符分配长度较大的二进制编码，从而使得字符的平均编码长度最短。哈夫曼编码的原理请参考数据结构课程中的哈夫曼树或者最优二叉树的内容。

在进行哈夫曼编码时直流分量系数与交流分量系数分别采用不同的哈夫曼编码表，对于亮度和色度也采用不同的哈夫曼编码表。因此，需要 4 张哈夫曼编码表才能完成熵编码的工作。具体的哈夫曼编码采用查表的方式高效地完成。然而，在 JPEG 标准中没有定义默认的哈夫曼编码表，用户可以根据实际应用自由选择，也可以使用 JPEG 标准推荐的哈夫曼编码表，或者预先自定义一个通用的哈夫曼编码表，还可以针对一幅特定的图像，在压缩编码前通过搜集其统计特征计算哈夫曼编码表的值。

3.2.2　JPEG 工作模式

JPEG 定义了以下 4 种工作模式：

(1) 顺序编码。其基本算法是将图像分成 8×8 的块，然后进行 DCT、量化和熵编码(哈夫曼编码或算术编码)。

(2) 渐近编码。采用的算法与工作模式(1)相类似,不同的是,首先传送部分 DCT 系数信息(例如低频带系数,或所有系数的近似值),使接收端尽快获得一个粗略的图像,然后再将剩余频带的系数(或所有系数的低比特数据)渐次传送,最终形成清晰的图像。

(3) 无失真编码。采用一维或者二维的空域 DPCM 和熵编码。由于输入图像已经是数字化的,经空域 DPCM 之后,预测误差值也是一个离散量,因此可以不再量化而实现无损编码。

(4) 分层编码。在这个工作模式中,将输入图像的分辨率逐层降低,形成一系列分辨率递减的图像。先对分辨率最底层图像进行编码,然后将经过内插的低层图像作为上一层图像的预测值,再对预测误差进行编码,以此类推,直至顶层图像。

3.2.3 JPEG 编码实现与算能平台

libjpeg 使用 C 语言实现,这个库由 JPEG 工作组维护。算能平台的 JPEG 编解码程序是基于 OpenCV 实现的,OpenCV 是一个基于 Apache 2.0 许可(开源)发行的跨平台计算机视觉和机器学习软件库,可免费用于学术和商业用途,可以运行在 Windows、Linux、macOS、iOS 和 Android 操作系统上。算能平台提供了 JPEG 编解码模块 FnEncode 和 FnDecode 实现图像编码,这两个模块通过调用 OpenCV 库的图像编解码函数 imencode 和 imdecode 完成编码,除此之外还包括图像的读取、写入和保存等功能,具体实现过程见本书实验部分。

3.3 H.264 视频编码标准

3.3.1 H.264 编码标准概述

与 MPEG-2 类似,H.264 也有类和级的概念。H.264 中常见的有 3 个类,即基线类(baseline profile),主类(main profile)和扩展类(extended profile),每一类支持一组特定的编码功能。其中,基线类主要用于视频会话,如视频会议、可视电话、远程医疗、远程教学等;主类用于要求高画质的消费电子等应用领域,如数字电视广播、媒体播放器等;扩展类主要用于各种网络流媒体传输等方面。JVT 在 2004 年对高级类涵盖的范围做了进一步的扩充,新增了 4 个高级类:High(HP)、High10(Hi10P)、High4:2:2(H422P)、High4:4:4(H444P)。

下面列出这 3 个类所支持的特定的编码工具以及其主要应用领域。如图 3.8 所示,H.264 还对所有类规定了一组相同的级。级的选择一般都是根据计算机的运算能力和内存容量决定的,通过设置不同参数(如取样速率、图像尺寸、编码比特率等),得到编解码器性能不同的级。

H.264 视频编码原理如图 3.9 所示。输入的帧或场以宏块为单位进行处理。如果采用帧内预测编码,首先要选择最佳的帧内预测模式进行预测,然后对残差进行变换、量化和熵编码。量化后的残差系数经过反量化和反变换之后与预测值相加得出重建图像。为了去除环路中产生的噪声,提高参考帧的图像质量,设置了一个去块(去除块效应)滤波器,滤波后的输出图像可用作参考图像。如果采用帧间预测编码,当前块在已编码的参考图像中进行

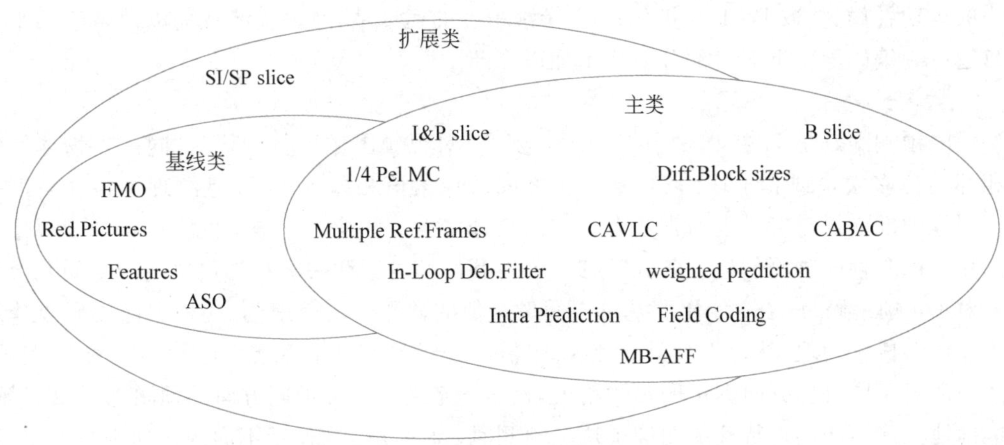

图 3.8　H.264 主要的 3 个类和对应编码工具

运动估计和运动补偿后得出预测值，预测值和当前块相减后，产生残差数据。残差图像块经过变换、量化和熵编码后与运动矢量一起送到信道中传输。同时，残差系数经逆量化、逆变换后与预测值相加并经过去块滤波器滤波后得到重建图像。

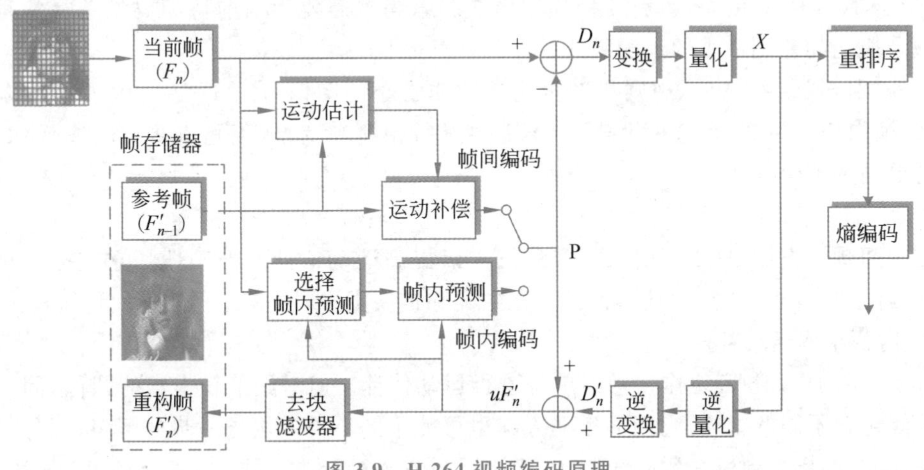

图 3.9　H.264 视频编码原理

解码是编码的逆过程，解码器接收到 NAL 包后，从 NAL 包中剥离出宏块压缩后的码流，然后经过熵解码和重排序，得到量化后的宏块系数，再经过逆量化、逆变换。这一过程和编码器重建码流生成的过程一致。使用码流中解出的预测块信息，解码器从参考帧中得到预测宏块，它和编码器形成的预测宏块相同。最后对重建图像进行滤波，去除块效应后可得到解码宏块。当前图像的所有宏块解码完成后，就得到当前重建图像用于显示输出。同编码过程一样，当前重建图像将用于未来的解码参考。

3.3.2　H.264 编码方法

H.264 视频编码器采用了与 MPEG-2 相同的基于运动补偿和变换编码的混合结构，其基本模块仍然包含了变换、量化、预测和熵编码等单元，但在技术上采纳了许多新的研究成果，使其在压缩编码效率上有了很大的提高。这些新技术包括帧内预测、帧间预测、可变块大小的运动补偿、整数 DCT 与量化、1/8 像素精度的运动估计、去块滤波器以及基于上下文的自适应熵编码等。下面对部分新技术加以介绍。

1. 帧内预测

帧内预测编码是 H.264 采用的新技术之一。对视频图像进行分块后,同一个物体常常由相邻的许多宏块或者子块组成,这些块之间的像素值相差不大,而且纹理也往往高度一致。图像中的前景与背景也通常具有一定的纹理特性。图像在空域上的方向特性及块像素间的相关性为帧内预测创造了条件,因此,可以利用帧内预测去除相邻块之间的空间冗余。

对于 I 帧编码,H.264 使用了基于空间像素值的预测方法。编码时,根据已编码重建块和当前块形成预测块,然后对实际值和预测值的残差图像进行整数 DCT、量化和熵编码。为了保证对不同纹理方向图像的预测精度,H.264 定义了多种不同方向的预测选项,以尽可能准确地预测不同纹理特性的图像子块。预测时,每个块依次使用不同的选项进行编码,计算得到相应的代价,再根据不同的代价值确定最优的选项。

H.264 对亮度和色度分量采用不同的预测方法。对于亮度,预测块可以有 4×4 和 16×16 两种尺寸。4×4 亮度块有 9 种预测模式,独立预测每一个 4×4 亮度块,适用于带有大量细节的图像编码;16×16 亮度块有 4 种预测模式,适用于平滑区域图像编码。对于色度,类似于 16×16 亮度块,也有 4 种预测模式。编码器需要为当前待编码块选择一种使该块与预测块之间差别最小的预测模式。

此外,对于那些内容不规则或者量化参数非常小的图像,H.264 还提供了一种称为 I_PCM 的帧内编码模式,在这种模式下,不需要进行预测和变换,而是直接传输图像像素值,以获得更高的编码效率。

2. 帧间预测

在帧间预测方面,H.264 引入了多种技术以提高运动估计的准确性。它支持 7 种不同大小的匹配块,具有更精细的运动矢量,在主类和扩展类中,还包括了 B 分片和加权预测。

1) 树状结构运动补偿

H.264 以 16×16 宏块作为基本单位进行运动估计。但对细节较丰富的图像,同一个宏块内可能包含不同的物体,它们的运动方向也可能不同。把宏块进一步分解,可以更好地去除相关性,提高压缩效率。每个 16×16 宏块可以有 4 种分割方式:一个 16×16 的块、两个 16×8 的块、两个 8×16 的块和 4 个 8×8 的块,其运动补偿也相应有 4 种。8×8 的块被称为子宏块,每个子宏块还可以进一步分割为两个 4×8 的块或 8×4 的块,或者 4 个 4×4 的块。H.264 宏块的树状结构分割如图 3.10 所示。这种分割下的运动补偿称为树状结构运动补偿。

每个分割或者子宏块都要有一个独立的运动矢量,每个运动矢量以及分块方式也都要进行编码和传输。大的分区尺寸可能只需要较少的比特数表示运动矢量和分块方式,但残差将保存较大的能量;小的分区尺寸可以使运动补偿后的残差能量下降,但需要更多的比特数表示运动矢量和分块方式。因此,分区大小的选择对压缩性能有重要的影响。

2) 运动矢量精度

H.264 采用了 1/4 像素和 1/8 像素的运动估计。其中,亮度分量具有 1/4 像素精度,色度分量具有 1/8 像素精度。亚像素位置的亮度和色度像素并不存在于参考图像中,需利用邻近的已编码样值进行内插后得到。

首先生成参考图像中亮度分量的半像素样值,如图 3.11 所示。半像素 b、h、m、s 样值通过对相应整像素进行 6 抽头滤波得出,6 抽头 FIR 滤波器的权重为 1/32、−5/32、5/8、5/8、−5/32、1/32。例如,b 可以由水平方向的整数样值 E、F、G、H、I、J 计算得到,h 可以由垂直方向的样值 A、C、G、M、R、T 计算得到。一旦邻近(垂直或水平方向)整像素点的所有像素值都计算出来,剩余的半像素便可以通过对 6 个垂直或水平方向的半像素点滤波得出。例如,j 可由 cc、dd、h、m、ee、ff 滤波得出。

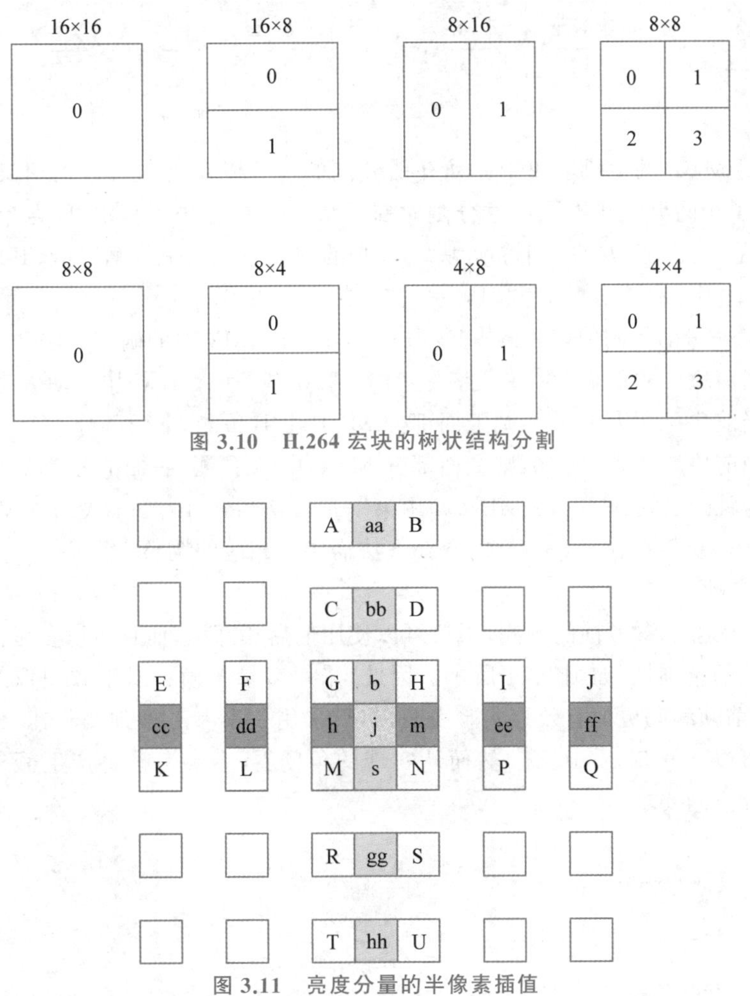

图 3.10　H.264 宏块的树状结构分割

图 3.11　亮度分量的半像素插值

半像素样值计算出来以后,可线性内插生成 1/4 像素样值,如图 3.12 所示。1/4 像素 a、c、i、k、d、f、n、q 由邻近像素内插得出;水平或者垂直方向的 1/4 像素点由两个半像素或者整像素插值生成;剩余的 1/4 像素 e、g、p、r 由一对对角半像素点线性内插得出,例如 e 由 b 和 h 获得。色度像素需要 1/8 精度的运动矢量,也同样通过整像素线性内插得出。

3) 运动矢量预测

每个块的运动矢量需要一定数目的比特表示,因此有必要对运动矢量进行压缩。由于邻近区域的运动矢量通常具有相关性,因此当前块的运动矢量可由邻近已编码块的运动矢量预测得到,最后传输的是当前矢量和预测矢量的差值。

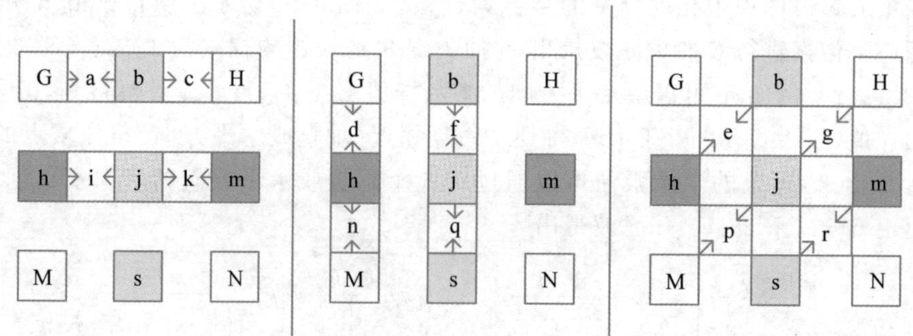

图 3.12 亮度分量的 1/4 像素插值

预测矢量 MVP 的生成取决于运动补偿分割的尺寸以及周围邻近运动矢量是否存在。图 3.13 给出了相同尺寸和不同尺寸分割时邻近块的选择方法。其中,E 为当前块,C、A、B 分别为 E 的左、上、右上方的 3 个邻近块。当 E 的左边不止一个分割时,取其中最上方的一个为 A;当上方不止一个分割时,取其中最左边的一个为 B。

当前运动矢量的预测值(Motion Vector Prediction,MVP)的确定方法如下:

(1) 若当前块尺寸不是 16×8 或者 8×16,则 MVP 为 A、B、C 块运动矢量的中值。

(2) 若当前块尺寸为 16×8,则上面部分 MVP 由 B 预测,下面部分 MVP 由 A 预测。

(3) 若当前块尺寸为 8×16,则左面部分 MVP 由 A 预测,右面部分 MVP 由 C 预测。

(4) 若为跳跃宏块(skipped MB),则用第一种方法生成 16×16 块的 MVP。若有一个或者几个已传输块不存在时,MVP 的选择方法需要做相应的调整。

4) 多参考帧

H.264 引入了多参考帧的预测,不仅可以使用前后相邻帧,而且可以参考前向与后向多个帧提高预测的精确性,如图 3.14 所示。因此,采用多参考帧会对视频图像产生更好的主观质量,对当前帧编码更加有效。实验表明,与只采用一个参考帧预测相比,使用 5 个参考帧时比特率可以降低 5%~10%。然而从实现的角度看,多参考帧将产生额外的处理延时和更大的内存空间要求。

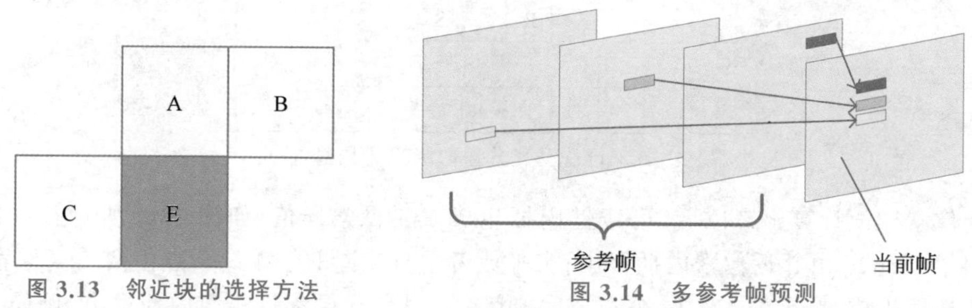

图 3.13 邻近块的选择方法

图 3.14 多参考帧预测

3. 整数 DCT 与量化

H.264 引入了 4×4 整数 DCT,降低了算法的复杂度,将变换运算中的比例因数合并到量化过程中,整个变换过程无乘法运算,只需要加法和移位运算,同时避免了以往标准中使用的通用 8×8DCT 的逆变换经常出现的失配问题。量化过程根据图像的动态范围大小确定量化参数,既可以保留图像必要的细节,又可以减少码流。

整数 DCT 的处理过程如图 3.15 所示，对 16×16 亮度残差数据进行整数 DCT 时，如果是帧内 16×16 预测模式的亮度块，则进一步将其中 4×4 块的直流分量进行哈达马变换及量化；对 8×8 色度残差数据进行整数 DCT 时，对 Cr 或 Cb 块中的 2×2 直流分量系数矩阵也进行哈达马变换及量化。

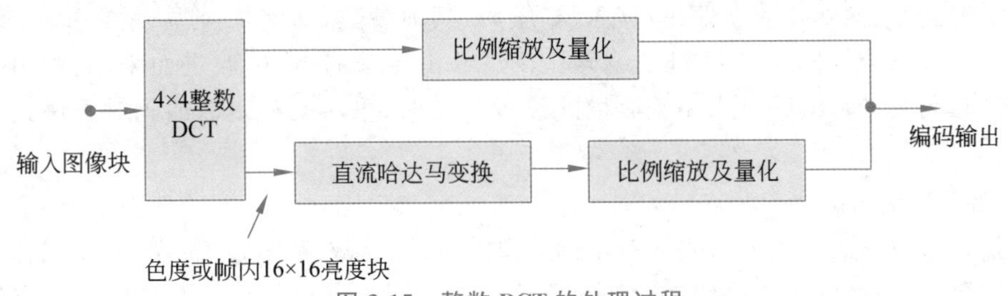

图 3.15　整数 DCT 的处理过程

4. 去块滤波器

在进行基于分块的视频编码时，对块的预测、补偿、变换以及量化在码率较低时会遇到块效应。为了降低图像的块效应失真，H.264 中引入了去块滤波器对解码宏块进行滤波，平滑块边缘，滤波后的帧用于后续帧的运动补偿预测，从而避免了假边界累积误差导致的图像质量下降，提高图像的主观视觉效果。

去块滤波器在处理时以 4×4 块为单位，如图 3.16 所示。对每个亮度宏块，先对宏块最左的边界 a 进行滤波，然后依次从左到右处理宏块内 3 个垂直边界 b、c 和 d。对水平边界，从上到下依次处理 e、f、g 和 h。色度滤波次序类似，依次处理 i、j、k、l。

去块滤波器的处理可以在 3 个层面上进行。在分片层面，OffsetA 和 OffsetB 为在编码器中选择的偏移量，该偏移量用于调整阈值 α 与 β，从而调整全局滤波强度；在块边界层面，滤波强度依赖于边界两边图像块的帧间/帧内预测、运动矢量差及编码残差等；在图像像素层面，滤波强度取决于像素值在边界的梯度及量化参数。

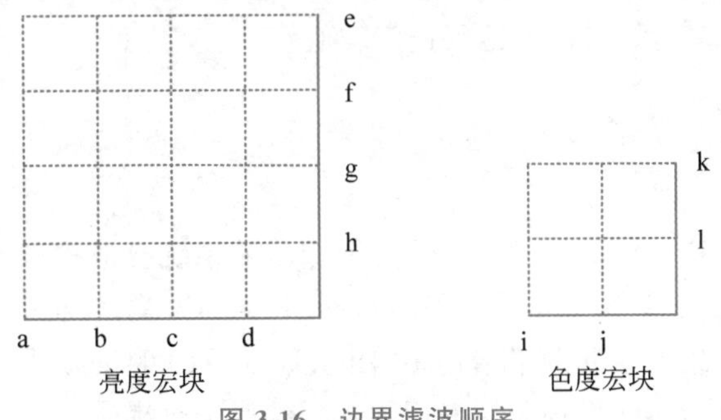

图 3.16　边界滤波顺序

由于视频图像本身还存在物体的真实边界，在进行去块滤波时，应尽可能判断边界的真实性，保留图像的细节，不能盲目通过平滑图像达到消除块效应的目的。一般而言，真实边界的两侧像素梯度比因量化造成的虚假边界两侧的像素梯度大。在 H.264 中，给定两个阈值 α 与 β 用于判断是否对边界进行滤波，当高于阈值时，则认为该边界为真实边界。

5. 熵编码

H.264 标准规定的熵编码有两种：一种是可变长编码方案，包括统一的变长编码

(Universal Variable Length Coding，UVLC)和基于上下文的自适应变长编码(Context-based Adaptive Variable Length Coding，CAVLC)；另一种是基于上下文的自适应二进制算术编码(Context-based Adaptive Binary Arithmetic Coding，CABAC)。这两种方案都利用了上下文信息，使编码最大限度地利用了视频流的统计信息，有效降低了编码冗余。当熵编码模式设置为0时，残差数据使用CAVLC编码，其他参数，如宏块类型、量化步长参数、参考帧索引、运动矢量等，采用UVLC编码。UVLC由传统的VLC改进而来，它利用统一的指数哥伦布码表进行编码。当熵编码模式设置为1时，采用CABAC编码对语法元素进行编码。

1）指数哥伦布编码

指数哥伦布编码使用一张码表对不同对象进行编码，故编码方法简单，且解码器容易识别码字前缀，从而在发生比特错误时能快速重新获得同步。指数哥伦布编码是具有规则结构的变长码，每个码字的长度为$2M+1$比特，其中包括最前面M比特的0、中间1比特的1和后面M比特的INFO字段。在对各种参数(如宏块类型、运动矢量等)进行编码时，把参数先映射为code_num，再对code_num进行编码。

2）CAVLC

CAVLC是一种基于上下文的自适应游程编码。当熵编码模式设置为0时，使用CAVLC对以Z形扫描得到的4×4残差块变换系数进行编码。由于经过预测、变换和量化后的4×4残差系数是稀疏矩阵，多数系数为0，故用游程编码可以取得更好的压缩效果。由于相邻块的非零系数个数具有相关性，CAVLC依据这种相关性自适应选择相应的码表，体现了基于邻近块的上下文原理。同时，残差系数中低频系数较大，高频系数较小，CAVLC利用这一特点，并根据邻近已编码系数的大小自适应选择相关码表。

3）CABAC

CABAC使用算术编码方法，根据元素的上下文为其选择可能的概率模型，并根据局部统计特性自适应地进行概率估计，从而提高压缩性能。和CAVLC相比，CABAC平均效率可以提高10%～15%。其缺点在于编码速度较低。

3.3.3 H.264的传输与存储

1. H.264分层编码结构

H.264视频编码标准引入了分层结构，将图像压缩系统分成视频编码层(Video Coding Layer，VCL)和网络抽象层(Network Abstraction Layer，NAL)，使压缩编码与网络传输分离，使编码层能够移植到不同的网络结构中，图3.17为H.264的分层结构。视频编码层进行视频编码、解码操作，而网络抽象层专门为视频编码信息提供文件头信息，安排格式以方便网络传输和介质存储，使网络对于视频编码层是透明的，具有较强的网络友好性和错误隐藏能力。

VCL是H.264的核心部分，其编码输出的是VCL数据(表示编码视频数据的比特序列)，在传输和存储之前被映射到网络抽象层单元(NAL Unit，NALU)。NAL在外围，它根据视频信号传输介质把VCL的内容封装起来。NAL数据的基本单位是NAL单元，而VCL自上而下包括序列、图像组、图像、条带组、条带、宏块组、宏块和块，如图3.18所示。划分条带主要是为了适应不同传输网络的最大传输单元(Maximum Transfer Unit，MTU)

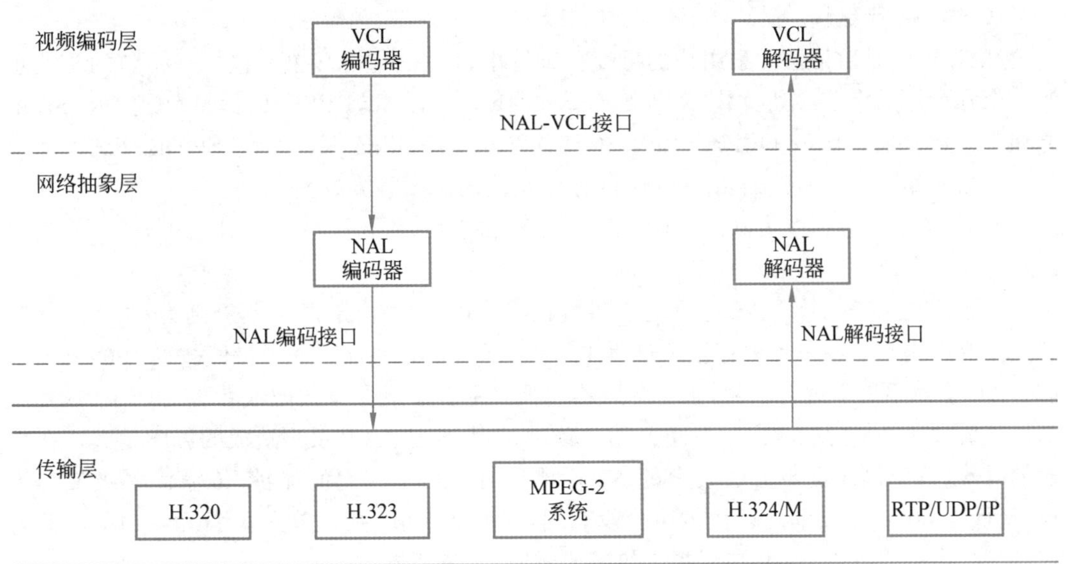

图 3.17　H.264 的分层结构

长度；分组是为了使一组数据独立于其他数据，从而实现特定的目的，例如，防止误差扩散以保证图像质量，区分前景和背景以分别进行编码，等等。

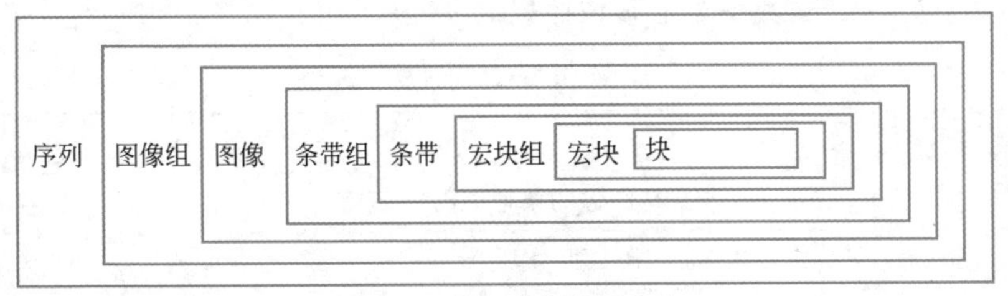

图 3.18　VCL 数据编码结构

NAL 定义了数据封装的格式和统一的网络接口，数据打包在 NALU 中，有利于数据在网络中传输。NAL 对于面向比特流和面向数据包的传输，即单字节的包头信息和多字节的数据，采用统一的数据格式，如图 3.19 所示。包头信息包含存储标志和类型标志。其中，存储标志用于指示当前数据是否属于被参考的帧，从而便于服务器根据网络的拥塞情况决定是否丢弃它；类型标志用于指示图像的数据类型。

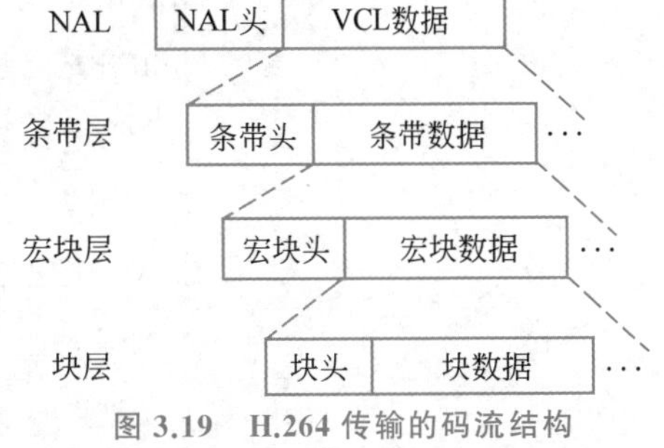

图 3.19　H.264 传输的码流结构

NAL 使用下层网络的分段格式封装数据，包括组帧、逻辑信道的信令、定时信息的利用和发序列结束信号等。NAL 支持视频利用电路交换信道的传输格式，支持视频在 Internet 上利用 RTP/UDP/IP 的传输格式。为了提高 H.264 的 NAL 在不同特性的网络中定制 VCL 数据格式的能力，在 VCL 和 NAL 之间定义的基于分组的接口、打包(即上述 NAL 对 VCL 数据的承载过程)和相应的信令也属于 NAL 的一部分。这样，高编码效率和网络友好性的目标分别由 VCL 和 NAL 实现。

2. NAL 单元结构

NAL 单元是由语法元素组成的可变长字符串,每一个 NAL 单元包含一字节的头信息和一个称为原始字节序列负载(Raw Byte Sequence Payload,RBSP)的信息负载。RBSP 由原始数据比特流(String Of Data Bits,SODB)和 rbsp_trailing_bits 组成,SODB 是 H.264 编码之后的原始码流,rbsp_trailing_bits 的作用是使码流按字节对齐。

NAL 头信息包括 3 个固定字段:禁止位 F,占 1 位;重要性指示位 R(nal_ref_idc,简称 NRI),占 2 位;NAL 单元类型 T,占 5 位。

禁止位用来表示该 NAL 单元是否出现比特错误,如果出错则为 1,否则为 0。

重要性指示位用来标识在重组过程中 NAL 单元的重要性。如果该值被设为 0,就表示该 NAL 单元不用于进行预测,它在解码器端丢失不会造成漂移效应或者更为严重的影响;如果该值大于 0,则表示该 NAL 单元用于预测过程,值越大,其丢失造成的影响越大。在传输的时候,对于包含重要语法元素的 NAL 单元可以给予特别的保护,传输优先级最高为 11,最低为 00。NRL 单元只在传输阶段有用,任何非零值 NRL 单元在 H.264 中都同等处理,因此,当接收者把 NAL 单元提交给解码器时,不需要操作 NRL 的值。

NAL 单元的类型有 32 种。其中,类型 0 未指定用途;类型 13~23 为保留类型,后来陆续被占用了一些,但不太常用;类型 24~31 为未指定类型,可以在 H.264 以外使用,RTP 净荷规则中就使用其中一些重组或者分割数据包。类型 1~12 比较常用,当 NAL 单元类型为 1~12 范围内时,H.264 编码器必须依照规范设置 NRI 值,如表 3.3 所示。

表 3.3 常用 NAL 类型及 NRI 值

NAL 单元类型	内　　容	NRI 值
1	非 IDR 图像的条带编码(一个条带)	10
2	条带编码数据分割 A	10
3	条带编码数据分割 B	01
4	条带编码数据分割 C	01
5	IDR 图像的条带编码(一个条带)	11
6	SEI(补充增强信息)	00
7	SPS(序列参数集)	11
8	PPS(图像参数集)	11
9	接入单元定界符	00
10	序列结束	00
11	码流结束	00
12	填充数据	00

3. H.264 参数集

在 H.264 的各种语法元素中,SPS(Sequence Parameter Set,序列参数集)中的信息至关重要。如果其中的数据丢失或出现错误,那么解码过程很可能会失败。SPS 及图像参数集在某些平台的视频处理框架(例如 iOS 的 VideoToolBox 等)中还通常作为解码器实例的初始化信息使用。

SPS 保存了一组编码视频序列(coded video sequence)的全局参数。在设计视频播放器时,为了让后续的解码过程可以使用 SPS 中包含的参数,必须对其中的数据进行解析。

除了 SPS 之外,H.264 中另一重要的参数集为图像参数集(Picture Parameter Set,PPS)。通常情况下,PPS 类似于 SPS,在 H.264 的裸码流中单独保存在一个 NAL 单元中,只是 PPS 的 NAL 单元类型值为 8。而在封装格式中,PPS 通常与 SPS 一起保存在视频文件的文件头中。

3.3.4　H.264 开源编码器

1. x264

x264 最初由 Laurent Aimar 负责前期开发,并以 GNU GPL 协议开源。作为一个 H.264 视频编码器,x264 的作用同其他编码器一样,旨在对一系列像素格式的输入图像进行压缩编码,输出符合标准格式的视频码流。相对于其他的开源编码器项目,x264 对 H.264 提供了更完整的支持。在内部实现上,x264 使用了汇编语言对算法实现进行优化,提升了整体运行效率,在压缩率和运行速度方面取得了较好的平衡。

除了源代码外,x264 还提供了可直接作为工具运行的二进制可执行程序,它可以编译生成库文件,以 SDK 的形式供第三方应用或 SDK 集成。

VideoLan 官网提供 x264 下载包,它提供了包括 Windows、Linux 和 macOS 等多种平台下不同版本的可执行程序。如果官方提供的可执行程序不能满足需求,还可以直接获取源代码进行二次开发。

x264 的入口函数为 main()。该函数首先调用 parse()解析输入的参数,parse()通过调用 x264_param_default()为保存参数的 x264_param_t 结构体赋予默认值,通过 getopt_long()解析命令行传递来的参数,并作相应的设置工作;然后调用 select_input()和 select_output()完成输入文件格式和输出文件格式的设置;最后调用 encode()编码为 YUV 数据,encode()函数在一个循环中反复调用 encode_frame(),一帧一帧地进行编码,在编码完成后调用 x264_encoder_close()关闭编码器。

2. 算能平台与基于 FFmpeg 的 H.264 编码

FFmpeg 采用 LGPL 或 GPL 许可证,提供了录制、转换以及流化音视频的完整解决方案。它包含了音频/视频编解码库 libavcodec,为了保证高可移植性和编解码质量,libavcodec 中的很多代码都是从头开发的。FFmpeg 是基于 Linux 平台开发的,但它同样也可以在其他操作系统环境中编译运行,包括 Windows、macOS 等。

这里重点介绍 FFmpeg 中 x264 的使用,主要过程如下:

(1) 通过编码器名称查找编码器(x264 编码器的名称是 libx264)。

(2) 设置编码器的参数(如码率、分辨率、帧率等)。

(3) 打开编码器,函数为 avcodec_open2()。

(4) 对帧数据进行编码。avcodec_send_frame()将帧送到编码器,avcodec_receive_packet()从编码器获取编码后的数据包。编码完成后写入文件。

libx264 并没有默认内置到 FFmpeg 中,在编译 FFmpeg 时要手动通过 homebrew 将 libx264 内置到 FFmpeg 中,格式如下:

```
codec = avcodec_find_encoder_by_name("libx264")
```

基于 FFmpeg 的 H.264 视频编码流程如图 3.20 所示。

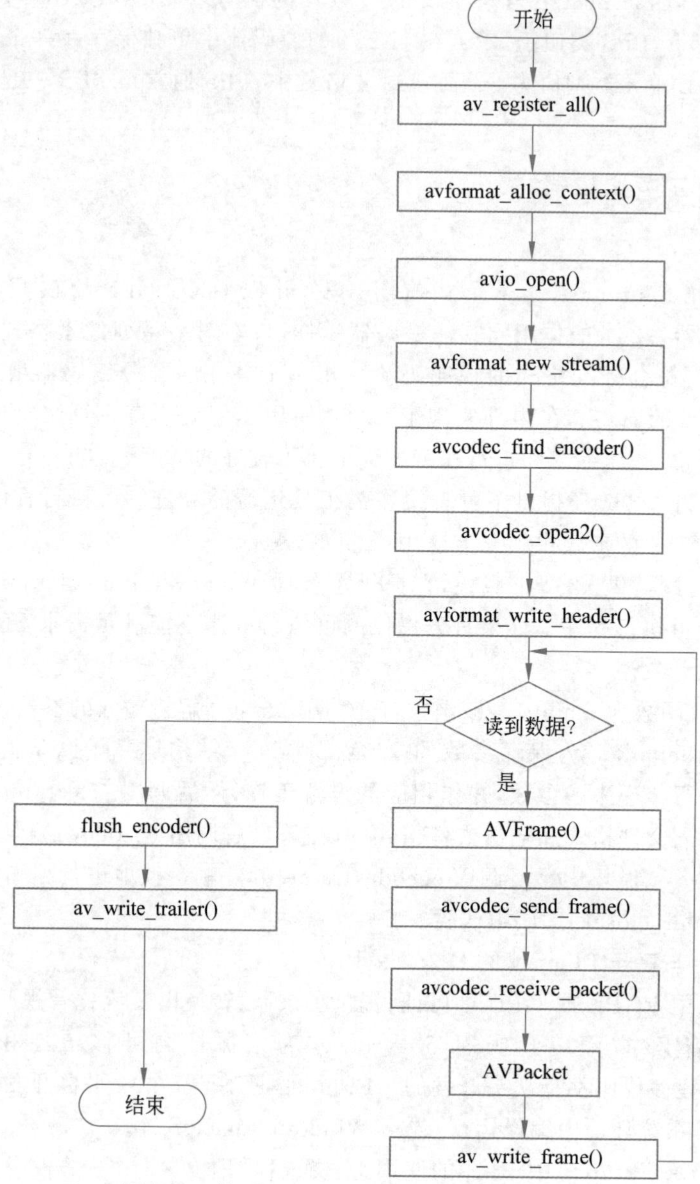

图 3.20 基于 FFmpeg 的 H.264 视频编码流程

算能平台也支持 FFmpeg 编解码接口，提供了和标准 FFmpeg 一样的统一接口，但在内部进行了硬件加速处理，相比开源 FFmpeg 具有更高效的视频编解码能力。以 BM1684 芯片为例，它可支持 1080P@960fps 的 H.264 解码。算能平台的 FFmpeg 名为 BM_FFmpeg，在标准的 FFmpeg 上进行了二次封装，其代码也实现了开源，具体请参考 Gitee 官网的 bm_ffmpeg 页面。读者可以在 http://sophon.ai 网站阅读 BM_FFmpeg 编程开发指南。算能平台的 bmnnsdk2 中提供了相关的代码实例，具体可参考 Github 官网中的 sophon-ai-algo 模块。

3.4　H.265 视频编码标准

3.4.1　H.265 编码标准概述

1. H.265 编码基本原理

H.265/HEVC (High Efficiency Video Coding,高效视频编码标准)与 H.264/AVC 等视频编码标准的框架大体相同,仍然采用混合编码框架,包括帧内预测、帧间预测、变换与量化、熵编码以及环路滤波等环节。但是,H.265 在每个模块都引入了新的编码技术,进行了细致的优化和改进,在相同的视觉质量下,H.265 的压缩比是 H.264 的 2 倍。

在 H.265 编码标准中,特别注重高清、超高清视频以及并行计算的应用,其采用的混合编码框架如图 3.21 所示。与 H.264 相比,H.265 在各编码环节引入了更多的编码工具,包括灵活的基于四叉树的图像分块结构、支持不同角度和更多模式的帧内预测编码、更加高效的运动信息编码、精确的亚像素插值、不同变换尺寸的 DCT、自适应环内滤波、自适应样点补偿以及性能增强的 CABAC 等。H.265 与 H.264 在各编码环节的技术对比如表 3.4 所示。

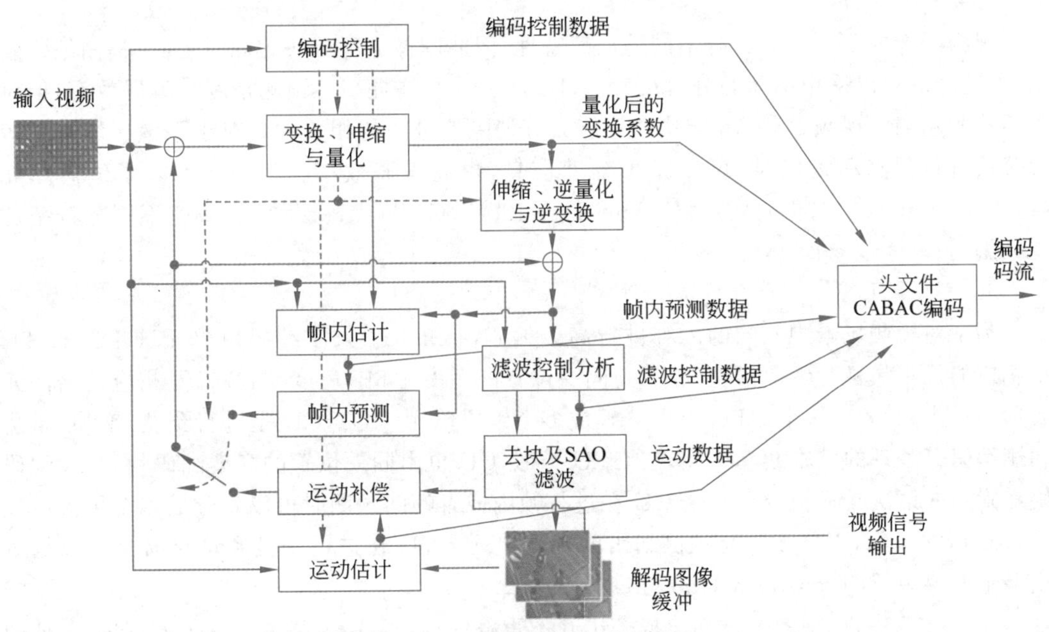

图 3.21　H.265 的混合编码框架

表 3.4　H.265 与 H.264 在各编码环节的技术对比

编 码 环 节	H.265	H.264
宏块/编码分块尺寸	64×64,32×32,16×16,8×8	16×16
帧内预测模式	最多 35 种模式	最多 9 种模式
运动补偿块尺寸	$2N\times2N$, $N\times2N$, $2N\times N$, $n_L\times2N$, $n_R\times2N$, $2N\times n_D$, $2N\times n_U$, $N\times N$ (N=4,8,16,32)	16×16,16×8,8×16,8×8,8×4,4×8,4×4

续表

编码环节	H.265	H.264
运动矢量预测	基于时间和空间的先进运动矢量预测，Merge,Skip	基于空间的运动矢量预测
变换尺寸	32×32,16×16,8×8,4×4	8×8,4×4
环路滤波	去块滤波器,SAO 滤波器	去块滤波器
并行架构	条带,Tile,WPP	帧,条带

H.265 在编码时,一个视频序列首先被分成多个不同的图像组(GOP),图像组则由多个视频帧组成,每一帧图像又可以被分割成一个或者若干条带。每个条带可以独立编解码,当数据丢失时通过条带的头信息可以保证解码端再次同步。一个独立的条带可以被进一步划分为若干片段(segment)。为了增强平行处理的能力,H.265 还提出了 Tile 的概念,Tile 间的编解码也相对独立。条带与 Tile 都包含了整数个编码树单元(Coding Tree Unit, CTU),但 Tile 并行粒度比条带更小。Tile 可以支持视频局部区域的随机访问,但在进行多核平行处理时可能引起压缩码率的增加。

2. 树形编码块

视频图像的不同区域具有不同的局部特性,因此图像进行分块编码时,为了提高编码效率,不同区域可以采用不同的分块尺寸。H.264 分块结构提高了预测精度与编码效率,但对于高清和超高清视频,16×16 宏块还不能充分消除信号间的相关性。对于平滑区域采用较大分块进行预测和编码时,可以减少辅助信息,提高编码效率。H.265 引入了编码单元(Coding Unit,CU)与编码树块(Coding Tree Block,CTB)代替宏块,以适应不同分辨率的视频编码。

3. 编码单元

为了对视频场景中不同的内容进行高效编码,H.265 引入了编码树单元(CTU),CTU 中相应的像素块称为编码树块(CTB),同一位置的亮度 CTB、色度 CTB 以及相应的语法元素形成一个 CTU。一个 CTU 可以分解成多个编码单元(CU),CU 是进行预测、变换、量化和熵编码等处理的基本共享单元,与 CTU 类似,CU 也由同一位置的亮度编码块、色度编码块和附加的语法元素构成。一个 CU 在进行帧内或者帧间预测时可以划分成多个预测单元(Prediction Unit,PU),PU 是预测编码的基本单元。CU 在进行变换和量化时又可以划分成多个变换单元(Transform Unit,TU)。

在 H.265 中,一帧图像被划分成若干互不重叠的 CTU,作为基本的编码处理单元,如图 3.22 所示。CTU 的尺寸可以是 64×64、32×32、16×16 或者 8×8,可以通过编码器的参数进行设置,其作用类似于 H.264 中的宏块。在 CTU 内部,采用基于四叉树递归分解的方式划分成多个 CU,同一深度的 CU 都是相同大小的 4 个方块。一个 CTU 可以只包含一个 CU,也可能被划分成多个 CU。CU 是否划分成 4 个子块由语法元素 split_cu_flag 标定。图 3.22 为 CTU 划分与遍历顺序以及编码树结构,其中 CTU 的尺寸为 64×64,遍历叶子节点时按照深度优先、逐行扫描的原则对 CU 进行处理。

在图 3.23 中,四叉树的每个叶子节点为一个 CU,它是帧内预测、帧间预测或者 Skip 预测的基本单元。由图 3.23 可知,CU 的最大尺寸为 CTU 的尺寸,最小则为 8×8。当 CTU

的尺寸配置为 16×16 而最小 CU 设置为 8×8 时，H.265 的分块结构与 H.264 十分类似。编码器可以根据不同的应用场合和视频分辨率灵活调整 CTU 的大小和深度。例如，对高清视频可以设置尺寸比较大的 CTU 以提高压缩效率，在低分辨率视频或复杂度受限的应用中可以选择尺寸较小的 CTU。H.265 消除了宏块与子宏块的划分，各 CU 根据 CTU 的尺寸、最大编码深度以及划分标志就可以简单表示。

CTU1	CTU2	CTU3	CTU4	CTU5
CTU6	CTU7	CTU8	CTU9	CTU10

图 3.22　一帧图像被分解成 CTU

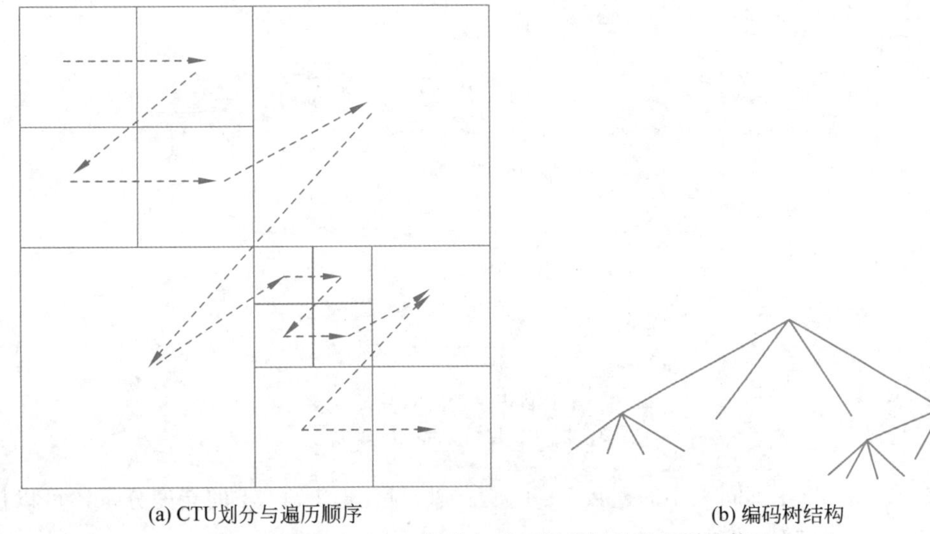

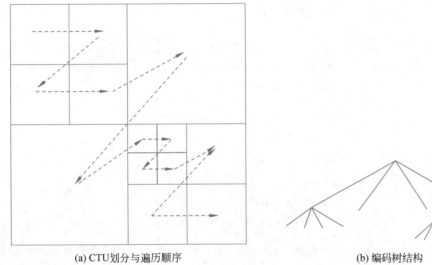

(a) CTU划分与遍历顺序　　(b) 编码树结构

图 3.23　CTU 划分与遍历顺序以及编码树结构

4. 预测单元

根据预测模式的不同，CU 可以进一步被划分为预测单元（PU），每个 PU 定义了与预测有关的信息，如帧内预测的方向、帧间预测的分块方式、运动矢量以及参考图像索引等信息。PU 的划分如图 3.24 所示。对于帧内预测，PU 的大小为 $2N\times 2N$，当 CU 为最小尺寸时，还可以有 $N\times N$ 的帧内预测。

对于帧间预测，PU 的可选模式有 8 种，其中 4 种为对称的分块：$2N\times 2N$、$2N\times N$、$N\times 2N$、$N\times N$。H.265 还引入了非对称运动划分（Asymmetric Motion Partition，AMP），支持非正方形的 PU，非对称模式有 4 种，即 $n_{\mathrm{L}}\times 2N$、$n_{\mathrm{R}}\times 2N$、$2N\times n_{\mathrm{D}}$、$2N\times n_{\mathrm{U}}$。Skip 模式是帧间预测的一种特殊类型，此时的图像预测残差为 0，需要编码的运动信息只有运动参数集索引。

5. 变换单元

变换单元（TU）是对预测残差进行正交变换与量化的基本单元，其尺寸灵活多变，可以

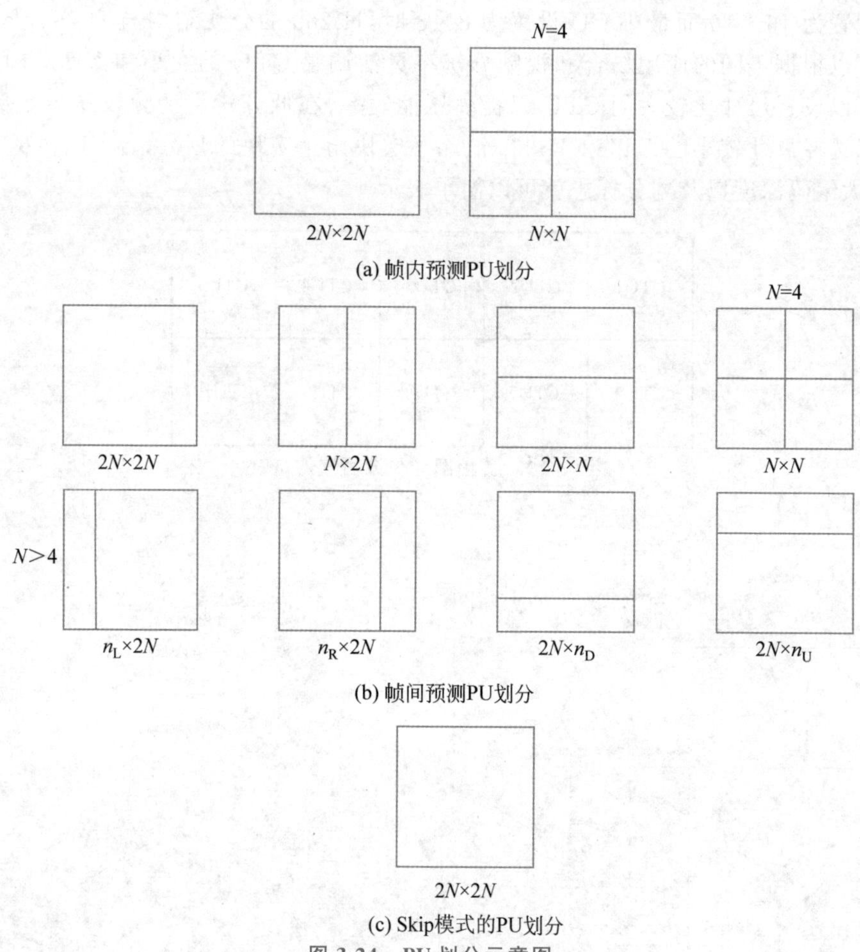

图 3.24 PU 划分示意图

支持从 32×32 到 4×4 不同大小的整数 DCT。在帧内预测时对 4×4 的亮度分量还可以使用 DST。

TU 的根节点也是 CU,因此 TU 的大小与其所在的 CU 有关。在一个 CU 内,PU 与 TU 的分块是相互独立的,因此 TU 可以包含多个 PU,同样 PU 中也可以包含多个 TU。TU 同样使用四叉树结构递归分块,如图 3.25 所示,其中的虚线表示某个 CU 中的 TU 划分。H.265 同样使用标志位决定 $2N\times2N$ 的块是否进一步划分。编码器将根据图像局部的特征,选择最优的 TU 分块。通常平滑区域选择大块的 TU,这有利于使能量更集中;而小块 TU 则有利于保持更好的细节信息。这种灵活的划分结构使得不同内容的视频都能得到充分压缩,提高编码效率。

总之,H.265 编码标准中引入 CTU 并将其划分成多个 CU。CU 作为编码的基本单元,主要包括像素编码块以及相应的语法元素,如本编码单元的预测模式信息(帧内预测或者帧间预测等)。CU 可以划分成若干 PU 和 TU,CU 作为预测树和变换树的根节点。预测树为单层的树结构,确定了当前的分块以及与预测有关的语法元素(如帧内预测方向、帧间预测/运动矢量等)。变换树则也是四叉树结构,主要包括与变换有关的内容和语法元素。H.265 正是通过全新的语法单元对视频中不同纹理复杂度与运动的内容进行灵活、高效的编码,提

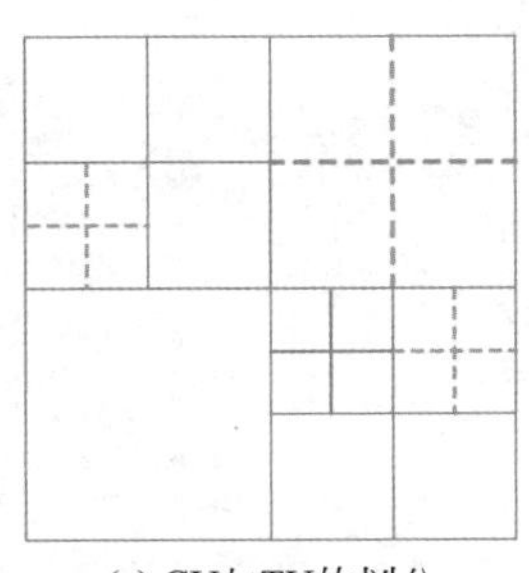

(a) CU与TU的划分

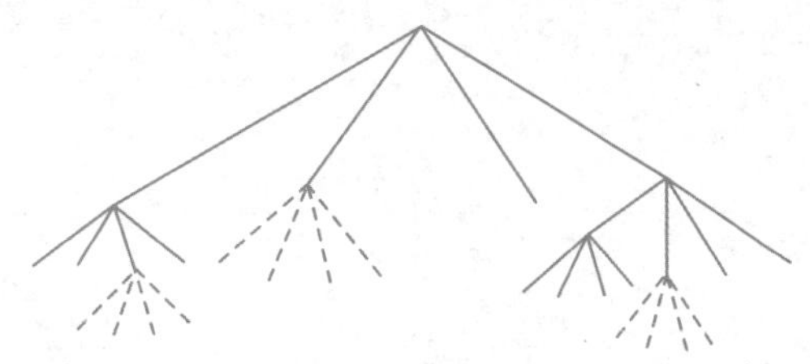

(b) 包含的四叉树结构

图 3.25　CU 与 TU 的划分及相应的四叉树结构

高了压缩性能。

3.4.2　H.265 编码方法

1. 帧内预测

H.265 在帧内预测时，亮度分量最多支持 35 种预测模式，包括 Planar 模式、DC 模式以及 33 种角度模式(Direct Mode，DM)，其中 Planar 模式与 DC 模式分别对应模式 0 与模式 1。Planar 模式更适于平滑区域，它使预测像素平缓变化，改进了 H.264 编码标准中 Plane 模式容易造成边缘不连续性的问题。33 种角度模式充分利用了图像相邻区域不同的纹理特征，使得预测更精确。由于 H.265 四叉树的编码结构使得左下方块的边界像素成为可能有用的参考像素，同时为了提高预测精度，H.265 增加了左下方块的边界像素作为当前块的参考。33 种角度模式的预测方向中，模式 2～17 为水平类的预测模式，模式 18～34 为垂直类的预测模式。H.265 色度分量一共有 5 种模式，即 Planar 模式、垂直模式、水平模式、DC 模式以及对应亮度分量的预测模式。

2. 帧间预测

帧间预测消除视频信号在时间上的冗余，H.265 预测模型除了使用全搜索算法，还引入了 TZSearch 算法。与全搜索算法相比，TZSearch 算法复杂度有较大改善，性能略有降低。与 H.264 类似，对于亮度分量 H.265 同样采用 1/4 像素精度的运动估计。H.264 分别使用 6 抽头的插值滤波器以及两点内插得到 1/2 像素与 1/4 像素的值。H.265 综合考虑了插值滤波的复杂度和性能，使用了更多的相邻像素进行插值，1/2 像素与 1/4 像素分别使用基于离散余弦变换的 8 抽头以及 7 抽头的插值滤波器生成。H.265 色度分量的运动搜索精度则达到 1/8 精度，使用了 4 抽头的滤波器进行亚像素的插值。亮度分量与色度分量插值滤波器抽头系数分别如表 3.5 与表 3.6 所示。

表 3.5　亮度分量插值滤波器抽头系数

亚像素位置	抽头系数
1/4 像素	{−1，4，−10，58，17，−5，1}
1/2 像素	{−1，4，−11，40，40，−11，4，−1}
3/4 像素	{1，−5，17，58，−10，4，−1}

表 3.6　色度分量插值滤波器抽头系数

亚像素位置	抽头系数	亚像素位置	抽头系数
1/8 像素	{−2,58,10,−2}	5/8 像素	{−4,28,46,−6}
2/8 像素	{−4,54,16,−2}	6/8 像素	{−2,16,54,−4}
3/8 像素	{−6,46,28,−4}	7/8 像素	{−2,10,58,−2}
4/8 像素	{−4,36,36,−4}		

图像相邻块之间具有很高的相关性,不同块对应的运动矢量也有很强的相似性。为了减少解码所需要的辅助信息的开销,节省编码比特数,H.265 充分利用相邻帧与相邻块在时域及空域上的相关性,采用 Merge 及 Skip 模式表达运动信息。在这种模式下当前块的运动矢量直接由空域和时域上邻近的 PU 预测得到,不需要对运动矢量残差进行编码,只要将模式标识和运动信息索引编码即可。解码器使用相同的方式获得运动矢量,这样就节省了运动信息的编码比特数。但 Merge 模式还需要传输预测残差,而 Skip 模式则不需要。

除了 Merge 和 Skip 外,H.265 还在帧间预测时使用高级运动矢量预测(Advanced Motion Vector Prediction,AMVP)技术,AMVP 类似于 Merge 模式,也通过空域和时域相邻信息候选运动矢量,候选列表长度为 2,编码器从中选出最优的预测运动矢量,并对预测运动矢量残差进行编码。

3. 变换

H.265 采用了有限精度的整数 DCT,包括从 4×4 到 32×32 不同的尺寸,变换核逼近 DCT,但仍然保持原有 DCT 正交变换所具有的对称性、内嵌结构以及各基向量的范数几乎相等的特点,应用更加方便。在正交变换时,每次变换前后的数据只需要 16 位长度表示;所有内部乘法运算也只需要 16 位的乘法器。由于不同的基向量范数几乎相等,故在量化或者反量化时不需要进行校正。

此外,调整后的整数 DCT 中,大小为 2^M 的变换矩阵是大小为 2^{M+1} 的变换矩阵的子集,而且大小为 2^M 的变换矩阵的基矢量是大小为 2^{M+1} 的变换矩阵偶数行基矢量的前半部分,这种特点使得在硬件设计时对不同大小的变换都可以重用相同的系数,同时整个变换矩阵的各元素仅在若干数内取值,大小为 $2^M \times 2^M$ 的变换矩阵有 $2^M - 1$ 个取值,非常有利于硬件设计。变换矩阵的偶数行基矢量为偶对称,奇数行反对称,非常有利于减少运算单元的数量。为了适应帧内预测时残差系数的分布特点,H.265 还引入了离散正弦变换(Discrete Sine Transform,DST),与整数 DCT 类似,H.265 也将其调整为整数 DST。

4. 熵编码

H.265 基本上沿用了 H.264 的 CABAC 方法,改变的地方并不多。CABAC 将二进制算术编码与自适应上下文模型结合起来,很好地利用了语法元素数值之间的条件信息,使得熵编码的效率得到了进一步提高。其主要特点如下:

(1) 采用二进制算术编码。将所有的语法元素转换为二进制字符串,消除了乘法运算操作,降低了计算复杂度,提高了编码效率。

(2) 充分利用了符号间的相关性。根据已编码的语法元素为待编码的语法元素建立概率模型(上下文建模),并根据当前的统计特性自适应地进行概率估计(模型更新),进一步提高了编码效率。

H.265 对比特流中比例较大的残差系数等信息采用高效的 CABAC 方法。利用 CABAC 方法对语法元素进行编码的流程如图 3.26 所示。大部分情况下，利用 CABAC 方法进行编码要经过如下 3 个步骤：

(1) 二进制化(binarization)。

(2) 上下文建模(context modeling)。

(3) 二进制算术编码(binary arithmetic coding)。

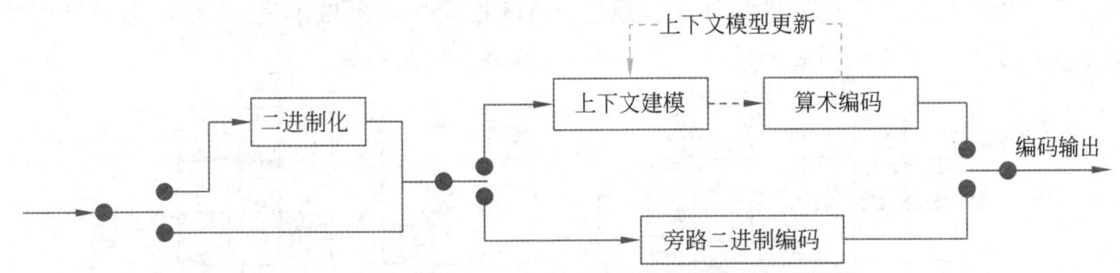

图 3.26　利用 CABAC 方法对语法元素进行编码的流程

如图 3.26 所示，编码器首先对输入的非二进制值语法元素进行二进制化处理，转换为一个二进制串。当然，如果输入的语法元素本身就是二进制值，那么这一步可以跳过。

经二进制化产生的二进制串随后进入算术编码阶段，这里有两种方法可以选择。

一种是常规编码模式(regular coding mode)，包括上下文建模和算术编码两部分。在算术编码之前，二进制值进入上下文建模步骤，在这里为它选择一个概率模型。模型的选择可能依赖于先前已编码的语法元素或二进制串。在上下文模型确定以后，二进制值及其相应的模型一起送往常规算术编码模块进行编码，随时输出编码结果，并根据编码结果对相应的上下文模型进行更新。

另一种是旁路编码模式(bypass coding mode)，该模式简化了算术编码过程，没有为每个二进制值分配一个特定的概率模型。旁路编码模式可以看作常规编码模式的一种特殊情况，即二进制值的 0 和 1 为等概率分布。这种模式的好处是降低了实现的难度，加快了编码(以及解码)的速度，当然其编码效率一般比常规编码模式略低。

5. 环路后处理

为了降低复杂度，H.265 等编码标准对视频信号都采用分块的方式进行编码，在分块 DCT 时，块之间的相关性被忽略，进一步对分块系数的量化操作使得一些高频细节被丢弃。当相邻块的量化误差不同且相关性减弱时，容易造成块边界出现不连续的跳变，这种不连续跳变大于人眼的可识别阈值时将产生块效应。除此之外，振铃效应与模糊效应等也仍然存在于 H.265 编码标准中。为了提高视频的质量，H.265 采用了去块滤波和样本自适应补偿(Sample Adaptive Offset，SAO)滤波两种方法消除这些效应。

H.265 的去块滤波与 H.264 的去块滤波类似，但为了降低复杂度并支持并行处理，H.265 仅对所有位于 PU 和 TU 边界的 8×8 块进行滤波，边界两边最多各修正 3 个像素值，并且可以先处理整帧图像的垂直边界，再处理水平边界，使得 H.265 解码顺序更加灵活。去块滤波器具有自适应能力，对不同区域边界，如平滑区域与纹理区域，能自适应选择滤波强度，在片级上还允许根据不同视频特征设置全局滤波参数，使用选择的滤波强度与参数对边界进行修正处理。

量化过程可能使重建图像在强边缘周围区域出现波纹现象,这就是振铃效应。H.265使用SAO技术消除振铃效应。SAO在像素域进行,根据重建图像特点划分不同的类别,然后对波峰像素以负值进行补偿,而在波谷位置则施加正值补偿。SAO有两类补偿方法:边界补偿(Edge Offset,EO)和边带补偿(Band Offset,BO)。边界补偿有4种模式,分别对应4个方向:水平方向、垂直方向、135°方向以及45°方向,如图3.27所示。通过比较当前像素域与相邻像素的大小确定边缘形状,如谷状、锋状等,然后对像素增加或减少一定的补偿值。边带补偿BO将像素范围等分为32条边带,由于在局部区域内像素的变化通常较小,因此H.265使用连续的4个边带进行补偿。总之,SAO技术从像素域出发,克服了强边缘位置因量化产生高频丢失而引起的波纹现象,提高了视频的主观质量。

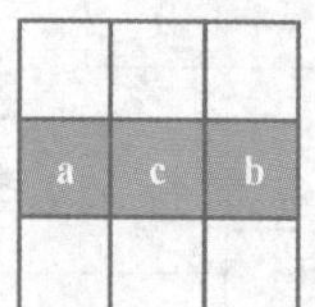

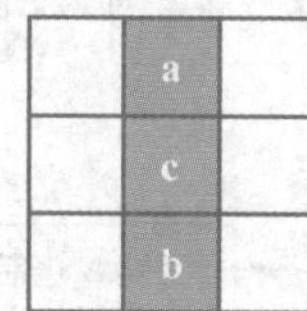

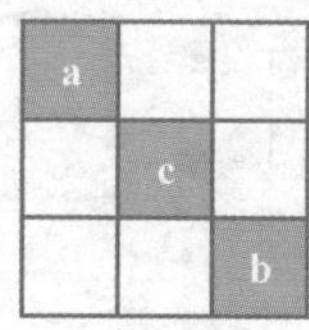

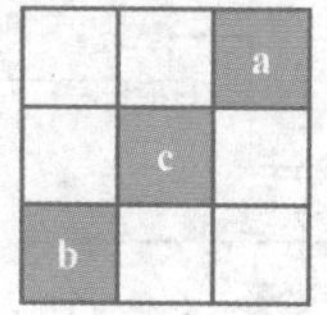

图3.27 边界补偿的4种模式

3.4.3 H.265的码率控制算法

码率控制实际上是一种编码的优化算法,用于实现对视频的码流大小的控制,严格地说不属于视频编码标准,而属于率失真优化。码率控制就是让编码后的码流尽可能地接近传输信道的上限,在保证实时传输的基础上,尽可能地提高编码的图像质量。根据编码码率是否变化,可以将码率控制分成不同模式,如恒定码率(Constant Bit Rate,CBR)模式和可变码率(Variable Bit Rate,VBR)模式等。

CBR是指一定时间范围内比特率基本保持恒定,属于码率优先模型。这种算法优先考虑码率(带宽),CBR编码的比特率基本保持目标比特率,有利于流式播放。CBR的缺点在于复杂场景码率不够用,简单场景码率浪费,因此编码内容的视觉质量不稳定。通常在较低比特率下,这种质量的变化会更加明显。

相对于CBR,在相同文件大小的条件下,VBR的输出结果要比CBR好,这有利于媒体下载和本地存储。VBR的缺点在于输出码流大小不可控,未考虑输出的视频带宽。

平均码率(Average Bit Rate,ABR)为简单场景分配较低码率,为复杂场景分配足够码率,使得有限的比特数能够在不同场景下合理分配,这类似于VBR;同时,在一定时间内平均码率又接近设置的目标码率,这样可以控制输出文件的大小,这又类似于CBR。可以认为ABR是CBR和VBR的折中方案。

H.265的码率控制算法采用了多种技术,其中包括自适应基本单元层(Adaptive Basic Unit Layer,ABUL)、流量往返模型(Fluid Traffic Model,FTM)、线性绝对中位差(Median Absolute Deviation,MAD)模型、二次率失真模型等。H.265还采用了分层码率控制策略,共分为3层:GOP层、帧层和基本单元层。在JVT的提案中,采用的是JVT-G012码率控制算法,该算法提出了基本单元的概念,将一帧划分为若干基本单元,基本单元可能是一帧、一个条带或者一个宏块。帧层码率控制根据网络带宽、缓存占用量、缓存大小及剩余比特分配每一帧的目标比特;在基本单元层码率控制中,目标比特由该帧的剩余目标比特的平均值得到。这些技术的采用成功地解决了传统码率控制算法与 H.264 的率失真优化技术之间存在的因果矛盾，能较准确地控制输出码率，输出视频质量较好。

在视频编码码流控制算法中，率失真性能是需要考虑的问题。H.265 的码流控制算法采用了双曲线模型精确刻画编码算法中的 $R\text{-}D$ 码率失真模型。如式(3.1)所示：

$$D(R)=CR^{-K} \tag{3.1}$$

其中，D 表示经过压缩编码后的视频失真；R 表示压缩后的比特率，以 bpp(bit per pixel，每像素消耗比特)为单位；C、K 是和序列特性相关的模型参数，不同的视频序列 C、K 的取值不同。

在码率控制中，HEVC 采用了一种新颖的基于 $R\text{-}\lambda$ 模型的 λ 域码率控制算法。在这种码率控制算法中，在 $R\text{-}D$ 码率失真模型的基础上在码率 R 和编码使用的拉格朗日乘子 λ 之间建立数学关系，并利用调整 λ 的方法达到所期望的目标码率，如式(3.2)所示：

$$\lambda=-\frac{\partial D}{\partial R}=CK\times R^{-K-1}=\alpha R^{\beta} \tag{3.2}$$

可以通过式(3.2)计算拉格朗日乘子 λ，其中 $\alpha=CK$，$\beta=-K-1$。因此 α 和 β 这两个参数也与序列的特性相关，不同序列具有不同的取值。

由式(3.2)进一步得到码率 R 与 λ 关系，如式(3.3)所示：

$$R=\left(\frac{\lambda}{\alpha}\right)^{\frac{1}{\beta}} \tag{3.3}$$

由式(3.3)可知，码率 R 完全由拉格朗日乘子 λ 所决定。λ 是由实际工作点的凸包络决定的 $R\text{-}D$ 曲线的斜率绝对值，码率 R 和拉格朗日乘子 λ 之间存在着一一对应关系。由于 $R\text{-}D$ 曲线是凸函数，使用斜率绝对值为 λ 值的直线逼近 $R\text{-}D$ 曲线，而此直线仅会和 $R\text{-}D$ 曲线相切于一点。因此，λ 值能够决定码率 R 和视频失真 D。

在码率控制过程中，HEVC 根据缓冲区的占用情况对每一级别的编码单元分配合适数量的比特，通常包括图片组级、图片级和基本单元级。为了达到分配的某个目标码率 R，编码器将根据式(3.2)计算与之相对应的 λ 值，并将其用于编码过程。当编码使用的 λ 值确定后，所有其他的编码参数均应由率失真优化(Rate-Distortion Optimization，RDO)算法决定。

但在式(3.2)中，由于不同的序列往往拥有不同的 α 和 β 值；即使对于同一序列，处于不同级别的图片也可能拥有完全不相同的 α 和 β 值。为了使 α 和 β 值可以随着视频序列的特性自适应更新，HEVC 采用如下模型更新算法：

$$\lambda_{\text{comp}}=\alpha_{\text{old}}R_{\text{real}}^{\beta_{\text{old}}} \tag{3.4}$$

$$\alpha_{\text{new}}=\alpha_{\text{old}}+\delta_{\alpha}\times(\text{In}\lambda_{\text{real}}-\text{In}\lambda_{\text{comp}})\times\alpha_{\text{old}} \tag{3.5}$$

$$\beta_{\text{new}}=\beta_{\text{old}}+\delta_{\beta}\times(\text{In}\lambda_{\text{real}}-\text{In}\lambda_{\text{comp}})\times\text{In}R_{\text{real}} \tag{3.6}$$

这个更新算法是基于最小均方误差(Least Mean Square，LMS)方法，其中，α_{old} 和 β_{old} 分别表示原来编码过程中使用的 α 和 β，R_{real} 表示编码后实际的码率，λ_{comp} 表示基于实际码率计算得到的 λ 值，λ_{real} 表示原来编码时使用的 λ 值，δ_{α} 和 δ_{β} 分别为利用最小均方误差方法进行一次迭代所使用的迭代步长，α_{new} 和 β_{new} 为更新后的模型参数。

3.4.4　H.265 开源编码器

1. x265 简介

与 x264 类似，x265 是 H.265/HEVC 视频编码标准的开源软件及函数库，使用 GNU

通用公共许可证(GPL)v2 授权或商业许可证授权提供。

x265 支持 HEVC 的 Main、Main 10 及 Main Still Picture 配置,使用每采样 8 位或 10 位深度的 4∶2∶0、4∶2∶2 或 4∶4∶4 YCbCr 色度抽样。x265 支持大部分 x264 的特性,包括码率控制模式,如固定 QP、固定码率因子等。算法包括 CU 树、自适应量化、B-pyramid、加权预测等,也支持完全无损模式。

下载 x265 开源代码后,使用 Cmake 编译源码,并进入 Visual Studio 2017 里面,设置启动项目并配置命令参数和工作目录,最后生成解决方案。

2. 基于 FFmpeg 的 H.265 编码与算能平台

FFmpeg 使用 libx265 实现 H.265 编码,与采用 H.264 编码算法的 libx264 相比,libx265 编码器在保持相同的视觉质量下,可以节省 25%～50%的比特率。最新版的 FFmpeg Build 已集成编译了 libx265,可通过 ffmpeg -version 命令查看自己的 FFmpeg 版本以及是否支持 x265 编码。

基于 FFmpeg 的 H.265 视频编码流程与 H.264 类似,如图 3.28 所示。编码器首先调

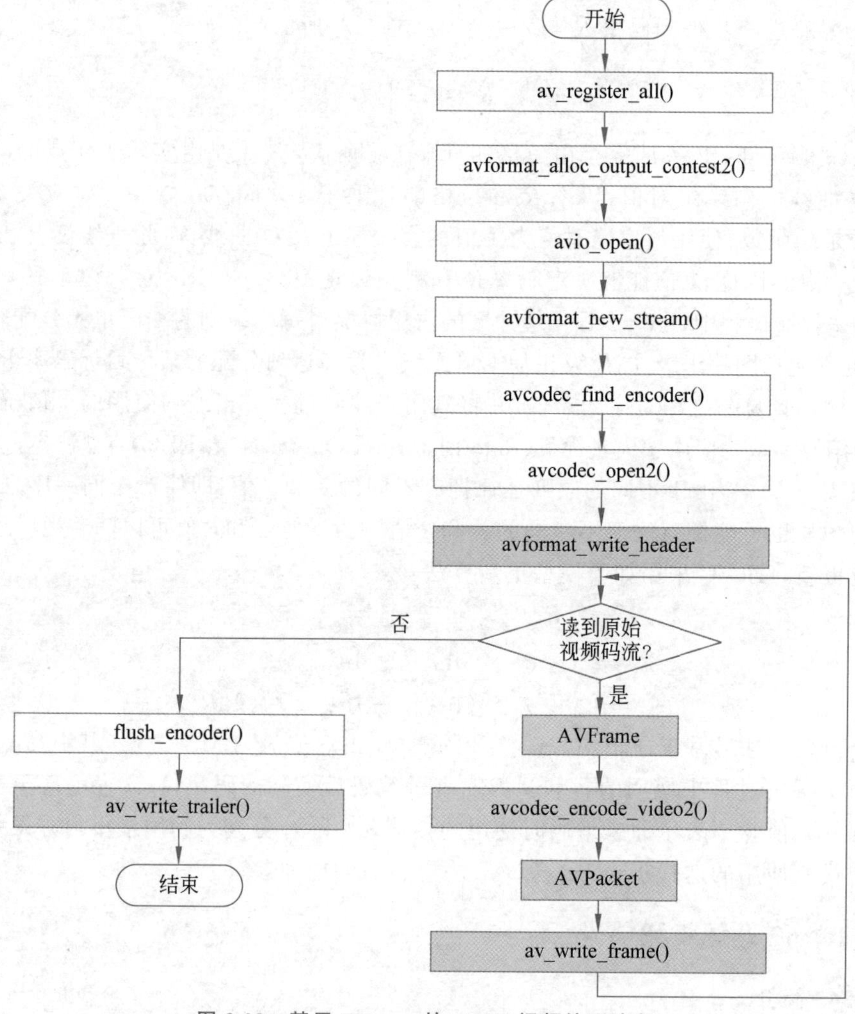

图 3.28 基于 FFmpeg 的 H.265 视频编码流程

用 avcodec_find_encoder()函数，通过 codec_id 查找 H.265 编码器，其次调用 avcodec_open2()函数打开 H.265 编码器，再通过调用 avcodec_encode_video2()函数对一帧视频进行编码，然后调用 av_write_frame()函数将编码后的视频码流写入文件中。编码完毕后，调用 close()函数，注销各种资源并关闭 H.265 编码器。

3.5　感兴趣区域编码原理

人眼对不同图像区域的感知特点不同，在相应的视频应用工程中，图像不同区域的重要性也不同，人们把在应用中起主要作用的区域称为感兴趣区域(Region Of Interest，ROI)。视频图像的整体视觉质量很大程度上取决于感兴趣区域 ROI 部分的视觉质量，而非感兴趣区域的图像质量下降不易被察觉，对整帧图像的视觉质量影响较小。感兴趣区域并不局限于人眼的感兴趣区域，在某些具体的工程应用中，可以将某些具体的场景或者事物定义为感兴趣区域。

基于感兴趣区域的编码就是把图像分成重要性不同的区域，根据重要性的不同采取不同的压缩编码策略。这样的压缩方法在保持图像应用价值的同时可获得较高的压缩效率，从而减少图像的存储空间和网络传输带宽。在感兴趣区域编码过程中，编码器根据视频场景中各区域的不同重要性分配比特资源和计算资源。对输入的视频场景，计算出符合人类视觉特点的感兴趣区域，是感兴趣区域编码中的一个关键算法处理。用于计算感兴趣区域的视觉特征或者感知机制主要包括以下几种类型：运动信息、人脸肤色信息、中央凹感知机制、视觉敏感度和视觉掩盖效应等。另外，也可以通过融合各种视觉特征或者感知机制以计算感兴趣区域，这种方法更符合人类视觉系统的感知原理。

感兴趣区域的视频编码的基本方法是：通过特定的算法和视频帧本身的特性提取出感兴趣区域和不感兴趣区域掩模，并将其作为控制信息输入视频编码器中，用其控制编码器与当前帧相应的编码参数，包括量化参数、运动估计时的搜索区域大小、参考帧数目以及预测模式范围等。

感兴趣区域提取涉及视觉显著性等。视觉显著性是指视频帧序列中的能够引起人类视觉系统注意的物体所具有的特性。只要提升感兴趣区域的视觉质量，就可相应提升整体的主观视觉质量。编码过程针对感兴趣区域进行更精细的量化，基于人类视觉系统选择不同的量化参数，感兴趣区域的量化参数小于非感兴趣区域的量化参数，以此提升感兴趣区域的主观质量。通过这种方式，感兴趣区域得到了更多的码率，而非感兴趣区域节省了非必要的码率分配，进而达到在整体码率不变的条件下提升视频的主观视觉质量的目的。

为了成功进行感兴趣区域编码，准确检测和正确跟踪感兴趣区域是非常重要的。感兴趣区域检测和跟踪主要有以下两种方法：像素域方法和压缩域方法。与压缩域方法相比，像素域方法更为准确，但是具有更高的计算复杂度。

目标检测和跟踪的研究侧重于像素域方法，像素域检测可以分为几种类型：基于区域的方法根据感兴趣区域特征执行目标检测；基于特征的方法则计算特征点的各种运动参数；基于轮廓的方法通过建模轮廓数据，检测目标的形状和位置。像素域方法通常比压缩域方法更加准确，但计算复杂度较高，同时需要额外的计算资源用于解码压缩的视频流。因此，所需的感兴趣区域可以通过定义不同的像素域模型，如视觉注意模型、目标检测模型、人脸检测模型、肤色检测模型等,以相对准确的方式进行预测。压缩域算法则利用运动矢量或DCT系数,从而降低了目标检测和跟踪的计算复杂度。

在可扩展视频编码(Scalable Video Coding,SVC)的应用中,特别是在带宽有限的无线网络应用中,感兴趣区域编码是一个重要的特性。但是,H.264/AVC标准并没有制定执行感兴趣区域编码的明确说明。H.264/AVC标准和SVC扩展标准中的多项技术均支持感兴趣区域编码,包括条带级和宏块级的量化步长控制、有条带分组(slice grouping)的概念——也被称为灵活宏块排序(Flexible Macroblock Ordering,FMO)。

3.6 码流分析工具简介

3.6.1 码流分析概述

码流分析是对编码码流的基础结构进行分析,为仿真测试实验提供分析数据,能够实时或延时捕获和分析系统中的码流事件。目前主流的码流分析方法是借助码流分析软件或工具对码流中的一些重要信息,包括条带个数、CU划分、CU模式类别、参考帧索引、运动矢量等进行分析。

3.6.2 常用码流分析工具

码流分析工具在码流分析中必不可少,常用的码流分析工具有H264visa、Elecard StreamEye、Elecard HEVC Analyzer等。H264visa与Elecard StreamEye是强力的H.264码流实时分析工具,能分析各种场合下的H.264资源,适用于H.264开发者与学习者。在图像分析上,H264visa比Elecard StreamEye的功能更加强大。H264visa包括滤波前以及预测残差等数据的输出,但Elecard StreamEye的视频窗口可缩放,易操作。

Elecard HEVC Analyzer是一款用于H.265码流分析的小工具,支持分析多种格式的媒体文件,如mpg、265、h265、bin等,可以显示和保存流摘要和图片信息,显示解码预测和未经过滤的帧数据。

下面介绍H264visa和Elecard HEVC Analyzer。关于Elecard StreamEye将在后面的实验内容中介绍。

1. H264visa

H264visa工具栏有播放控制工具和视频分析工具,如图3.29所示。

播放控制工具的7个图标从左到右分别为停止、播放、暂停、步进、步退、快进和快退。当打开视频文件时,单击步进图标才开始显示图像。H264visa的图像编号从1开始。

视频分析工具包括18个图标,从左到右依次如下:

(1) 在视频图像上显示当前宏块框。

(2) 显示宏块类型和分割模式,红色代表I块,蓝色代表B块,绿色代表P块。

(3) 用线段显示运动矢量大小和方向。

(4) 显示条带边界。

(5) 设置播放帧率。

(6) 设置显示的YUV格式和其他信息。

(7) 将解码的 YUV 格式数据存储起来。

(8) 定位宏块。

(9) 显示宏块类型。

(10) 查找宏块。可根据宏块类型、宏块所属宏块组以及宏块编码比特数的范围进行查找。

(11) 像素信息窗口。

(12) 宏块信息窗口。

(13) 头信息窗口。

(14) 统计信息窗口。

(15) 打开原始 YUV 图像。

(16) 直方图窗口。

(17) 打开宏块信息即时显示功能,也就是将鼠标停留处的宏块基本信息即时显示在屏幕上。

(18) 按解码顺序显示图像(默认按照播放顺序显示图像)。

下面介绍 4 个常用的信息窗口。

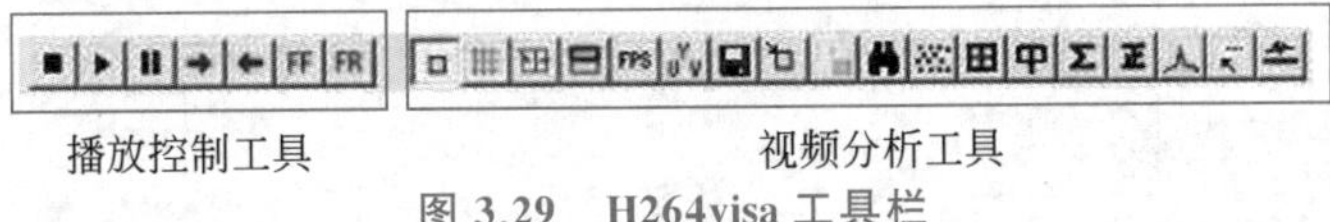

图 3.29　H264visa 工具栏

像素信息窗口有 7 个标签,分别可以显示最终的重建块像素值、块滤波前像素值、预测块像素值、残差值、变换系数值、原始 YUV 像素值以及最终编码重建图像与原始 YUV 图像的差异。这里值得注意的是,残差值等于块滤波前像素值减去预测块像素值。

宏块信息窗口有 4 个标签,分别为宏块信息、预测信息、参考帧信息、边界强度信息,如图 3.30 所示。宏块基本信息包括位置、条带类型、宏块类型、流数据、比特数、量化参数、色度分量、编码块模式等。预测信息提供详细的帧内/帧间预测信息。参考帧信息给出用于当前条带的详细参考帧列表。边界强度信息给出当前宏块的边界强度列表。

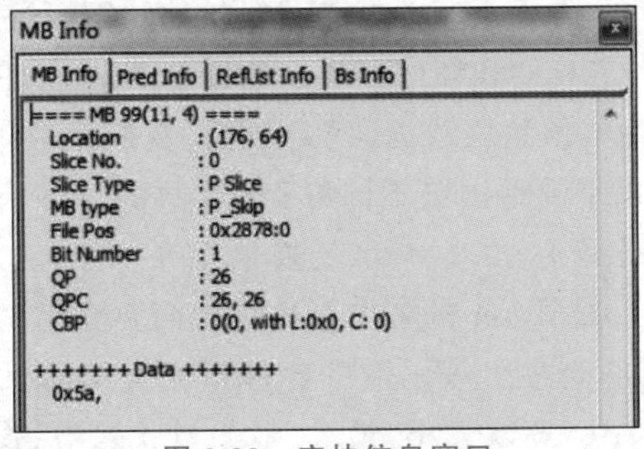

图 3.30　宏块信息窗口

H264visa 的头信息窗口比 Elecard StreamEye 多了一个 NAL 头信息。如图 3.31 所示,H264visa 将每个 NAL、SPS、PPS 和条带头信息以树状显示。解码器在开始解码时,首先逐字节读取 NAL 的数据,统计 NAL 的长度。在 NAL 头信息中,会统计在每一帧图像中 NAL 类型为 SPS、PPS、IDR 的长度。除此之外,H264visa 还能导出图片定时 SEI、缓冲周期 SEI 和泛扫描 SEI。SEI 是 Supplemental Enhancement Information(补充增强信息)的缩写。

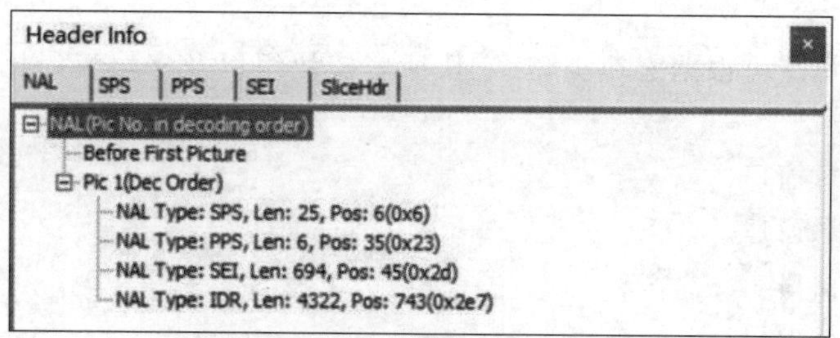

图 3.31 头信息窗口

统计信息窗口共有 3 个标签,如图 3.32 所示,从左到右分别为图像信息、码流信息和统计数据。H264visa 为了方便导出流参数以及统计信息,将它们放入 3 个标签中。其中,图像信息包含图像帧数、图像序列号(即 POC)、解码帧数、图像类型、数据分区、峰值信噪比、图像大小、编码类型、图像可用工具等。

Summary
Picture | Stream | Statistics
Picture No : 1
Picture Order Count : 0
Decoding No : 1
Picture Type : Frame
Nr. Slices : 1
Data Partition : Off
PSNR : No ref yuv file
Picture Size : 352x288
Encoding Type : CABAC

图 3.32 统计信息窗口

2. Elecard HEVC Analyzer

Elecard HEVC Analyzer 主要用于 H.265/HEVC 视频分析,由 Elecard 公司推出。Elecard HEVC Analyzer 的主界面由菜单栏、工具栏、柱状图、播放窗口、几个面板和帧信息栏等组成,如图 3.33 所示。工具栏和帧信息栏是使用 Elecard HEVC Analyzer 时经常要用到的,具有显示宏块编码数据、预测块数据、残差数据、变换系数等功能。CTU 展示面板提供了 CTU 可视化功能,可以平滑地浏览不同 CTU 参数的详细信息。CU 面板显示 CU 信息,包括位置、切片 idx、编码单元、预测单元、转换单元等。

下面对 Elecard HEVC Analyzer 的各个组件进行简要介绍。

在帧信息栏部分,stream 选项卡表示流中各种预测类型的百分比;picture 选项卡显示当前帧摘要信息,包括 CU、PU、TU 大小,最大/最小量化参数、像素分布、编码类型(intra、inter、skip)、运动矢量范围等信息;pixels 选项卡显示不同解码阶段系数值(残差、变换、去量化)的像素 YUV 值。

chart bar 导航控件以条形图的形式可视化当前打开的视频流,如图 3.34 所示。条形高度表示帧大小(以字节为单位),条形颜色表示帧类型(红色表示 I 帧,蓝色表示 P 帧,绿色表示 B 帧)。

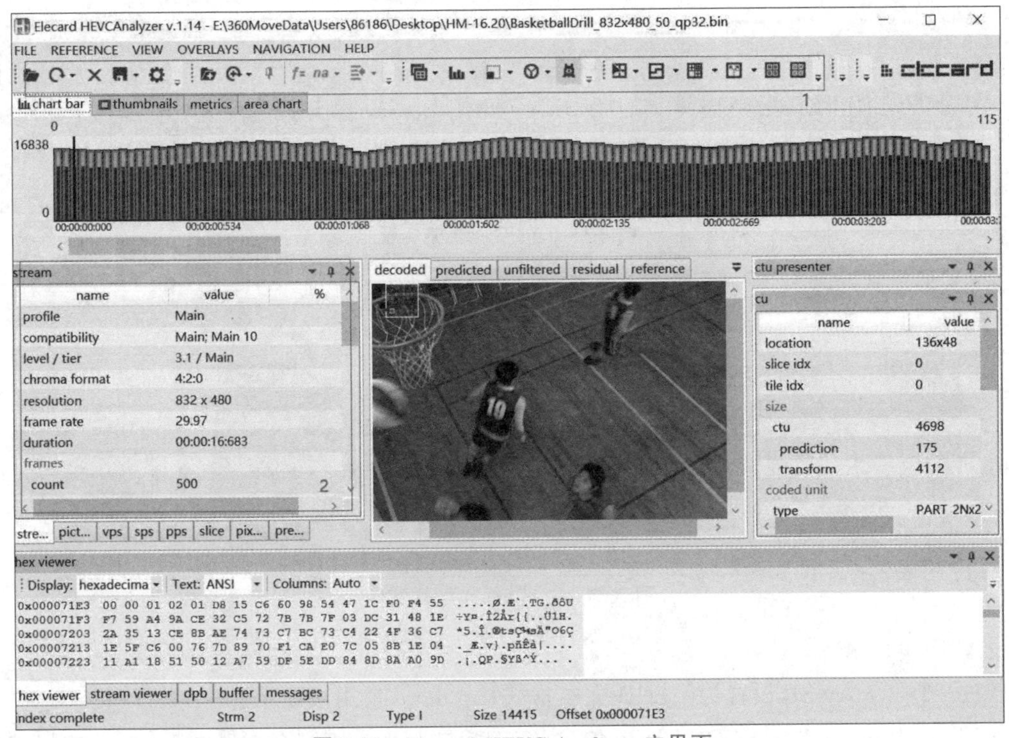

图 3.33 Elecard HEVC Analyzer 主界面

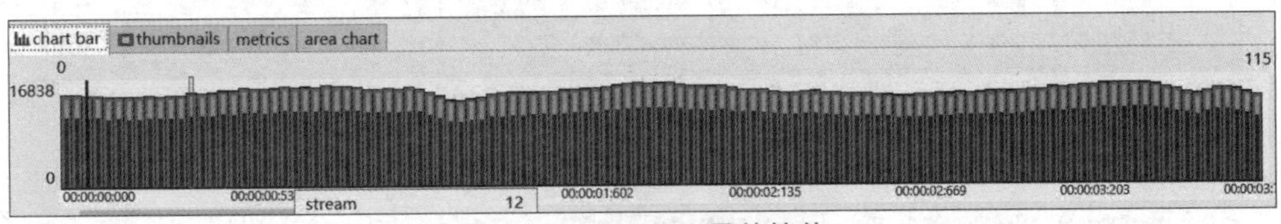

图 3.34 chart bar 导航控件

thumbnails 导航控件以缩略图的形式显示当前打开的视频流，如图 3.35 所示。缩略图底部有线，线的颜色对应于帧的类型（与上面相同）。流/显示帧顺序由缩略图下面的数字表示。

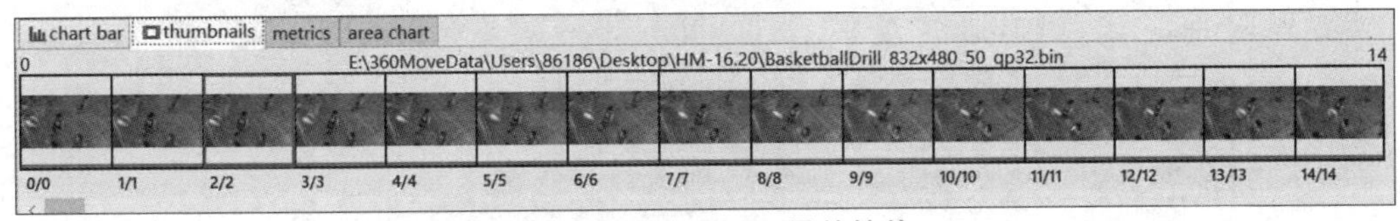

图 3.35 thumbnails 导航控件

metrics 导航控件以条形图的形式可视化当前打开的视频流中的帧度量，如图 3.36 所示，其中条形高度表示度量值（以 dB 为单位）。

area chart 导航控件可视化当前打开的视频流中的位分布，如图 3.37 所示。该导航控件提供了选择要显示的位流元素的功能。

hex viewer（十六进制查看器）面板在主界面下方，如图 3.38 所示，包含以下信息块：

（1）Display：hexadecimal，设置为十六进制模式；unsigned，设置为无符号小数模式；no

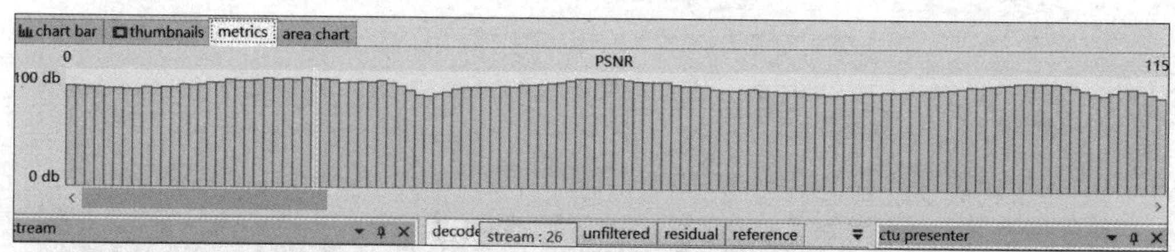

图 3.36　metrics 导航控件

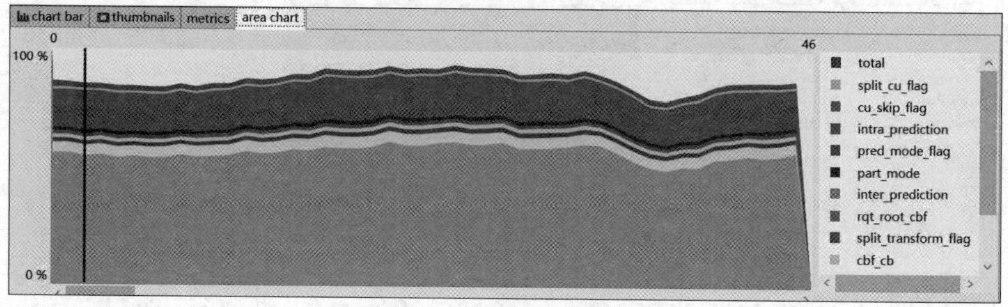

图 3.37　area chart 导航控件

data，禁用块显示。

(2) Text：ANSI，设置为 ASCII 文本格式；no data，禁用块显示。

(3) Columns：如果设置了 Auto 值，则线的长度与十六进制查看器面板的宽度相匹配。

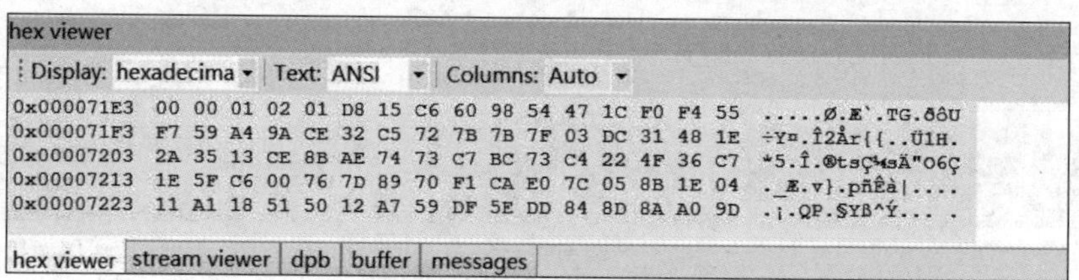

图 3.38　hex viewer 面板

stream viewer（流查看器）面板以文本模式显示打开的流，流的内部结构是可扩展的，存取单元用不同的背景颜色分开，如图 3.39 所示。

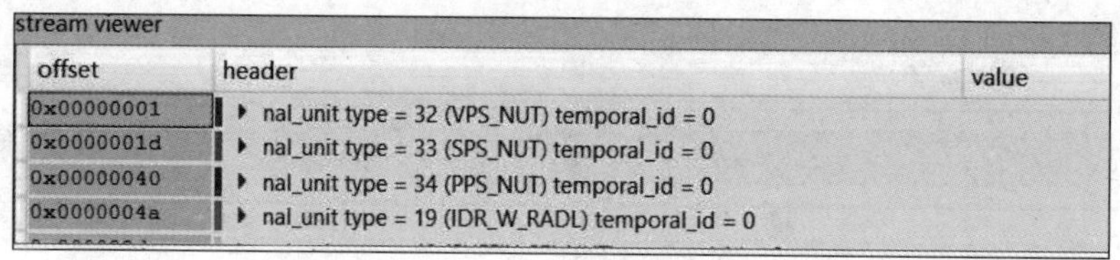

图 3.39　stream viewer 面板

3.7　本章小结

本章主要对图像视频编码进行了论述。首先介绍了图像视频压缩的主要技术。压缩编码是通过去除图像视频中的空间冗余、时间冗余和编码冗余实现的，编码器采用的技术主要有预测、变换、量化、熵编码等。在此基础上，分别介绍了 JPEG、H.264、H.265 等图像视频编码国际标准。最后介绍了码流分析工具的使用方法。

H.264 视频编码器采用了与 MPEG-2 相同的基于运动补偿和变换编码的混合结构，其基本模块仍然包含了变换、量化、预测和熵编码等单元，但在技术上采纳了许多新的研究成果，使其在压缩编码效率上有了很大的提高。这些新技术包括帧内预测、可变块大小的运动补偿、整数 DCT、1/8 像素精度的运动估计、基于上下文的自适应熵编码以及去块滤波器等。

与 H.264 编码标准相比，H.265 尽管仍采用混合编码框架，但在许多环节都引入了新的编码技术。基于四叉树的块分割结构使得 H.265 编码器能够根据视频内容及应用场合自适应选择编码模式；更多的帧内预测模式能更好地匹配视频不同区域的纹理及角度特点，有效去除空间冗余；新的帧间预测充分利用相邻区域空间与时间上的相关性，节省辅助信息的编码比特数；更精准的亚像素插值可以提高帧间预测的编码效率；样本自适应补偿的引入减弱了视频的振铃效应。H.265 正是通过各个环节细致的优化使压缩比提高到 H.264 的 2 倍，但这种技术细节的调整是以运算复杂度大幅增加为代价的。

目前，新一代通用视频编码标准 H.266/VVC 已经发布，与 H.265 相比，它在相同重建质量下能够降低 50%左右的码率。

近年来，视频应用的多样化特点越来越突出，数据量的爆发式持续增长为视频编码带来新的挑战。

习　题

1. 混合视频编码框架下的主要预测方式有哪几种？以 H.264 标准为例简要陈述。

2. K-L 变换是最小均方差意义下的最优变换。为什么大部分视频编码中采用 DCT 而不采用 K-L 变换？

3. 简述小波变换的基本原理和特点。

4. 简述 CABAC 的基本原理。

5. 简述 3D-HEVC 的基本原理和特点。

第4章

智能多媒体通信技术

本章学习目标

- 了解多媒体通信基础,包括数字视频接口、IP通信新技术和无线多媒体通信技术。
- 掌握TCP和UDP网络通信协议。
- 掌握与多媒体通信相关的RTP、RTCP、RTSP、RTMP、GB28181协议。

本章先介绍多媒体通信基础知识,包括数字视频接口、IP通信技术和无线多媒体通信技术,详细分析每种接口适用的业务特性,再介绍计算机网络的基础网络通信协议TCP和UDP,然后在TCP和UDP的基础之上介绍与多媒体通信相关的RTP、RTCP、RTSP、RTMP、GB28181协议。

4.1 多媒体通信基础

目前多媒体通信主要有3种方式:基带有线传输、IP有线传输和无线传输(微波、卫星、4G/5G等)。

4.1.1 数字视频接口

1. SDI

SDI是Serial Digital Interface(串行数字接口)的缩写,遵循SMPTE(Society of Motion Picture and Television Engineers,电影与电视工程师协会)的标准制定,通常用于广播级视频设备,是一种专业的视频传输接口。SDI通过采用BNC接头的同轴电缆传输4∶2∶2的串行非压缩SDI信号,它的最大传输距离为300m,通常使用单根同轴电缆传输,如图4.1所示。

SDI标准发展得很早,1989年推出的SD-SDI(Standard Definition SDI,标清串行数字接口)遵循SMPTE259标准,其传输速率最高可达360Mb/s,因此它最多只能用于传输标清信号,即720×576及以下分辨率信号。

1998年推出的HD-SDI(High Definition SDI,高清串行数字接口)遵循SMPTE292M标准,传输速率为19.4Mb/s~1.485Gb/s,最高可传输1080P/30fps的信号。它是安防监控领域和广电级高清摄像机的重要接口,相比传统的SDI,它

SDI

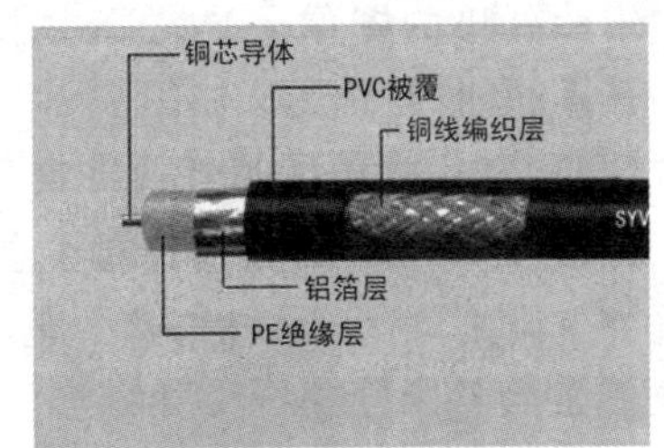

同轴电缆内部结构

图 4.1　SDI 及同轴电缆内部结构

在传输速率上的提升能够保证为监控中心提供高清图像的传输能力。

2006 年又推出了 3G-SDI，该接口遵循 SMPTE424M 标准。与 1989 年推出的 SDI 一样，3G-SDI 采用的是 75Ω 同轴电缆进行数据传输。不同的是 3G-SDI 的数据传输速率最快可达 2.97Gb/s，接近 3Gb/s，这也是该接口标准的名称由来。传输速率的增长使得该接口标准相比于 HD-SDI 能够传输更高清的视频，支持 1080P 和数字影院等分辨率更高的图像质量，最多可支持传输 1080P/60fps 信号。由于它具有高速率无压缩数字传输的优势，很多厂商推出了 3G-SDI 系列的相关产品，如 SDI 数字切换矩阵设备、SDI 分配器、SDI 转换设备等，这些产品均采用 3Gb/s 信号，兼容 1.5Gb/s 信号，能进行长距离传输，可以满足用户多样化的需求。

随着技术不断发展，2015 年推出了 6G-SDI、12G-SDI，顾名思义，这两种接口的传输速率分别达到 6Gb/s 和 12Gb/s。6G-SDI 最高可以传输 2160P/30fps 信号。12G-SDI 带宽是普通 HD-SDI 的 8 倍，能够支持高达 4K/60fps 分辨率。12G-SDI 传输速率普遍被认为趋近物理极限。当前单线缆最多支持 4K/60fps 标准，而 8K 内容的制作系统则需同时采用 4 根 12G-SDI 线缆传输一路 8K 信号。

2. USB 接口

USB 是 Universal Serial Bus(通用串行总线)的缩写，是一种串口总线标准，也是一种输入输出接口的技术规范，被广泛地应用于个人计算机和移动设备等信息通信产品，并扩展至摄影器材、数字电视(机顶盒)、游戏机等其他相关领域，如图 4.2 所示。

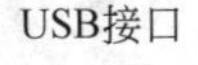

USB接口

USB摄像头

图 4.2　USB 接口及其应用

USB 接口可连接多种外设，如摄像头、鼠标、耳机、键盘等，是一种规范计算机与外部设备的连接和通信的外部总线标准，通常都具有热插拔功能。USB 摄像头，顾名思义，采用的是 USB 接口，具有无需采集卡即可使用等特点。USB 摄像头主要作为计算机的摄像头，主要应用于直播、网课或者视频会议等方面。USB 摄像头因其便于连接计算机，无需采集卡，故非常适用于计算机的图像采集。USB 接口最大的缺点是线长受限制,目前一般线长在 3m 以内,最长不超过 5m。

目前常用的 USB 接口是 USB 3.0 接口,其传输速度可达 500MB/s。近年来,USB 3.0 已发展为工业、医疗和大众市场应用的主要接口技术。USB 3.0 成为可与千兆以太网并行的另一种重要主流接口。USB 3.0 接口也从属于工业机器视觉标准,即 USB 3.0 Vision 标准。该标准于 2013 年 1 月被正式批准。它由 AIA(Automated Imaging Association,自动成像协会)直接管理,是图像处理行业中 USB 3.0 接口的官方标准。Basler 公司作为该协会的创始成员之一,在其创建过程中扮演了非常重要的角色。

3. HDMI

HDMI 是 High Definition Multimedia Interface(高清多媒体接口)的缩写,如图 4.3 所示。HDMI 是一种全数字化音视频发送接口,传输过程中无须进行数模或者模数转换,广泛应用在显卡、主板、液晶电视、显示器、笔记本计算机等音视频相关设备上,是当前最流行的高清视频数字接口。目前常用的 HDMI 标准有 HDMI 1.4、2.0 和 2.1,分别支持最高 2K/60Hz、4K/60Hz 和 4K/120Hz(8K/60Hz)。其中 HDMI 2.1 的最大传输带宽为 48.0Gb/s。

图 4.3　HDMI

HDMI 特性如下:

(1) 可以同时发送音频和视频信号。

(2) 随着技术的发展,当前的 HDMI 最多可以支持输出 8K 分辨率的视频信号。

(3) 与 USB 接口技术类似,HDMI 接口同样具有无需驱动程序、即插即用的特点,这类设备的信号源和显示设备之间会自动进行协商,自动选择最合适的音频和视频格式。

HDMI 通常用于画面呈现,即通常作为画面输出线使用。但市面上有部分摄像头也支持 HDMI 输出音视频画面,计算机通过 HDMI 连接摄像头,如图 4.4 所示。和 SDI 一样,HDMI 也需要通过采集卡才可以捕获摄像头画面。与 USB 接口类似,HDMI 的主要问题是缆线的长度受限制。例如,标准的 28AWG(American Wire Gauge,美国缆线度量)规格

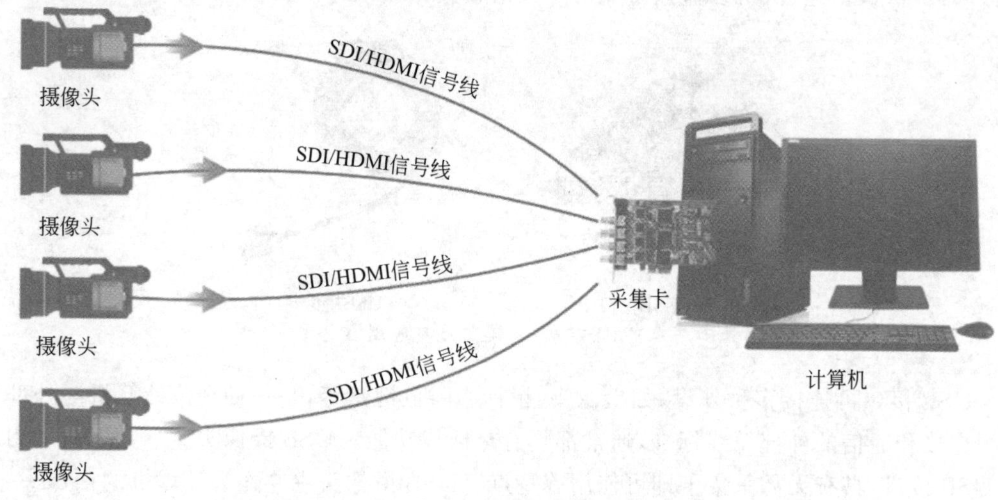

图 4.4　计算机通过 HDMI 连接摄像头

HDMI 铜线在一些消费者的自行测试当中发现音视频信号在超过 5m 之后开始衰减，此长度通常不足以满足投影机与计算机的连接需要。用于机器视觉的工业相机普遍以 HDMI 和 USB 接口居多，SDI 摄像头一般用于广电领域。

4.1.2　IP 通信新技术

以 IP 网络传输取代 BNC 线缆传输，采用 IP 网络架构替代传统的基带系统连接，是音视频流媒体传输专业内容制作领域的发展趋势之一。

AV over IP(全称 Audio-Visual over Internet Protocol，也称 AV/IP)是指在标准 IP 传输介质上发送音频与视频信息。相较于使用 SDI、USB、HDMI 等线缆点对点传输的传统方式，AV over IP 架构可通过添加网络交换设备大大提升传输数据的吞吐量，并且不受设备物理接口数量的限制，提供了更多的可扩展切换的可能(例如更多的端口)，功能模块化可扩展性更强，突破了传输距离的障碍，提高了输入与输出的比率，超越了本地化的视频标准，与数据和通信的融合更紧密，甚至还拥有了更多的视频处理选项。在 AV over IP 架构中，传统的音视频信号发送器变成了 IP 编码器，音视频信号接收器变成了 IP 解码器，进行压缩或非压缩的音视频传输，以及通过编解码器完成部分视频处理的工作，例如向上向下缩放、色彩空间转换、画面翻转等。如图 4.5 所示，在标准的 IP 传输介质上发送音频或视频信息，需要通过 TCP/UDP 层和 IP 层，最后通过以太网传输数据。基于标准的 IP 网络传输，如图 4.6 所示，可以突破原有的通过 SDI/USB/HDMI 接口传输数据时距离和同时访问个数可能受到的限制。

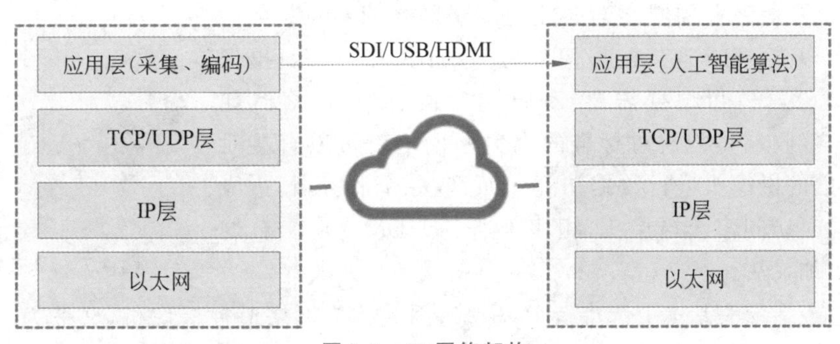

图 4.5　IP 网络架构

相较于通过线缆进行信号传输的传统方式，AV over IP 的优势主要体现在以下 3 方面：

(1) 高拓展性。在网络带宽允许的情况下，用户可以在 AV over IP 架构中添加多个端点，可以将单个视频信号分发到成百上千个终端进行显示，用最小的投入满足广泛的系统升级需求。

(2) 高灵活性。从项目实际部署的角度考虑，在保持原有网络基础架构不变的情况下，一根网线在为基于 IP 的端口设备(包括 IP 电话机、IP 编解码器、网络摄像机等)传输数据信号的同时，也能为此类设备供电(称为以太网供电，Power over Ethernet，PoE)，既保持了与现有网络系统的兼容性，同时也简化了项目的部署。

(3) 高效率及高性价比。AV over IP 技术突破了信号传输物理距离的限制，在网络所能覆盖的范围，音视频信号都可以有效地传输。在大型项目中，集成商或工程商无须通过部

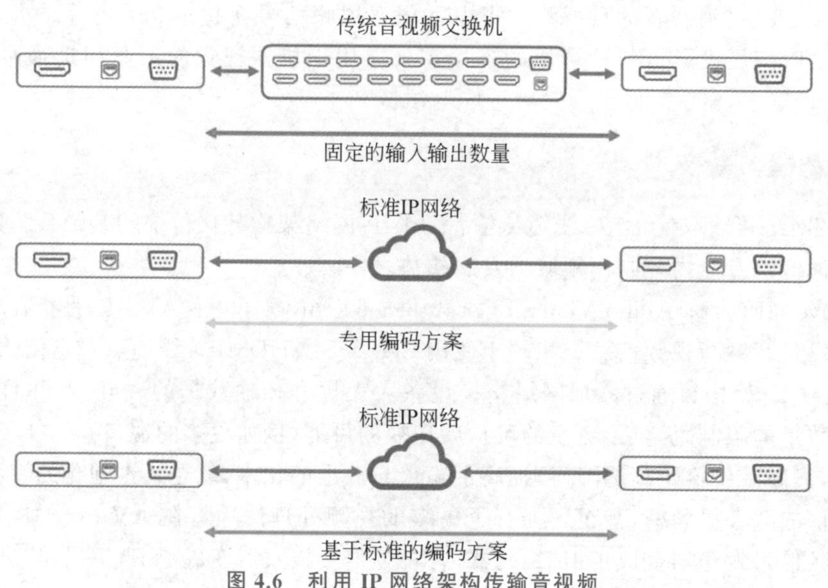

图 4.6 利用 IP 网络架构传输音视频

署额外的信号线缆延长传输距离,并且能通过基于 Web 的管理软件灵活地对网络中分布在不同位置的设备进行管理和维护,极大地提高了项目部署的效率,同时控制了成本。

基于网络协议进行音视频信号传输的 AV over IP 技术正被越来越多的视听行业客户甚至广电领域采用。新零售、企业协作、医院、安全监控、交通运输、广电制作等专业领域逐渐向使用基于网络的音视频传输方案开放。以支持 IP 通信的摄像头为例,如图 4.7 所示,摄像头经过采集、编码(可根据需要)和打包后通过网络协议(如 TCP)传输,接收端只需通过标准的以太网网卡就可以直接对支持 IP 通信的摄像头进行数据访问。而且,一个服务器/边缘设备可以同时访问多个摄像头,相比于通过 HDMI 和 USB 的传统方式更加灵活。

图 4.7 IP 摄像头

目前监控摄像头基本上都支持 IP 网络,因此称为网络监控摄像机,又称为 IP Camera (IPC)。相比于工业相机,IPC 通常有视频编码模块。与工业相机通常直接连接上位机不同,IPC 在部署中通常会跨多个网络,甚至通过无线网络传输,因此,IPC 一般支持视频编码,通过压缩将数据传输速率减少到几 Mb/s。

早期的 IPC 以 H.264 视频编码为主,1080P 分辨率的码率通常控制在 4Mb/s。现在 IPC 主要以 H.265 视频编码为主,码率降低了一半,1080P 分辨率的码率通常控制在 2Mb/s,通常支持 Web、RTSP、ONVIF 和 GB28181 等协议。

IPC 可以通过网页浏览器直接访问,通常除了解码插件外,不需要安装其他软件。在利用 IPC 进行智能识别部署时,通常通过 RTSP 获取 IPC 的数据。

在广电行业中应用 AV over IP 时,通常需要将活动现场所有音视频设备(摄像机、麦克风、视频切换台和调音台等)都接入 IP 编码器,导演或制片人现场监看拍摄画面、远程控制设备并调整镜头。IP 编码器通过网络传输音视频数据到视频制作工作室,在解码后进行视频制作,然后将生成的视频内容发送到最终目的地(电视台、内容分发网络等)。视频制作工作室可以在活动现场附近几十米以内(现场视频制作),也可以位于数千米之外(远程视频制作)。

此外,随着网络的普及,同时也由于 AV over IP 传输系统具有结构简单、安全高效以及传输成本低等特点,当前的广播电视台大多选择依靠网络通信运营商以 IP 网络传输的方式传输电视节目直播信号。这既能很好地作为传统电视直播信号传输方式的补充,又能在一定程度上降低节目制作的成本。得益于 IP 编解码设备的发展,广播电视传输的电视节目直播信号经过设备编码并附加用户在通信网络中所对应的唯一 IP 地址后,即可在通信网络中传输数据流,最后在接收端的解码设备上解码,还原为原始的音视频信号进行播放。不仅如此,IP 接入网络的方式也随着时代的发展变得越来越多样,如无线 WiFi、有线网络、移动数据网络接入等[7],只要有着网络的覆盖,就可以通过 IP 传输进行电视节目直播信号的传输和接收。在通信技术不断发展、通信设备不断完善的前提下,电视节目直播信号也会随着 IP 网络传输技术的发展而越来越成熟和完善。

GigE 的英文全称为 Gigabit Ethernet(千兆以太网),是一种高速、数据量大、广泛应用于工业相机的图像接口技术。它解决了 USB 接口与 HDMI 不能远距离传输的问题,同时还能降低远距离传输的成本,目前已逐步取代其他接口被广泛应用于工业相机。例如千兆工业相机,如图 4.8 所示,通过 GigE 接口对千兆工业相机进行图像采集,接入一台服务器/边缘设备。

图 4.8　带 GigE 接口的千兆工业相机

GigE 接口具有如下优点:

(1) 缆线最长可至 100m。若添加转播设备,理论上可以无限延长。

(2) 传输带宽大,最高可达 1Gb/s,可即时传输音视频大数据。

(3) 支持标准的 NIC 卡。

(4) 对电缆要求低,可以使用廉价的线缆。

GigE 接口的缺点如下:

(1) 对连接的计算机性能有一定要求。

(2) 由于加入了图像采集卡功能,因此 GigE 相机的价格较高。

(3) 与其他接口的相机相比,GigE 相机的耗电量较大。

(4) 无法依据网络性能确定数据包的送达时间。

(5) 必须优化主机侧的软件(安装特定的驱动程序)。

需要注意的是,千兆工业相机通过 GigE 接口传输的图像数据通常为未经压缩的数字图像。在上位机(服务器或边缘设备)需要相应地采用千兆网卡进行接收,如图 4.9 所示。

GigE 视觉系统涵盖了广泛的网络拓扑结构。最简单的一种是个人计算机和 GigE 视频流设备之间使用一根电缆进行点对点连接;更复杂的是一个视频分发系统,由硬件和软件视频源、接收器、交换机和使用路由器的 IP 网络上的处理单元组成。至关重要的是,GigE 视频流设备产品与网络上的其他 IP 设备完全兼容。

伴随着人们对高清视频的追捧,巨大的网络视频流成为互联网企业必须面对的挑战。为了满足自身业务的快速拓张,以 Meta、Google 和 Amazon 为首的互联网巨头开始摒弃无法符合其定制需求的传统网络设备,走上了自主研发交换机的道路。

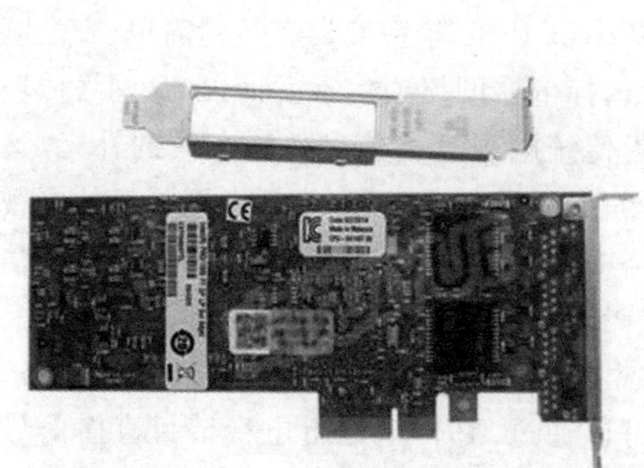

EXPI9404PTL网卡详细参数
端口数：四端口
接口类型：网线RJ-45
传输速率：10/100/1000Mb/s
主芯片：Intel 82571EB
传输速率：10/100/1000Mb/s
网络标准：IEEE 802.3ab
总线类型：PCI-E X4
传输介质：4对5类UTP
全双工/半双工自适应
适应范围：台式机、工作站、服务器、工控机、工业相机、机器视觉等

图 4.9　千兆网卡及其参数示例

综上，SDI 作为传统的数据传输接口，其无须压缩的特性使得它在视频会议、广播、安防领域使用广泛，但其物理传输速率已遇到瓶颈；而 USB 接口和 HDMI 虽然简单、便携，但受制于线缆长度问题，目前仅在视频会议、广播电视领域使用较广。表 4.1 对各种接口的特性进行了对比。

表 4.1　各种接口特性的对比

接口类型	传输速率	最大线长/m	是否需要采集卡	是否压缩
SDI	2.97Gb/s	150	是	否
USB 接口	350MB/s	5	否	否
HDMI	48.0Gb/s	5	是	否
GigE 接口	1000Mb/s	100	否	否
普通 IP 接口	100Mb/s	100	否	是

4.1.3　无线多媒体通信技术

无线通信(wireless communication)是当前非常流行的另一种视频传输方式。无线通信解决了 SDI、HDMI、USB、GigE 和以太网 IP 交换方式在布线困难甚至无法布线的场景下面临的尴尬局面，具有更强的灵活性与方便性，突破了传统线缆受制于长度问题和光纤图像监视受制于硬件连接的不利局面，如图 4.10 所示。

利用无线多媒体通信技术传输视频流具有以下优点：

(1) 综合成本低。无线多媒体通信技术的布置不需要挖沟埋管、敷设线缆，非常适合应用于那些受到地理环境和工作内容限制导致的有线网络或有线传输无法布线或者难以布线的场景，例如山地、港口、户外远距离开阔场地等特殊地理环境。而这些场景下采用有线网络的布局，不仅施工期长、成本高，有些甚至无法实现。

(2) 组网灵活便利，可扩展性强，即插即用。无须为新建的传输设备铺设网络、增加设备，网络管理人员可以迅速将新的无线监控点加入现有网络中，轻而易举地实现远程无线多媒体通信。

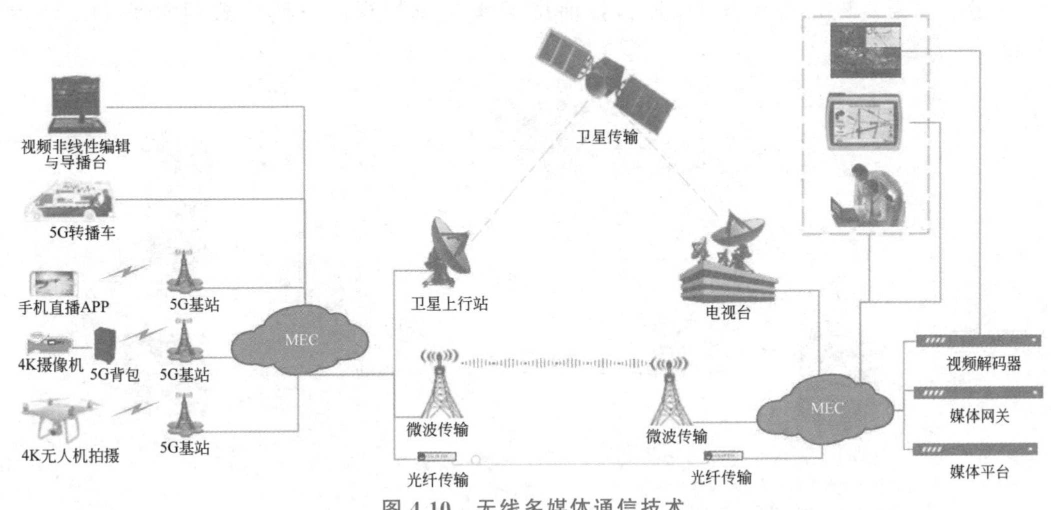

图 4.10　无线多媒体通信技术

(3) 突破部分受限场景。在部分场景下,通过设置固定点位的视频监控,结合人工智能分析,往往无法做到全方位的监控。在无线多媒体通信技术中,可以控制无人机进行巡检,通过无人机的摄像头对现场情况进行实时采集,并通过无线网络将视频信号发送到监控中心,具有灵活部署、覆盖面大的特点。

无线多媒体通信技术集多媒体和无线通信技术的优点于一体,它具有交互性、复合性、分布性、真实性等特点,可以为人们提多种多样的信息服务。目前主要的无线多媒体通信技术有 WiFi、4G/5G、微波、卫星等。

1. WiFi

WiFi 全称 Wireless Fidelity(无线保真),是 IEEE 定义的一个无线网络通信的工业标准(IEEE 802.11)。WiFi 是目前最常用的无线多媒体通信技术,几乎所有的智能手机、平板计算机和笔记本计算机都支持 WiFi 上网,是当今使用最广的一种无线网络传输技术。

WiFi 无线传输技术的优势主要体现在以下几方面:

(1) 构建方便,不需要经过有线网络长工期的布线安装工程。

(2) 覆盖范围约 100m,一般只需安装一个或多个 AP(Access Point,接入点)设备,就可以解决现场的网络通信问题。

(3) 传输速度快,最高可达到 54Mb/s,完全满足视频数据传输的要求。

由于 WLAN 的频段在各国无需运营执照,因此目前市场上的 WLAN 无线设备的费用极其低廉且数据带宽极高。得益于 WLAN 无线设备当前的市场环境,使得 WiFi 在全球的应用十分广泛,用户可以在 WiFi 覆盖区域内快速浏览网页,随时随地接听、拨打电话。而其他一些基于 WLAN 的宽带数据应用,如流媒体、网络游戏等功能更是值得用户期待。如图 4.11 所示,有了廉价的 WLAN 设备,用户浏览网页、收发电子邮件、下载音乐、传递数码照片、利用 WiFi 功能打长途电话(包括国际长途电话)等,再也无须担心速度慢和花费高的问题。WiFi 技术与蓝牙技术一样,同属于在办公室和家庭中使用的短距离无线技术。基于 WiFi 的摄像头支持将视频信号通过 WiFi 回传,避免了摄像头在部署过程中需要布线的问题。目前很多居家摄像头支持 WiFi,可以接入家庭 WiFi 网络。用户可以通过 WiFi 灵活访问。需要注意的是,原始视频信号由于数据量庞大,无法直接通过 WiFi 无线网络进行传输,在传输前需要进行视频压缩编码,目前摄像头支持的视频编码格式通常是 H.264 和 H.265。

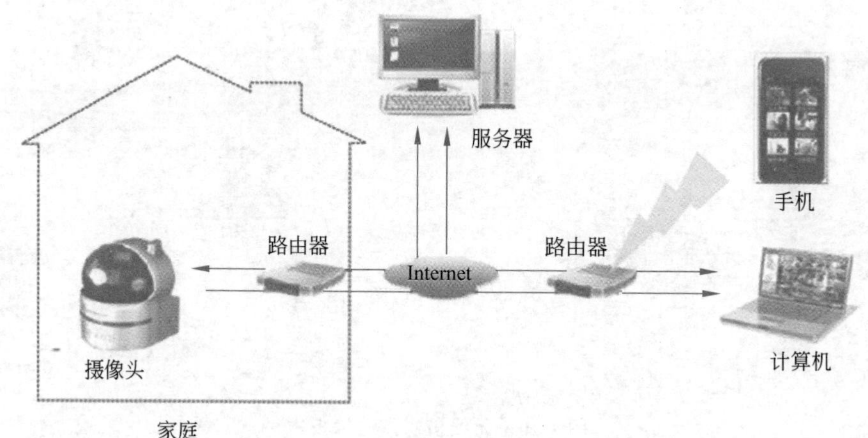

图 4.11 无线多媒体通信

WiFi 摄像头的存在能帮助用户更好地管理家庭,易于安装且便于携带,可以固定在任何地方,可以不受距离限制地远程监控。WiFi 摄像头寿命较长,便于维护并且比较便宜。无线 WiFi 摄像头被黑客入侵的风险低于其他摄像头,需要注意的是,在传输视频流时,如果服务器和 WiFi 不在一个网络内,则需要通过在路由器上设置端口映射才可以访问 WiFi 摄像头。

2. 4/5G

4G 是第四代移动通信技术的简称,是一种汇集 3G 与 WLAN 技术于一体,能够用来传输与高清电视画面质量不相上下的传输技术。4G 在高速移动通信(如动车或高速路上的汽车中的通信)中可提供 100Mb/s 的传输速率;而在低速移动通信或固定接入时,它的数据传输速率可以达到 1Gb/s。4G 是无线接入技术的一次重大革命,相当于将 LAN 或千兆以太网连接到移动设备。它具有比较高的传输速率和传输质量,能够承担大量的多媒体信息,它具有地区连续覆盖、QoS(Quality of Service,服务质量)机制、比特开销低、非对称的上下行链路速率、50～100Mb/s 的最大传输速率等特点。

5G 是第五代移动通信技术的简称。相比于 4G,它是一个具有更高的传输速率、更低的传播时延的新一代宽带移动通信技术,比 4G 网络的传输速度快 10 倍以上,其峰值理论传输速度可达 20Gb/s,即 2.5GB/s,因此它也是实现人机物互联的网络基础。高传输速率使得它甚至能在 1s 内下载完一部电影。随着 5G 技术的诞生与不断发展,利用智能终端分享 3D 电影、游戏以及超高画质多媒体节目的时代正向我们走来。

4G/5G 移动通信技术的根本目的是满足用户的以下需求:在各终端间发送、接收信号,并在多个不同的网络系统、平台与无线通信界面之间找到最快速与最有效率的通信路径,以进行最即时的传输、接收与定位等动作。相比 WiFi 无线网络,利用 4G/5G 网络进行视频传输无须搭建基础网络,终端只需要利用 4G/5G 模块即可直接接入互联网。如图 4.12 所示,摄像机经 SDI/HDMI 输入编码器编码后,通过 4G/5G 模块即可将视频信号发送到互联网。在接收端,通常需要在云端或者具有公网 IP 地址的网络接收视频流,经解码器解码后输出播放。

利用 4G/5G 网络进行视频传输解决了在某些区域不易部署有线网络的难题。通过 WiFi 网络虽然解决了无线传输问题，但是 WiFi 连接通常是私人宽带接入点，接入位置比较固定，而且通常范围较小，且容易因为障碍物的阻挡导致传输速率和传输质量下降，这意味着 WiFi 的移动性很弱，覆盖范围小，通常距离有限(100m)，且接入互联网时还是需要通过有线网络或转 4G/5G 网络。WiFi 是一种无线局域网技术，适用于办公室、家庭、会议中心或其他人流集中的公共场所。5G 是一种广域网技术，专为室外、蜂窝数据、边缘计算、物联网应用和其他非室内场景的长距离连接而设计，因此，在非家庭网络或园区办公网络，利用 4G/5G 进行监控视频传输是一种非常便捷的方式。

图 4.12　带 4G 网络接入能力的摄像头

在智能多媒体人工智能分析应用中，通常可以将边缘计算设备直接连接本地摄像头后通过 4G/5G 网络回传视频数据，如图 4.13 所示。由边缘计算设备直接进行人工智能分析后，通过 4G/5G 网络回传分析结果。也可以通过 4G/5G 网络实时查阅当前的摄像头画面。通过这种部署模式，既可以解决 4G/5G 网络长时间回传视频数据占用流量资源的问题，也可以解决远程检测的时延问题。

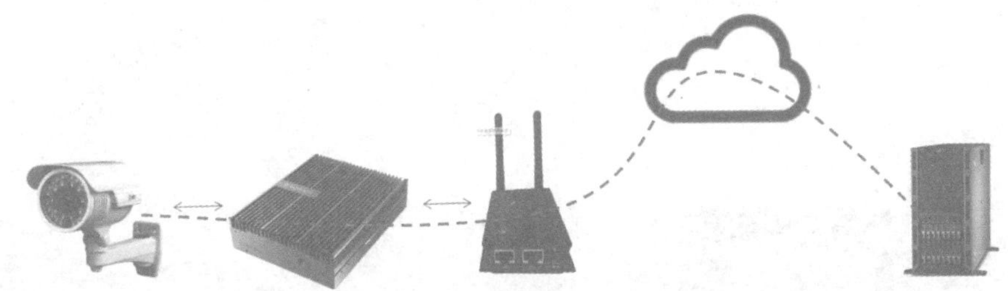
图 4.13　人工智能边缘计算与无线网络

3. 微波

微波通常是指频率为 300MHz～300GHz 的电磁波，是无线电波中的一个有限频带，该类波形的波长一般在 1m(不含)到 1mm 之间，是分米波、厘米波、毫米波的统称。微波具有易于集聚成束、高度定向性以及直线传播的特性，可用来在无阻挡的视线自由空间传输高频信号，它传输的距离一般可达几十千米。微波频率比一般的无线电波频率高，通常也称为超高频电磁波。

微波通信具有以下优点：

(1) 频率高，传播范围广，被广泛运用于各种电信业务，如电报、电话、传真、彩色电视节目等通信业务的数据传输。

(2) 建造成本低，建设速度快，能节约大量的钢材，适用于无法敷设电缆的高山、岛屿、湖泊等地域。

(3) 微波通信的保密性好于短波通信。

(4) 具有良好的抗灾性能，受水灾、风灾以及地震等自然灾害的影响低。

由于微波具有频率高、频带宽、信息量大的特点,所以被广泛应用于各种通信业务,包括微波多路通信、微波中继通信、移动通信和卫星通信。

目前数字微波在通信系统中主要有以下应用场合:

(1) 在一些边远地区为用户提供基本通信业务。在这些场合中,可以通过微波通信进行点对点或点对多点的系统传输。

(2) 用于城市内的短距离支线连接,例如使用中小容量点对点微波在移动通信基站之间、基站控制器与基站之间、局域网之间实现无线联网等。

(3) 未来的微波宽带业务接入,如 LMDS(Local Multipoint Distribution Services,区域多点传输服务)。

(4) 用于无线微波接入技术。

目前大部分无人机视频图像传输都是基于微波无线通信技术实现的,如图 4.14 所示。频段一般是 902～928MHz,一般都选用可靠的跳频数字电台实现无线遥控。微波波长短,绕射能力差,基本上沿直线传播。

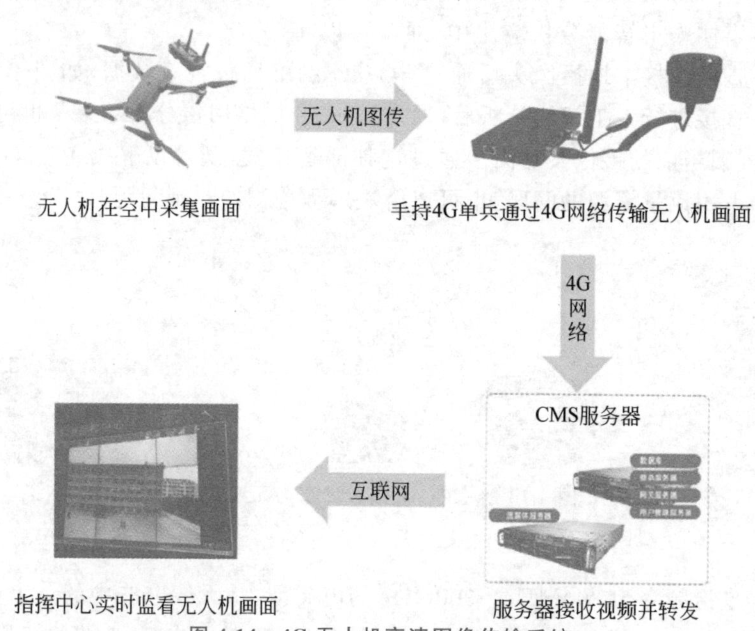

图 4.14 4G 无人机高清图像传输系统

4. 卫星

卫星通信是一种特殊的微波中继通信系统,通过在轨卫星作为中继站对无线电信号进行转发,实现地面及空间等用户之间的信息传输。卫星通信系统包括空间段及地面段。其中,空间段主要指在轨卫星和对在轨卫星进行操控的地面站,这些地面站主要实现跟踪、遥测、遥控等功能,提供必要的卫星管理及控制功能以保证卫星正常在轨运行;地面段主要指通过卫星进行通信的用户终端,包括固定终端、机动终端和移动终端等。卫星通信系统的中继站通常设立在距地面 3.6 万千米的天空中,该系统的通信卫星运行方式与地球自转的方向及自转一周的时间相同,因此又被称为地球同步卫星。地球同步卫星上有专门的微波转发设备,它接收地面站发射的微波信号,经过变频放大等处理(这种卫星叫有源卫星,可以将接收到的信号整形、补偿之后转发出去)后再转发给另外一个地面站,完成中继通信任务。

卫星通信覆盖面广，时延长，信号容易受到干扰、截获和窃听。一种容量较小的可适用于稀路由的甚小口径终端站(Very Small Aperture Terminal，VSAT)适用于数据通信。在同步卫星系统中，一半的地面站天线直径为15～32m，增益为60dB，射束半功率角为0.1～1°，需要自动跟踪，发射机功率通常为0.5～5kW。同步卫星中继站下行全球波束用喇叭天线，单点波束用抛物面天线，可借助波束分隔进行频率再用。转发器功率为数十瓦，带宽一般为36MHz，容量为5000～10 000话路。

卫星通信系统的优点主要体现在如下3方面：

(1) 下行链路的广播特性。卫星通信系统下行通过全球波束、区域波束或单点波束，可实现特定覆盖区域的信号覆盖，其下行链路广播特性非常适合数字视频广播等业务的传输。

(2) 通信费用与距离无关。在传统地面通信系统中，实现较远两个地点间的通信需要部署多个地面中继站，考虑地面的曲率及遮挡因素，地面中继站之间通常最远也不过上百千米；而卫星通信系统的终端间一跳就可达上万千米。

(3) 具有较强的抗毁性。地面通信系统在发生地震、洪水等自然灾害时，会导致地面网络瘫痪；而卫星通信系统由于工作在近乎真空的环境中，自身的工作环境具有较高可靠性，在为灾难发生地区提供应急通信时可以发挥重要作用。

卫星和微波是广电领域使用最多的无线传输方式。卫星传输常用于播出链路，一般负责将演播室或现场转播系统制作完成的基带节目信号通过地面卫星车内编码器压缩编码后，再通过卫星链路实现上行转发，如图4.15所示。微波传输更多地用于现场制作过程中，将需要移动拍摄的摄像机信号通过摄像机加载的微波发射适配器(4G专网)借助周围高点的微波中继器转发，通常由转播系统接收并使用。

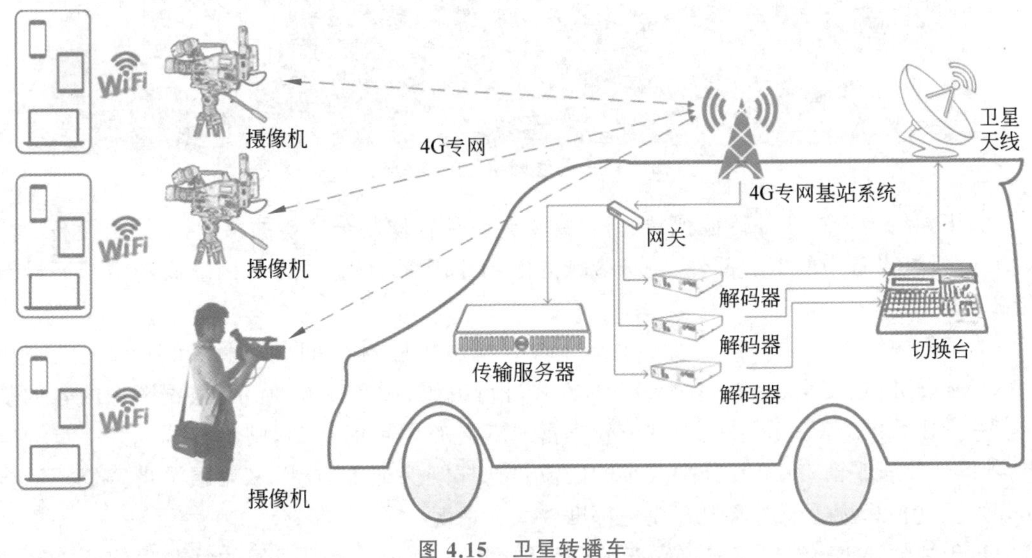

图4.15　卫星转播车

无线数字信号具有悬崖效应，即接收地点离基站越远，接收信号就越弱，当低于终端(基站)的最低接收场强时，视频画面就会产生马赛克现象、静帧甚至画面消失的情况。图4.16为无线网络的带宽变化。

无线传输设备存在距离和带宽受限问题。目前市场上很多宣传远距离无线传输的设备，

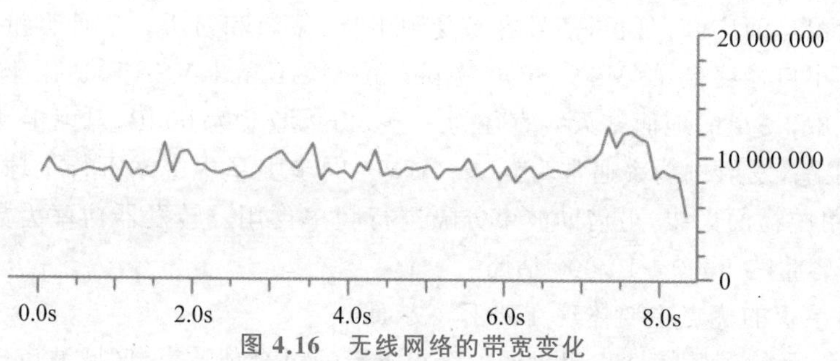

图 4.16 无线网络的带宽变化

最多也只能传输上百千米;要想传输得更远,就必须搭配中继器;如果要进行上千千米的超远程无线传输,还要借用互联网的力量才行。同样是由于无线传输的距离和带宽受限问题,一般的单模块无线网桥的理论传输带宽为 300Mb/s,要增大传输带宽,可以选择增加模块,但目前常见的三模块无线网桥只能传输 900Mb/s。如果要传输较庞大的数据,无线传输系统的传输设备难以支撑,可能带来相当大的时延。无线网络的时延变化如图 4.17 所示。

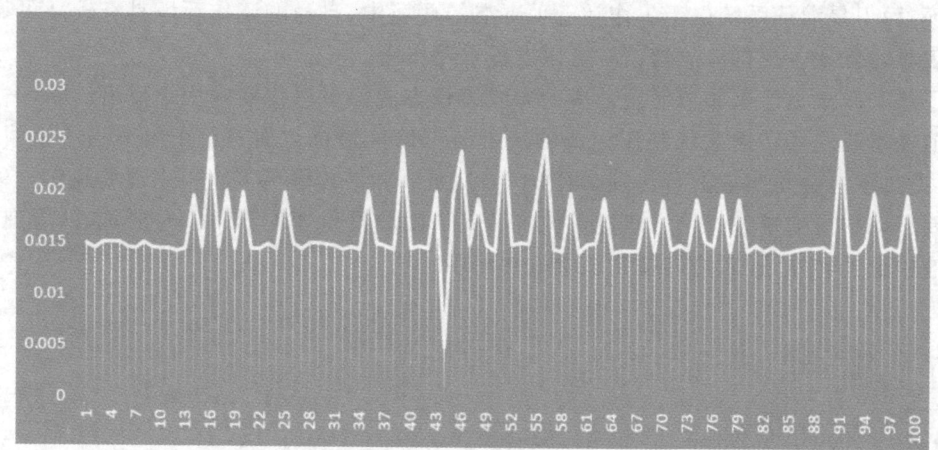

图 4.17 无线网络的时延变化

利用无线传输在户外传输视频时,容易受到各种各样复杂环境的影响,如同类设备的微波信号、机械设备中的电气部件、特殊区域的磁场等因素干扰,还容易因障碍物阻挡而导致传输质量下降。

为了解决因为无线网络带宽、时延抖动影响视频质量的问题,通常可以对视频采用 VBR(Variable Bit Rate,动态比特率)的方式进行编码,如图 4.18 所示,根据图像内容的复杂度进行比特的分配。如果图像细节较丰富或者含有大量的运动,则给其分配大一点的码流;若图像比较平滑,就给其分配较小的码流。这样既保证了质量,又兼顾了带宽资源的合理分配。这种算法适合图像内容变化幅度较大的情况。

对于视频,VBR 编码与固定码率编码不同,其码率可以随着图像的复杂程度的不同而变化,如图 4.19 所示,因此其编码效率比较高,快速运动画面的马赛克比较少。编码软件在压缩时,根据视频数据即时确定使用多大的比特率,这样既保证了质量,又兼顾了文件大小。

针对 5G 网络上行带宽能力不足的情况,在确保图像质量的前提下,应尽可能地采用高效率的视频压缩编码方式,这样可以有效地降低视频码率,降低对网络上行带宽的要求。建议采用 H.266 或 H.265 高效视频压缩编码,以减轻对 5G 无线传输系统上行带宽的压力。

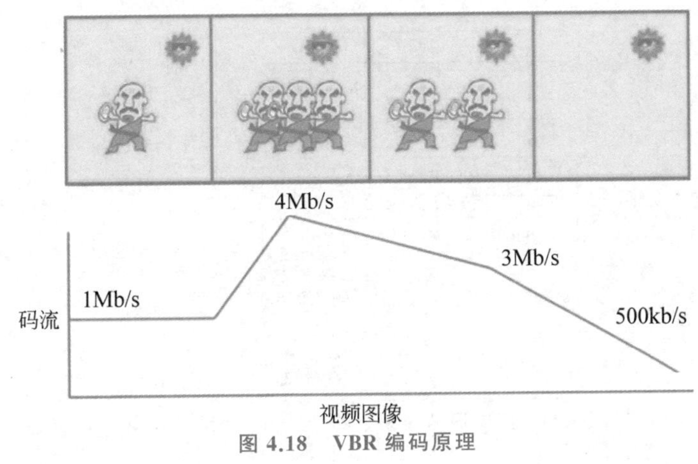

图 4.18　VBR 编码原理

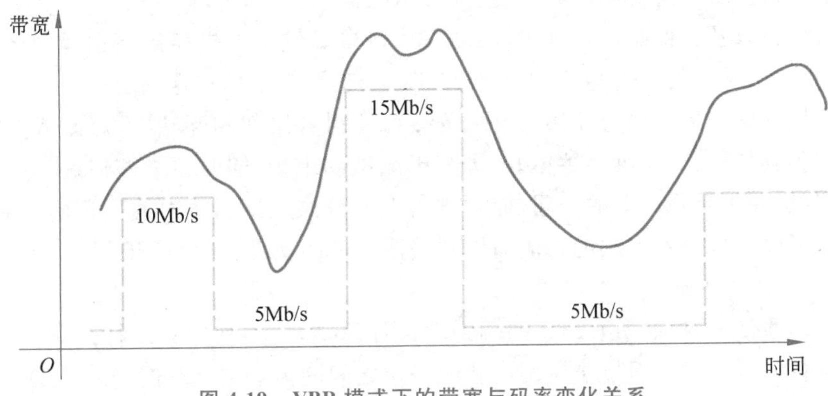

图 4.19　VBR 模式下的带宽与码率变化关系

4.2　TCP 与 UDP

TCP 与 UDP 是 IP 网络通信的基础协议，所有的 IP 网络多媒体通信协议都是基于这两个协议的扩展应用。作为基础协议的 TCP 和 UDP 可以为不同的多媒体通信业务提供不同的传输能力。TCP 可以提供可靠的媒体传输；而 UDP 提供面向无连接的传输，具有灵活、方便的特点，其传输可靠性需要上层协议保障。

4.2.1　TCP/IP

1. TCP/IP 分层

在计算机网络体系结构中，OSI 参考模型基于通信功能将网络传输分为 7 层。而在实际应用中，人们基于通信协议实现开发出了 TCP/IP 协议栈，由此将网络体系结构分为应用层、传输层、网络层和网络接口层。由于传输层的 TCP 以及网络层的 IP 是最为广泛使用的两个协议，因此也将这种网络体系结构称为 TCP/IP 网络参考模型，如图 4.20 所示。

在 TCP/IP 协议栈中，应用层能够实现报文传递和视频多媒体业务等多种功能，例如 HTTP、RTSP、RTP、RTCP 等应用协议；传输层主要是为两台主机之间的应用程序提供端到端的逻辑通信，主要是 TCP、UDP 两种传输协议；网络层通过抽象 IP 地址实现主机之间

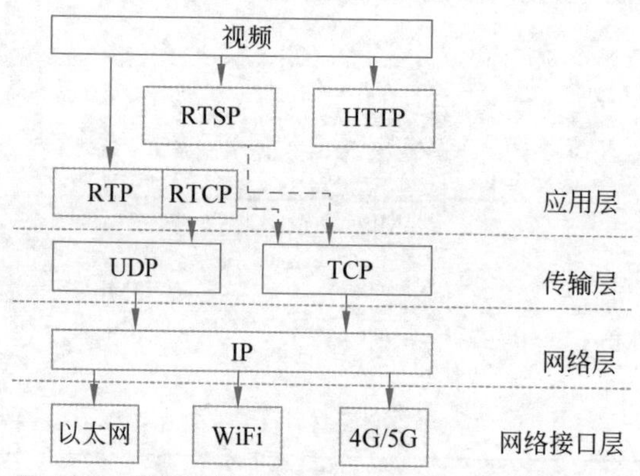

图 4.20 媒体通信视角下的 TCP/IP 网络参考模型

的逻辑通信,将传输层产生的数据包封装成分组数据包发送到目标主机,并提供路由选择的能力,主要是 IP 以及其他路由控制协议;网络接口层提供了主机连接到物理网络需要的硬件和相关的协议,常见的以太网、WiFi、4G/5G 以及蓝牙都工作在这一层。

这种分层的网络模型通过使用标准化的接口使得各层间相互独立,修改或增加某层协议不会影响到其他层,这样灵活性更好,更利于测试和维护,同时更能够促进标准化。需要注意的是,分层并不是物理上的分层,而是逻辑上的分层。即通过对底层逻辑的封装,使得上层的开发可以直接依赖底层的功能而无须关注具体的实现,简化了开发。

2. 传输层与端口号

在多媒体通信中,按照 Internet 的端到端设计原则,应用程序只运行在终端上,即不需要为网络设备编写程序。而位于应用层和网络层之间的传输层基于网络层提供的服务向分布式应用程序提供通信服务。从应用程序的角度看,传输层应提供进程之间本地通信的抽象,即运行在不同终端上的应用进程仿佛是直接连在一起的。

总的来说,传输层的基本服务是基于套接字(详见 1.3.4 节的介绍),通过复用和分用实现将主机间交付扩展到进程间交付,而应用层的复用和分用又是基于端口号的概念实现的,如图 4.21 所示。

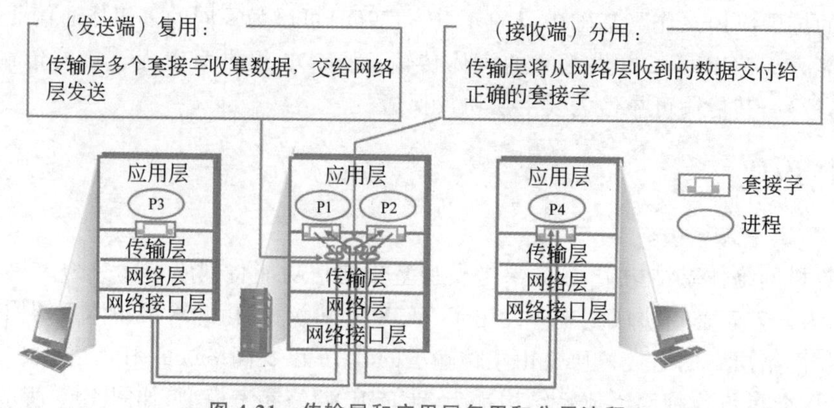

图 4.21 传输层和应用层复用和分用流程

数据链路和 IP 中的地址分别是 MAC 地址和 IP 地址。前者用来识别同一链路中不同的计算机,后者用来识别 TCP/IP 网络中互连的主机和路由器。在传输层也有这种类似于地址的概念，那就是端口号。端口号是一个 16 位的数，用来识别同一台主机中进行通信的不同应用程序，因此它也被称为程序地址。

端口号由其使用的传输层协议决定。因此，不同的传输层协议可以使用相同的端口号。传输层协议利用这些端口号识别本机中正在进行通信的应用程序，并准确地将数据传输给相应的应用程序。端口号主要可以分为以下几类：

(1) 周知端口(well-known port)：0～1023，由公共域协议使用。

(2) 注册端口：1024～49151，需要向 IANA 注册才能使用。

(3) 动态/私有端口：49152～65535，一般程序使用。

在网络中采用发送方和接收方的套接字组合识别端点，套接字唯一标识了网络中的一台主机和它上面的一个进程。而端口号是套接字标识的一部分，每个套接字在本地关联一个端口号。在服务器端创建套接字的时候通常会指定端口号，实现公共域协议的服务器还应分配周知端口号(0～1023)，如人们熟知的应用程序 DNS 端口号为 53，HTTP 端口号为 80，等等。而客户端套接字的创建并不会指定端口号，而是采用自由分配的方式，由操作系统从 49152～65535 中随机分配。因此，在 TCP 和 UDP 的传输报文段中，有两个字段携带着端口号：一个是与发送进程关联的本地端口号，称为源端口号；另一个是与接收进程关联的本地端口号，称为目的端口号。

4.2.2　UDP

作为 IP 网络通信的基础协议，传输层通过 UDP 和 TCP 向应用层提供两种不同的传输服务。其中 UDP 仅提供最低限度的两类传输服务：一是负责将报文发出和接收，不保障中间传输；二是报文检错。UDP 不提供复杂的控制机制，而是提供面向无连接的通信服务，即并不能保证传输的可靠性。并且它在收到应用程序发来的报文那一刻立即为其加上 UDP 报头再发送到网络上。即使是出现网络拥堵的情况，UDP 也无法进行流量控制等以避免网络拥塞行为。此外，传输途中如果出现丢包，UDP 也不负责重发，甚至当包的到达顺序出现乱序时也没有纠正的功能。如果需要以上的细节控制，不得不交由上层应用协议去处理。

1. UDP 报文结构

UDP 报文结构非常简单，主要包括报头和载荷(payload)，其结构如图 4.22 所示。其中报头携带协议处理需要的信息，载荷携带上层数据。报头又包括用于复用和分用的字段——源端口号和目的端口号，用于检测报文错误的字段——报文长度和校验和，每个字段各占 2 字节。

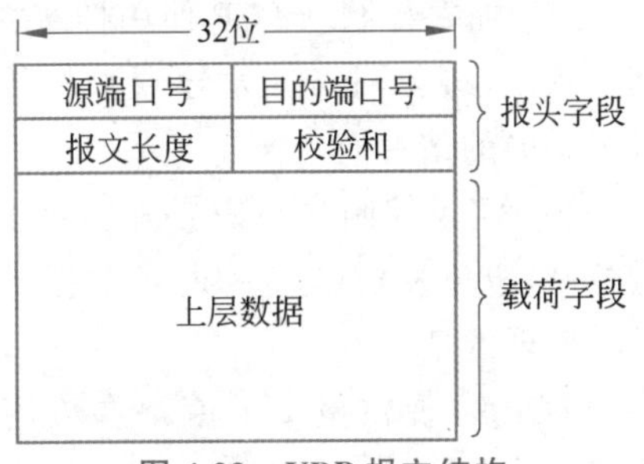

图 4.22　UDP 报文结构

在对传输的报文段进行检错的时候，在发送端，发送方将报头看成由 16 位整数组成的序列，对这些整数序列计算校验和后会将其放到 UDP 报头的校验和字段中。在接收端，接收方对收到的报文进行相同的计算，接着与报头中的校验和字段进行比较。如果相等，即认为报文没有错误；如果不相等，即说明报文有错误，这时候接收端将丢弃该报文，并不会进行纠正重传。

2. UDP 的特性

UDP 虽然不提供可靠的数据传输服务和数据的顺序保证,但是它在某些场景下仍然是非常有用的,主要体现在以下几方面:

(1) 快速传输。UDP 不需要建立连接和维护状态,因此可以更快地进行数据传输。

(2) 实时性要求高。在实时音视频等场景中,数据的实时性非常重要。TCP 传输数据时需要进行数据包的确认、重传等操作,会导致数据传输的延迟;而 UDP 不需要这些操作,可以更快地传输数据。

(3) 带宽利用率高。UDP 在发送数据时没有拥塞控制等机制,可以充分利用网络带宽,在高负载的情况下仍能保持高效的数据传输。

(4) 适用于数据量小、频繁传输的数据。对于这类数据,如 DNS 请求、SNMP 数据等,使用 UDP 可以减少数据包的大小和网络负载,提高传输效率。

综上所述,UDP 在某些场景下仍然是非常有用的,可以满足实时性要求高、数据量小、频繁传输等需求。

4.2.3 TCP

1. TCP 简介

与 UDP 不同,TCP 是一种面向连接的、可靠的传输层协议,它提供了可靠的数据传输、流量控制、拥塞控制等服务。TCP 的服务模型主要包括以下几方面:

(1) 面向连接。在 TCP 中,通信双方在进行数据传输之前需要先建立连接,建立连接时需要进行三次握手,建立连接后才能进行数据传输。

(2) 可靠的数据传输。TCP 是点到点的通信,使用确认重传机制,保证数据传输的可靠性。发送端在发送数据时需要等待接收端的确认。如果接收端没有及时发送确认,发送端会进行重传,直到接收到确认为止。这种机制保证了数据传输的可靠性。

(3) 可靠、有序的字节流。TCP 在一对通信的进程之间提供一条理想的字节流通道,不保留报文边界,按照顺序逐字节发送数据,保证了数据的顺序传输。

(4) 全双工通信。TCP 支持全双工通信,即通信双方可以同时进行数据传输,实现了双向通信。

(5) 拥塞控制。TCP 使用拥塞窗口等机制进行拥塞控制,避免网络拥塞导致数据传输效率低下或数据丢失的情况。

(6) 流量控制。TCP 使用滑动窗口机制进行流量控制,避免发送端发送过多数据导致接收端无法及时处理的情况。

TCP 表现在报文上就是在应用层传输过来的数据前附加一个 TCP 报头,这个报头中包含 TCP 信息,整体的报文结构如图 4.23 所示。TCP 报文结构相对复杂,包括了许多字段和选项,使得 TCP 能够提供可靠的数据传输。需要注意的是,TCP 并不是把应用层传输过来的数据直接加上报头然后发送

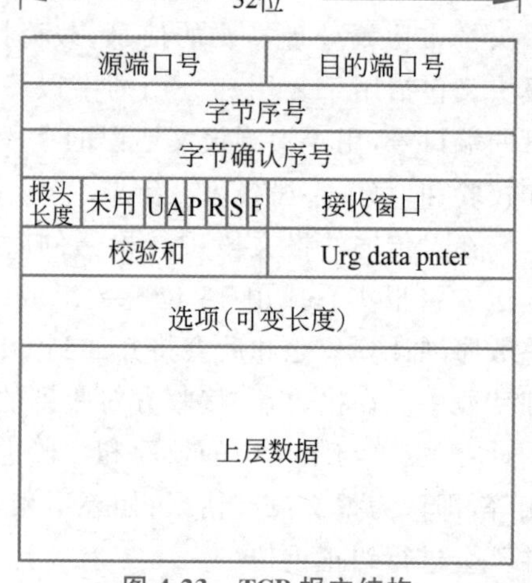

图 4.23　TCP 报文结构

给目标,而是把数据看成一个字节流,给它们标上序号之后存放在自己的发送缓存区中分批发送,这就是 TCP 的面向字节流特性。

前面提到,TCP 是基于连接的服务,可以保障数据传输的可靠性。在 TCP 建立连接和断开连接时,需要进行三次握手和四次挥手操作。下面分别介绍三次握手和四次挥手操作的具体过程。

所谓三次握手是指建立一个 TCP 连接时需要客户端和服务器端总共发送 3 个包以确认连接的建立。过程如下:

第一次握手:客户端向服务器端发送 SYN(同步)报文,请求建立连接,此时客户端进入 SYN_SENT 状态。

第二次握手:服务器端接收到客户端的请求,并向客户端发送 ACK(确认)报文,表示已收到客户端的请求,并告诉客户端自己也已准备好建立连接,此时服务器端进入 SYN_RECV 状态。

第三次握手:客户端接收到服务器端的应答,向服务器端发送 ACK 报文,表示已收到服务器端的确认,并告诉服务器端可以开始传输数据,此时客户端和服务器端都进入 ESTABLISHED 状态,TCP 连接建立成功。

以图 4.24 为例,主机 A 要向主机 B 发送仅包含字符 C 的报文。第一次握手时,主机 A 会将发送序号为 42、确认序号为 79(对前一次数据的确认)的报文发给主机 B;第二次握手时,主机 B 将发送序号为 79、确认序号为 43(对收到 C 的确认)的报文发给主机 A;第三次握手时,主机 A 向主机 B 发送确认报文(不包含数据),确认序号为 80(对主机 B 收到 C 的确认)。

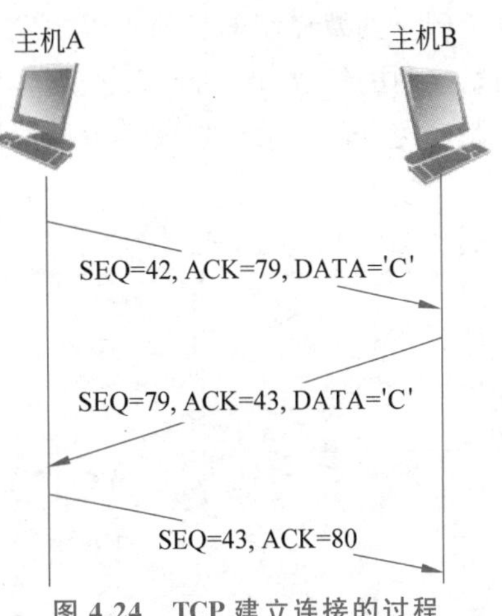

图 4.24　TCP 建立连接的过程

四次挥手即终止 TCP 连接,就是指断开一个 TCP 连接时需要客户端和服务端总共发送 4 个包以确认连接的断开。过程如下:

第一次挥手:客户端向服务器端发送 FIN(结束)报文,请求关闭连接,此时客户端进入 FIN_WAIT1 状态。

第二次挥手:服务器端接收到客户端的请求,向客户端发送 ACK 报文,表示已收到客户端的请求,此时服务器端进入 CLOSE_WAIT 状态,此时数据传输还可以继续。

第三次挥手:服务器端向客户端发送 FIN 报文,请求关闭连接,此时服务器端进入 LAST_ACK 状态。

第四次挥手:客户端接收到服务器端的请求,向服务器端发送 ACK 报文,表示已收到服务器端的请求,此时客户端进入 TIME_WAIT 状态,等待 2MSL(最大报文生存时间)后,进入 CLOSED 状态。服务器端接收到客户端的确认,进入 CLOSED 状态,成功断开 TCP 连接。

当发送端将数据发出之后会等待对端的确认应答。如果有确认应答,说明数据已经成功到达对端;反之,则数据丢失的可能性很大。在一定时间内没有等待到确认应答,发送端就可以认为数据已经丢失,并进行重发。TCP 的三次握手和四次挥手是保证 TCP 连接正常建立和断开的关键步骤,各个步骤都必须按照一定的顺序进行,才能保证 TCP 连接的可靠性和稳定性。

2. TCP 流量控制和拥塞控制

为了保证数据传输的可靠性,TCP 在传输过程中使用流量控制机制避免接收方被发送方的数据淹没,保证接收方能够正确处理接收到的数据。TCP 的流量控制机制主要通过滑动窗口机制实现。

在 TCP 的连接建立过程中,发送方和接收方会约定一个接收窗口(rwnd),发送方发送数据时,会根据接收方的 rwnd 大小控制发送数据的速率,以保证接收方能够及时处理接收到的数据。

流量控制过程的具体实现如下:接收方会将 rwnd 的大小通知给发送方,告诉发送方它还可以接收多少数据。接收方的 rwnd 大小由接收方的可用缓存大小决定。如果接收方的 rwnd 为 0,发送方就不能再发送数据,只能等待接收方通知它可以继续发送数据。发送方根据接收方的 rwnd 设置发送窗口的大小。当接收方处理完接收缓存中的数据后,会重新计算 rwnd 的大小,并将新的 rwnd 大小通知给发送方,这时发送方便可以将发送窗口向前移动,继续发送数据。

TCP 保证数据传输可靠性的另一种手段是拥塞控制。图 4.25 为慢启动与拥塞避免阶段示例。拥塞控制的目的是限制发送端发送的数据量,避免网络拥塞而导致传输效率下降。拥塞控制的解决方法是流量控制,其实现是拥塞窗口(cwnd),所以拥塞控制最终也要通过限制发送方的滑动窗口大小限制数据的发送。

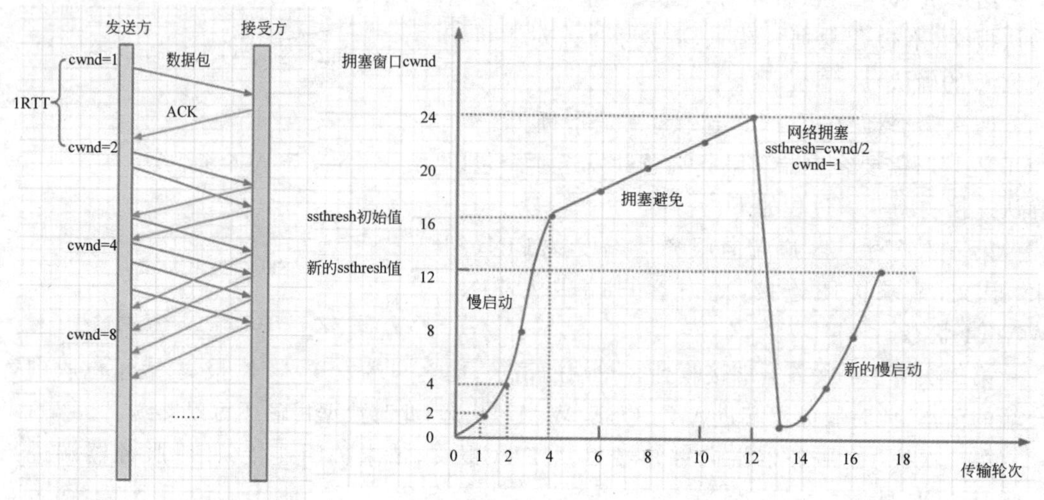

图 4.25 慢启动与拥塞避免阶段示例

TCP 的拥塞控制过程主要包括 4 个阶段:慢启动、拥塞避免、快速重传和快速恢复。

在慢启动阶段,TCP 发送方会将初始拥塞窗口设置为一个很小的值,通常是两个 MSS(Maximum Message Size,最大报文段长度)[8]。发送方每收到一个 ACK 报文,就将 cwnd 增加一个 MSS。这样,在发送方和接收方之间建立的连接中,每个 ACK 报文都可以使

cwnd 加 1，窗口大小呈指数增长。当窗口大小增长到 ssthresh（慢开始门限）时，网络就可能出现拥塞，此时发送方需要进入拥塞避免阶段。

在拥塞避免阶段，TCP 发送方将 cwnd 的增长速率降低，每收到一个 ACK 报文，cwnd 不再以指数形式增长，而是以线性形式增长。当网络拥塞时，TCP 发送方会遇到重传和丢包的情况，此时需要进行快速重传和快速恢复。

在快速重传阶段，TCP 发送方会在连续收到 3 个重复 ACK 报文时直接重传还没有收到确认的数据段，而不是等待超时后再重传。这样可以避免等待超时带来的延迟和带宽浪费。

在快速恢复阶段，TCP 发送方会将 cwnd 的值设置为出现网络拥塞时 cwnd 值的一半加上 3 个 MSS，然后进入拥塞避免阶段。这样可以避免等待超时后再重传的延迟和带宽浪费，同时也可以避免过多的重传造成的网络拥塞。

快速重传与快速恢复阶段示例如图 4.26 所示。

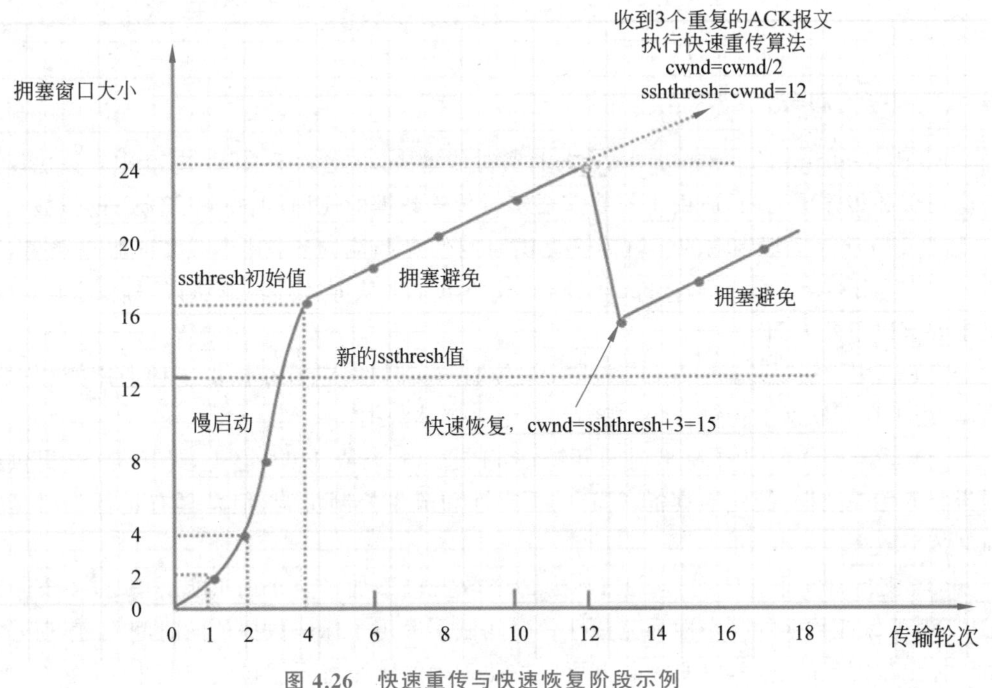

图 4.26　快速重传与快速恢复阶段示例

综上所述，TCP 的拥塞控制过程是通过动态调整拥塞窗口大小实现的，以避免网络拥塞和保证数据传输的可靠性。拥塞控制过程 4 个阶段的协同作用使 TCP 可以在不同的网络环境中保持高效、稳定的数据传输。

4.2.4　为什么流媒体通信常用 UDP

TCP 能够提供 UDP 不能提供的可靠传输，那么，为什么在流媒体通信中常用的协议却是 UDP 呢？这实际上主要有以下几个原因：

（1）报头开销小。UDP 报文简单，只是在 IP 报文上加了 8 字节的头部。

（2）UDP 支持单播、多播、广播，比较适合部分流媒体应用。

(3) 时延要求低。流媒体通信需要保证实时性,要求传输的数据能够及时地到达接收端。UDP 没有 TCP 的拥塞控制、流量控制等机制,因此 UDP 传输的数据实时性更高,时延更低。

(4) 传输效率高。流媒体通信需要传输大量的数据;而 UDP 没有 TCP 的确认机制和重传机制,可以更快地传输数据,提高传输效率。

(5) 丢包对应用影响小。在流媒体通信中,一些数据包的丢失对于应用的影响并不太大。例如,视频中的某些帧丢失,可以通过需要传输的下一帧数据进行补偿。UDP 不会因为丢包进行重传,这样可以避免因为一些不必要的重传而导致的网络拥塞。

(6) 可靠性由应用层保证。目前大部分流媒体协议(例如 RTP、SRT 协议)基于 UDP 并在应用层进行一些流量控制、数据校验和纠错等操作,以保证数据的可靠性,因此不需要 TCP 提供的可靠传输机制。

4.3 RTP 与 RTCP

4.3.1 RTP 简介

RTP(Real-time Transport Protocol,实时传输协议)定义于 RFC 3550 中。该协议工作在应用层和传输层之间,适用于封装需要实时传输数据的应用(如视频、音频、模拟数据等)。RTP 为 Internet 上端到端的实时传输提供时间信息和流同步,但并不保证服务质量,服务质量由 RTCP(Real-time Transport Control Protocol,实时传输控制协议)提供。RTP 的特点主要有以下几方面:

(1) 应用于实时传输。RTP 注重数据传输的实时性,它旨在提供一种通用的数据传输机制,用于在互联网上传输音频、视频和其他多媒体数据。

(2) 基于 UDP。为了降低时间开销,RTP 通常运行在 UDP 之上,使用 UDP 提供的数据报服务传输数据,因此不具备 TCP 的可靠性和流量控制机制,但是具有更低的时延和更高的传输效率。

(3) 支持时间戳和序列号。RTP 为每个数据包添加了一个时间戳字段和一个序列号字段,用于保证数据的时序性和完整性。时间戳字段用于标记数据包的时间戳,序列号字段用于标记数据包的顺序,以便接收方可以按照正确的顺序将数据包组装起来。

(4) 支持多种编码格式。RTP 支持多种音频、视频和其他多媒体数据的编码格式,包括 MPEG、H.264、AAC 等。

(5) 支持扩展头部。RTP 支持扩展头部,可以在数据包的头部添加一些附加信息,例如 SIP(Session Initiation Protocol,会话初始化协议)消息,用于协商传输参数和控制信令。

RTP 数据包由两部分组成,一部分是 RTP 头部,另一部分是 RTP 载荷。RTP 头部占用最少 12 字节,最多 72 字节;RTP 载荷用来封装实际的数据载荷,例如 H.264 的裸码流数据。

4.3.2 RTP 的工作机制

当应用程序开始一个 RTP 会话时,会使用两个端口,一个作为 RTP 端口,另一个作为

RTCP 端口。RTCP 与 RTP 共同提供流量控制和拥塞控制服务，如图 4.27 所示。在 RTP 会话期间，参与者周期性地传送 RTCP 包，其中包含有已发送数据包的数量、丢失数据包的数量等统计数据，服务器可根据这些信息动态地改变传输速率。

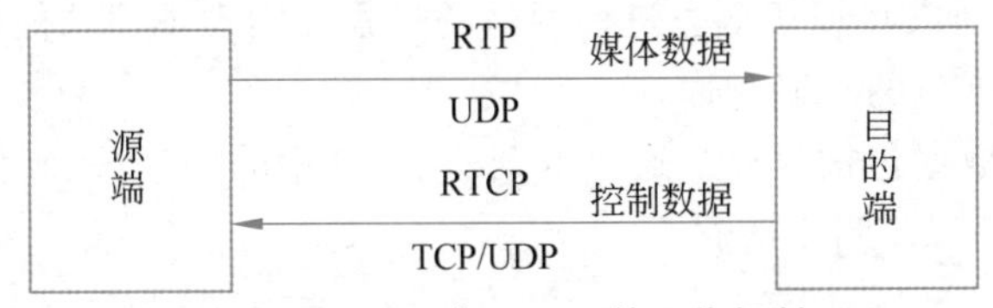

图 4.27　RTP 与 RTCP 的工作机制

例如，在视频传输过程中，视频编码器会将处理后的视频数据发送给 RTP 进行打包，RTP 再通过 UDP 和 IP 将视频发送到服务器端。服务器端再通过 RTP 解包，并将视频数据交由视频解码器进行解码播放。这一过程只是进行了视频数据的传输，并不涉及传输质量控制。传输质量控制需要由 RTCP 实现，在服务器端，RTCP 对接收的视频数据进行监控，形成带有视频传输质量数据（例如数据丢包率、传输时间抖动等）的 RTCP 包，同样通过 UDP 和 IP 传输到发送端，经过 RTCP 解析将服务质量统计信息报告给视频编码器，实现传输质量控制，如图 4.28 所示。

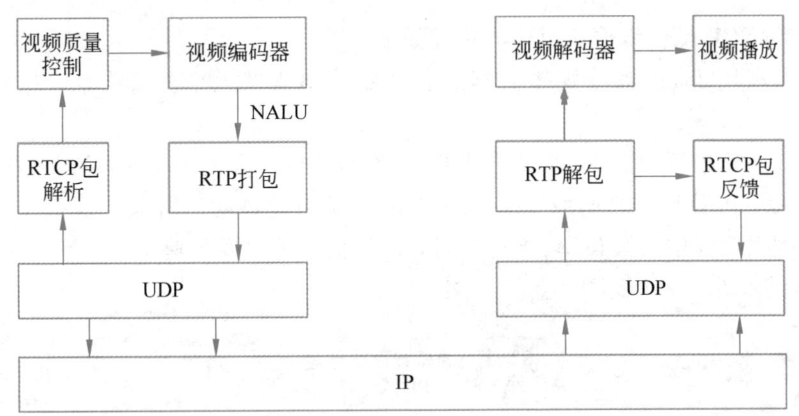

图 4.28　RTP 与 RTCP 工作流程

4.3.3　RTP 数据包解析

RTP 本身并不能提供可靠的传输机制，也不提供流量控制或拥塞控制，而是依靠 RTCP 提供这些服务。RTP 数据包头部格式如图 4.29 所示，其中包含了数据的如下重要信息：

（1）版本号（V）。标识 RTP 的版本号。当前版本号为 2。

（2）填充位（P）。如果数据包不足 4 字节的整倍数，就需要在数据包的末尾填充一些无用的字节，该位标识填充字节的数量。

（3）扩展位（X）。标识是否存在 RTP 头部扩展。

（4）数据类型（M）。标识是否是最后一个数据包。

（5）载荷类型（PT）。标识数据包中携带的载荷类型，例如音频、视频、文本等。

（6）序列号（SN）。用于标识 RTP 数据包的编号，每个数据包都有唯一的序列号。

(7) 时间戳(TS)。标识数据包的时间戳,用于同步音视频播放。

(8) 同步源标识符(SSRC)。标识 RTP 数据包的同步源,用于标识数据包的来源。

RTP 数据包头部的作用是让接收端能够正确地解析数据包,以便正确地播放音视频流。其中序列号和时间戳在通信双方进行通信的过程中实现下述功能[9]:

(1) 确保业务数据包的正确顺序。

(2) 确认是否有数据包被丢弃。通过 RTP 包头部中的序列号和时间戳信息,接收端可以正确地重构音视频流,并同步播放。

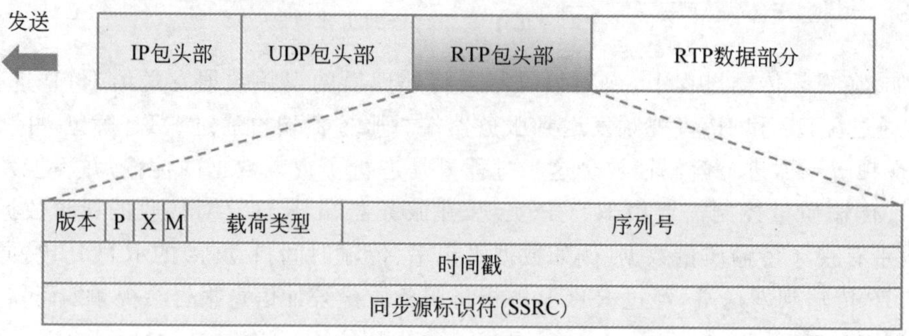

图 4.29 RTP 数据包头部格式(RFC 3550)

RTP 与 RTCP 配合传输流媒体的过程如下:

(1) 源端利用 RTP 将流媒体数据封包并携带载荷类型、序列号等信息后发送给接收端。

(2) 接收端监控源端数据,通过统计 RTP 报文信息获取丢包率、传输时间抖动等信息。

(3) 接收端利用 RTCP 向源端反馈丢包率、传输时间抖动等信息。

(4) 源端根据反馈的丢包率、传输时间抖动等信息调整发包速率。

上述过程如图 4.30 所示。

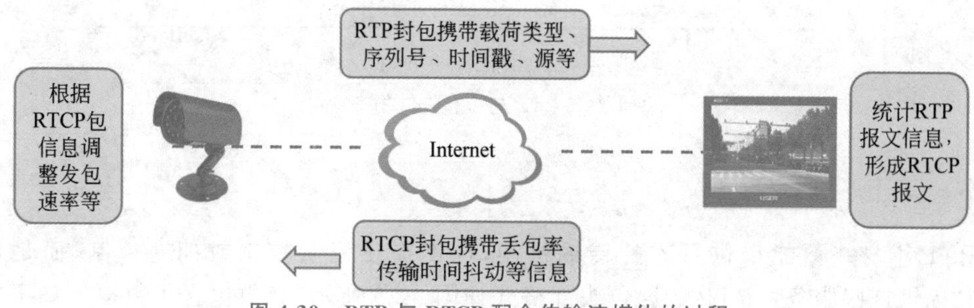

图 4.30 RTP 与 RTCP 配合传输流媒体的过程

4.4 RTSP

4.4.1 RTSP 简介

RTSP(Real-Time Streaming Protocol,实时流传输协议)是由哥伦比亚大学、网景和 RealNetworks 公司提交的 IETF RFC 标准,是 TCP/IP 协议体系中的一个应用层协议。该协议定义了一对多应用程序如何有效地通过 IP 网络传输多媒体数据。RTSP 在体系结构上位于 RTP 和 RTCP 之上，它使用 TCP 或 UDP 完成数据传输。

RTSP 是双向的，在使用过程中，客户端和服务器端都可以分别发出请求。它是一个用于控制声音或影像的多媒体串流协议，且允许多个串流根据需求同时进行控制。它作为 TCP/IP 协议体系中的一个应用层协议，为用户提供了一个可供扩展的框架，使得流媒体的受控和点播变得可能。其本身并不用于传输流媒体数据，而是用来控制具有实时特性的数据的发送，它依赖于下层传输协议（如 RTP/RTCP）所提供的服务完成流媒体数据的传输。RTSP 负责定义具体的控制信息、操作方法、状态码以及描述与 RTP 之间的交互操作。RTSP 框架如图 4.31 所示。

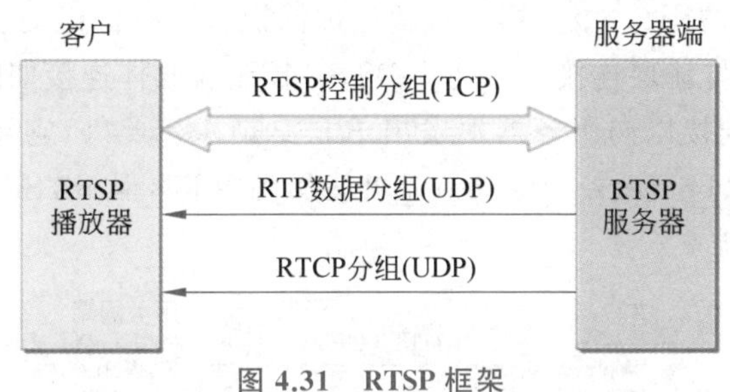

图 4.31　RTSP 框架

RTSP 的主要优点如下：

（1）易扩展。RTSP 只需要服务器端和客户端共同协商，就可以加入新的方法和参数。

（2）易解析。RTSP 可以由标准 HTTP 或 MIME 解析器进行解析。

（3）安全。RTSP 使用网页安全机制，所有 HTTP 授权机制（如 basic、digest）都可以直接使用。

（4）传输协议多选。RTSP 可以使用 TCP 或 UDP 进行数据传输。

（5）多服务器支持。请求的多股媒体流可以不放在同一个服务器上，客户端能够自动地与这些服务器建立连接，在数据传输完成时进行媒体流的同步。

目前的摄像头基本上都支持 RTSP，即可以通过 RTSP 获取摄像头的实时码流数据。图 4.32 为 RTSP 视频网关。

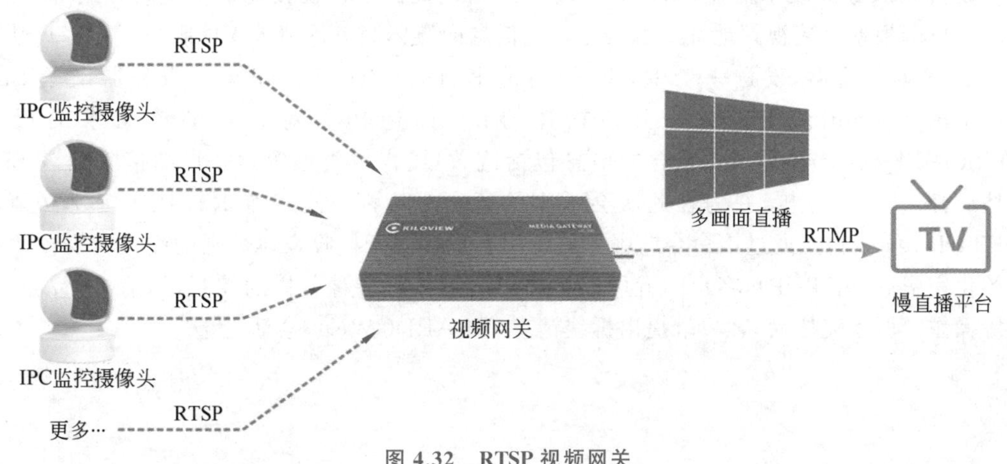

图 4.32　RTSP 视频网关

4.4.2 RTSP 的工作机制

RTSP 是 TCP/IP 协议体系中的一个应用层协议,该协议定义了一对多应用程序如何有效地通过 IP 网络传输多媒体数据。RTSP 在 TCP/IP 协议体系中位于 RTP 和 RTCP 之上,它本身不传输数据,而是使用 TCP 或 UDP 所提供的服务完成数据传输。它与 HTTP 不同,HTTP 传输的是 HTML,而 RTSP 传输的是多媒体数据。

RTSP 可以同时建立和控制一个或多个时间同步的流媒体数据。从理论上讲,RTSP 的控制流与媒体流的角色互换是可能的,但它通常本身不发送连续流,因此 RTSP 仅充当网络多媒体服务器的远程控制角色,它与流媒体的交互模式如图 4.33 所示。在 RTSP 中并没有连接(connection)的概念,服务器只管理通过标识符进行标记的会话,所以 RTSP 连接并没有绑定到 TCP 的传输层连接。在使用 RTSP 控制流媒体连接期间,客户端可打开或关闭许多可靠的传输层连接以向服务器端发出 RTSP 请求。此外,它还可以使用 UDP 进行面向无连接的传输。RTSP 流控制的媒体流可能用到 RTP,但 RTSP 操作并不依赖用于携带连续媒体的传输机制。

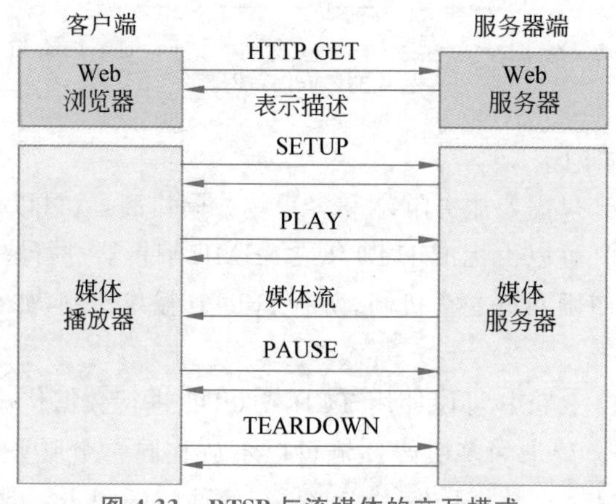

图 4.33 RTSP 与流媒体的交互模式

一次完整的 RTSP 运作流程如下:客户端首先从 Web 服务器上,通过 HTTP 获取其请求的视频服务的表示描述,利用获取的表示描述文件定位视频地址及编码方式等信息。然后客户端根据上述视频地址及编码方式等信息向媒体服务器请求媒体服务。在客户端连接到媒体服务器后,发送一个 RTSP 描述请求(DESCRIBE request),服务器发送 SDP(Session Description Protocol,会话描述协议)描述作为对客户端该请求的反馈(DESCRIBE response),其中包含的信息包括流数量、媒体类型等。客户端接收到该 SDP 描述后,对其进行分析,并为在此次会话中的每一个流都发送一个 RTSP 连接建立请求(SETUP request)。通过该命令向服务器说明客户端用于接收媒体数据的端口。媒体服务初始化完毕后(SETUP),客户端就可以实现对媒体进行各种各样的控制,如播放、暂停、快进等操作。服务完毕后,客户端提出拆线请求(TEARDOWN),会话终止。

4.5　RTMP

4.5.1　RTMP 简介

RTMP(Real-Time Messaging Protocol，实时消息传送协议)是由 Adobe 公司为了解决多媒体数据传输流中多路复用(multiplexing)和分包(packetizing)问题所提出的一种实时数据通信协议。RTMP 具有 3 个分支：第一个是在 TCP 上进行明文传输工作，通常默认使用的端口是 1935；第二个是被封装在 HTTP 请求之中，用于穿越防火墙进行数据传输的 RTMPT；第三个是 RTMPS，与 RTMPT 一样，也封装在 HTTP 之中，与 RTMPT 不同的是它使用 HTTPS 安全连接，可以保证传输的安全。本节介绍的是第一个分支。

和 RTSP 可选择 TCP 或 UDP 传输数据的特性不同，RTMP 是基于 TCP 的。RTMP 工作在 TCP/IP 四层模型的应用层，必须要靠底层可靠的传输层协议(通常是 TCP)保证信息传输的可靠性，它一般传输的是 flv、f4v 格式的数据流。因为 RTMP 必须依靠底层可靠的传输层协议，所以 RTMP 对视频的传输可靠性是有保障的，但时延也比较高，一般时延为 1～3s。

RTMP 应用较广，特别是在直播领域，70％的头部直播平台都支持 RTMP。该协议基于 TCP，主要用来在 Flash/AIR 平台和支持 RTMP 的流媒体/交互服务器之间进行音视频和数据通信。协议中的基本数据单元称为消息(message)，传输的过程中消息会被拆分为更小的消息块(chunk)。最后将消息块通过 TCP 传输，接收端再将接收的消息块恢复成流媒体数据，如图 4.34 所示。

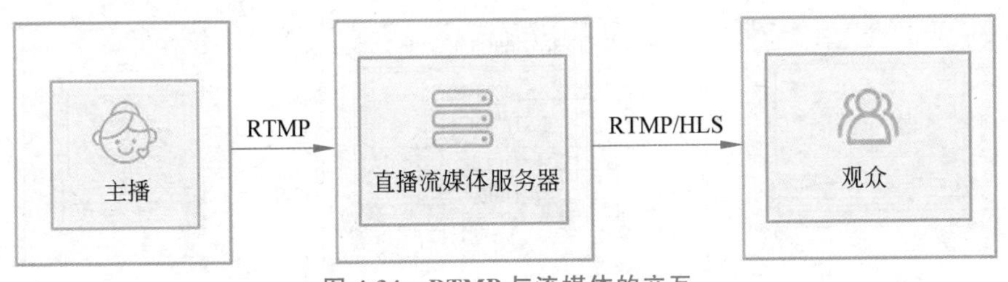

图 4.34　RTMP 与流媒体的交互

4.5.2　RTMP 的工作机制

RTMP 是一种用于数据、音频和视频传输的基于 TCP 的双向通信协议。RTMP 通过建立和维护 RTMP 客户端和 RTMP 服务器端之间的通信路径实现快速、可靠的数据传输。RTMP 与一些基于 HTTP 传输协议的 HLS 和 DASH 等协议类似，也是将多媒体流分割成切片。通常情况下，RTMP 数据流切片中音频为 64 字节，视频为 128 字节，且切片的大小可以由客户端和服务器端之间协商获得。传统观点认为 RTMP 数据流切片尺寸不应过大，但也不应过小。因为过大的切片在写入操作中会引起时延，而过小的切片则会增加 CPU 的负载。

通过将视频流分割成切片，RTMP 可以将来自不同视频流的切片交织在一起，并在单个连接上传输，这种方法被称为多路复用。该方法与视频直播中的统计多路复用类似。不过在实际应用当中,由于几个切片的数据包多路复用而使得 RTMP 数据流的传输更加高效。同时,RTMP 允许创建多个虚拟的可寻址的视频传输通道。在解码端,这些交织的数据包可以被解复用,从而获取最初的音频和视频数据。

RTMP 建立连接可分为三步:握手、连接和推拉流,其报文交互过程如图 4.35 所示。

1. 握手

RTMP 中的握手在建立 TCP 连接后进行,整个握手过程相对简单。在 RTMP 握手期间,客户端分别发送 3 个数据包,依次为 C0、C1、C2,同样,服务器端也会分别发送 3 个数据包,依次为 S0、S1、S2。具体过程如下。

首先,客户端向服务器端发送 C0 数据包,该数据包中包含客户端请求的 RTMP 版本。然后,客户端会接着发送包含了 1536 字节随机数据的 C1,此过程不需要等到服务器端表示已经接收到 C0 数据包后才进行。在客户端发送完 C1 数据包后,进入等待,等待接收来自服务器端的 S0 和 S1 数据包。而服务器端必须要等到它接收到 C0 数据包后才响应 S0 和 S1(非必须,可选)数据包给客户端,S0 和 S1 数据包本质上其实就是 C0 和 C1 的副本。最后,客户端和服务器端互换 C2 和 S2,RTMP 握手成功,连接建立。

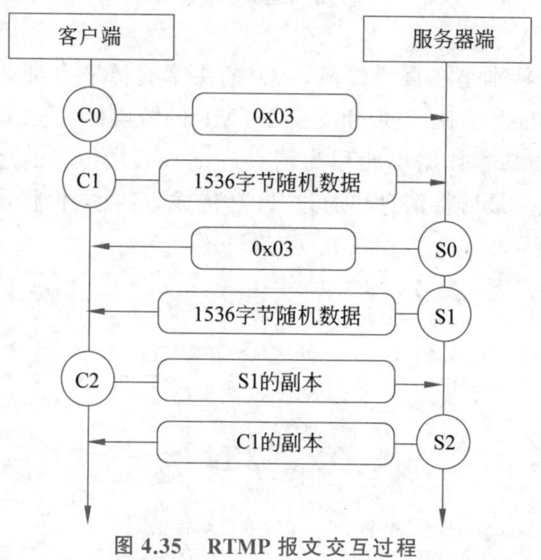

图 4.35 RTMP 报文交互过程

2. 连接

连接过程发生在 RTMP 握手成功之后。在该过程中,客户端和服务器端采用 AMF(Action Message Format,动作消息格式,用于在 Flash 客户端和 Flash 媒体服务器之间发送信息)编码交换信息。在这一步中,客户端和服务器端还会交换 Set Peer Bandwidth 和 Window Acknowledgement Size 协议信息。当成功执行时,这些信息表示连接已建立,然后服务器端就可以向客户端传输视频数据了。

3. 推拉流

在 RTMP 握手和连接步骤后,客户端和服务器端之间的连接已经建立,现在就可以传输数据了。为了实现数据的传输,RTMP 规范定义了下面几个命令:createStream、play、play2、deleteStream、closeStream、receiveAudio、receiveVideo、publish、seek、pause。在这些命令的帮助下,才有可能使用 RTMP 传输视频。

例如，在园区摄像头慢直播中，摄像头通过 RTMP 将视频流推送到 RTMP 流媒体服务器，则计算机客户端、移动客户端等就可以通过 Flash 播放视频，其架构如图 4.36 所示。

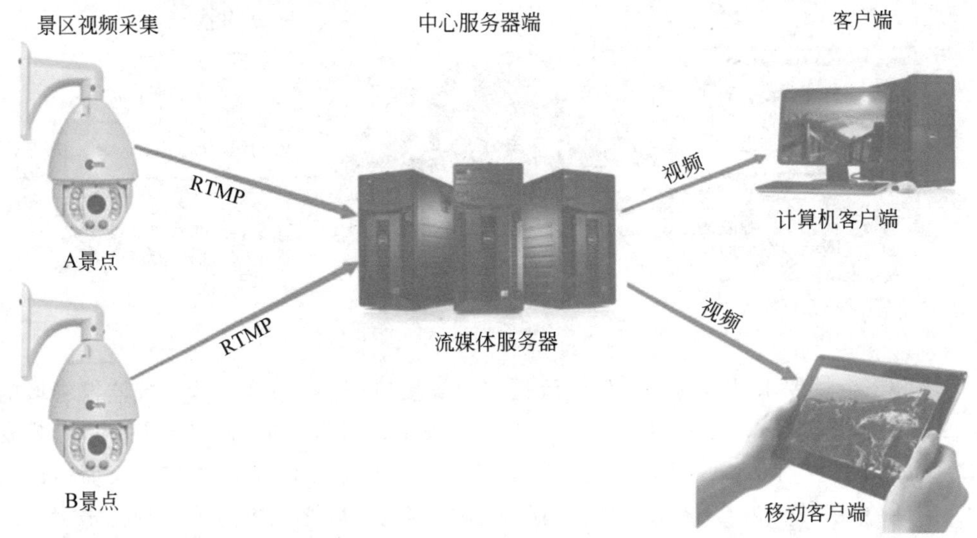

图 4.36　摄像头通过 RTMP 推流到服务器并进行直播的架构

对于摄像头无法支持 RTMP 的情况，通常做法是通过 RTSP 转 RTMP 设备，对摄像头进行 RTSP 拉流后再将流推送到公网的云平台上进行直播，如图 4.37 所示。

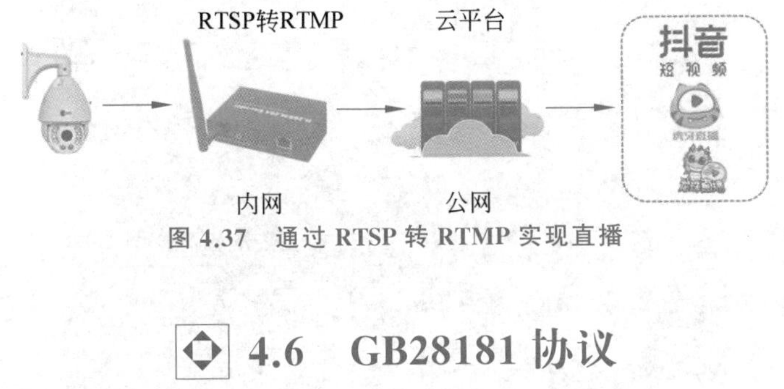

图 4.37　通过 RTSP 转 RTMP 实现直播

4.6　GB28181 协议

4.6.1　GB28181 协议简介

近年来，由于国内视频监控应用的迅猛发展，设备厂家纷纷推出自己的视频协议，导致私有协议众多，视频传输不兼容。与此同时，随着摄像机和视频技术的发展，视频监控的应用越来越广泛。在监控摄像头的大规模建设部署后，由于一些重特大事件，导致通过监控视频掌握现场并指挥调度的需求逐步涌现。但是私有协议的泛滥使得省、县、乡各自来源于不同厂家的监控设备互不相通，缺乏一个统一的平台进行集中调度，视频监控联网问题如图 4.38 所示。因此，公安部科技信息化局于 2016 年提出了 GB28181 协议。

GB28181 协议指的是国家标准 GB/T 28181—2016《公共安全视频监控联网系统信息传输、交换、控制技术要求》，是由公安部科技信息化局提出，由全国安全防范报警系统标准化技术委员会(SAC/TC100)归口，由公安部第一研究所等多家单位共同起草的一部国家标准。GB28181 协议标准规定了公共安全视频监控联网系统的互联结构，传输、交换、控制的

图 4.38 视频监控联网问题

基本要求和安全性要求,以及控制、传输流程和协议接口等技术要求,是视频监控领域的国家标准,在全国平安城市、道路交通等监控中广泛采用。摄像头通过 GB28181 接入公安网络的方式如图 4.39 所示。GB28181 协议信令层面使用的是 SIP,流媒体传输层面使用的是 RTP。因此,可以理解为 GB28181 是在国际通用标准的基础之上进行了私有化定制以满足视频监控联网系统互联传输的标准化需求。若想做统一的大监控平台,则支持 GB28181 协议接入是必不可少的,如图 4.40 所示。

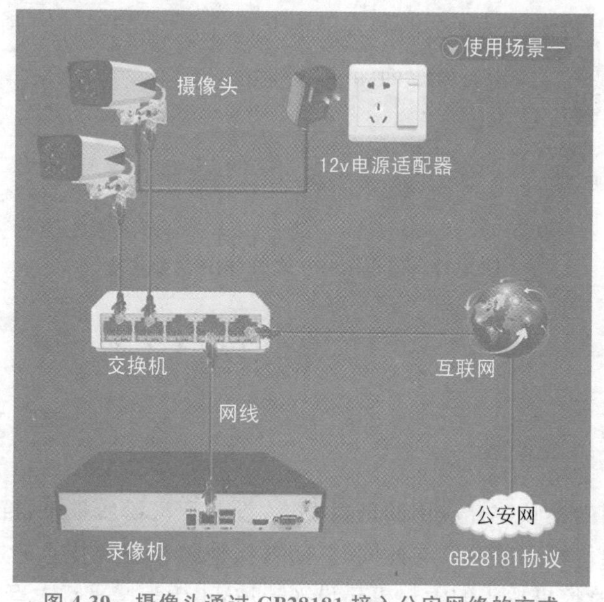

图 4.39 摄像头通过 GB28181 接入公安网络的方式

4.6.2 GB28181 的工作机制

GB28181 协议会话通道实际上使用的是 SIP,并且在 SIP 的基础上进行私有化处理。SIP 是由 IETF MMUSIC 工作组开发的,被提议作为标准用于创建、修改和终止包括视频、语音、即时通信、在线游戏和虚拟现实等多种多媒体元素在内的交互式用户会话协议。SIP 中一个比较重要的概念是用户代理(user agent),它指的是一个 SIP 逻辑网络端点,用于创

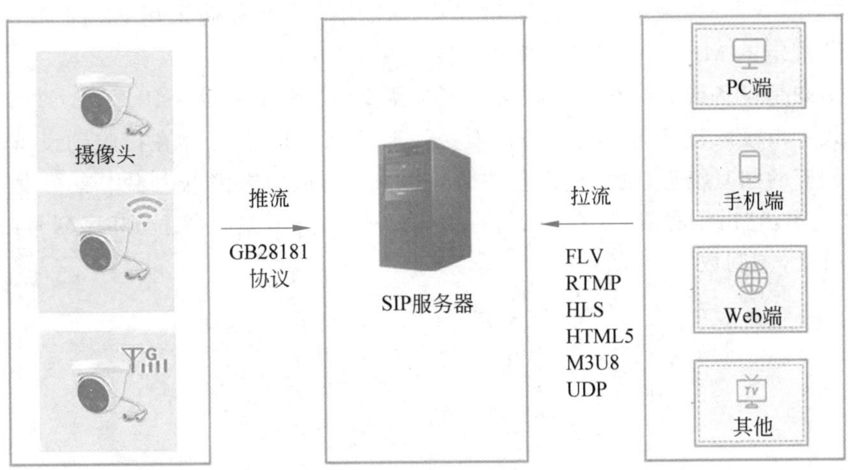

图 4.40　基于 GB28181 协议构建统一的大监控平台

建、发送、接收 SIP 消息并管理一个 SIP 会话。

SIP 用户代理可以分为用户代理客户端(User Agent Client,UAC)和用户代理服务器端(User Agent Server,UAS)。UAC 的作用是创建并发送 SIP 请求;而 UAS 的作用则是接收并处理 SIP 请求,发送 SIP 响应。SIP 通常会与许多其他协议协同工作。例如 SIP 报文内容发送会话描述协议(Session Description Protocol,SDP)描述了该会话所使用的流媒体细节,包括:传输过程中通过哪个 IP 端口进行通信,视频编码采用哪一种编解码器,等等。SIP 的一个典型用途是通过 SIP 会话传输一些简单的经过报文的实时传输协议流。

在 GB28181 协议中,联网系统在进行音视频传输及控制时应建立两个传输通道:会话通道和媒体流通道,如图 4.41 所示。会话通道用于在设备之间建立会话并传输系统控制命令;媒体流通道用于传输音视频数据,经过压缩编码的音视频流采用流媒体协议 RTP/RTCP 传输。会话协议实现的功能主要包括注册、心跳保活、目录查询、实时视频点播、录像查询、录像回放/下载、报警事件上报、网络校时、事件订阅等。

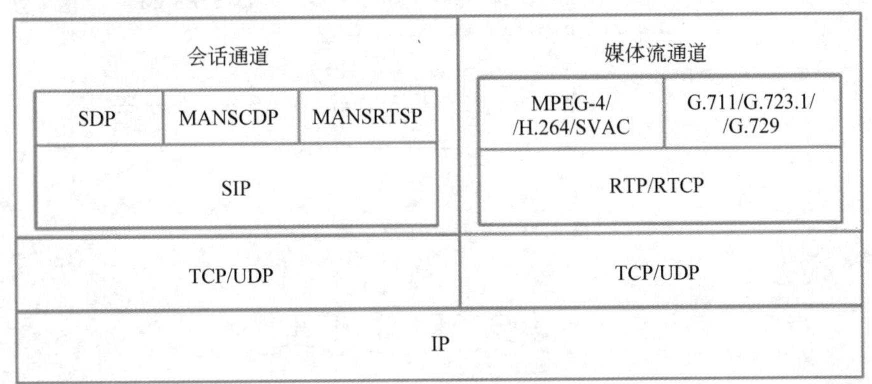

图 4.41　GB28181 协议音视频传输及控制双通道

在会话通道中,音视频点播、历史音视频回放等应用的会话控制过程的注册、实时点播采用 SIP 协议 IETF RFC 3261 中规定的 REGISTER、INVITE 等请求和响应方法实现;历史音视频的回放控制采用 SIP 扩展协议 IETF RFC 29765 规定的 INFO 方法实现;前端设备的控制、信息查询、报警事件的通知和分发等应用的会话控制采用 SIP 扩展协议 IETF RFC 34287 规定的 MESSAGE 方法实现。

注册指的是设备或系统在进入联网系统时需要向 SIP 服务器(SIP UAS)进行登记的一种工作模式。由接入设备向 SIP 服务器发送注册请求,SIP 服务器在接收到设备的注册请求后返回相应的回复消息,则完成设备注册流程。注册的请求消息内容中有一段 20 位 ID,如图 4.42 所示,它由中心编码(8 位)、行业编码(2 位)、类型编码(3 位)和序列号(7 位)4 个码段共 20 位十进制数字构成。

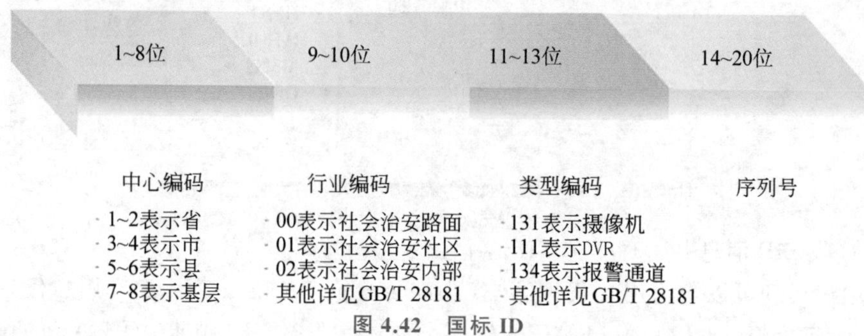

图 4.42 国标 ID

实时音视频点播采用 SIP 中的 INVITE 方法实现会话连接,采用 RTP/RTCP(IETF RFC 3550)实现媒体传输。需要注意的是,实时音视频点播需要媒体流保活机制。客户端主动发起的实时音视频点播流程如图 4.43 所示。

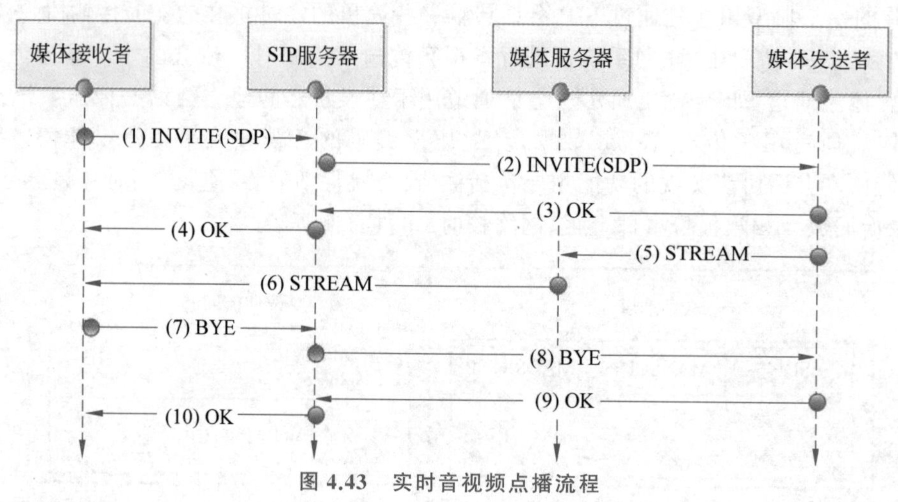

图 4.43 实时音视频点播流程

4.7 本章小结

本章首先介绍了多媒体通信基础知识,包括数字视频接口 SDI、HDMI、USB 接口以及最新的 IP 通信技术,详细分析了每种接口适用的业务特性,其次介绍了计算机网络的基础网络通信协议 TCP 和 UDP,最后在 TCP 和 UDP 的基础上介绍了与媒体通信相关的 RTP、RTCP、RTSP、RTMP、GB28181 协议。

习　　题

1. TCP 与 UDP 的区别是什么?
2. RTSP 与 RTMP 的区别是什么?
3. GB28181 协议主要解决什么问题?
4. 请列举至少 3 种有线视频传输接口。
5. 请对比 SDI、HDMI、USB 接口、GigE 接口、普通 IP 接口之间的区别。

第5章

嵌入式人工智能多媒体开发架构

本章视频资料

本章学习目标

- 了解嵌入式人工智能多媒体开发架构。
- 了解 OpenCV 和 FFmpeg 开发方法。
- 掌握设备内存和系统内存的同步方法。

本章首先介绍嵌入式人工智能多媒体开发架构，并以算能公司的 BM1684 芯片架构为例介绍嵌入式人工智能多媒体开发的基本要点，包括开发环境搭建、内部功能应用等，其次介绍当前最主流的多媒体开发工具——OpenCV 和 FFmpeg 及其使用方法，最后介绍嵌入式人工智能开发中的设备内存和系统内存的同步方法。

5.1 概 述

嵌入式人工智能通过底层多媒体处理接口向算法侧提供 API，如 OpenCV、FFmpeg 和 BMCV 接口。这些接口用于进行视频、图像的编解码以及图像的基本处理(如色彩空间转换、尺度变换、仿射变换等)。嵌入式人工智能多媒体开发框架如图 5.1 所示。多媒体开发是嵌入式人工智能芯片的核心功能，编解码能力是评价嵌入式人工智能芯片能力的关键指标。

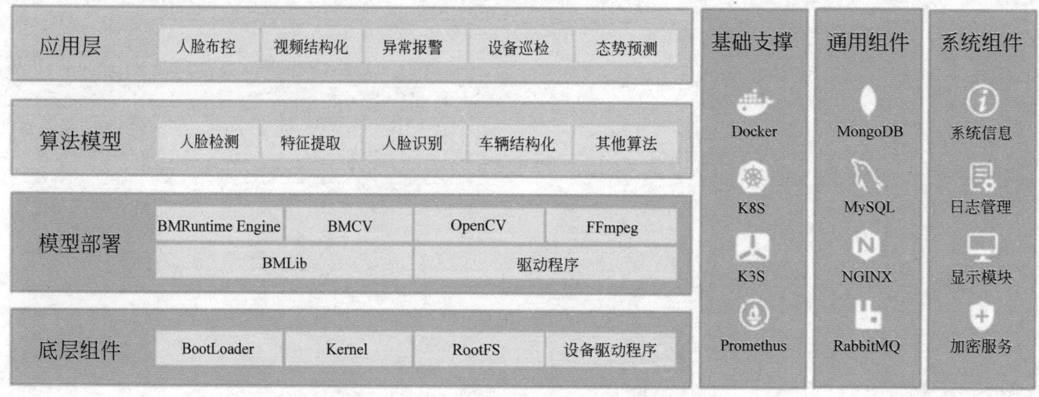

图 5.1　嵌入式人工智能多媒体开发框架

本章内容都以算能公司的 BM1684 芯片架构为例，如图 5.2 所示。BM1684 芯片作为比特大陆集团 BM 系列的最新版，聚焦于云端及边缘应用的人工智能推理，具有集成视频及图像编码和解码能力，实现了低功耗、高性能、全定制，可广泛应用于自动驾驶、城市大脑、智能政务、智能安防、智能医疗等诸多人工智能场景。其中视频子系统主要负责视频后处理和 MJPEG 的编解码工作。

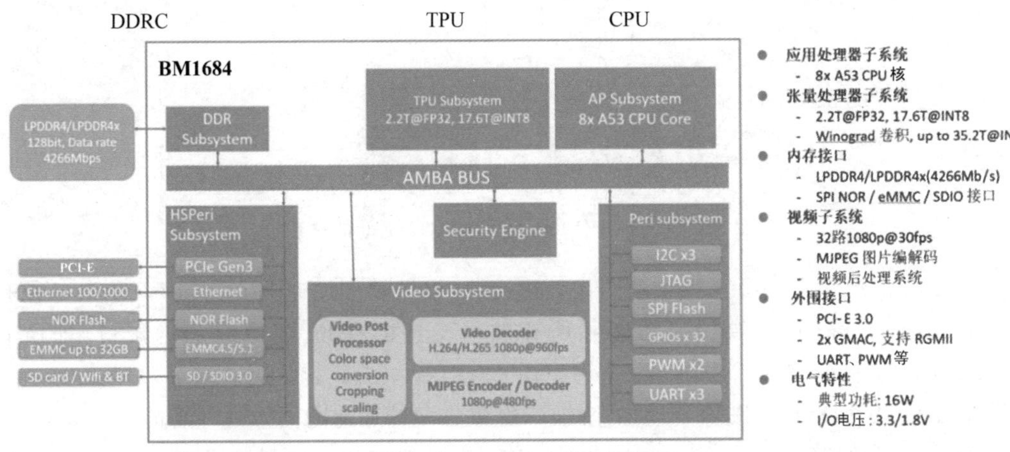

图 5.2　BM1684 芯片架构

5.1.1　开发架构

目前大部分嵌入式人工智能芯片基本都支持 OpenCV 和 FFmpeg，为用户提供统一的 OpenCV 或 FFmpeg 接口。嵌入式人工智能芯片通过修改底层，使其支持硬件加速等功能，能充分发挥芯片能力。

OpenCV 是目前视频图像处理领域应用最广的一个开源软件库，其目标是致力于提供易于使用的计算机视觉接口，从而帮助人们快速建立精巧的视觉应用[10]。

FFmpeg 作为音视频领域的开源工具，几乎可以实现所有针对音视频的处理。它不仅提供了音视频开发最基本的功能，使用范围也十分广泛，可实现包括视频采集、视频格式转换、视频抓图、给视频加水印等在内的功能。

以 BM1684 芯片为例，其多媒体框架的覆盖范围包括视频编码 VPU 模块、视频解码 VPU 模块、图像编码 JPU 模块、图像解码 JPU 模块、图像处理 VPP 模块。这些模块的功能都封装到 OpenCV 和 FFmpeg 开源框架中。其主要使用 OpenCV、FFmpeg 和 BMCV 这 3 个 API。在这 3 个框架中，OpenCV 框架擅长图像处理，各种图像处理算法最初都先集成到 OpenCV 框架中，而视频编解码通过底层调用 FFmpeg 实现；FFmpeg 框架擅长图像和视频的编解码，几乎所有格式都可以支持，只有是否能用硬件加速的区别；BMCV 专注于图像处理功能，且能使用 BM168x 硬件加速的部分。

OpenCV、FFmpeg 和 BMCV 这 3 个 API 在功能上的关系如图 5.3 所示。这 3 个框架之间可以灵活转换，不会发生大量数据复制所造成的性能损失。

(1) OpenCV 作为源计算机视觉库（计算机视觉工程师最常用的开源框架），封装了 FFmpeg 提供硬件加速的视频编解码接口和提供硬件加速的 JPEG 编解码接口，保留了原有的软件支持的图像处理功能。

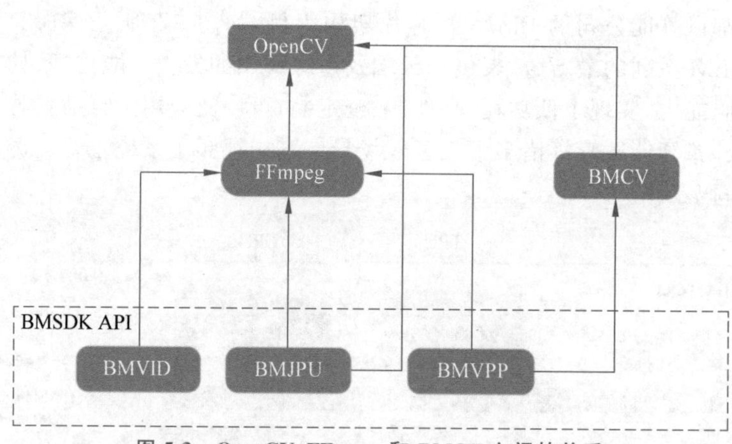

图 5.3 OpenCV、FFmpeg 和 BMCV 之间的关系

(2) FFmpeg 包含开源音视频及图像处理接口,提供硬件加速的 H.264 和 HEVC 视频编解码、JPEG 编解码、图像加速功能和所有软件支持的视频/图像编解码接口(即所有 FFmpeg 开源支持的格式)。

(3) BMCV 拥有自有图像处理加速接口,提供带硬件加速的图像处理功能。

注意,在视频编解码上,OpenCV 只是对 FFmpeg 接口的一层封装。使用 FFmpeg 时,控制粒度更细,灵活性更高,但开发代码量较大;而使用 OpenCV 接口时,代码更加简洁,开发速度更快,但可控程度较弱。

5.1.2 硬件加速

硬件加速是指通过硬件代替软件实现加速的方法,这充分利用了硬件本身处理速度快的性质,直接将代码存储在硬件中。目前人工智能、数据中心等技术热点对计算性能的需求向传统处理器提出了新的挑战,因此对采用 FPGA 或者 ASIC 进行硬件加速以获得更高能耗比的硬件加速计算方法有着非常迫切的需求。

硬件加速是嵌入式人工智能芯片的核心,利用芯片硬件提升复杂的编解码、图像处理能力。以 BM1684 芯片为例,硬件加速模块包括视频编解码模块、图像编解码模块和图像处理模块。

(1) 视频编解码。支持 H.264(AVC)和 HEVC 视频格式的硬件编解码加速,最高支持 HD(1080P)视频的实时编码和 4K 视频的实时解码。其编码的速度受到编码配置参数的影响,单芯片最高可以支持 2 路 HD 高清实时编码;而解码的速度则与输入视频码流的格式有关,一般单芯片可以支持 32 路 HD 高清实时解码。

(2) 图像编解码。支持 JPEG baseline 格式的硬件编解码加速。对于其他图像格式,包括 JPEG2000、BMP、PNG 以及 JPEG 标准的 progressive、lossless 等,均自动采用软解支持。图像硬件编解码的处理速度和图像的分辨率、图像色彩空间(YUV420p/422p/444p)有比较大的关系,一般而言,对于 1920×1080 分辨率、色彩空间为 YUV420p 的图像,单芯片硬件编解码可以达到 600fps 左右。

(3) 图像处理。BM1684 芯片中有专门对图像进行硬件加速处理的视频处理单元。支持的图像操作有色彩转换、图像缩放、图像切割(crop)、图像拼接(stitch)。VPP 不支持的复杂图像处理功能则在 BMCV 接口中利用其他硬件单元作了特殊的加速处理。

5.1.3 工作模式

BM1684 芯片有两种工作模式：SoC 模式和 PCI-E 模式。如图 5.4 所示，SoC 模式是指用人工智能芯片中的处理器作为主控 CPU，可独立运行应用程序。PCI-E 模式是指以 PCI-E 板卡形态插到服务器主机上进行工作，作为一个硬件加速卡，其应用程序运行在服务器 CPU 上。

图 5.4　SoC 模式与 PCI-E 模式

图 5.5 与图 5.6 展示了上述两种模式的应用环境。

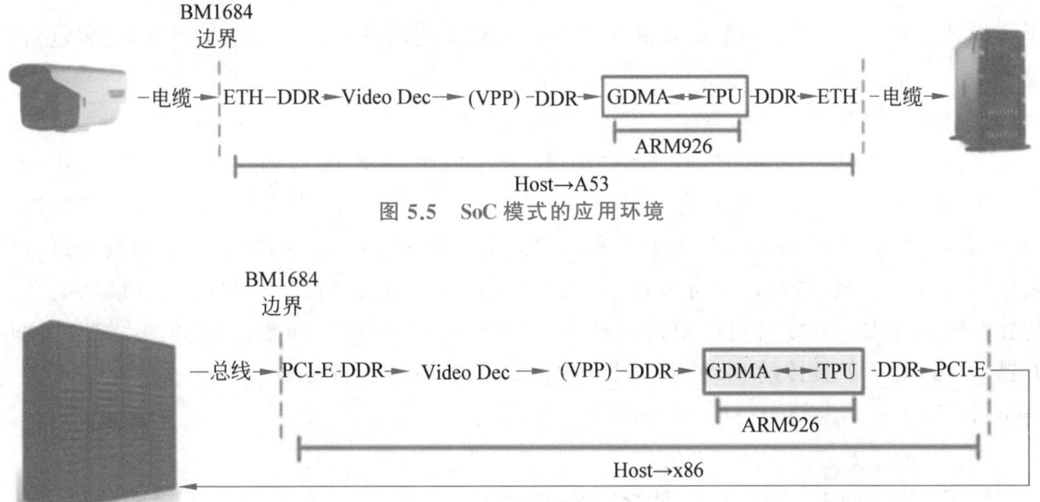

图 5.5　SoC 模式的应用环境

图 5.6　PCI-E 模式的应用环境

5.1.4 设备内存

当程序开发过程中对性能有进一步要求的时候，对于内存同步需要通过手动更加精准地控制，以避免一些不必要的内存同步导致的开销。此时需要理解 BM1684 芯片内部的内存同步控制机制，才能更好地用手动的方式进行内存控制。首先，在 SoC 模式下，设备内存和系统内存代表同一块内存，系统内存是操作系统对于物理内存的一个虚拟映射，在物理表现上其实仍然是同一块内存；而在 PCI-E 模式下，设备内存和系统内存就是真实的两块内存，称为主机内存和板卡内存。在这两种模式下，BM1684 芯片都对同步的方向作了设定，分别称为 Upload 方向和 Download 方向，如图 5.7 所示。

在 SoC 模式下，Upload 就是将物理内存的数据同步到 Cache 中，Download 就是将

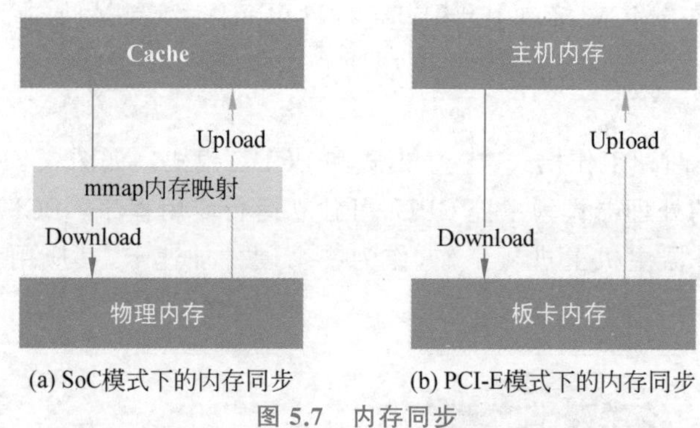

(a) SoC模式下的内存同步　(b) PCI-E模式下的内存同步

图 5.7　内存同步

Cache 中的数据同步到物理内存中，这里的两部分内存在主板上是同一块内存，同步的速度很快，开销很小。在 PCI-E 模式下，Download 指的是从主机内存将数据传输到板卡内存，Upload 指的是从板卡内存将数据传输到主机内存，这里的两部分内存代表两块不同的物理内存，因此同步时需要经过总线，同步速度较慢，开销大。

5.1.5　内存同步的时机

原则上，当需要处理的数据从软件处理切换到使用硬件模块加速的交界处，就要进行内存同步。下面分别介绍 3 种工具下的同步操作。

1. OpenCV 下的内存同步

在使用 OpenCV 工具时，BM1684 芯片采用以下方式进行内存同步：当调用 cv::BMCV::namespace 中的函数时，开发者根据要求设定 update 为 false 或者 true 即可进行内存同步。但是使用 OpenCV 的开发者需要注意的是：当使用 yuvMat 格式的数据进行开发的时候，最新的数据均在设备内存中；当使用 bgrMat 数据格式的时候，此时最新的数据均在系统内存中。开发者可以根据需要自行选择是否进行内存同步，以避免不必要的同步开销。OpenCV 下具体的手动内存同步的接口为 BMCV::downloadMat()或者 BMCV::upload()。

2. FFmpeg 下的内存同步

使用 FFmpeg 接口时，对于是否需要内存同步，FFmpeg 模块提供了相应的标志位，BM1684 芯片底层也对模块进行了改动。当开发者设定相应的标志位时，FFmpeg 会根据用户需要自动调用硬件加速，进行内存同步。

(1) 对于硬件解码模块的输入数据，开发者需要设置正确的 is_dma_buffer 标志位或者 hwupload filter，当设定为 true 时，即可开启硬件加速，启用内存同步。

(2) 对于硬件解码模块的输出数据，开发者需要设置正确的 zero_copy 标志位或者 hwdownload filter。

3. BMCV 下的内存同步

BMCV 的所有接口始终面向设备内存操作，所以当在 BMCV 提供的函数间进行数据交互时，开发者无须考虑内存同步。只有在以下情况的时候，才需要注意内存同步：

(1) 当前主机内存数据作为 BMCV 接口的输入。此时，当软件处理的数据需要用到 BMCV 模块中的函数，第一次调用 BMCV 函数接口时，要注意手动内存同步，将数据传输到设备内存中，需要做一次 Upload 操作，将主机内存中的数据传输至板卡内存中去。

（2）当前内存数据作为 BMCV 接口的输出。此时主机需要获取板卡内存中处理好的数据，需要进行一次 Download 操作，进行内存同步，将数据从板卡内传输至主机内存中。

需要注意的是，在 SoC 模式下，当使用 Downlaod 同步物理内存到 Cache 内存中的时候，需要提前同步内存，这是由于 SoC 模式下的内存在物理上是同一块内存，当进行内存同步的时候，如果 Cache 中有数据，同步数据时也会将 Cache 中的数据再次写到物理内存中去，容易导致数据的覆盖，造成数据的破坏。而对于 PCI-E 模式来说就没有这个问题，PCI-E 模式在获得输出后直接同步内存即可。

5.1.6　手动内存同步的原因

当对数据进行处理时，最重要的就是数据不相互干扰，在 PCI-E 模式下，如果所有的数据均在设备内存上处理，不需要主操作系统的介入，此时不进行内存同步也没有关系；但是在大多数应用场景下，数据的处理都需要主操作系统的介入，必须进行内存同步。而内存同步又分手动内存同步和自动内存同步两种，对于 PCI-E 模式下的内存同步，自动同步会产生很多不必要的开销，例如简单的创建空间操作就会导致自动内存同步，数据在设备内存和主机内存之间不断地交互，对性能影响很大，所以要进行手动内存同步。而在 SoC 模式下，自动内存同步的开销很小，仅在同一块内存中进行覆写，使用自动同步没有问题。

5.1.7　内存同步示例

FFmpeg 是一个开源的跨平台音视频处理库，可以用于对音视频文件进行编码、解码、转码等操作。FFmpeg 支持多种格式的音视频文件，包括常见的 mp4、avi、flv 等格式。OpenCV 是一个开源的计算机视觉库，可以用于图像处理、目标识别、运动跟踪等方面。它支持多种编程语言，包括 C++、Python 等，并且具有良好的跨平台性能。这两个库在音视频处理和图像处理领域都非常流行，它们可以互相配合使用，例如，使用 FFmpeg 进行视频解码，然后使用 OpenCV 进行图像处理和分析。FFmpeg 和 OpenCV 都是常用的多媒体处理库，它们在不同的方面都有着优秀的表现。而有时候需要将它们配合使用的原因如下：

（1）FFmpeg 可以编码和解码多种视频格式，而 OpenCV 可以对视频图像进行分析和处理。因此，当需要从视频文件中提取图像进行进一步处理时，可以使用 FFmpeg 进行视频解码，然后使用 OpenCV 对图像进行分析和处理。

（2）OpenCV 的图像处理能力非常强大，但是对于大规模的视频处理任务，OpenCV 可能无法满足需求。而 FFmpeg 可以通过多线程和 GPU 加速等技术提高视频处理的效率和速度。当需要处理大规模的视频数据时，可以使用 FFmpeg 进行视频解码，然后使用 OpenCV 进行图像处理。

（3）有些特殊的视频格式，如一些实时视频流，可能不支持 OpenCV 直接读取。这时候就需要使用 FFmpeg 进行解码，并将解码后的视频帧转换成 OpenCV 支持的格式，才能进行进一步的图像处理。

因此，将 FFmpeg 和 OpenCV 结合使用可以发挥它们各自的优势，在多媒体处理和图像处理方面取得更好的效果。算能公司为了更好地利用硬件计算资源，又自行开发了 BMCV 库，其作用和 OpenCV 一致，只是在程序的底层做了更多的硬件适配，能够更好地利用硬件资源。

综合以上分析,开发者可以根据个人需求自行选择习惯的开发套件,例如选择 OpenCV 或者 BMCV,必要时也可以利用不同的开发套件进行转换。下面给出了几种场景下各工具相互转换的范例。

1. FFmpeg 转换为 OpenCV

本例当使用完 FFmpeg 后需要调用 OpenCV 接口。

```
AVFrame * picture;
...
/* 中间经过 FFmpeg 的一系列处理,例如 avcodec_decode_video2()或者 avcodec_receive_
frame(),然后将得到的结果转成 Mat */
...
/* card_id 为进行 FFmpeg 硬件加速解码的设备序号,在常规 Codec API 中,可以通过 av_dict
_set()的 sophon_idx 指定,也可以在 hwaccel 设备初始化的时候指定。SoC 模式下默认为
0 */
cv::Mat ocv_frame(picture,card_id)

/* 还可以通过分步方式进行格式转换 */
cv::Mat ocv_frame;
ocv_frame.create(picture,card_id);
...
/* 然后可以用 ocv_frame 进行 OpenCV 的操作,此时 ocv_frame 格式为 BM168x 扩展的 yuv_
mat 类型。如果后续想转成 OpenCV 标准的 bgr_mat 格式,可以进行下列操作。注意:这里就有内
存同步的操作,如果没有设置,FFmpeg 默认是在设备内存中的,如果 update=false,那么转换成
bgr 的数据也一直在设备内存中,系统内存中为无效数据;如果 update=true,则设备内存同步到
系统内存中。如果后续还是用硬件加速处理,可以使 update=false,这样可以提高效率。当需要
用到系统内存数据的时候,显式调用 bmcv::downloadMat()同步即可 */
cv::Mat bgr_mat;
/* 根据需要设定 update 进行内存同步 */
cv::bmcv::toMAT(ocv_frame, bgr_mat,update);
...
/* 最后 AVFrame *picture 会被 Mat 中的 ocv_frame()释放,因此不需要对 picture 进行 av
_frame_free()操作。如果希望外部调用 av_frame_free()释放图像,则可以加上 card_id=
card_id | UMatData::AVFRAME_ATTACHED,该标准表明 AVFrame 的创建和释放由外部管理 */
ocv_frame.release();
picture = nullptr;
```

2. OpenCV 转换为 FFmpeg

下面给出 OpenCV 接口使用 FFmpeg 接口的实例。

```
/* 创建 yuv Mat。如果 yuv Mat 已经存在,可以忽略此步。card_id 为 BM168x 设备序号,SoC
模式下默认为 0 */
AVFrame *f = cv::av::create(height, width,AV_PIX_FMT_YUV420P,NULL,0,1,NULL,
NULL,AVCOL_SPC_BT709,AVCOL_RANGE_MPEG,card_id);
cv::Mat image(f,card_id);
...
/* 进行一些 OpenCV 操作 */
...
```

```
AVFrame * frame = image.u->frame;
/* call FFmpeg API */
...
/* 注意：在 FFmpeg 调用完成前，必须保证 Mat image 没有被释放，否则 AVFrame 会和 Mat image 一起释放。如果需要将这两个的声明周期分离开来，则上面的 image 声明要改成如下格式 */
cv::Mat image(f,card_id | UMatData::AVFRAME_ATTACHED);
/* 这样 Mat 就不会接管 AVFrame 的内存释放工作 */
```

1）OpenCV 转换为 BMCV

下面给出 OpenCV 接口转换为 BMCV 接口的实例。

```
cv::Mat m(height, width, CV_8UC3, card_id);
...
/* OpenCV 操作 */
...
bm_image BMCV_image;
/* 这里 update 用来控制内存同步，是否需要内存同步取决于前面的 OpenCV 操作。如果前面的操作都是用硬件加速完成的，设备内存中就是最新数据，就没必要进行内存同步，如果前面的操作调用了 OpenCV 函数，没有使用硬件加速（5.3 节中提到了哪些函数采用了硬件加速），对于 bgr mat 格式就需要进行内存同步。也可以在调用下面的函数之前，显式调用 cv::BMCV::uploadMat(m)实现内存同步 */
cv::BMCV::toBMI(m, &BMCV image,update);
...
/* 使用 BMCV_image 就可以进行 BMCV 调用，调用期间注意保证 Mat m 不能被释放，因为 BMCV_image 使用的是 Mat m 中分配的内存空间，handle 可以通过 bm_image_get_handle()获得 */
...
/* 释放内存。必须调用此函数，因为在 toBMI 中创建了 bm_image，否则会有内存泄漏 */
bm image destroy(BMCV_image);
m.release();
```

2）BMCV 转换为 OpenCV

下面给出 BMCV 接口转换为 OpenCV 接口的实例。

```
bm_image BMCV_image;
...
/* 调用 BMCV API 给 BMCV_image 分配内存空间，并进行操作 */
...
Mat m_copy,m_nocopy;
/* 下面的接口将发生内存数据复制，转换成标准 bgr mat 格式。update 控制内存同步，也可以在调用完这个函数后用 BMCV::downloadMat()控制内存同步。csc_type 是控制颜色转换的系数矩阵，控制不同 YUV 色彩空间转换到 bgr */
cv::BMCV::toMAT(&BMCV_image, m_copy, update, csc_type);

/* 下面的接口将直接引用 bm_image 内存 (nocopy 标志位为 true)，update 仍然按照前面的描述，选择是否同步内存。在后续 OpenCV 操作中，必须保证 BMCV_image 没有释放，因为 mat 的内存直接引用自 bm_image */
cv::BMCV::toMAT(&BMCV_image, &m_nocopy,AVCOL_SPC_BT709,AVCOL_RANGE_MPEG,NULL.
-1,update, true);
/* 往下可以进行 OpenCV 操作 */
```

5.2 FFmpeg

5.2.1 FFmpeg 概述

FFmpeg 是一套可以用来记录、转换数字音频、视频,并能将其转换为流的开源计算机程序。它有非常强大的功能,包括视频采集、视频格式转换、视频抓图、给视频加水印等。FFmpeg 是在 Linux 平台下开发的开源项目,但它同样也可以在其他操作系统环境中编译运行,包括 Windows、macOS 等。

FFmpeg 框架的基本组成包括 AVFormat、AVCodec、AVFilter、AVDevice、AVUtil、swresample 和 swscale 模块库,如图 5.8 所示。

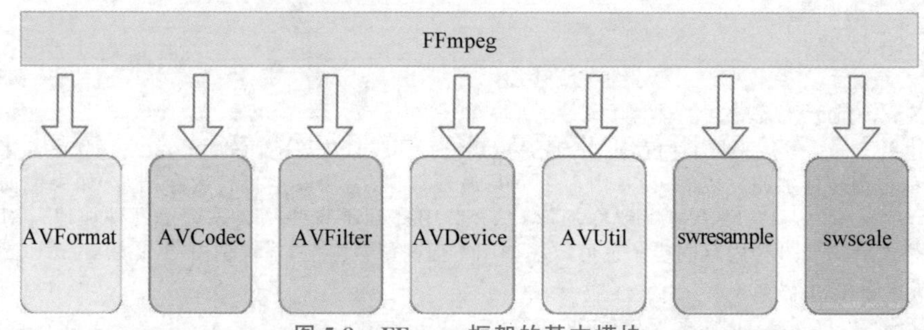

图 5.8 FFmpeg 框架的基本模块

(1) FFmpeg 的封装模块 AVFormat。FFmpeg 中的媒体封装格式主要由编译时是否包含该格式的封装库决定。一般通过在 AVFormat 中定制自己的封装格式以满足实际需求。而 AVFormat 包含目前多媒体领域中的绝大多数媒体封装格式,如 MP4、FLV、KV、TS 等文件封装格式,RTMP、RTSP、MMS、HLS 等网络协议封装格式。

(2) FFmpeg 的编解码模块 AVCodec。该模块中实现了目前多媒体领域绝大多数常用的编解码格式,既支持编码,也支持解码。AVCodec 除了支持 MPEG4、AAC、MJPEG 等自带的媒体编解码格式之外,还支持第三方的编解码器。如果要使用第三方编码方式,则需要安装对应的编码器。

(3) FFmpeg 的滤镜模块 AVFilter。该模块提供了一个通用的音频、视频、字幕等滤镜处理框架,它可以有多个输入和多个输出。

(4) FFmpeg 的设备管理模块 AVDevice。FFmpeg 的设备包括音频设备和视频设备。该模块提供了各种设备的输入输出接口。

(5) FFmpeg 的工具模块 AVUtil。该模块是 FFmpeg 中的基础模块之一,许多其他模块要依赖该模块实现基本的音视频处理操作。

(6) FFmpeg 的音频转换计算模块 swresample。该模块提供了高级别的音频重采样 API。例如,利用它可以操作音频采样、音频通道布局转换与布局调整。

(7) FFmpeg 的视频图像转换计算模块 swscale。该模块提供了高级别的图像转换 API。例如,利用它可以进行图像缩放和像素格式转换,常见操作是将图像从 1080P 转换成 720P 或者 480P 等,或者将图像数据从 YUV420p 转换成 YUYV,或者将 YUV 转换成 RGB 等图像格式。

在 FFmpeg 中也有可以供开发者使用的 SDK，是为各个不同平台编译完成的库，可以根据自己的需求使用这些库开发应用程序。

(1) libavcodec。包含音视频编码器和解码器。编解码库，封装了 Codec 层，但是有一些 Codec 是有自己的许可证的。FFmpeg 不会默认添加 libx264、FDK-AAC、Lame 等库，但是 FFmpeg 是一个平台，可以将其他的第三方 Codec 以插件的方式添加进来，为开发者提供统一接口。

(2) libavutil。包含多媒体应用常用的简化编程的工具，如随机数生成器、数据结构、数学函数等功能。它是核心工具库，是最基础的模块之一，其他模块都会依赖该库做一些基本的音视频处理操作。

(3) libavformat。包含多种多媒体容器格式的封装、解封装工具。它是文件格式和协议库，封装了 Protocol 层和 Demuxer、Muxer 层，使得协议和格式对于开发者来说是透明的。

(4) libavfilter。包含多媒体处理常用的滤镜功能。它是音视频滤镜库，包含了音频特效和视频特效的处理。在使用 FFmpeg 的 API 进行编解码的过程中，可以使用该库高效地为音视频数据做特效处理。

(5) libavdevice。用于音视频数据采集和渲染等功能的输入输出设备库。例如需要编译播放声音或者视频的工具 ffplay，就需要确保该库是打开的，同时也需要 libsdl 库的预先编译，该设备模块播放声音和视频都使用 libsdl 库。

(6) libswscale。用于图像缩放以及色彩空间和像素格式转换。该库用于图像格式转换，可以将 YUV 的数据转换为 RGB 的数据。

(7) libswresample。用于音频重采样和格式转换等。可以对数字音频进行声道数、数据格式、采样率等多种基本信息的转换。

(8) libpostproc。用于进行后期处理。当使用滤镜的时候，需要打开这个模块，滤镜会用到这个模块的一些基础函数。

作为音视频开发领域中最流行的开发库，FFmpeg 编解码主要有两种方式，分别是软解和硬解。通常在 Windows 下用 FFmpeg 不经过硬件加速进行编解码，称为软解。软解通过 CPU 执行算法进行解码，消耗 CPU 资源。通过设置，可以指定利用显卡的解码芯片对视频进行解码，则可称为硬解。

在智能多媒体应用中，FFmpeg 常用于从摄像头拉取视频流，并进行视频流的解码提取图像。FFmpeg 支持 RTSP 拉流，支持对 H.264 和 H.265 码流进行解码。FFmpeg 已经成为各大人工智能芯片厂家必然支持的开发库。厂家通常对外提供统一的、兼容的 FFmpeg 接口，在底层通过硬件对 FFmpeg 的编码或解码进行加速，这样既可以保证用户开发的一致性，又可以充分发挥人工智能芯片的硬件性能。

以解码过程为例，图 5.9 显示了利用 FFmpeg 进行解码的关键步骤。人工智能芯片厂家通常会基于开源 FFmpeg 封装自己的代码。

5.2.2　BM_FFmpeg

在 BM1684 芯片中，提供了 FFmpeg SDK 开发包，同时也提供了视频、图像等相关硬件加速模块。通过这些硬件接口，提供了如下模块：硬件视频编码器、硬件视频解码器、硬件

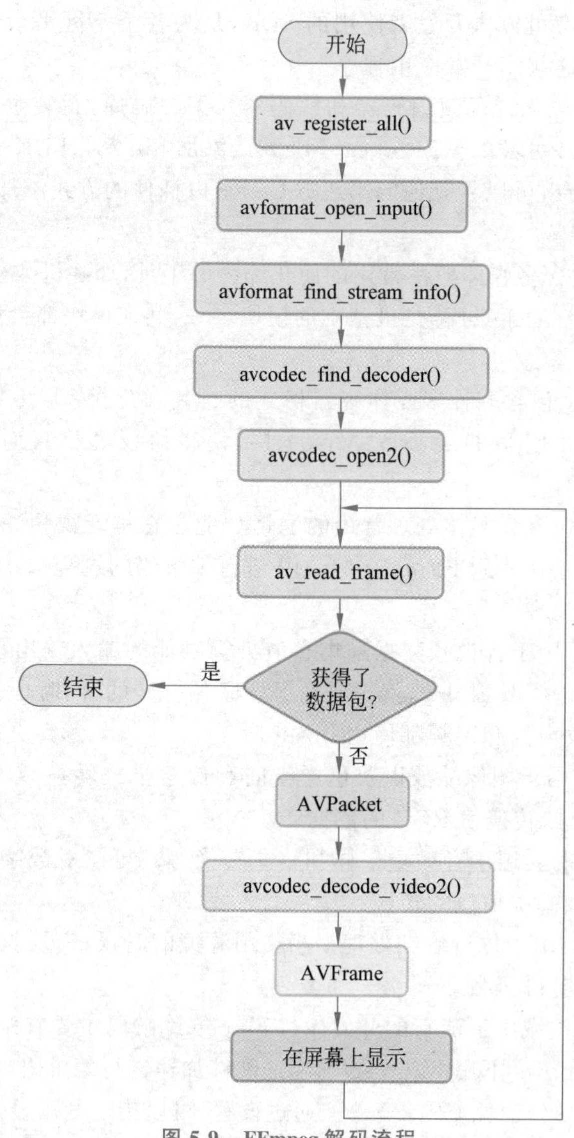

图 5.9 FFmpeg 解码流程

JPEG 编码器、硬件 JPEG 解码器、硬件 scalefilter、hwuploadfilter、hwdownloadfilter。将其命名为 BM_FFmpeg。其主要目标是为音视频编解码人员提供最熟悉的开源框架——FFmpeg,保留原有丰富的软件音视频格式支持。

其开源网址为 Gitee 官网中 sophon-ai 的 bm_ffmpeg。

BM_FFmpeg 有两种模式:HWAccel 模式和 Normal 模式。HWAccel 模式对应 FFmpeg 硬件加速编码规范,而 Normal 模式对应 FFmpeg 普通软件编码规范。这两种模式的相同点就是均支持 Sophgo 硬件加速,但其内存分配不同:HWAccel 模式下采用 hwupload/hwdownload filter 实现内存同步,仅分配设备内存;Normal 模式下采用 av_dict_set 标志位实现内存同步,同时分配设备内存和系统内存。

BM_FFmpeg 的输出也分为压缩输出和非压缩输出。在压缩输出中,视频解码帧采用无损压缩输出(output_format 101),而非压缩输出的视频解码帧为 YUV 数据。压缩输出更节省解码器内部的内存空间，但最大分辨率仅支持 4K。

BM_FFmpeg 开发包符合 FFMPEGhwaccel 编写规范，实现了视频转码硬件加速框架，能够提供硬件内存管理、各个硬件处理模块流程的组织等功能。BM_FFmpeg 解码流程可参照图 5.10，同时其编解码方式与通常情况下的 FFmpeg 没有很大区别，但也有一定的不同：

（1）需要指定硬件解码的板卡。

（2）需要设置一些参数，例如内存同步等参数。

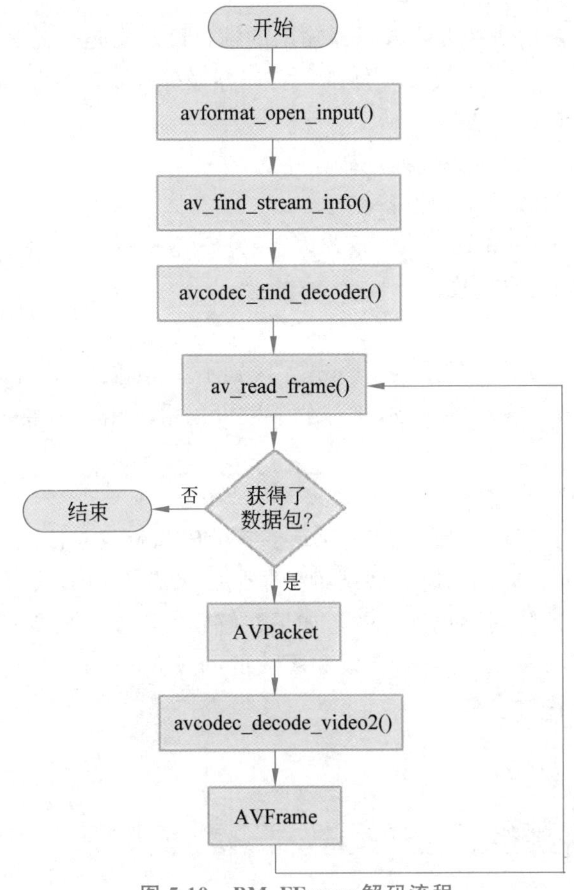

图 5.10　BM_FFmpeg 解码流程

1. BM_FFmpeg 解码性能

BM1684 芯片支持 H.264 和 H.265 硬件解码，H.264 硬件视频解码器的名称为 h264_bm，H.265 硬件视频解码器的名称为 hevc_bm。H.264 解码最大可以支持 960fps 的 1080P 视频，H.265 解码最大可以支持 1000fps 的 1080P 视频。BM_FFmpeg 解码性能如表 5.1 所示。

表 5.1　BM_FFmpeg 解码性能

标　　准	类	级	最高分辨率	最低分辨率	码率
H.264/AVC	BP/CBP/MP/HP	4.1	8192×2096	16×16	50Mb/s
H.265/HEVC	Main/Main10	L5.1	8192×2096	16×16	

1) 相关代码查询

```
$ FFmpeg-decoders|grep_bm                   //查询 FFmpeg 支持的解码器
$ FFmpeg -h decoder=h264_bm                 //查询 H.264 解码器的相关命令参数
$ FFmpeg -h decoder=h265_bm                 //查询 H.265 解码器的相关命令参数
```

2) 相关参数说明

output_format：输出数据的格式。

cbcr_interleave：设置硬件视频解码器输出的帧色度数据是否为交织格式。

extra_frame_buffer_num：设置硬件视频解码器额外提供的硬件帧缓存数量。

skip_non_idr：设置跳帧参数。

handle_packet_loss：设置丢包处理。

sophon_idx：PCI-E 模式下的设备编号。

zero_copy：avframe 的 data[0-3](系统内存)是空还是从 data[4-7](设备内存)复制而来。设置为复制会影响解码速度。

3) 解码 ff_video_decode

对于解码 BM_FFmpeg 与标准的 FFmpeg 区别不大,主要的不同是编解码器的指定方式和一些标准的 FFmpeg 没有的参数,这部分参数可以根据用户需要调用 av_dict_set()进行设置。

4) 转码 ff_BMCV

转码即解码+编码,其流程如图 5.11 所示。其编码和解码与标准 FFmpeg 类似。但是在转码过程中 FFmpeg 在编码的时候底层维护了一个名为 AVFrame 的队列作为编码器的输入源,编码期间应保证队列中数据有效。如果在解码后需要缩放或者转换像素格式,需要注意送入编码器的 AVFrame 的数据有效和释放的问题。bm_image 是硬件进行缩放时使用的结构,在这里不作探讨。

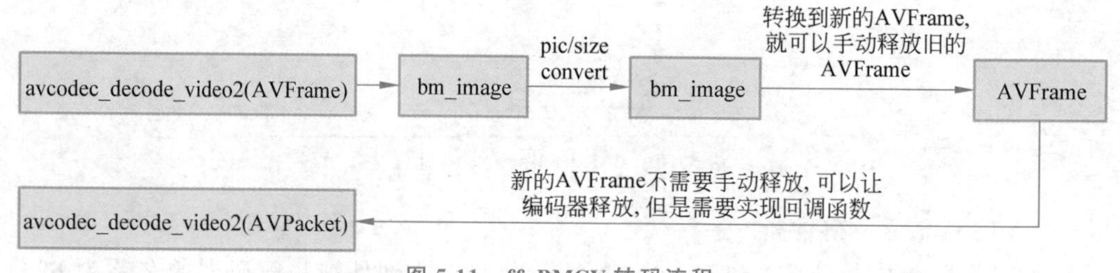

图 5.11　ff_BMCV 转码流程

注册回调函数方式：av_buffer_create(data,datasize,callback_pointer,callback_arg,flag)。

回调函数指针：callback_pointer。

回调函数参数：callback_arg。

2. BM_FFmpeg 编码性能

BM1684 芯片支持 H.264/AVC 和 H.265/HEVC 视频编码,H.264 硬件视频编码器的名称为 h264_bm,H.265 硬件视频编码器的名称为 h265_bm 或者 hevc_bm。H.264 编码最大可以支持 70fps 的 1080P 视频,H.265 编码最大可以支持 60fps 的 1080P 视频。

1）相关代码查询

```
$ FFmpeg-encoders|grep_bm                     //查询 FFmpeg 支持的编码器
$ FFmpeg -h encoder=h264_bm                   //查询 H.264 编码器的相关命令参数
$ FFmpeg -h encoder=h265_bm                   //查询 H.265 编码器的相关命令参数
```

2）相关参数说明

以下参数通过 av_dict_set()设置。

preset：预设编码模式。

output_format：支持的编码，包括 preset、gop_preset、qp、bitrate、mb_rc、delta_ap、min_ap、max_qp、bg、nr、deblock、weightp。

gop_preset：gop 预设索引值。

qp：恒定量化参数的码率控制，取值范围为[0,51]。当该值有效时，关闭码率控制算法，用固定的量化参数编码。

perf：指示是否需要测试编码器性能。

enc-params：设置视频编码器内部参数。

sophon_idx：在 PCI-E 模式下指出设备编号。

is_dma_buffer：值为 0 表示输入的是系统内存虚拟地址（在 SoC 模式，值为 0 表示输入的是设备内存的虚拟地址），值为 1 表示输入的是设备上的连续物理地址。

bitrate：用于编码的指定码率。单位是 kb/s，1kb/s=1000b/s。当指定该参数时，不要设置参数 qp。

mb_rc：取值为 0 或 1。当设为 1 时，开启宏块级码率控制算法；当设为 0 时，开启帧级码率控制算法。

delta qp：用于码率控制算法的量化参数最大差值。该值太大影响视频主观质量，太小影响码率调整的速度。

min_qp 和 max_qp：码率控制算法中用于控制码率和视频质量的最小量化参数和最大量化参数。取值范围为[0,51]。

bg：是否开启背景检测。取值为 0 或 1。

nr：是否开启降噪算法。取值为 0 或 1。

deblock：是否开启环状滤波器。有如下 3 种用法：关闭环状滤波器，deblock=0 或 no-deblock；简单开启环状滤波器，使用默认环状滤波器参数 deblock=1；开启环状滤波器并设置参数，例如 deblock=6,6。

weightp：是否开启 P 帧、B 帧加权预测。取值为 0 或 1。

3）硬件加速在 BM_FFmpeg 中的应用

在 BM_FFmpeg 中也可以使用硬件加速。以下说明对应的命令行参数：

（1）Normal 模式下，BM_FFmpeg 解码器的输出内存是否同步到系统内存上，用 zero_copy 控制，默认为 1。

（2）Normal 模式下，BM_FFmpeg 编码器的输入内存中在系统内存中还是设备内存中，用 is_dma_buffer 控制，默认值为 1。

（3）Normal 模式下，BM_FFmpeg 滤波器会自动判断输入内存的同步以及输出内存是否同步到系统内存,用 zero_copy 控制,默认值为 0。

(4) HWAccel 模式下,设备内存和系统内存的同步用 hwupload 和 hwdownload 控制。

(5) Normal 模式下,用 sophon_idx 指定设备,默认值为 0;HWAccel 模式下用 hwaccel_device 指定设备。

4) BM-FFmpeg 开发的注意事项

(1) AVFrame 格式扩展:HWAccel 模式下,data[0-2]为 YCbCr 设备内存的物理地址;Normal 模式下,data[0-2]为 YCbCr 内存的虚拟地址,data[4-6]为物理地址。

(2) PCI-E 模式多芯片扩展:Normal 模式下用 av_dict_set()设置 sophon_idx,HWAccel 模式下指定 hwaccel_device 的设置。

(3) 内存同步:Normal 模式下用 av_dict_set()设置 is_dma_buffer/zero_copy,HWAccel 模式下通过 hwupload/hwdownload filter 实现。

5) 参考用例

在多媒体用户手册中有开发范例 bmnnsdk2 examples 和 multimedia_samples。

ff_BMCV_transcode 是 FFmpeg 转码参考例程,展示 BMCV 和 FFmpeg 结合调用。

ff_video_decode 是 FFmpeg 解码参考例程。

ff_video_encode 是 FFmpeg 编码参考例程。

5.3 OpenCV

5.3.1 OpenCV 简介

图像处理(image processing)是用计算机对图像进行分析,以得到所需结果的技术,又称影像处理。图像处理的研究内容一般包括图像增强、图像恢复、图像识别、图像编码、图像分割和图像描述。图像处理技术分为模拟图像处理和数字图像处理,大部分是数字图像处理。数字图像是指用工业相机、摄像机、扫描仪等设备得到的一个大的二维数组。该数组的元素称为像素,其值称为灰度值。而数字图像处理是通过计算机或者实时的硬件处理技术对图像进行去除噪声、增强、复原、分割、提取特征等处理的方法和技术。

计算机视觉(computer vision)旨在使用算法使计算机"看见"。具体来说,先识别视频和静止图像的内容,然后从中获取到信息,以便解决各种问题。卷积神经网络在图像分类和对象检测领域表现出众,并且具有良好的应用价值,尤其在计算机视觉方面的应用已经取得了一系列显著的成果[11]。它可以针对各种应用场合进行特定训练,以便对图像和视频进行分割、分类和检测。

图像处理和计算机视觉的区别在于:图像处理专注于处理图像,而计算机视觉重点在于通过计算机模拟甚至实现人的视觉。

目前,许多图像处理和计算机视觉的通用算法已经在 OpenCV 中得到实现。OpenCV 是由 Intel 公司俄罗斯团队发起并参与开发和维护的一个计算机视觉处理开源软件库,主要算法涉及图像处理、计算机视觉和机器学习等方面,已经成为计算机视觉领域最常用的工具之一。OpenCV 可以运行在 Linux、Windows、Android 和 macOS 操作系统上。它由一系列 C 函数和少量 C++ 类构成,轻量且高效,同时提供了 Python、Ruby、MATLAB 等语言的接口[12]。OpenCV 有大量的视觉处理算法。由于其开源的特性，不需要改变现有环境也可以完整地编译和链接，生成可执行文件，所以目前有大量的人工智能芯片装载了 OpenCV 相关接口。

OpenCV 目前的应用领域主要有以下几方面：人机互动、物体识别、图像分割、人脸识别、动作识别、运动跟踪、机器人、运动分析、机器视觉、结构分析、汽车安全驾驶等，如图 5.12 所示。

图 5.12　OpenCV 在目标识别与人脸检测中的应用

在 OpenCV 中 core、highgui、imgproc 是最基础的模块，它们的作用如下：

(1) core 实现了最核心的数据结构及其基本运算，如绘图函数、与数组操作相关的函数等。

(2) highgui 实现了视频与图像的读取、显示、存储等接口。

(3) imgproc 实现了图像处理的基础方法，包括图像滤波、图像的几何变换、平滑、阈值分割、形态学处理、边缘检测、目标检测、运动分析和对象跟踪等。

OpenCV 的主要模块如下：

(1) features2d 用于图像特征提取及匹配。

(2) nonfree 是一些专利算法，如 sift 特征提取算法。

(3) objdetect 用于目标检测，如基于 Haar、LBP 特征的人脸检测，基于 HOG 的行人、汽车等的目标检测。分类器使用 Cascade Classification(级联分类)和 Latent SVM 等。

(4) stitching 用于图像拼接。

(5) flann(fast library for approximate nearest neighbors，快速近似最近邻库)包含快速近似最近邻搜索和聚类(clustering)算法。

(6) ml 是机器学习模块(包括 SVM、决策树、Boosting 等)。

(7) photo 用于图像修复和图像去噪。

(8) video 用于视频处理，如背景分离、前景检测、对象跟踪等。

(9) calib3d 主要用于相机校准和三维重建。包含基本的多视角几何算法，如单个立体摄像头标定、物体姿态估计、立体相似性判断、三维信息重建等。

(10) g-api 是高效的图像处理流水线(pipeline)引擎。

5.3.2　BM_OpenCV 简介

BM1684 芯片修改了 OpenCV 库，添加了一些 API，使其可以采用该芯片上的硬件模块加速图片和视频的处理，提升 OpenCV 软件性能，这就是 BM_OpenCV。它完全兼容 OpenCV 的标准用法，并且额外支持 GB28181 视频接入。BM_OpenCV 在 BM1684 芯片中开源封装 FFmpeg 接口，提供了软硬件加速的音视频格式支持，并且提供了硬件加速的图像处理功能和 JPEG 图像编解码，保留了 OpenCV 原有的丰富的软件图像处理接口和视觉分析接口。

在 OpenCV 中，将 Mat 对象传递给函数进行操作。Mat 对象的属性如表 5.2 所示。每个 Mat 对象都有自己的头，其中包含了图像的基本信息(图像大小、数据类型、通道数等)。然后，通过使两个 Mat 对象的矩阵指针指向同一地址，就可以在两个 Mat 对象之间共享矩阵，节省存储空间。另外，复制运算符只复制矩阵头和指向包含像素值的矩阵的指针，而不复制数据本身。

表 5.2 Mat 对象的属性

字段	说明	字段	说明
dims	维度	channels	通道数，RGB 图像是 3
rows	行数	size	矩阵大小
cols	列数	type	dep+dt+chs CV_8UC3
depth	像素的位深	data	数据

BM_OpenCV 接口在 SoC 和 PCI-E 两种模式下互相兼容，行为基本一致，但是在 Mat 对象中有微小的差异。在 SoC 模式下，由于硬件限制，在 OpenCV 库的 Mat 对象中，step 值会被自动设置为 64B 对齐，不足 64B 的数据用 0 补齐。而在 PCI-E 模式下，Mat 对象的 step 值不存在 64B 对齐的限制。例如，一幅 100×100 的图像，每个像素的 R、G、B 由 3 个 U8 值表示，正常的 step 值为 300，但是经过 64B 对齐，step 值最终为 320。如图 5.13 所示，Mat 对象的 data 字段中，每一个 step 的数据是连续的 320B，其中前 300B 是真实数据，后面 20B 是自动填充的 0 值。

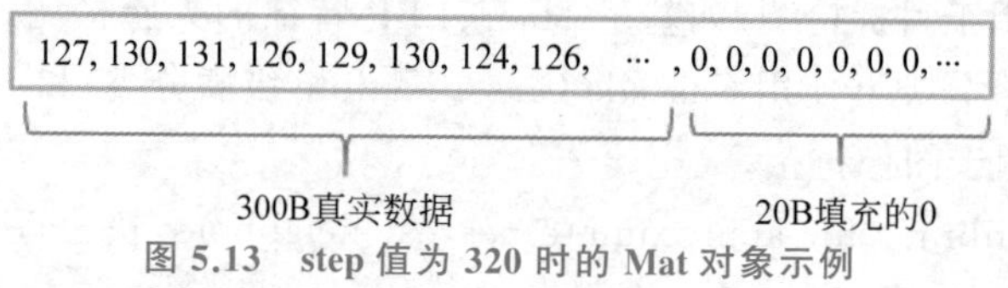

图 5.13 step 值为 320 时的 Mat 对象示例

在 BMCV 中创建 Mat 对象的流程如下。

```
cv::Mat Input, Out;
lnput = cv::imread(argv[1],0);
cv::BMCV::toBMI(Input, &input);
/* BMCV 图像处理 */
cv::BMCV::toMAT(&output,Out);
cv::imwrite("out.jpg", Out);
```

BM_OpenCV 完全兼容 OpenCV 的标准用法，同时在此基础上增加了新的特性。

(1) Mat 数据类型扩展。在 Mat 数据类型中引入 avFrame，建立 YUV 处理通路。同时 Mat 数据类型默认同时开辟设备内存和系统内存。

(2) YUV Mat 相关函数 cv：av namespace。

(3) cv：BMCV namespace 函数扩展。支持 BMCV 的部分功能及与 BMCV 数据类型之间的转换。

(4) cv.cap 解码增加了对 GB28181 协议的支持。

(5) cv.videowriter 编码增加了对 RTMP/RTSP 推流的支持。

在 BM_OpenCV 中增加了一些新的定义和函数，例如：

(1) yuvMat。通过 AVFrame 支持各种 YUV 格式，它在设备内存中的数据永远是最新的。其设计目的主要是节省带宽和内存空间，并且 YUV 数据格式与 FFmpeg 兼容，可直接转换。

(2) bgrMat。OpenCV 标准 Mat 格式，它在系统内存中的数据永远是最新的。

(3) bmcpu_OpenCV()函数。专为 PCI-E 模式设计，数据全链路都在板卡上流转，计算由主机 CPU 移到 PCI-E 卡上 CPU 处理。其使用方法与 OpenCV 原生函数完全相同。

BM_OpenCV 开发范例为 bmnnsdk2 examples/multimedia_samples。

ocv_vidbasic 是 OpenCV 单线程解码参考例程，可验证解码结果正确性。

ocv_vidmulti 是 OpenCV 多线程解码参考例程，可验证解码性能极限。

ocv_video_xcode 是 OpenCV 视频转码参考例程，可用于编码参考。

ocv_jpubasic 是 OpenCV JPEG 单线程编解码参考例程，可验证 JPEG 编解码结果正确性。

ocv_jpumulti 是 OpenCV JPEG 多线程编解码参考例程，可验证 JPEG 编解码性能极限。

下面介绍常用接口。

(1) 视频格式模块：

```
CV_WRAP virtual bool open(const String& filename, int apiPreference = CAP_ANY,
int id = 0);
/* open 接口的最后一个参数,指定卡 id,仅在 PCI-E 模式下生效,在 SoC 模式下不需要设置 */
...
virtual bool grab(char * buf, unsigned int len_in, unsigned int * len_out);
virtual bool read_record(OutputArray image, char * buf, unsigned int len_in,
unsigned int * len_out);
/* grab 接口可以读取解码前的数据。read_record 接口可以同时读取解码前后的数据,但是这
两个数据不是完全对应的,用户需要进行 buf 的内存管理 */
```

(2) 硬件加速模块：

```
CV_WRAP virtual bool open(const String& filename, int fourcc, double fps, Size
frameSize, const String&encodeParams, bool isColor = true, int id=0);
/* open 接口对 filename 重新定义,并且增加了编码参数配置 encodeParams。OutOutfile 设
置文件名,可以保存编码后的视频到文件中。设置为空字符串时,表示可以输出编码后的视频到内
存中;设置为 RTSP 或 RTMP 时,可以直接向 RTMP 或 RTSP 推流
...
encodeParams:gop=30:bitrate=800:gop_preset=2:mb_rc=1:delta_qp=3:min_qp=20:
max_qp=40:push_stream=rtmp/rtsp. */
```

```
...
CV_WRAP virtual void write(lnputArray image, char * data, int * len);
/ * 可以将编码后的数据输出到内存。data 内存由外部管理 * /
...
virtual void write(InputArray image, char * data, int * len, CV_Roilnfo * roiinfo);
/ * CV_Roilnfo * roiinfo 是 ROI 编码支持硬件加速 * /
```

(3) JPEG 格式下的硬件加速:

```
cv::imread()
cv::imwrite()
cv:imdecode()
cv:imencode()
/ * 使用这些函数进行 JPEG 编解码的时候,函数会自动调用底层的硬件加速资源。cv::imread()、cc.imdecode()这两个函数的第二个参数 flags 被设置成 cvr::MREAD AVFRAME 时,表示解码后返回的 Mat 结构体的 out 中保存着 YUV 格式的数据,具体是什么格式的 YUV 数据要根据 JPEG 文件的 image 格式而定。当 flags 被设置成其他值或者省略时,表示解码输出 OpenCV 原生的 BGR packed 格式的 Mat 数据 * /
...
Mat::avFormat()
/ * 得到当前数据所对应的具体的 FFmpeg 格式 * /
...
Mat::avOK()
/ * 如果解码设置为 IMREAD_AVFRAME,则 avOK()返回 1,表示输出 BM1684 芯片扩展的 Mat 数据格式。对于视频同样适用 * /
```

(4) 数据内存模块:

```
void uploadMat(Mat &mat);
void downloadMat(Mat &mat);
/ * 同步设备内存和系统内存的数据,downloadMat 将设备内存中的数据复制到系统内存中,uploadMat 将系统内存中的数据复制到设备内存中 * /
...
bm_status_t toBMI(Mat &m, bm_image * image, bool update = true);
/ * 将 Mat 格式转换成 bm_image 格式。toMAT()可以实现将 bm_image 格式转换成 Mat 格式 * /
...
void BMCV::dumpMat(Mat &image, const String &fname);
/ * 调试接口,保存 Mat 数据到本地磁盘。类似的接口还有 BMCV:: printf 和 BMCV:: dumpBMIlmage * /
```

5.4 BMCV

5.4.1 BMCV 简介

BMCV 是算能公司提供的一套基于 Sophon 人工智能芯片优化的机器视觉库,它利用芯片的 TPU 和 VPP 模块可以完成色彩空间转换、尺度变换、仿射变换、透射变换、线性变换、JPEG 编解码、BASE64 编解码、非极大值抑制、排序、特征匹配等操作。BMCV 具有以下特点：

（1）支持多线程操作。

（2）对于内存的使用可以自行分配或者附加外部内存。

（3）BMCV 封装了多个硬件，多个硬件可以多线程并发，不需要外界加资源锁。

（4）部分接口支持多 BATCH、4N 等，需要查看具体接口文档。

5.4.2 BMCV 数据结构

算能公司提供的 BMCV 库是和设备内存绑定的。每当用户调用 BMCV 相关的 API 时，均会在设备的内存上申请空间，称为设备内存。为实现这个功能，算能公司的所有 BMCV API 均是围绕 bm_image 对象进行的，一个 bm_image 对象对应于一张图片，同步映射到内存上的一块设备内存中。

用户可以通过 bm_image_create 构建 bm_image 对象，然后供各个 BMCV 的功能函数使用。使用完 bm_image 对象需要调用 bm_image_destroy 进行销毁，释放申请的设备内存。下面给出 bm_image 结构体的内部定义。

```
struct bm_image
{
    int width;
    int height;
    bm_image_format_ext image_format;
    bm_data_format_ext data_type;
    bm_image_private * image_private;
};
```

bm_image 定义了图片的宽度（width）、高度（height）、图像格式（image_format）、数据类型（data_type）以及该结构体的私有数据（image_private）。以 image_format 为例，下面给出了具体的枚举类型：

```
typedef enum bm_image_format_ext_
{
    FORMAT_YUV420P,
    FORMAT_YUV422P,
    FORMAT_YUV444P,
    FORMAT_NV12,
    FORMAT_NV21,
    FORMAT_NV16,
    FORMAT_NV61,
    FORMAT_NV24,
    FORMAT_RGB_PLANAR,
    FORMAT_BGR_PLANAR,
    FORMAT_RGB_PACKED,
    FORMAT_BGR_PACKED,
    FORMAT_RGBP_SEPARATE,
    FORMAT_BGRP_SEPARATE,
    FORMAT_GRAY,
```

```
    FORMAT_COMPRESSED
} bm_image_format_ext;
```

用户可以自行选择需要的图像类型。下面是各个类型的说明。

FORMAT_YUV420P：表示创建 YUV420p 格式的图片，有 3 个 plane。

FORMAT_YUV422P：表示创建 YUV422p 格式的图片，有 3 个 plane。

FORMAT_YUV444P：表示创建 YUV444p 格式的图片，有 3 个 plane。

FORMAT_NV12：表示创建 NV12 格式的图片，有两个 plane。

FORMAT_NV21：表示创建 NV21 格式的图片，有两个 plane。

FORMAT_NV16：表示创建 NV16 格式的图片，有两个 plane。

FORMAT_NV61：表示创建 NV61 格式的图片，有两个 plane。

FORMAT_RGB_PLANAR：表示创建 RGB 格式的图片，R、G、B 分开排列，有一个 plane。

FORMAT_BGR_PLANAR：表示创建 BGR 格式的图片，B、G、R 分开排列，有一个 plane。

FORMAT_RGB_PACKED：表示创建 RGB 格式的图片，R、G、B 交错排列，有一个 plane。

FORMAT_BGR_PACKED：表示创建 BGR 格式的图片，B、G、R 交错排列，有一个 plane。

FORMAT_RGBP_SEPARATE：表示创建 RGB planar 格式的图片，R、G、B 分开排列并各占一个 plane，共有 3 个 plane。

FORMAT_BGRP_SEPARATE：表示创建 BGR planar 格式的图片，B、G、R 分开排列并各占一个 plane，共有 3 个 plane。

FORMAT_GRAY：表示创建灰度图格式的图片，有一个 plane。

FORMAT_COMPRESSED：表示创建一个 VPU 内部压缩格式的图片，共有 4 个 plane。

对于 data_type 有以下枚举类型：

```
typedef enum bm_image_data_format_ext_
{
    DATA_TYPE_EXT_FLOAT32,
    DATA_TYPE_EXT_1N_BYTE,
    DATA_TYPE_EXT_4N_BYTE,
    DATA_TYPE_EXT_1N_BYTE_SIGNED,
    DATA_TYPE_EXT_4N_BYTE_SIGNED,
} bm_image_data_format_ext;
```

各取值说明如下：

DATA_TYPE_EXT_FLOAT32：表示创建的图像数据格式为单精度浮点型。

DATA_TYPE_EXT_1N_BYTE：表示创建的图像数据格式为普通无符号整型(1NUINT8)。

DATA_TYPE_EXT_4N_BYTE：表示创建的图像数据格式为 4NUINT8，即 4 幅无符

号整型图像的数据交错排列，一个 bm_image 对象包含 4 幅属性相同的图像。

DATA_TYPE_EXT_1N_BYTE_SIGNED：表示创建的图像数据格式为普通有符号整型(1NINT8)。

DATA_TYPE_EXT_4N_BYTE_SIGNED：表示创建的图像数据格式为 4NINT8，即 4 幅有符号整型图像数据交错排列，如图 5.14 所示。将 4 幅图像相应通道内第 i 个位置的 4 字节拼合为一个 32 位的 DWORD，作为 4NINT8 格式的相应通道内第 i 个位置的值。

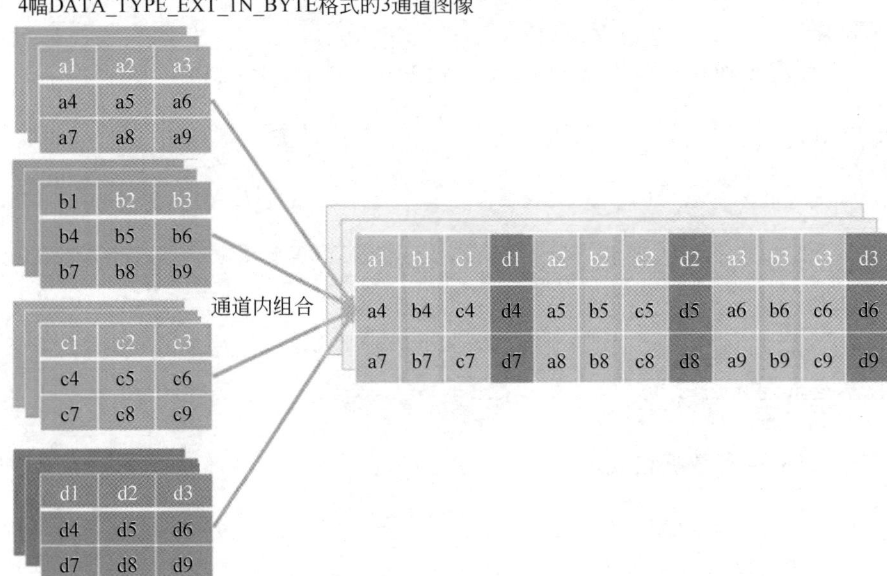

图 5.14　数据格式为 4NINT8 的图片

对于 bm_image 类型，使用 bm_image_create()和 bm_image_derstroy()函数创建和销毁。其接口形式如下：

```
bm_status_t bm_image_create(
    bm_handle_t handle,
    int img_h,
    int img_w,
    BMCV_image_format_ext image_format,
    BMCV_data_format_ext data_type,
    bm_image * image,
    int * stride
);
```

传入参数说明

bm_handle_thandle：输入参数，设备环境句柄，通过调用 bm_dev_request 获取。

int img_h：输入参数，图片高度。

int img_w：输入参数，图片宽度。

BMCV_image_format_ext image_format：输入参数，要创建的 bm_image 的图像格式。支持的图像格式在 bm_image_format_ext 中。

BMCV_image_format_ext data_type：输入参数，要创建的 bm_image 的数据格式。支

持的数据格式在 bm_image_data_format_ext 中。

bm_image * image: 输出参数,输出填充的 bm_image 结构指针。

int * stride: 输入参数,stride 描述了要创建 bm_image 将要关联的设备内存布局。每个 plane 中的 width stride 值以字节为单位。

bm_image_create()成功调用将返回 BM_SUCCESS,并填充输出的 image 指针结构。这个结构中记录了图像的大小以及相关格式。但此时并没有与任何设备内存关联,也没有申请与数据对应的设备内存。

注意事项:

(1) 以下几种图像格式仅支持 DATA_TYPE_EXT_1N_BYTE。

```
FORMAT_YUV420P
FORMAT_YUV422P
FORMAT_YUV444P
FORMAT_NV12
FORMAT_NV21
FORMAT_NV16
FORMAT_NV61
FORMAT_GRAY
FORMAT_COMPRESSED
```

(2) 对于以下两种数据格式为 4NINT8 的情形:

```
DATA_TYPE_EXT_4N_BYTE
DATA_TYPE_EXT_4N_BYTE_SIGNED
```

每调用一次 bm_image_create(),实际上同时为 4 幅图像配置同样的属性。

(3) 以下图像格式的宽和高可以是奇数,接口内部会调整到偶数再完成相应的功能。

```
FORMAT_YUV420P
FORMAT_NV12
FORMAT_NV21
FORMAT_NV16
FORMAT_NV61
```

但是建议尽量使用偶数的宽和高,这样可以发挥最大的效率。

(4) FORMAT_COMPRESSED 图像格式的宽度或者 stride 必须 64B 对齐,否则返回失败信息。

(5) stride 参数默认值为 NULL,此时默认各个 plane 的数据是 compact 排列,没有 stride。

(6) 如果 stride 参数的值不是 NULL,则会检测 stride 中的 widthstride 值是否合法。所谓合法,即 image_format 对应的所有 plane 的 stride 大于默认的 stride。

(7) bm_image_destroy()与 bm_image_create()成对使用。建议在哪里创建 bm_image 对象就在哪里销毁,避免不必要的内存泄漏。其接口形式如下:

```
bm_status_t bm_image_destroy(
    bm_image image
);
```

bm_image image：输入参数，为待销毁的 bm_image 对象。

bm_image_destroy()：成功执行时将销毁该 bm_image 对象。如果该对象的设备内存是使用 bm_image_alloc_dev_mem 申请的，则将其释放；否则该对象的设备内存不会被释放，由用户自己管理。

```
//BMCV 处理
bm_image input;
bm_image _create (handle, height, width, FORMAT _ GRAY, DATA _ TYPE _ EXT _ 1N _ BYTE,
&input);
bm_image_destroy(input);
```

以上代码先创建了一个 bm_image 类型的结构体变量 input，再通过 bm_image_create()函数构建 BMCV 结构体参数：height、width 代表图像宽、高，FORMAT_GRAY 代表图像为灰度图，DATA _TYPE_EXT_1N_BYTE 代表单幅图像格式。最后调用 bm_image_destroy()释放申请的空间。

5.4.3 BMCV 设备内存管理

bm_image 结构需要关联设备内存，并且在设备内存中已有需要的数据时，才能够调用 BMCV API。无论是调用 bm_image_alloc_dev_mem()在内部申请，还是调用 bm_image_attach()关联外部内存，均能够使得 bm_image 对象关联设备内存。判断 bm_image 对象是否已经关联了设备内存，可以调用以下 API：

```
bool bm_image_is_attached(
    bm_image image
);
```

bm_image image：输入参数，为待判断的 bm_image 对象。

返回值说明：

(1) 如果 bm_image 对象未创建，则返回 false。

(2) 该函数返回 bm_image 对象是否关联了设备内存。如果已关联，则返回 true；否则返回 false。

注意事项：

(1) 一般而言，调用 BMCV API 要求输入 bm_image 对象关联的设备内存，否则返回失败。而输出 bm_image 对象如果未关联设备内存，则会在内部调用 bm_image_alloc_dev_mem()函数申请内存。

(2) bm_image 对象调用 bm_image_alloc_dev_mem()所申请的内存都由内部自动管理，在调用 bm_image_destroy()、bm_image_detach()或者 bm_image_attach()对其他设备内存进行操作时自动释放，无须调用者管理。相反，如果调用 bm_image_attach()关联设备

内存,表示这块设备内存将由调用者自己管理,无论是调用 bm_image_destroy()、bm_image_detach()还是 bm_image_attach()对其他设备内存进行操作,均不会释放。

(3) 目前设备内存分为 3 块内存空间：heap0、heap1 和 heap2。如表 5.3 所示,三者的区别在于芯片的硬件 VPP 模块是否有读取权限,其他完全相同。因此,如果某一 API 指定使用硬件 VPP 模块实现,则必须保证该 API 的输入 bm_image 对象保存在 heap1 或者 heap2 中。

表 5.3 设备内存空间划分

分　区	VPP 是否可读
heap0	否
heap1	是
heap2	是

bm_image 格式的图像关联设备内存通过调用函数 bm_image_copy_host_to_device()实现：

```
std::unique_ptr<unsigned char[]> src_data(new unsigned char[width * height]);
memset(src_data.get(),0x11,width * height);
bm_image_alloc_contiguous_mem(1,&input,1);
unsigned char * input_img_data = src_data.get();
bm_image_copy_host_to_device(input,(void **)&input_img_data);
```

首先通过智能指针和 memset()函数为输入图像在主机上分配内存(src_data),其次通过 bm_image_alloc_contiguous_mem()函数在设备上分配一块连续内存,最后通过 bm_image_copy_host_to_device()函数使主机内存和设备内存关联。

5.4.4 BMCV API

本节介绍常用的 BMCV API。

1. BMCV_image_yuv2bgr_ext

该接口实现 YUV 格式到 RGB 格式的转换。

接口形式

```
bm_status_t BMCV_image_yuv2bgr_ext(
    bm_handle_thandle,
    int image_num,
    bm_image * input,
    bm_image * output
);
```

传入参数说明

bm_handle_thandle：输入参数,设备环境句柄,通过调用 bm_dev_request()获取。

int image_num：输入参数,输入输出图像数量。

bm_image *input：输入参数,输入 bm_image 对象指针。

bm_image * output：输出参数，输出 bm_image 对象指针。

返回值说明

- BM_SUCCESS：成功。
- 其他：失败。

代码示例

```
#include <iostream>
#include <vector>
#include "BMCV_api_ext.h"
#include "bmlib_utils.h"
#include "common.h"
#include "stdio.h"
#include "stdlib.h"
#include "string.h"
#include <memory>
int main(int argc, char * argv[])
{
    bm_handle_t handle;
    bm_dev_request(&handle, 0);
    int image_n = 1;
    int image_h = 1080;
    int image_w = 1920;
    bm_image src, dst;
    bm_image_create(handle, image_h, image_w, FORMAT_NV12,
                    DATA_TYPE_EXT_1N_BYTE, &src);
    bm_image_create(handle, image_h, image_w, FORMAT_BGR_PLANAR,
                    DATA_TYPE_EXT_1N_BYTE, &dst);
    std::shared_ptr<u8 * > y_ptr = std::make_shared<u8 * >(
        new u8[image_h * image_w]);
    std::shared_ptr<u8 * > uv_ptr = std::make_shared<u8 * >(
        new u8[image_h * image_w / 2]);
    memset((void * )( * y_ptr.get()), 148, image_h * image_w);
    memset((void * )( * uv_ptr.get()), 158, image_h * image_w / 2);
    u8 * host_ptr[] = { * y_ptr.get(), * uv_ptr.get()};
    bm_image_copy_host_to_device(src, (void **)host_ptr);
    BMCV_image_yuv2bgr_ext(handle, image_n, &src, &dst);
    bm_image_destroy(src);
    bm_image_destroy(dst);
    bm_dev_free(handle);
    return 0;
}
```

2. BMCV_image_warp_affine

该接口实现图像的仿射变换，可实现旋转、平移、缩放等操作。仿射变换是二维坐标(x_0, y_0)到(x, y)的线性变换。该接口针对输出图像的每一个像素点找到在输入图像中对应的坐标，从而构成一幅新的图像。

对应的齐次坐标矩阵表示形式如下：

$$\begin{bmatrix} x_0 \\ y_0 \\ 1 \end{bmatrix} = \begin{bmatrix} a_1 & b_1 & c_1 \\ a_2 & b_2 & c_2 \\ 0 & 0 & q \end{bmatrix} \times \begin{bmatrix} x \\ y \\ 1 \end{bmatrix} \tag{5.1}$$

坐标变换矩阵是从输出图像坐标推导输入图像坐标的系数矩阵,可以通过输入图像和输出图像上对应的 3 个点的坐标获取。在人脸检测中,通过获取人脸定位点获取坐标变换矩阵。

BMCV_affine_matrix 定义了一个坐标变换矩阵,其顺序为 float m[6]=$\{a_1,b_1,c_1,a_2,b_2,c_2\}$。而 BMCV_affine_image_matrix 定义了一幅图像中有几个坐标变换矩阵。通常一幅图像中有多个人脸时,会对应多个坐标变换矩阵。具体定义如下:

```
typedef struct BMCV_affine_matrix_s
{
    float m[6];
} BMCV_warp_matrix;

typedef struct BMCV_affine_image_matrix_s
{
    BMCV_affine_matrix * matrix;
    int matrix_num;
} BMCV_affine_image_matrix;
```

接口形式

```
bm_status_t BMCV_image_warp_affine(
    bm_handle_t handle,
    int image_num,
    BMCV_affine_image_matrix matrix[4],
    bm_image* input,
    bm_image* output,
    int use_bilinear = 0
);
```

输入参数说明

bm_handle_thandle:输入参数,输入的 bm_handle 句柄。

int image_num:输入参数,输入图像数,最多支持 4 幅图像。

BMCV_affine_image_matrixmatrix[4]:输入参数,每幅图像对应的变换矩阵数据结构,最多支持 4 幅图像。

bm_image *input:输入参数,输入 bm_image 对象。对于 1N 模式,最多 4 个 bm_image 对象;对于 4N 模式,最多一个 bm_image 对象。

bm_image *output:输出参数,输出 bm_image 对象。外部需要调用 BMCV_image_create()创建,建议用户调用 BMCV_image_attach()分配设备内存。如果用户不调用该函数,则内部分配设备内存。对于输出 bm_image 对象,其数据类型和输入对象一致。即,输入是 4N 模式,则输出也是 4N 模式;输入是 1N 模式,输出也是 1N 模式。所需要的 bm_image 大小是所有图像的变换矩阵之和。例如,输入 1 个 4N 模式的 bm_image 对象,4 幅图像的变换矩阵数目为 3、0、13、5，则共有变换矩阵 3＋0＋13＋5＝21 个，由于输出是 4N 模式，则需要(21＋4－1)/4＝6 个 bm_image 对象的输出。

int use_bilinear：输入参数，是否使用 bilinear 插值，若为 0 则使用 nearest 插值，若为 1 则使用 bilinear 插值，默认使用 nearest 插值。选择 nearest 插值的性能优于 bilinear 插值，因此建议首选 nearest 插值，只在对精度有要求时选择 bilinear 插值。

返回值说明

- BM_SUCCESS：成功。
- 其他：失败。

代码示例

```
#inculde "common.h"
#include "stdio.h"
#include "stdlib.h"
#include "string.h"
#include <memory>#include <iostream>
#include "BMCV_api_ext.h"
#include "bmlib_utils.h"
int main(int argc, char * argv[])
{
    bm_handle_t handle;
    int image_h = 1080;
    int image_w = 1920;
    int dst_h = 256;
    int dst_w = 256;
    bm_dev_request(&handle, 0);
    BMCV_affine_image_matrix matrix_image;
    matrix_image.matrix_num = 1;
    std::shared_ptr<BMCV_affine_matrix> matrix_data = std::make_shared
        <BMCV_affine_matrix>();
    matrix_image.matrix = matrix_data.get();
    matrix_image.matrix->m[0] = 3.848430;
    matrix_image.matrix->m[1] = -0.02484;
    matrix_image.matrix->m[2] = 916.7;
    matrix_image.matrix->m[3] = 0.02;
    matrix_image.matrix->m[4] = 3.8484;
    matrix_image.matrix->m[5] = 56.4748;
    bm_image src, dst;
    bm_image_create(handle, image_h, image_w, FORMAT_BGR_PLANAR,
                    DATA_TYPE_EXT_1N_BYTE, &src);
    bm_image_create(handle, dst_h, dst_w, FORMAT_BGR_PLANAR,
                    DATA_TYPE_EXT_1N_BYTE, &dst);
    std::shared_ptr<u8 * > src_ptr = std::make_shared<u8 * >(
        new u8[image_h * image_w * 3]);
    memset((void * )( * src_ptr.get()), 148, image_h * image_w * 3);
    u8 * host_ptr[] = { * src_ptr.get()};
    bm_image_copy_host_to_device(src, (void **)host_ptr);
```

```
    BMCV_image_warp_affine(handle, 1, &matrix_image, &src, &dst);
    bm_image_destroy(src);
    bm_image_destroy(dst);
    bm_dev_free(handle);
    return 0;
}
```

更多API可以参考BMCV用户指南(BMCV_User_Guide_zh)。BMCV的主要API如表5.4所示。

表5.4 BMCV的主要API

API	说　明
BMCV_image_yuv2bgr_ext	实现YUV格式到RGB格式的转换
BMCV_image_warp_affine	实现图像的仿射变换
BMCV_image_warp_perspective	实现图像的透射变换
BMCV_image_crop	实现从一幅原图中裁剪出若干小图
BMCV_image_resize	用于实现图像尺寸的变化,如放大、缩小、抠图等功能
BMCV_image_convert_to	实现图像像素线性变化
BMCV_image_storage_convert	将源图像格式的数据转换为目的图像格式的数据
BMCV_image_vpp_basic	实现对多幅图像的裁剪、色彩空间转换、改变尺寸、填充及其任意组合
BMCV_image_vpp_convert	将输入图像格式转换为输出图像格式
BMCV_image_vpp_convert_padding	实现图像填充的效果
BMCV_image_vpp_stitch	可以一次完成拼接操作,将原图像裁剪后改变为目标图像尺寸
BMCV_image_vpp_csc_matrix_convert	实现色域转换
BMCV_image_jpeg_enc	实现对多个bm_image对象的JPEG编码
BMCV_image_jpeg_dec	实现对多幅图像的JPEG解码
BMCV_image_copy_to	实现将一幅图像复制到另一幅图像的对应内存区域
BMCV_image_draw_lines	在图像上画一条或多条线段
BMCV_image_draw_rectangle	在图像上画一个或多个矩形框
BMCV_image_put_text	在图像上添加文字
BMCV_image_fill_rectangle	在图像上填充一个或者多个矩形
BMCV_image_absdiff	将两幅大小相同的图像对应像素值相减并取绝对值
BMCV_image_bitwise_and	将两幅大小相同的图像对应像素值进行按位与操作
BMCV_image_bitwise_or	将两幅大小相同的图像对应像素值进行按位或操作
BMCV_image_bitwise_xor	将两幅大小相同的图像对应像素值进行按位异或操作
BMCV_image_add_weighted	将两幅相同大小的图像进行加权融合

续表

API	说　明
BMCV_image_threshold	对图像进行阈值化操作
BMCV_image_dct	对图像进行 DCT

5.5　本章小结

本章主要对嵌入式人工智能多媒体开发框架进行了介绍。首先概述嵌入式人工智能多媒体开发框架，同时以 BM1684 芯片为例，介绍其结构、工作模式和设备内存。其次详细介绍 FFmpeg 和 OpenCV，并介绍其在 BM1684 芯片中的对应模块 BM_FFmpeg 和 BM_OpenCV，包括其性能说明、常用接口和相关案例。最后介绍 BM1684 芯片中独有的 BMCV 模块，包括数据结构、内存管理和相关 API 介绍。

习　　题

1. 嵌入式人工智能芯片的内存一般分为哪几种？
2. BM1684 芯片架构中的视频子系统的功能是什么？
3. 简述算能公司的多媒体处理三大组件的功能。
4. 算能公司人工智能芯片的工作模式分为哪两种？两者有什么区别？
5. SoC 模式和 PCI-E 模式在内存管理上有什么区别？
6. 为什么需要内存同步？一般在什么时候进行内存同步？
7. 简述标准 FFmpeg 解码的主要流程。

实 战 篇

第6章

基础实验

本章视频资料

本章学习目标

- 掌握智能多媒体开发环境搭建、云平台开发方法。
- 了解多媒体开发基础编程方法，掌握在算能平台上实现视频收发的方法。
- 掌握算能平台实现边缘检测的方法，包括 BMCV 和 OpenCV 下的边缘检测方法。
- 掌握算能 BMCV 的图像裁剪及尺寸变换实现方法。
- 掌握算能 BMCV 的图像加权融合实现方法。
- 掌握算能 BMCV 的灰度图像直方图 bmcv_calc_hist()函数和 OpenCV 的 calcHist()函数的使用方法。
- 掌握 JPEG 图像编解码实现方法。
- 掌握 FFmpeg、OpenCV 的视频编解码方法以及 ROI 编码方法。
- 掌握 RTSP 拉流和 RTMP 推流的方法。

6.1 开发环境搭建

实验目的

掌握开发环境搭建，包括开发主机环境搭建、硬件嵌入式开发板的连接、云平台的配置、程序的编译和运行等。

实验内容

搭建实验开发环境，并编写“Hello，World！”程序，在目标开发机运行测试，验证开发环境。如果是基于云平台虚拟环境，则需要将编译好的程序代码上传到云平台进行测试。

开发环境

开发主机：Ubuntu。

硬件：SE5。

实验器材

开发主机 + 云平台(或 SE5)。

6.1.1 开发主机准备

开发主机为一台安装了 Ubuntu 16.04/18.04/20.04 的 x86 主机，运行内存建议 12GB 以上。也可以通过 Windows 操作系统安装虚拟机,在虚拟机上安装 Ubuntu 操作系统。建议操作系统版本在 18.04 以上,预留的硬盘资源在 20GB 以上。

安装和启动 Docker 的过程如下:

```
#安装 Docker
sudo apt-get installDocker.io
#docker 命令免 root 权限执行
#创建 docker 用户组。若已有 docker 组会报错,可忽略
sudo groupadd docker
#将当前用户加入 docker 组
sudo gpasswd -a ${USER} docker
#重启 Docker 服务
sudo service docker restart
#切换当前会话到新建的 docker 组
newgrp docker
```

6.1.2 下载 SDK 软件包

1. Docker 开发镜像

在 Sophgo 官网点击以下链接下载 Ubuntu 开发镜像:

Sophgo 技术文档中心的 Docker 镜像模块

选择与 SDK 版本适配的 Docker 镜像,如图 6.1 所示。

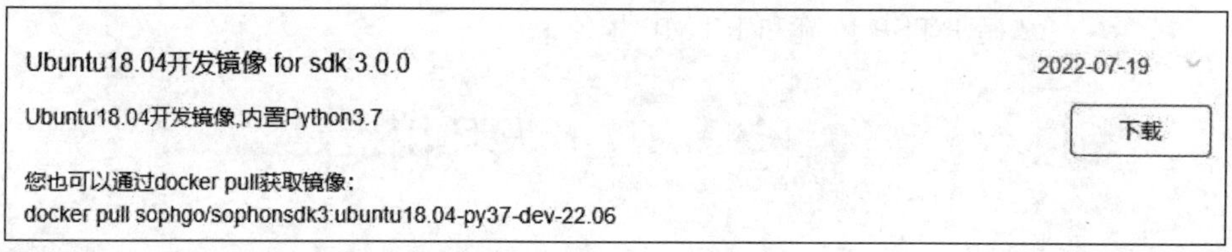

Ubuntu18.04开发镜像 for sdk 3.0.0　　2022-07-19

Ubuntu18.04开发镜像,内置Python3.7　　下载

您也可以通过docker pull获取镜像:

docker pull sophgo/sophonsdk3:ubuntu18.04-py37-dev-22.06

图 6.1　下载 Ubuntu 开发镜像

注意:目前算能公司的 Docker 镜像已经注册到 Docker 官方地址,可以直接通过 docker pull 命令拉取对应的镜像,见图 6.1。

2. SDK 软件包

在 Sophgo 官网点击以下链接下载 SDK 软件包:

Sophgo 技术文档中心的 SDK 模块

选择与仓库代码分支对应的 SDK 版本,如图 6.2 所示。

SOPHONSDK 3.0.0　　2022-07-18

SOPHONSDK 3.0.0 2022年7月16日版本　　下载

请使用Ubuntu18.04开发镜像

3.0.0 release notes: https://sophgo-doc.gitbook.io/sophonsdk3/sophonsdk/notes

图 6.2　下载 SDK 软件包

6.1.3　创建 Docker 开发环境

1. 安装必要工具

在 Ubuntu 开发环境下安装 apt 工具和文件解压工具，以便于后续利用 apt 安装程序。

```
sudo apt update
sudo apt install unzip
```

2. 提取 Docker 镜像

进入下载 Docker 目录，解压并加载 Docker 镜像。本步骤也可直接在下载后通过 Ubuntu 的提取操作完成。

```
unzip <docker_image_file>.zip
cd <docker_image_file>
#加载 Docker 镜像
docker load -i <docker_image>
```

注意：每次重启设备后，都必须重新执行加载 Docker 镜像操作。

注意：如果上述镜像是通过 docker pull 命令拉取的，则通过如图 6.3 所示的命令加载 Docker 镜像。

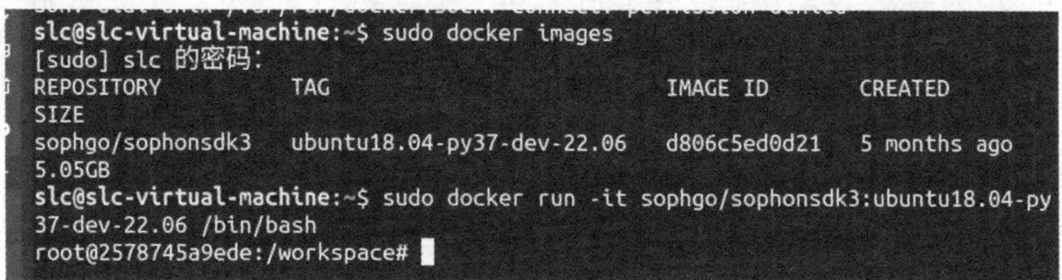

图 6.3　通过 sudo 命令加载 Docker 镜像

3. 解压算能 SDK

解压算能 SDK 的命令如下：

```
unzip <sdk_zip_file>.zip
cd <sdk_zip_file>/
tar zxvf <sdk_file>.tar.gz
```

4. 创建 Docker 容器

创建 Docker 容器，SDK 将被挂载到容器内部供使用。

```
cd <sdk_path>/
# 若没有执行前面关于 docker 命令免 root 执行的配置操作，则需在命令前添加 sudo
./docker_run_<***>sdk.sh
```

需要注意的是，每次重新进入开发环境时都需要执行该脚本，如图 6.4 所示。

注意：执行该脚本后，会进入 workspace 文件夹。后续可以在 workspace 下创建文件夹进行开发。

```
hgk@ubuntu:~$ cd bmnnsdk2_bm1684_v2.7.0_20220531patched/
hgk@ubuntu:~/bmnnsdk2_bm1684_v2.7.0_20220531patched$ cd bmnnsdk2-bm1684_v2.7.0/
hgk@ubuntu:~/bmnnsdk2_bm1684_v2.7.0_20220531patched/bmnnsdk2-bm1684_v2.7.0$ ./docker_run_bmnnsdk.sh
/home/hgk/bmnnsdk2_bm1684_v2.7.0_20220531patched/bmnnsdk2-bm1684_v2.7.0
/home/hgk/bmnnsdk2_bm1684_v2.7.0_20220531patched/bmnnsdk2-bm1684_v2.7.0
bmnnsdk2-bm1684/dev:ubuntu16.04
docker run --network=host --workdir=/workspace --privileged=true -v /home/hgk/bmnnsdk2_bm1684_v2.7.0_20220531patc
hed/bmnnsdk2-bm1684_v2.7.0:/workspace -v /dev/shm --tmpfs /dev/shm:exec -v /etc/localtime:/etc/localtime -e LOCAL
_USER_ID=1000 -it bmnnsdk2-bm1684/dev:ubuntu16.04 bash
root@ubuntu:/workspace#
```

图 6.4　创建 Docker 容器

5. 进入 Docker 容器中安装库

进入 Docker 容器中安装库的命令如下：

```
#进入容器中执行
cd  /workspace/scripts/
./install_lib.sh nntc
```

6. 配置环境变量

在 SoC 模式下配置环境变量：

```
#配置环境变量,这一步会安装一些依赖库,并导出环境变量到当前终端
#导出的环境变量只对当前终端有效,每次进入容器时都需要重新执行一遍
#也可以将这些环境变量写入~/.bashrc,这样每次登录时都会自动配置环境变量
source envsetup_cmodel.sh
```

在 PCI-E 模式下配置环境变量：

```
source envsetup_pcie.sh
```

注意：每次重新进入开发环境时都需要执行该脚本,否则可能出现在调用 SDK 库时无法编译通过的问题。

7. 安装 Python 对应版本的 sail 包

```
#通过 SophonSDK 获取相关组件
pip3 uninstall -y sophon
#获取 Python 版本号
python3 -V
#下载相关组件
pip3 install ../lib/sail/python3/pcie/py3x/sophon-?.?.?-py3-none-any.whl -
-user
```

6.1.4　编写“Hello,World!”程序

1. 创建工程文件

在 workspace 下新建 example 文件夹,然后在该文件夹下再新建 helloworld 文件夹用于存放“Hello,World!”工程。

新建文件夹(见图 6.5)的命令如下：

```
mkdir example
cd example
mkdir helloworld
```

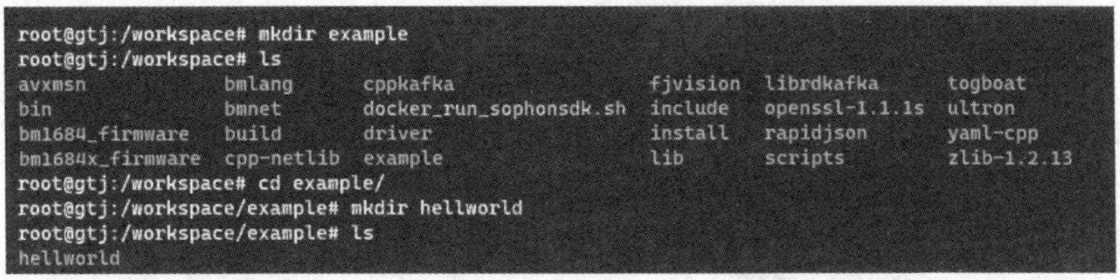

```
root@gtj:/workspace# mkdir example
root@gtj:/workspace# ls
avxmsn             bmlang       cppkafka                    fjvision  librdkafka      togboat
bin                bmnet        docker_run_sophonsdk.sh     include   openssl-1.1.1s  ultron
bm1684_firmware    build        driver                      install   rapidjson       yaml-cpp
bm1684x_firmware   cpp-netlib   example                     lib       scripts         zlib-1.2.13
root@gtj:/workspace# cd example/
root@gtj:/workspace/example# mkdir hellworld
root@gtj:/workspace/example# ls
hellworld
```

图 6.5　新建文件夹

新建的 helloworld 文件夹位于 example 下，可以在 example 下输入 pwd 命令查看路径（见图 6.6）。

```
root@gtj:/workspace/example# pwd
/workspace/example
root@gtj:/workspace/example#
```

图 6.6　查看路径

2. 编写"Hello，World！"程序

代码如下：

```
#include <iostream>
int main()
{
    std::cout << "Hello,World!" << std::endl;
    return 0;
}
```

3. 编写 makefile 程序

代码如下：

```
edit:hello.o
        g++ hello.o -o edit
hello.o:hello.cpp
        g++ -c hello.cpp -o hello.o
clean:
        rm *.o edit -rf
```

4. 编译程序

执行 make 编译，如图 6.7 所示。如果提示权限不够，需要执行 sudo make 操作。

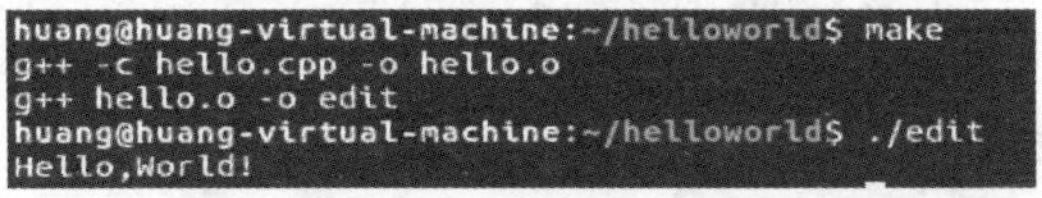

```
huang@huang-virtual-machine:~/helloworld$ make
g++ -c hello.cpp -o hello.o
g++ hello.o -o edit
huang@huang-virtual-machine:~/helloworld$ ./edit
Hello,World!
```

图 6.7　执行 make 编译

6.1.5 硬件部署

1. 搭建环境

本实验按照图 6.8 搭建硬件环境。可以通过网线将目标机(SE5 盒子)和开发主机直接相连,也可以中间加一个交换机。

图 6.8 搭建环境图示

2. IP 配置

在本地主机上编译的程序需要上传到 SE5 盒子上,或者在云平台上运行。如果是本地硬件 SE5,需要按照如下步骤上传。首先将 SE5 盒子的 LAN 口和电脑的 LAN 口连接起来。默认情况下,SE5 盒子的 IP 地址是 192.168.150.1。因此,本地主机的 IP 地址需要设置在 150 网段,例如,可以设置为 192.169.150.2 这个 IP 地址。在开发主机上输入 SE5 盒子的 IP 地址,可以登录 SE5 的后台管理界面,如图 6.9 所示。

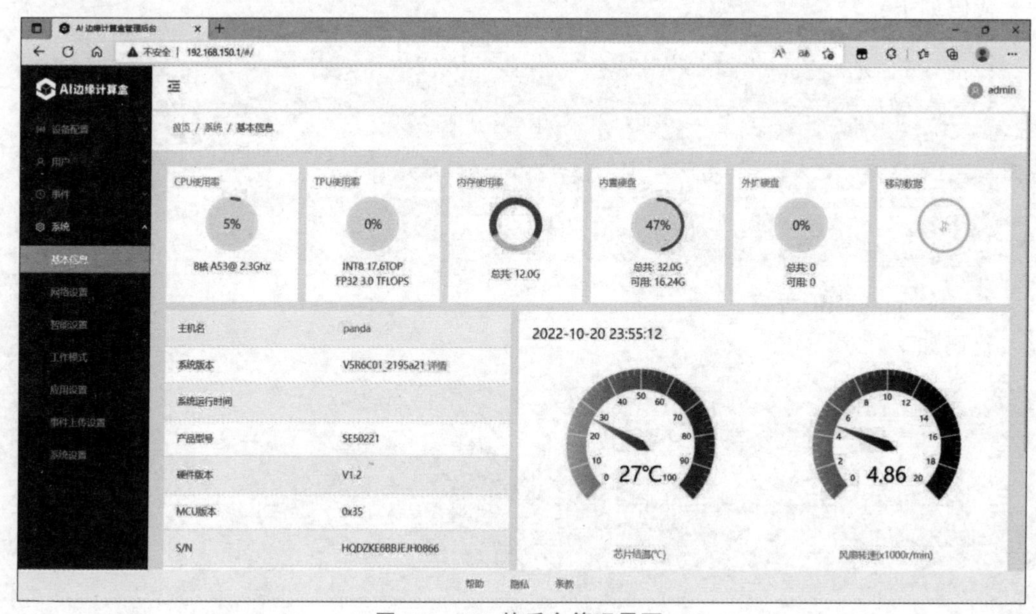

图 6.9 SE5 的后台管理界面

如果登录成功,则说明本地 IP 地址配置正确;如果无法登录,执行 ping 命令检查网络连接,如果无法 ping 通,应先解决 IP 地址的配置问题。

6.1.6 程序上传与执行

1. 通过 SCP 上传程序

编译好本地程序后,可以通过 scp 命令将可执行文件上传到 SE5 盒子,如图 6.10 所示。

```
huang@huang-virtual-machine:~$ scp -r /home/huang/helloworld/ linaro@19
2.168.150.1:/home/linaro
linaro@192.168.150.1's password:
hello.cpp                                100%  102     0.1KB/s   00:00
makefile                                 100%  105     0.1KB/s   00:00
hello.o                                  100% 2664     2.6KB/s   00:00
edit                                     100% 9216     9.0KB/s   00:00
huang@huang-virtual-machine:~$ 
```

图 6.10　通过 scp 命令上传程序

2. 通过 Filizilla 上传程序

如图 6.11 所示，本地可执行文件也可以通过 Filizilla 程序进行上传。

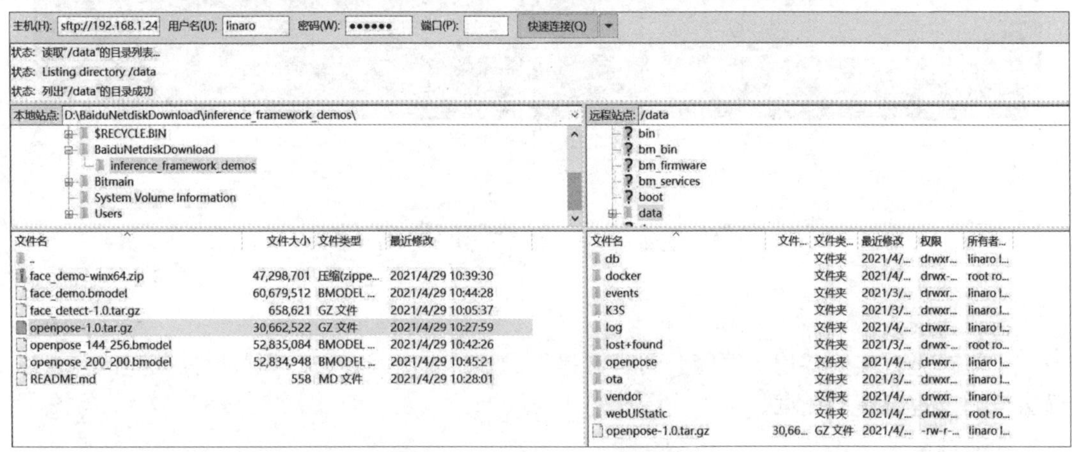

图 6.11　通过 Filizilla 上传程序

3. SSH 登录

上传文件后，可以通过 SSH 登录 SE5 盒子，如图 6.12 所示。

```
PS C:\Users\13727> ssh linaro@192.168.150.1
linaro@192.168.150.1's password:
Linux panda 4.9.38-bm1684-v7.3.0-00469-g49e7e2dd #2 SMP Mon Mar 22 17:26:51 CST 2021 aarch64

The programs included with the Debian GNU/Linux system are free software;
the exact distribution terms for each program are described in the
individual files in /usr/share/doc/*/copyright.

Debian GNU/Linux comes with ABSOLUTELY NO WARRANTY, to the extent
permitted by applicable law.
linaro@panda:~$ 
```

(a) SSH登录命令

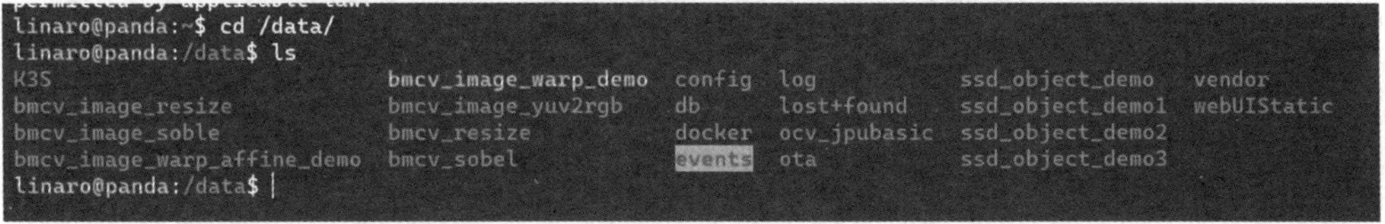

```
linaro@panda:~$ cd /data/
linaro@panda:/data$ ls
K3S                          bmcv_image_warp_demo  config  log          ssd_object_demo   vendor
bmcv_image_resize            bmcv_image_yuv2rgb    db      lost+found   ssd_object_demo1  webUIStatic
bmcv_image_soble             bmcv_resize           docker  ocv_jpubasic ssd_object_demo2
bmcv_image_warp_affine_demo  bmcv_sobel            events  ota          ssd_object_demo3
linaro@panda:/data$ 
```

(b) SSH链接显示

图 6.12　通过 SSH 登录 SE5 盒子

其中，SE5 盒子名称为 linaro，域名为 192.168.150.1，密码为 linaro。

注意：默认情况下，SE5 盒子的用户名是 admin，密码也是 admin，登录命令是

```
ssh admin@192.158.150.1
```

登录后,可以进入相应的目录执行程序。

需要注意的是,如果执行程序时提示权限不够,则需要先通过 chmod 777 xxx 赋予可执行文件执行权限,再运行可执行文件,如图 6.13 所示。

```
linaro@panda:/data/bmcv_image_resize$ ls
bmcv_image_resize  prevCar.jpg
linaro@panda:/data/bmcv_image_resize$ chmod 777 bmcv_image_resize
linaro@panda:/data/bmcv_image_resize$ ./bmcv_image_resize prevCar.jpg
Open /dev/jpu successfully, device index = 0, jpu fd = 4, vpp fd = 5
linaro@panda:/data/bmcv_image_resize$ ls
bmcv_image_resize  image_source_decrease.jpg  image_source_increate.jpg  prevCar.jpg
linaro@panda:/data/bmcv_image_resize$ |
```

图 6.13 执行程序

6.2 云平台开发环境

实验目的

掌握云平台实验环境。算能公司官网提供了云平台空间,模拟各种硬件实验环境,可以在云空间上进行实验测试。

实验内容

云平台环境申请与调试。

开发环境

开发主机:Ubuntu。

云平台:算能 SE5 云平台。

实验器材

开发主机+云平台。

6.2.1 云平台申请

可以通过算能公司官网上的云平台空间进行各种硬件环境模拟的实验操作。

例如,申请 SE5 盒子的测试空间,在算能公司官网进入 SOPHNET 平台,在云开发空间进入云空间申请界面,如图 6.14 所示。

可以选择"SE5-16 微服务器云测试空间"。

用户可以根据自己的需要申请不同的硬件模拟资源。

用户提交申请后,后台会在一定时间内审批。

6.2.2 云平台使用

1. 代码上传

在工作台界面选择"云空间文件系统",如图 6.15 所示,进入文件系统界面。

注意:部分可执行文件在上传时无法完成上传,导致一直停在进度条状态。可以将文件压缩后再上传,存储到云空间后再通过命令解压。

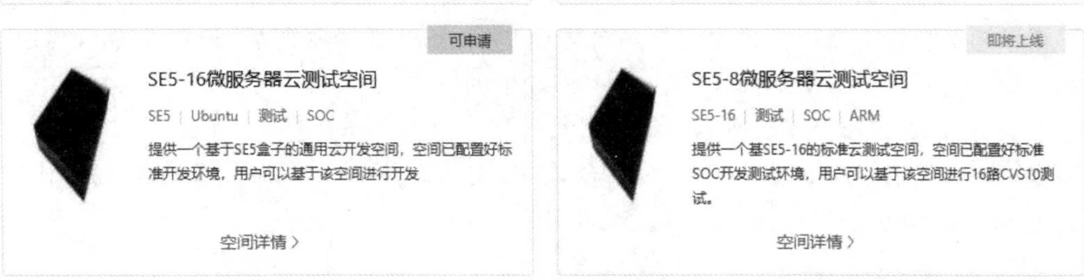

图 6.14　云空间申请界面

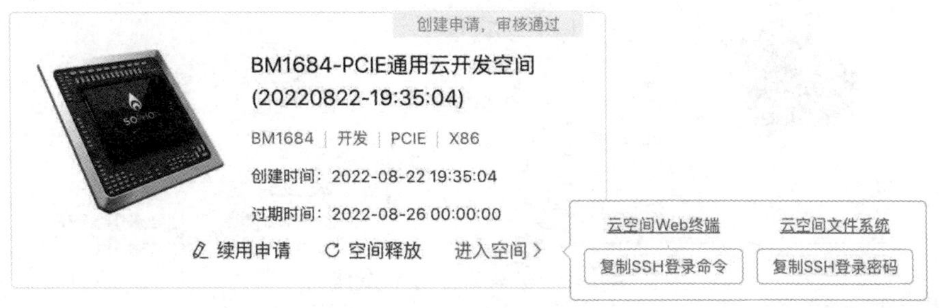

图 6.15　工作台界面

如图 6.16 所示，在 Default 文件夹下选择宿主机，右击开发空间后，在快捷菜单中选择“上传文件”命令，对程序进行上传。

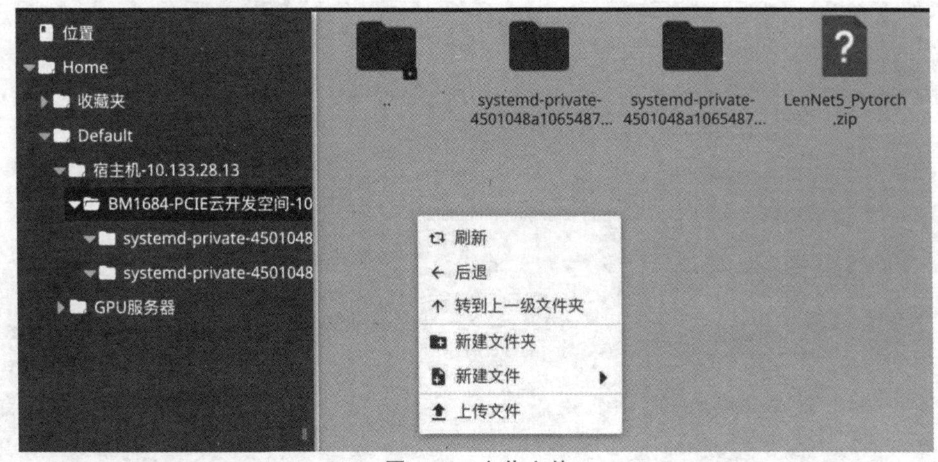

图 6.16　上传文件

2. 通过 SSH 登录云平台

上传完成后，通过 SSH 登录云平台，会在服务器的/tmp 文件夹下看到文件，如图 6.17 所示。

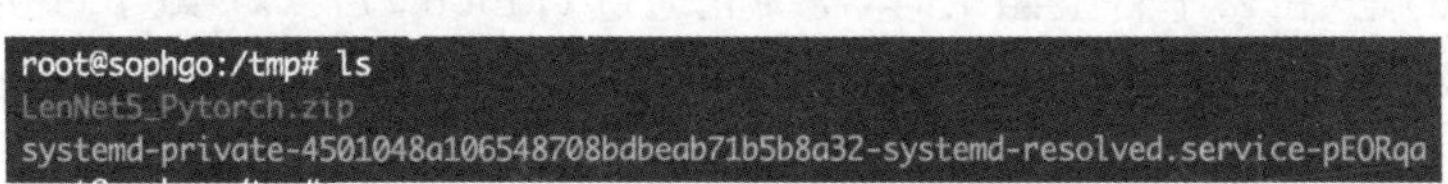

图 6.17　通过 SSH 登录云平台

在登录云平台时,也可以在工作台界面复制 SSH 登录命令,见图 6.15。

提示还需要输入密码。再次到工作台界面复制 SSH 登录密码后,返回命令行界面,粘贴密码即可登录。登录后的操作与在本地 SE5 下的操作一致。

3. 通过 Web 终端登录云平台

也可以直接通过 Web 终端登录云平台,如图 6.18 和图 6.19 所示。登录后的界面操作与通过 SSH 登录后的界面操作一致。

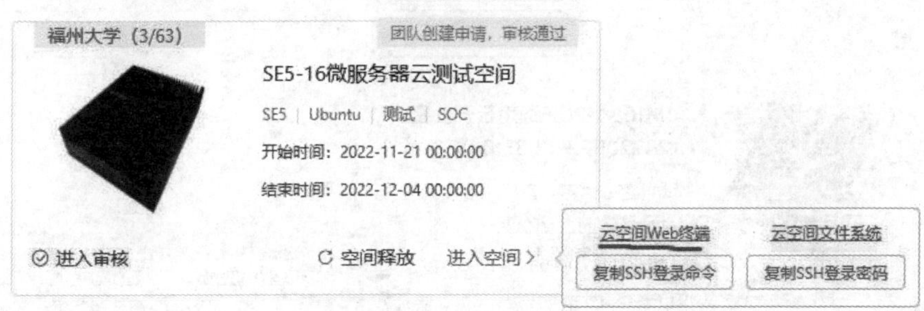

图 6.18 进入云空间 Web 终端

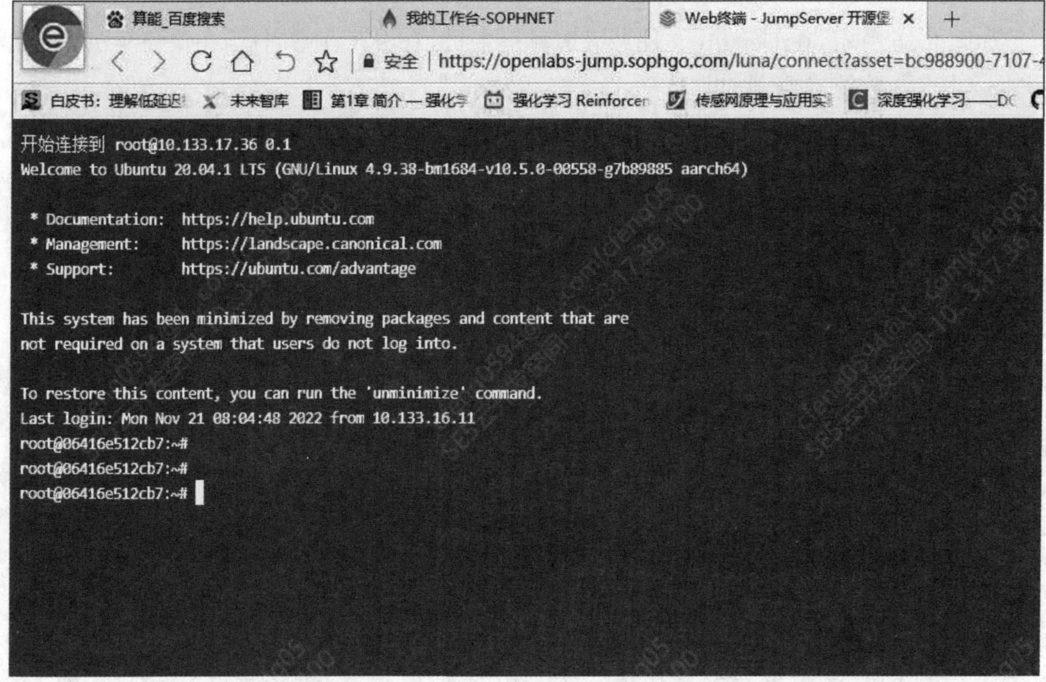

图 6.19 通过 Web 终端登录云平台

需要注意的是,在云平台上测试时,需要先通过 chmod 777 xxx 赋予可执行文件执行权限,再运行可执行文件,如图 6.20 所示。

```
linaro@panda:/data/bmcv_image_resize$ ls
bmcv_image_resize  prevCar.jpg
linaro@panda:/data/bmcv_image_resize$ chmod 777 bmcv_image_resize
linaro@panda:/data/bmcv_image_resize$ ./bmcv_image_resize prevCar.jpg
Open /dev/jpu successfully, device index = 0, jpu fd = 4, vpp fd = 5
linaro@panda:/data/bmcv_image_resize$ ls
bmcv_image_resize  image_source_decrease.jpg  image_source_increate.jpg  prevCar.jpg
linaro@panda:/data/bmcv_image_resize$
```

图 6.20　通过 chmod 命令赋予文件权限

6.3　多媒体开发基础编程实验

实验目的

本实验基于搭建好的开发环境和硬件环境，通过编写简单的通信实验，验证开发环境，掌握多媒体开发编程基础，包括套接字、多线程和线程同步知识。

实验内容

基于套接字、多线程、同步锁机制实现多媒体文件的收发。

发送端 Ubuntu 的 PC 读取文件，每 1024B 组成一个包，通过 TCP 报文发送到接收端。

接收端 SE5 上启动两个线程：线程 1 接收报文并将报文存入缓存；线程 2 通过缓存读取报文存入文件中。要求线程 1 和线程 2 之间通过同步锁进行线程同步。

开发环境

硬件：Ubuntu，SE5。

本地如果有 SE5，则可以把 PC 作为客户端，把 SE5 作为服务器端。本地如果没有 SE5，只有云空间，则可以直接将客户端和服务器端都通过云空间实现，即在云空间的 SE5 模拟环境中实现。

实验器材

开发主机＋云平台（或 SE5）。

6.3.1　实验原理和流程

1. 环境部署

环境部署如图 6.21 所示。

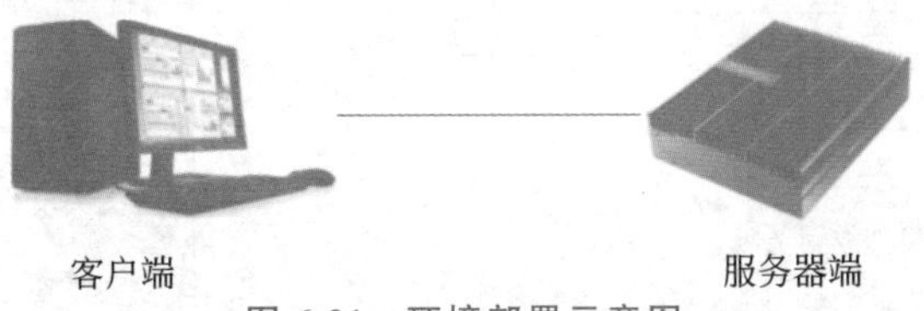

图 6.21　环境部署示意图

可以把 PC 作为客户端，把 SE5 盒子作为服务器端，将 PC 的文件传送至 SE5 中。如果是云平台开发，可以直接将客户端和服务器端都放在云平台的模拟器中。此时，在一台计算机中既实现客户端也实现服务器端，设置服务器端的通信地址为回环地址（127.0.0.1）。

客户端程序采用 TCP 进行文件收发。客户端程序采用单线程处理，在和服务器端建立连接后，循环读取流媒体文件，并进行套接字发送。客户端流程如下：

(1) 创建套接字。

(2) 输入可执行文件名、传输文件名、服务器地址和端口 4 个参数。

(3) 绑定服务器的 IP 地址及端口。

(4) 请求连接。

(5) 读取需要发送的流媒体文件。

(6) 启动 TCP 发送文件。

(7) 循环读取流媒体文件,直到结束后断开连接。

客户端流程如图 6.22 所示。

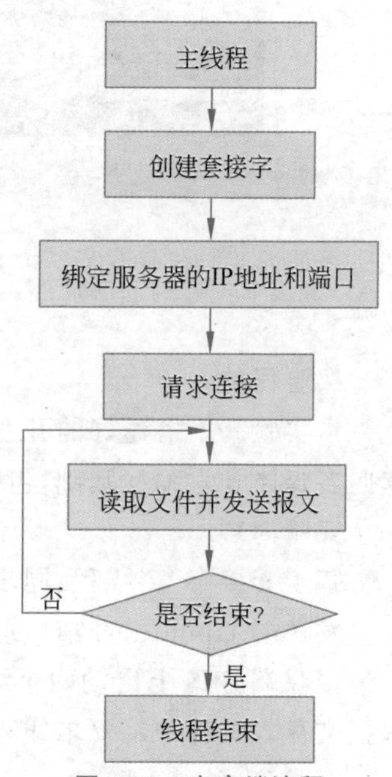

图 6.22 客户端流程

接收端作为服务器端采用多线程编程。主线程用于接收客户端发送的报文并将其存入缓存,另一个线程用于从缓存中读取报文并存入文件中。服务器端的流程如下:

(1) 创建套接字。

(2) 绑定 IP 地址和端口,以便客户端接入。

(3) 监听是否有客户端发出的连接请求。

(4) 接受连接请求后启动接收和写文件线程。

(5) 将接收的报文存入缓存中,同时从缓存读取报文并存入文件中。

(6) 传输完成后,重新等待连接请求。

服务器端流程如图 6.23 所示。

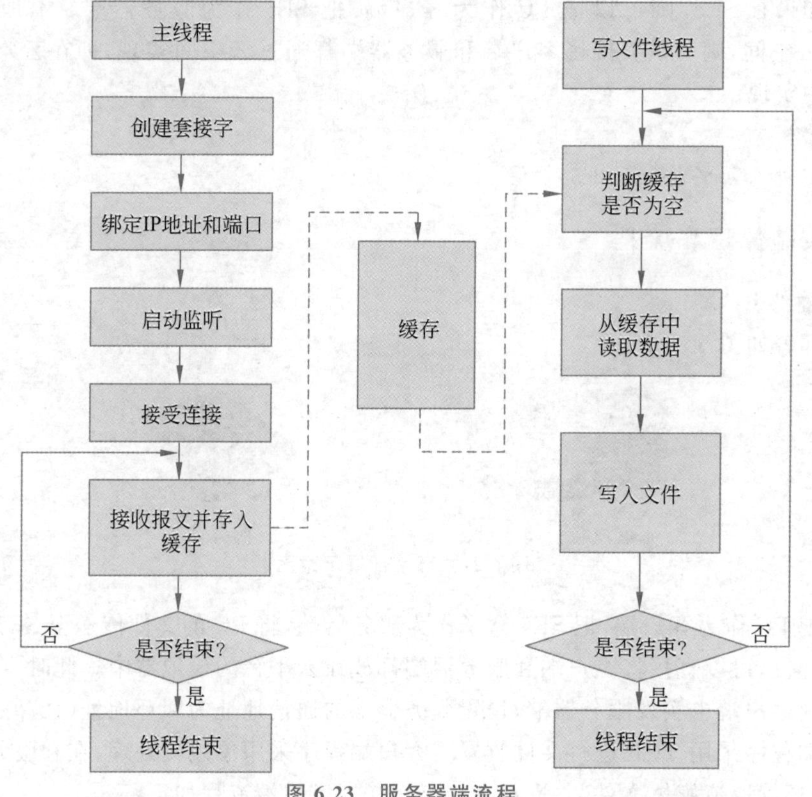

图 6.23 服务器端流程

6.3.2　关键代码解析

1. 客户端

由于需要用到套接字编程,因此应包含必要的头文件:

```
#include <iostream>
#include <errno.h>
#include <string.h>
#include <unistd.h>
#include <arpa/inet.h>
```

创建套接字,可以直接利用操作系统的 Socket 接口实现,关键函数如下:

```
int sockfd;
struct sockaddr_in servaddr;
if ((sockfd = socket(AF_INET, SOCK_STREAM, 0)) < 0)   //创建套接字并判断是否成功
{
    printf("create socket error: %s(errno: %d)\n", strerror(errno), errno);
    return 0;
}
memset(&servaddr, 0,sizeof(servaddr));                //初始化结构体
servaddr.sin_family = AF_INET;                        //设置地址家族
servaddr.sin_port = htons(atoi(argv[3]));             //设置端口
//发出连接请求,判断是否连接成功
if (connect(sockfd, (struct sockaddr *) &servaddr, sizeof(servaddr)) < 0)
{
    printf("connect error: %s(errno: %d)\n", strerror(errno), errno);
    return 0;
}
```

至此,客户端主动向服务器发送连接请求。

连接建立后,客户端可通过 fopen()函数打开文件,通过 fread()函数读取流媒体文件:

```
if ((fq = fopen(argv[1], "rb")) == NULL)
{
    /* 判断文件是否打开 */
    close(serverFd);
    return -1;
}
…
/* 循环读取文件并发送 */
size_t readLen = fread(buffer, 1, sizeof(buffer), fq);
```

客户端启动 TCP 发送流媒体文件。write()函数调用中的 serverFd 是套接字的句柄。

```
while (!feof(fq))
{
    /* 循环读取文件并发送 */
    size_t readLen = fread(buffer, 1, sizeof(buffer), fq);
```

```
    if (readLen != write(serverFd, buffer, readLen))
    {
        printf("write error.\n");
        break;
    }
}
```

2. 服务器端

服务器端由于涉及多线程编程,因此需要包含多线程头文件。服务器端还涉及缓存,本实例可以通过队列方法设计缓存,因此可以包含队列头文件。服务器端还涉及同步锁机制,因此还需要包含同步锁头文件。具体如下:

```
#include <stdio.h>
#include <string.h>
#include <netinet/in.h>
#include <unistd.h>
#include <thread>
#include <queue>
#include <mutex>
```

服务器端首先也需要创建套接字,并等待客户端发起连接。服务器端的关键代码如下:

```
int main(int argc, char **argv)
{
    int listenFd, clientFd;
    struct sockaddr_in servaddr;
    if ((listenFd = socket(AF_INET, SOCK_STREAM, 0)) < 0)
    {
        /*创建套接字*/
        printf("create socket error\n");
        return -1;
    }
    memset(&servaddr, 0,sizeof(servaddr));                //初始化结构体
    servaddr.sin_family = AF_INET;                        //设置地址族协议
    servaddr.sin_addr.s_addr = htonl(INADDR_ANY);         //设置地址
    servaddr.sin_port = htons(6666);                      //设置默认端口
    if (bind(listenFd, (struct sockaddr *)&servaddr, sizeof(servaddr)) < 0)
    {
        /*绑定套接字地址和端口*/
        printf("bind socket error\n");
        return -1;
    }

    if (listen(listenFd, 10) < 0)
    {
        /*开启监听*/
        printf("listen socket error\n");
        return -1;
    }
```

```
    struct sockaddr_in client_addr;
    socklen_t size =sizeof(client_addr);
    if((clientFd = accept(listenFd, (struct sockaddr * )&client_addr, &size)) < 0)
    {
        /* 建立连接 */
        printf("accept socket error\n");
        return -1;
    }
    std::thread write_thread(writeThread);
    size_t readLen = 0;
    while(true)
    {
        /* 循环读取客户端消息 */
        char buff[MAXBUFF] = {0};
        readLen = read(clientFd, buff,MAXBUFF);
        if(readLen <= 0)
            break;
        std::string data(buff, readLen);
        g_mx.lock();                                            //上锁
        g_dataQue.push(data);
        g_mx.unlock();                                          //解锁
    }
    write_thread.join();
    close(clientFd);
    close(listenFd);
    return 0;
}
```

注意，在上述函数中定义了写文件线程：

```
std::thread write_thread(writeThread);
```

在主线程中启动了写文件线程：

```
write_thread.join();
```

写文件线程代码如下：

```
std::queue<std::string> g_dataQue;                          //全局队列
std::mutex g_mx;                                            //互斥锁
void writeThread()
{
    /* 写文件线程 */
    FILE * out_put = fopen("recv_data.mp4", "w+");
    sleep(1);                                               //休眠 1s,确保队列中有数据
    while(true)
    {
        /* 从队列中读取数据并存储到文件中 */
        if(g_dataQue.size() == 0)
```

```
            break;
        g_mx.lock();                                          //上锁
        std::string data = g_dataQue.front();
        g_dataQue.pop();
        g_mx.unlock();                                        //解锁
        fwrite((void *)data.data(), 1, data.size(), out_put);
    }
    fclose(out_put);
}
```

如上所示,同步锁用于进行缓冲区的读写同步。上述实例中,通过 std::mutex 实现同步。

6.4 边缘检测

实验目的

BMCV 提供了一套基于 Sophon 人工智能芯片优化的机器视觉库,利用芯片的 TPU 和 VPP 模块,可以完成色彩空间转换、尺度变换、仿射变换、透射变换、线性变换、JPEG 编解码、BASE64 编解码、NMS、排序、特征匹配等操作。

本实验的目的是掌握算能公司的 BMCV 接口使用方法,掌握 bmcv_image_sobel()、bmcv_image_canny()边缘检测函数的使用方法。

实验内容

(1) 编写代码,通过 OpenCV 读取图像文件,并调用 bmcv_image_sobel()、bmcv_image_canny()函数实现对图像的边缘检测,最后输出检测结果。

(2) 直接利用 OpenCV 的边缘检测接口,实现边缘检测功能。

(3) 对比 OpenCV 与 BMCV 边缘检测所需要的时间。

开发环境

开发主机:Ubuntu。

云平台:算能 SE5 云平台。

实验器材

开发主机+云平台。

6.4.1 BMCV 关键函数解析

BMCV 函数请参考算能公司的 BMCV 用户指南,也可以从算能公司官网的文档中心下载 BMCV_User_Guide_zh.pdf。

OpenCV 的开发资料可参考 OpenCV 官方文档。

算能公司的 BMCV 提供了 bmcv_image_sobel()和 bmcv_image_canny()函数用于进行边缘检测。

1. bmcv_image_sobel()函数

```
bm_status_t bmcv_image_sobel (
```

```
    bm_handle_t handle,                   //BMCV 句柄
    bm_image input,                       //输入的 bm_image 格式的图像(待处理)
    bm_image output,                      //输出的 bm_image 格式的图像(处理结果)
    int dx,                               //x 方向上的差分阶数
    int dy,                               //y 方向上的差分阶数
);
```

具体函数接口说明如下：

(1) 第二个参数和第三个参数的图像格式为 bm_image，它需要外部调用 bmcv_image_create()创建。可以使用 bm_image_alloc_dev_mem()或者 bm_image_copy_host_to_device()开辟新的内存，也可以使用 bmcv_image_attach()关联已有的内存。

(2) dx、dy 取值均为 1 或 0。其中，dx=1、dy=0 表示计算 x 方向的导数，检测出的是水平方向上的边缘；dx=0、dy=1 表示计算 y 方向的导数，检测出的是垂直方向上的边缘。

(3) Sobel 核的大小必须是−1、1、3、5 或 7。其中，如果是−1，则使用 3×3 Scharr 滤波器；如果是 1，则使用 3×1 或者 1×3 的核。默认值为 3。scale 为对差分结果乘以的系数，默认值为 1。Delta 为在输出最终结果之前加上的偏移量，默认值为 0。通常不需要对 scale 和 Delta 进行设置。

2. bmcv_image_canny()函数

```
bm_status_t bmcv_image_canny (
    bm_handle_t handle,
    bm_image input,
    bm_image output,
    float threshold1,
    float threshold2,
    int aperture_size = 3,
    bool l2gradient = false
);
```

具体函数接口说明如下：

(1) 第二个参数和第三个参数参考 bmcv_image_sobel()的参数说明。

(2) threshold1 和 threshold2 为双阈值法的两个阈值。aperture_size 为其中 Sobel 核的大小，目前仅支持 3。l2gradient 表示是否使用 L2 范数求图像梯度，默认值为 false，即使用 L1 范数求解图像梯度。

注意，BMCV 的函数都基于 bm_image 格式进行图像处理。例如，上面的函数中第二个参数和第三个参数都是基于 bm_image 格式的。因此，需要首先通过 OpenCV 读取图像，并将图像转换为 bm_image 格式后，才可以调用 bmcv_image_sobel()和 bmcv_image_canny()函数进行边缘检测。

本节至 6.7 节的实验流程如图 6.24 所示，仅需调整用粗线方框标出的步骤中调用的 API 即可实现不同的实验功能。

本实验为了利用 BMCV 接口，需要包含与 BMCV 相关的头文件：

```
#include "bmcv_api.h"
```

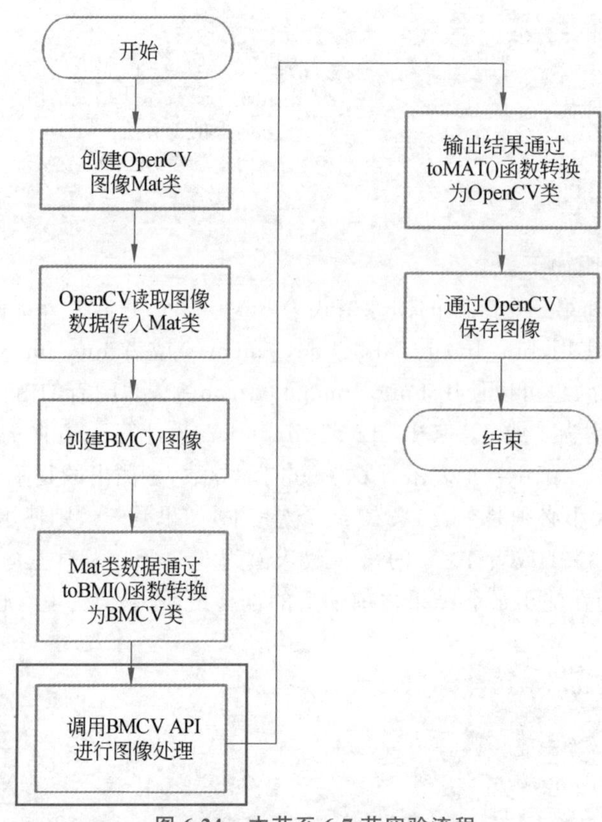

图 6.24　本节至 6.7 节实验流程

创建 Mat 类对象并读取图像数据：

```
#创建 OpenCV 类对象
cv::Mat Input,Out;
#读取第二个命令行参数存入 Mat 类对象中(读取数据)
Input = cv::imread(argv[1], 0);
```

注意，这里 OpenCV 读取的图像文件输出的格式是 Mat 类，而 BMCV 处理的图像是 bm_image 格式，即 BMCV 类对象。因此，需要先创建 BMCV 类对象，然后将 OpenCV 读取的图像通过 toBMI()接口转换为 BMCV 类对象。

```
#创建 BMCV 类对象
bm_image input, output;
bm_image_create(handle, height, width, FORMAT_GRAY, DATA_TYPE_EXT_1N_BYTE,
&input);
#以下是 C++智能指针，划分一块内存区域并获取其信息
std::unique_ptr<unsigned char[]> src_data(new unsigned char[width * height]);
std::unique_ptr<unsigned char[]> res_data(new unsigned char[width * height]);
```

在创建 BMCV 类对象后，需要为该对象申请内存：

```
bm_image_alloc_contiguous_mem(1, &input);
bm_image_alloc_contiguous_mem(1, &output);
```

也可以通过 bm_image_alloc_dev_mem(input)函数申请内存：

```
bm_image_alloc_dev_mem(input);
bm_image_alloc_dev_mem(output);
```

然后通过 toBMI()函数将 OpenCV 读取的 Mat 类数据转换为 BMCV 类数据，再调用 bmcv_image_sobel()函数进行处理：

```
cv::bmcv::toBMI(Input,&input);
#Sobel 边缘检测
bmcv_image_sobel(handle, input, output, 0, 1);
```

需要注意的是，这里用 toBMI()函数实际上进行了一个内存同步的操作。也就是 OpenCV 读取的 Mat 格式图像实际处于系统内存中，通过 toBMI()转换后同步到设备内存中。这里也可以通过 bm_image_copy_host_to_device()函数完成内存同步的操作，具体见 BMCV 用户指南中的示例代码所采用的方法。

将处理结果转换为 Mat 数据并保存：

```
cv::bmcv::toMAT(&output, Out);
cv::imwrite("out.jpg", Out);
```

最后释放内存空间：

```
bm_image_free_contiguous_mem(1, &input);
bm_image_free_contiguous_mem(1, &output);
bm_image_destroy(input);
bm_image_destroy(output);
bm_dev_free(handle);
```

综上，利用 BMCV 进行图像边缘检测的关键代码如下：

```
#include <iostream>
#include <vector>
#include "bmcv_api.h"
#include "common.h"
#include "stdio.h"
#include "stdlib.h"
#include "string.h"
#include <memory>
using namespace cv;
using namespace std;
int main(int argc, char * argv[]) {
    bm_handle_t handle;                              //获取句柄
    bm_dev_request(&handle, 0);
    int width = 600;                                 //定义图像数据
    int height = 600;
    cv::Mat Input,Out,Test;
```

```
    Input = cv::imread(argv[1], 0);                //OpenCV 读取图像,通过命令行参数传入
    //利用智能指针分配内存并获取数据
    std::unique_ptr<unsigned char[]> src_data(new unsigned char[width * height]);
    std::unique_ptr<unsigned char[]> res_data(new unsigned char[width * height]);
    //BMCV 处理
    bm_image input, output;
    bm_image_create(handle, height, width, FORMAT_GRAY, DATA_TYPE_EXT_1N_BYTE, &input);
    bm_image_alloc_contiguous_mem(1, &input, 1);          //分配设备内存
    unsigned char * input_img_data = src_data.get();
    bm_image_copy_host_to_device(input, (void **)&input_img_data);
    bm_image_create(handle, height, width, FORMAT_GRAY, DATA_TYPE_EXT_1N_BYTE, &output);
    bm_image_alloc_contiguous_mem(1, &output, 1);
    cv::bmcv::toBMI(Input, &input);                       //自动进行内存同步
    //使用 bmcv_image_sobel()函数进行图像处理
    if (BM_SUCCESS != bmcv_image_sobel(handle, input, output, 0, 1)) {
        std::cout << "bmcv sobel error !!!" << std::endl;
        bm_image_destroy(input);
        bm_image_destroy(output);
        bm_dev_free(handle);
        return -1;
    }
    //将输出结果转换成 Mat 数据并保存
    cv::bmcv::toMAT(&output, Out);
    cv::imwrite("out.jpg", Out);
    bm_image_free_contiguous_mem(1, &input);
    bm_image_free_contiguous_mem(1, &output);
    bm_image_destroy(input);
    bm_image_destroy(output);
    bm_dev_free(handle);
    return 0;
}
```

如果使用 bmcv_image_canny()函数进行边缘检测,只需要将上述代码中的 bmcv_image_sobel()函数改为 bmcv_image_canny()函数即可:

```
//使用 bmcv_image_canny()函数进行图像处理
    if (BM_SUCCESS != bmcv_image_canny(handle, input, output, 0, 200)) {
        td::cout<< "bmcv canny error !!!" << std::endl;
        bm_image_destroy(input);
        bm_image_destroy(output);
        bm_dev_free(handle);
        exit(-1);
    }
```

编写 makefile 文件:

```
DEBUG        ?= 0
PRODUCTFORM  ?= soc
BM_MEDIA_ION ?= 0
INSTALL_DIR  ?= release

//注意:这里一定要根据自己的路径进行设置
top_dir :=../../..
ifeq ($(PRODUCTFORM),x86) # PCI-E mode
    CROSS_CC_PREFIX = x86_64-linux-
else # pcie_arm64 and SoC mode
    CROSS_CC_PREFIX = aarch64-linux-gnu-
endif

CC  = $(CROSS_CC_PREFIX)gcc
CXX = $(CROSS_CC_PREFIX)g++

CPPFLAGS := -std=gnu++11 -fPIC -Wall -Wl,--fatal-warning
ifeq ($(DEBUG), 0)
    CPPFLAGS += -O2
else
    CPPFLAGS += -g
endif

#NATIVE API SDK
NATIVE_SDK_HEADERS := -I$(top_dir)/include/decode
NATIVE_SDK_LDFLAGS := -L$(top_dir)/lib/decode/${PRODUCTFORM}
NATIVE_SDK_LDLIBS := -lbmion -lbmjpulite -lbmjpuapi -lbmvpulite -lbmvpuapi -
lbmvideo -lbmvppapi -lyuv

#FFMPEG SDK
FF_SDK_HEADERS := -I$(top_dir)/include/ffmpeg
FF_SDK_LDFLAGS := -L$(top_dir)/lib/ffmpeg/$(PRODUCTFORM)
FF_SDK_LDLIBS := -lavcodec -lavformat -lavutil -lswresample -lswscale

#OpenCV SDK
OCV_SDK_HEADERS := -I$(top_dir)/include/opencv/opencv4
OCV_SDK_LDFLAGS := -L$(top_dir)/lib/opencv/$(PRODUCTFORM)
OCV_SDK_LDLIBS  := -lopencv_core -lopencv_imgcodecs -lopencv_imgproc -lopencv_
videoio

#BMCV SDK
BMCV_SDK_HEADERS := -I$(top_dir)/include/bmlib
BMCV_SDK_LDFLAGS := -L$(top_dir)/lib/bmnn/$(PRODUCTFORM)
ifeq (${PRODUCTFORM}, x86)
BMCV_SDK_LDFLAGS :=  -L$(top_dir)/lib/bmnn/pcie
endif
BMCV_SDK_LDLIBS  := -lbmcv -lbmlib

CPPFLAGS += $(NATIVE_SDK_HEADERS) $(FF_SDK_HEADERS) $(OCV_SDK_HEADERS) $(BMCV_
SDK_HEADERS)
```

```
LDFLAGS  := $(NATIVE_SDK_LDFLAGS) $(FF_SDK_LDFLAGS) $(OCV_SDK_LDFLAGS) $(BMCV_
SDK_LDFLAGS)
LDLIBS   := $(NATIVE_SDK_LDLIBS) $(FF_SDK_LDLIBS) $(OCV_SDK_LDLIBS) $(BMCV_SDK_
LDLIBS) -lpthread -lstdc++

TARGET=bmcv_sobel
MAKEFILE=Makefile
ALLOBJS= *.o
ALLDEPS= *.dep
RM=rm -rf
CP=cp -f

SOURCES := bmcv_sobel.cpp

OBJECTPATHS:=$(patsubst %.cpp,%.o,$(SOURCES))

.phony: all clean

all: $(TARGET)

$(TARGET): $(OBJECTPATHS)
    $(CC) -o $@ $(OBJECTPATHS) $(LDFLAGS) $(LDLIBS)

install: $(TARGET)
    install -d $(INSTALL_DIR)/bin
    install $(TARGET) $(INSTALL_DIR)/bin

uninstall:
    $(RM) $(INSTALL_DIR)/bin/$(TARGET)

clean:
    $(RM) $(TARGET)
    $(RM) $(ALLDEPS)
    $(RM) $(ALLOBJS)

bmcv_sobel.o : bmcv_sobel.cpp $(MAKEFILE)
    $(CXX) $(CPPFLAGS) -c $< -o $@ -MD -MF $(@:.o=.dep)
LDLIBS   := $(NATIVE_SDK_LDLIBS) $(FF_SDK_LDLIBS) $(OCV_SDK_LDLIBS) $(BMCV_SDK_
LDLIBS) -lpthread -lstdc++

TARGET=bmcv_sobel
MAKEFILE=Makefile
ALLOBJS= *.o
ALLDEPS= *.dep
RM=rm -rf
CP=cp -f

SOURCES := bmcv_sobel.cpp

OBJECTPATHS:=$(patsubst %.cpp,%.o,$(SOURCES))
```

```
.phony: all clean

all: $(TARGET)

$(TARGET) : $(OBJECTPATHS)
    $(CC) -o $@ $(OBJECTPATHS) $(LDFLAGS) $(LDLIBS)

install: $(TARGET)
    install -d $(INSTALL_DIR)/bin
    install $(TARGET) $(INSTALL_DIR)/bin

uninstall:
    $(RM) $(INSTALL_DIR)/bin/$(TARGET)

clean:
    $(RM) $(TARGET)
    $(RM) $(ALLDEPS)
    $(RM) $(ALLOBJS)

bmcv_sobel.o : bmcv_sobel.cpp $(MAKEFILE)
    $(CXX) $(CPPFLAGS) -c $< -o $@ -MD -MF $(@:.o=.dep)
LDLIBS   := $(NATIVE_SDK_LDLIBS) $(FF_SDK_LDLIBS) $(OCV_SDK_LDLIBS) $(BMCV_SDK_
LDLIBS) -lpthread -lstdc++

TARGET=bmcv_sobel
MAKEFILE=Makefile
ALLOBJS= *.o
ALLDEPS= *.dep
RM=rm -rf
CP=cp -f

SOURCES := bmcv_sobel.cpp

OBJECTPATHS:=$(patsubst %.cpp,%.o,$(SOURCES))

.phony: all clean

all: $(TARGET)

$(TARGET) : $(OBJECTPATHS)
    $(CC) -o $@ $(OBJECTPATHS) $(LDFLAGS) $(LDLIBS)

install: $(TARGET)
    install -d $(INSTALL_DIR)/bin
    install $(TARGET) $(INSTALL_DIR)/bin

uninstall:
    $(RM) $(INSTALL_DIR)/bin/$(TARGET)

clean:
```

```
    $(RM) $(TARGET)
    $(RM) $(ALLDEPS)
    $(RM) $(ALLOBJS)

jpumulti.o : bmcv_sobel.cpp $(MAKEFILE)
    $(CXX) $(CPPFLAGS) -c $< -o $@ -MD -MF $(@:.o=.dep)
SOURCES := bmcv_sobel.cpp

OBJECTPATHS:=$(patsubst %.cpp,%.o,$(SOURCES))

.phony: all clean

all: $(TARGET)

$(TARGET): $(OBJECTPATHS)
    $(CC) -o $@ $(OBJECTPATHS) $(LDFLAGS) $(LDLIBS)

install: $(TARGET)
    install -d $(INSTALL_DIR)/bin
    install $(TARGET) $(INSTALL_DIR)/bin

uninstall:
    $(RM) $(INSTALL_DIR)/bin/$(TARGET)

clean:
    $(RM) $(TARGET)
    $(RM) $(ALLDEPS)
    $(RM) $(ALLOBJS)

bmcv_sobel.o : bmcv_sobel.cpp $(MAKEFILE)
    $(CXX) $(CPPFLAGS) -c $< -o $@ -MD -MF $(@:.o=.dep)
```

6.4.2 BMCV 检测结果

向云平台或 SE5 上传要进行边缘检测的图像,如图 6.25 所示,并执行如下命令:

```
./bmcv_sobel greycat.jpeg bmcv
```

图 6.25　待检测的图像

对同一幅图像利用 Sobel 算子和 Canny 算子进行边缘检测的结果分别如图 6.26 与图 6.27 所示。

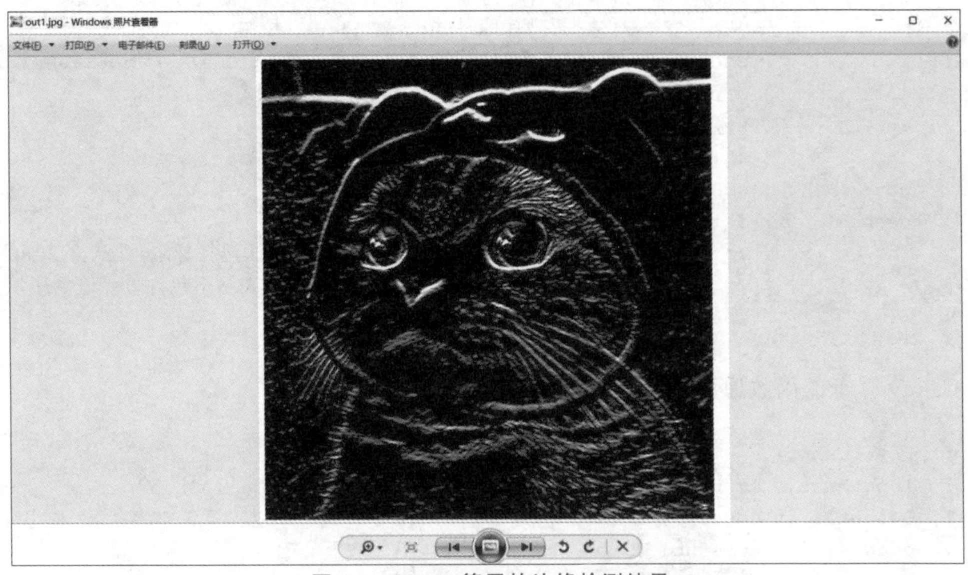

图 6.26　Sobel 算子的边缘检测结果

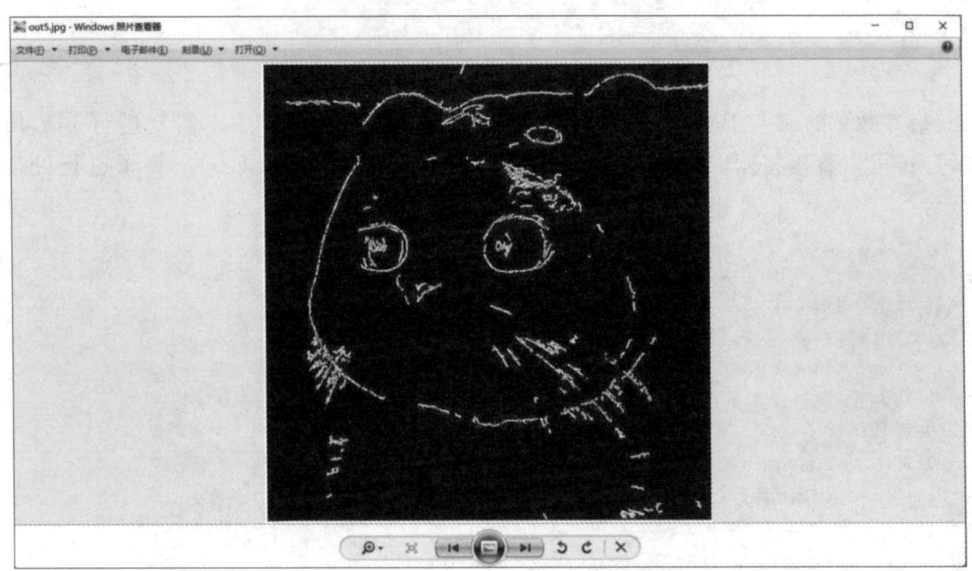

图 6.27　Canny 算子的边缘检测结果

两种边缘检测法都能大概检测出图像边缘，但精细程度不同。在实际应用中可选择适合的边缘检测方法。

6.4.3　OpenCV 关键函数解析

OpenCV 也提供了 Sobel 和 Canny 这两个边缘检测算子。

Sobel 算子的函数原型如下：

```
void cv::Sobel(
    InputArray  src,
    OutputArray dst,        //输出图像,与输入图像 src 具有相同的尺寸和通道数
                            //数据类型由第三个参数 ddepth 控制
    int         ddepth,     //输出图像的数据类型(深度), 为-1时表示自动选择数据类型
    int         dx,
    int         dy,
    int         ksize = 3,
    double      scale = 1,
    double      delta = 0,
    int         borderType = BORDER_DEFAULT  //像素外推法选择标志,默认为 BORDER_
                                             //DEFAULT 表示不包含边界值倒序填充
);
```

Canny 算子的函数原型如下:

```
void cv::Canny(
    InputArray  image,
    OutputArray edges,
    double      threshold1,
    double      threshold2,
    int         apertureSize = 3,
    bool        L2gradient = false
);
```

其余参数的含义与 BMCV 中的同名参数相同。在 OpenCV 中不需要进行 bm_image 格式转换,可以直接将读取的 Mat 格式的图像通过 Sobel 算子和 Canny 算子进行处理,如下所示:

```
#include <opencv2/core.hpp>
#include <opencv2/imgcodecs.hpp>
#include <opencv2/imgproc/imgproc.hpp>
#include <opencv2/highgui/highgui.hpp>
…
//关键代码
cv::Mat srcImage = cv::imread(argv[1], 1);
cv::Mat grayImage;
cv::Mat srcImage1 = srcImage.clone();
cvtColor(srcImage, grayImage, COLOR_BGR2GRAY);
Mat dstImage, edge;
dstImage.create(srcImage1.size(), srcImage1.type());
dstImage = Scalar::all(0);
srcImage1.copyTo(dstImage, edge);
```

6.4.4 硬件加速性能对比

此外,在算能云平台上,基于 BMCV 的 Sobel 算子因为使用了硬件加速,所以可以提升速率。

在运行时通过 time 命令验证执行程序所需的时间，结果如图 6.28 所示。

```
root@b3e319d8a0c8:~/bmnnsdk2-bm1684_v2.7.0/examples/bmcv_sobel_opencv# time ./bmcv_image_soble greycat.jpeg
Open /dev/jpu successfully, device index = 0, jpu fd = 4, vpp fd = 5

real    0m0.046s
user    0m0.036s
sys     0m0.016s
```

(a) 使用OpenCV的Sobel算子所需时间

```
root@b3e319d8a0c8:~/bmnnsdk2-bm1684_v2.7.0/examples/bmcv_sobel# time ./bmcv_sobel greycat.jpeg
Open /dev/jpu successfully, device index = 0, jpu fd = 8, vpp fd = 9

real    0m0.035s
user    0m0.024s
sys     0m0.008s
```

(b) 使用BMCV的Sobel算子所需时间

图 6.28　执行 time 命令的结果

可见，经硬件加速后，程序所需的运行时间减少了。

6.5　图像裁剪及尺寸变换

实验目的

在深度学习中，往往需要从一幅大图中裁剪出一幅小图，以适应网络对输入图像的尺寸要求，这可以通过 bmcv_image_crop()函数实现。在实践中，经常需要对输入图像的尺寸进行调整，以适应网络对输入图像的尺寸要求，这可以通过 bmcv_image_resize()函数实现。目标检测时需要将检测到的目标位置用矩形框标示出来，这可以通过 bmcv_image_draw_rectangle()函数实现。本实验的目的是掌握 bmcv_image_crop()、bmcv_image_resize()、bmcv_image_draw_rectangle()函数的使用方法。

实验内容

编写 BMCV 代码，调用 bmcv_image_crop()和 bmcv_image_resize()函数实现图像裁剪及尺寸变换，调用 bmcv_image_draw_rectangle()函数在指定的位置上画矩形框。

开发环境

开发主机：Ubuntu。

云平台：算能 SE5 云平台。

实验器材

开发主机＋云平台。

实验步骤

本实验的程序框架与图 6.24 一致，仅需根据具体调用的 API 配置相关参数即可。接下来重点介绍 API 的参数及其调用方法。

6.5.1　bmcv_image_crop()函数

算能 BMCV 提供了 bmcv_image_crop()函数，可以根据需要裁剪所需数量、大小的图像，具体函数原型如下：

```
bm_status_t bmcv_image_crop(
    bm_handle_t handle,                                 //句柄
    int crop_num,
    bmcv_rect_t * rects,
    bm_image input,
    bm_image * output
);
```

在该函数的参数中,crop_num 为需要裁剪出的小图数量;input 指针指向输入图像,即 bm_image 对象;output 指针指向输出图像;rects 指针指向 bmcv_rect_t 结构体,表示与裁剪相关的信息,包括起始坐标、输出图像宽高,该指针指向若干裁剪框的信息,框的个数由 crop_num 决定。

返回值为 BM_SUCCESS 表示裁剪成功,否则为失败。

bmcv_rect_t 结构体的定义如下:

```
Typedef struct bmcv_rect{
    int start_x;                                        //起始横坐标
    int start_y;                                        //起始纵坐标
    int crop_x;                                         //输出图像宽度
    int crop_y;                                         //输出图像高度
}bmcv_rect_t;
```

该函数调用方式如下:

```
//配置裁剪框的相关信息
bmcv_rect_t crop_attr;
crop_attr.start_x = 0;
crop_attr.start_y = 0;
crop_attr.crop_w =600;
crop_attr.crop_h =600;
bm_image input, output;
…                                                       //input 和 output 的创建代码省略
…                                                       //代码主要框架参考 6.4 节实验
bmcv_image_crop(handle,1,&crop_attr,input,&output)
```

6.5.2 bmcv_image_resize()函数

算能 BMCV 提供了 bmcv_image_resize()函数,可以对输入的若干幅图像进行尺寸调整,或者在一幅大图上裁剪出一幅小图并进行尺寸调整。该函数原型如下:

```
bm_status_t bmcv_image_resize(
    bm_handle_t handle,                                 //bm_handle 句柄
    int input_num,
    bmcv_resize_image resize_attr[4],
    bm_image * input,
    bm_image * output
);
```

该函数的返回值为BM_SUCCESS表明尺寸调整成功，否则为失败。

在调用bmcv_image_resize()之前必须确保输入的图像已经申请内存。支持图像最大尺寸为2048×2048，最小尺寸为16×16，最大缩放比为32∶1。

input和output参数为指向输入和输出bm_image对象的指针。每个bm_image对象需要外部调用bmcv_image_create()创建。可以使用bm_image_alloc_dev_ mem()或者bm_image_copy_host_to_device()开辟新的内存，也可以使用bmcv_ image_attach()关联已有的内存。在输出时如未分配内存，将在API内部自行分配。

image_num表示输入待调整尺寸的图像数，最多支持4幅图像。如果input_num＞1，那么多幅输入图像必须是连续存储的(可以使用bm_image_alloc_contiguous_mem()给多幅图像申请连续空间)。resize_attr[4]为每幅图像对应的resize参数，最多支持4幅图像，其类型为bmcv_resize_image结构体。

bmcv_resize_image描述了一幅图像中resize配置信息，其定义如下：

```
typedef struct bmcv_resize_image_s{
    bmcv_resize_t * resize_img_attr;
    int roi_num;
    unsigned char stretch_fit;
    unsigned char padding_b;
    unsigned char padding_g;
    unsigned char padding_r;
    unsigned int interpolation;
}bmcv_resize_image;
```

其中，roi_num描述了一幅图像中需要进行尺寸调整的子图总个数；stretch_fit表示是否按照原图比例对图像进行缩放，1表示无须按照原图比例进行缩放，0表示按照原图比例进行缩放，此时结果图像中未进行缩放的地方将会被填充成特定值；padding_r、padding_g、padding_b表示当stretch_fit设为0的情况下R、G、B通道上被填充的值；interpolation表示缩图所使用的算法，设为BMCV_INTER_NEAREST表示最近邻算法，设为BMCV_INTER_LINEAR表示线性插值算法。

resize_img_attr为bmcv_resize_t结构体类型的指针，其定义如下：

```
typedef struct bmcv_resize_s{
    int start_x;
    int start_y;
    int in_width;
    int in_height;
    int out_width;
    int out_height;
}bmcv_resize_t;
```

其中，start_x描述了尺寸调整的起始横坐标，start_y描述了尺寸调整的起始纵坐标(均相对于原图)，常用于抠图功能；in_width、in_height描述了裁剪图像的宽和高；out_width和out_height描述了输出图像的宽和高。

该函数调用方式如下：

```
int image_num = 1;
int crop_w = 400, crop_h = 400;
int resize_w = 400, resize_h = 400;
int image_w = 1000, image_h = 1000;
int img_size_i = image_w * image_h * 3;
int img_size_o = resize_w * resize_h * 3;
bmcv_resize_image resize_attr[image_num];
bmcv_resize_t resize_img_attr[image_num];
for(int img_idx = 0; img_idx < image_num; img_idx++) {
    resize_img_attr[img_idx].start_x = 0;                //裁剪图像的起始横坐标
    resize_img_attr[img_idx].start_y = 0;                //裁剪图像的起始纵坐标
    resize_img_attr[img_idx].in_width = crop_w;          //裁剪图像的宽
    resize_img_attr[img_idx].in_height = crop_h;         //裁剪图像的高
    resize_img_attr[img_idx].out_width = resize_w;       //输出的宽
    resize_img_attr[img_idx].out_height = resize_h;      //输出的高
    }
for (int img_idx = 0; img_idx < image_num; img_idx++) {
    resize_attr[img_idx].resize_img_attr = &resize_img_attr[img_idx];
    resize_attr[img_idx].roi_num = 1;
    resize_attr[img_idx].stretch_fit = 1;
    resize_attr[img_idx].interpolation = BMCV_INTER_NEAREST;
}
bm_image input[image_num];
bm_image output[image_num];
cv::Mat Input,Out;
Input = cv::imread(argv[1], 0);
for (int img_idx = 0; img_idx < image_num; img_idx++) {
    //创建输入和输出图像对象,并分配内存空间,转换为bm_image格式
    bmcv_image_resize(handle, image_num, resize_attr, input, output);
}
```

6.5.3 bmcv_image_draw_rectangle()函数

算能BMCV提供了bmcv_image_draw_rectangle()函数,可以用矩形框标示出感兴趣区域。该函数原型如下:

```
bm_status_t bmcv_image_draw_rectangle(
    bm_handle_t handle,
    bm_image image,
    int rect_num,
    * rects,
    int line_width,
    unsigned char r,
    unsigned char g,
    unsigned char b
);
```

其中,handle为bm_handle句柄;image是需要在其上画矩形框的bm_image对象;rect_num为绘制矩形框数量,即rects指针中所包含的bmcv_rect_t对象的个数;rects为指向

bmcv_rect_t 对象(参考 bm_image_resize()函数参数说明)的指针,用于表示各个矩形框的数据(宽、高等);line_width 表示线宽;r、g、b 为所绘制线条的 R、G、B 通道的值。

该函数的调用方式如下:

```
bm_image src;
…                                                        //创建图像
bmcv_rect_t rect;
rect.start_x = 100;
rect.start_y = 100;
rect.crop_w = 200;
rect.crop_h = 300;
//在 src 对应的图像对象上画一个矩形框,其信息在 rect 对象里描述,线宽为 3, 颜色为红色
bmcv_image_draw_rectangle(handle,src,1,&rect,3,255,0,0);
```

6.5.4　OpenCV 函数介绍

在 OpenCV 中,可以直接对图像长、宽维度进行操作,以实现图像裁剪的效果,如下所示:

```
dst=src[200:2560,300:2062]
```

OpenCV 提供了 resize()函数,可以用于图像尺寸缩放,其函数原型如下:

```
void resize (
    InputArray src,
    OutputArray dst,
    Size dsize,
    double fx=0,
    double fy=0,
    int interpolation=INTER_LINEAR
);
```

其中,src 是原图,dst 是输出结果图,fx 是横向的缩放倍数,fy 是纵向的缩放倍数,dsize 是缩放后图像的长和宽,interpolation 为插值方式。

其调用方式如下:

```
resize(src, dst, size(), 0.5, 0.5, interpolation);
```

OpenCV 提供了 rectangle()函数,以实现在输入图像 img 上画出一个矩形,此时矩形通过左上角和右下角的点坐标 pt1、pt2 表示。该函数原型如下:

```
void cv::rectangle(
    InputOutputArray img,
    Point pt1,                                           //矩形框左上角点的坐标
    Point pt2,                                           //矩形框右下角点的坐标
    const Scalar &color,                                 //线的颜色
```

```
    int thickness = 1,                                    //线的宽度
    int lineType = LINE_8,                                //线的类型
    int shift = 0                                         //点坐标中的小数位数
);
```

6.5.5 执行结果

1. bmcv_crop

执行 make 操作后将程序上传到云平台或者 SE5 中,即可实现对图像的裁剪,如图 6.29 所示。

```
root@06416e512cb7:/tmp/crop# chmod 777 bmcv_crop
root@06416e512cb7:/tmp/crop# ./bmcv_crop cutecat.jpeg
Open /dev/jpu successfully, device index = 0, jpu fd = 8, vpp fd = 9
root@06416e512cb7:/tmp/crop#
root@06416e512cb7:/tmp/crop#
```

图 6.29 通过 bmcv_crop 对图像进行裁剪

原始图像与裁剪后的图像如图 6.30、图 6.31 所示。

图 6.30 原始图像

图 6.31 裁剪后的图像

2. bmcv_resize

生成可执行文件并上传到云平台或者 SE5,bmcv_resize 文件如图 6.32 所示。

```
root@b3e319d8a0c8:~/bmnnsdk2-bm1684_v2.7.0/examples/bmcv_resize# ls
Makefile  Readme.md  bmcv_resize2  bmcv_resize2.cpp  bmcv_resize2.o  common.h  cutecat.jpeg  out.jpg
```

图 6.32 bmcv_resize 文件

待调整尺寸的原始图像如图 6.33 所示。

给可执行文件赋予执行权限并执行,如图 6.34 所示。

执行结果如图 6.35 所示。

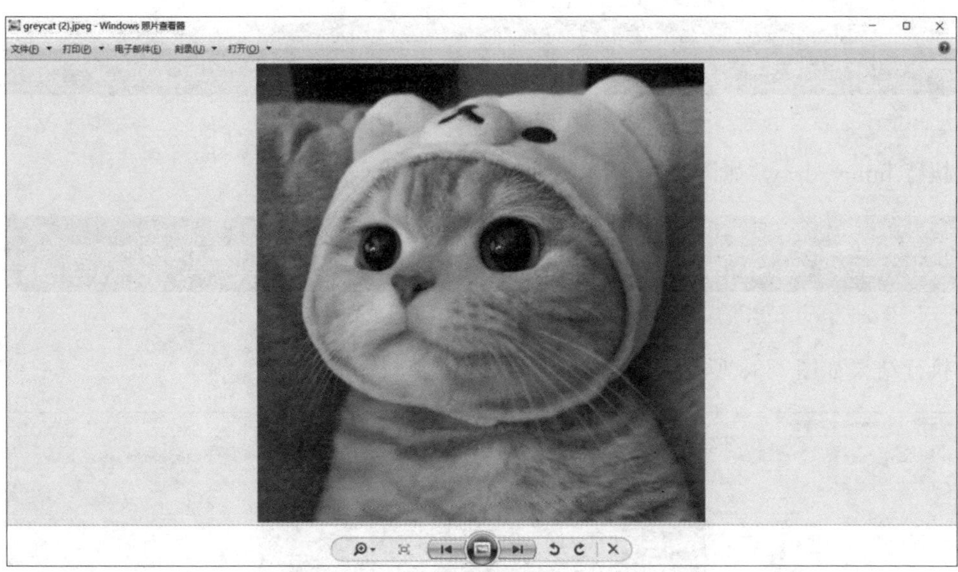

图 6.33　原始图像

```
root@06416e512cb7:/tmp/crop#
root@06416e512cb7:/tmp/crop# chmod 777 bmcv_resize
root@06416e512cb7:/tmp/crop# ./bmcv_resize greycat.jpeg bmcv
Open /dev/jpu successfully, device index = 0, jpu fd = 8, vpp fd = 9
root@06416e512cb7:/tmp/crop# ./bmcv_resize greycat.jpeg opencv
Open /dev/jpu successfully, device index = 0, jpu fd = 4, vpp fd = 5
root@06416e512cb7:/tmp/crop#
```

图 6.34　给 bmcv_resize 赋予权限并执行

```
root@b3e319d8a0c8:~/bmnnsdk2-bm1684_v2.7.0/examples/bmcv_resize# ls
Makefile  Readme.md  bmcv_resize2  bmcv_resize2.cpp  bmcv_resize2.o  common.h  cutecat.jpeg  out.jpg
```

图 6.35　调整尺寸后的图像

3. bmcv_drawrect

给 bmcv_drawrect 赋予执行权限，如图 6.36 所示。

```
root@06416e512cb7:/tmp/crop# chmod 777 bmcv_drawrect
root@06416e512cb7:/tmp/crop# ./bmcv_drawrect greycat.jpeg bmcv
Open /dev/jpu successfully, device index = 0, jpu fd = 4, vpp fd = 5
root@06416e512cb7:/tmp/crop#
```

图 6.36 给 bmcv_drawrect 赋予执行权限

执行 bmcv_draw,如图 6.37 所示。

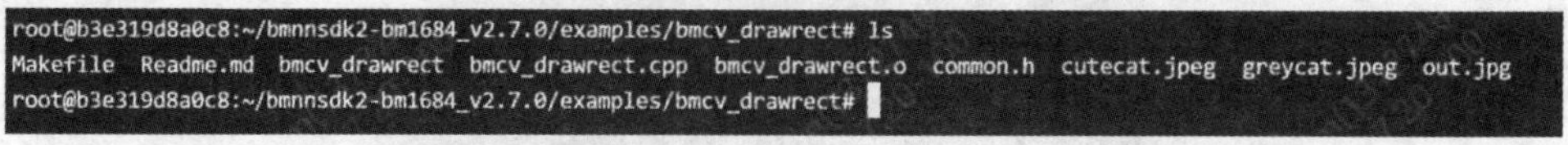

```
root@b3e319d8a0c8:~/bmnnsdk2-bm1684_v2.7.0/examples/bmcv_drawrect# ls
Makefile  Readme.md  bmcv_drawrect  bmcv_drawrect.cpp  bmcv_drawrect.o  common.h  cutecat.jpeg  greycat.jpeg  out.jpg
root@b3e319d8a0c8:~/bmnnsdk2-bm1684_v2.7.0/examples/bmcv_drawrect#
```

图 6.37 执行 bmcv_draw

执行结果如图 6.38 所示。

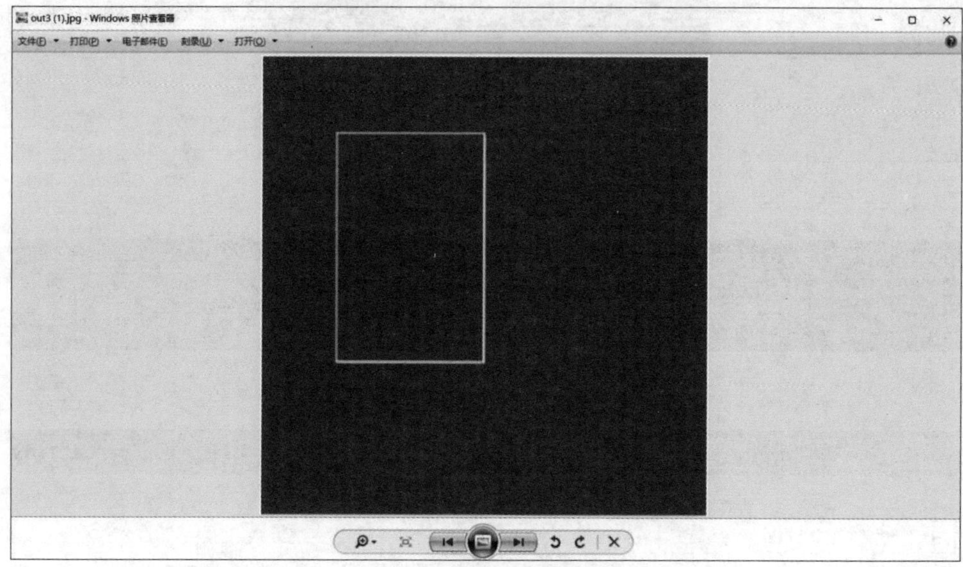

图 6.38 画矩形框

6.6 图像加权融合

实验目的

掌握 bmcv_image_add_weighted 的使用方法。

实验内容

搭建 BMCV 环境并运行加权融合程序。

开发环境

开发主机：Ubuntu。

云平台：算能 SE5 云平台。

实验器材

开发主机+云平台。

实验步骤

本实验的程序框架与图 6.24 一致,仅需根据具体调用的 API 配置相关参数即可,因此接下来重点介绍 bmcv_image_add_weighted()函数的参数及其调用方法。

在图像处理中,需要对多幅图像进行加权融合,以得到新的图像。例如,在场景拼接中,拼接部分可以通过对左右两幅图像进行加权融合实现更为自然的过渡;在需要兼顾两幅图像的信息时,也可以进行加权融合。加权融合可以通过 BMCV 提供的 bmcv_image_add_weighted()函数实现。

6.6.1　bmcv_image_add_weighted()函数

bmcv_image_add_weighted()函数原型如下:

```
bm_status_t bmcv_image_add_weighted(
    bm_handle_t handle,
    bmcv_image input1,
    float alpha,
    bm_image input2,
    float beta,
    float gamma,
    bm_image output
);
```

其中,handle 为 bm_handle 句柄;input1、input2 为待融合的两个 bm_image 对象,必须具有相同的宽、高;output 为融合后输出的图像;alpha、beta、gamma 则是融合的参数,即将图像数据按照下式进行融合:

$$out = input1 \times alpha + input2 \times beta + gamma$$

其中,要求 alpha+beta=1。

该函数调用方式如下:

```
bmcv_image_add_weighted(handle,input1,0.5,input2,0.5,0,output);
```

6.6.2　OpenCV 下的图像加权融合方法

在 OpenCV 下可以通过 addWeighted()函数实现图像的加权融合。其参数设置与 BMCV 的 bmcv_image_add_weighted()一致,参考代码如下:

```
#include "opencv2/imgcodecs.hpp"
#include "opencv2/highgui.hpp"
#include <iostream>
using namespace cv;
using namespace std;
int main(void)
{
    double alpha = 0.5; double beta; double input;
    Mat src1, src2, dst;
    cout << " Simple Linear Blender " << endl;
    cout << "-----------------------" << endl;
    cout << "* Enter alpha [0-1]: ";
```

```
    cin >> input;
    if (input >= 0 && input <= 1) {
        alpha = input;
    }
    src1 = imread( "../data/LinuxLogo.jpg" );
    src2 = imread( "../data/WindowsLogo.jpg" );
    if (src1.empty()) {
        cout << "Error loading src1" << endl;
        return -1;
    }
    if (src2.empty()) {
        cout << "Error loading src2" << endl;
        return -1;
    }
    beta = (1.0 - alpha);
    addWeighted( src1, alpha, src2, beta, 0.0, dst);
    imshow("Linear Blend", dst);
    waitKey(0);
    return 0;
}
```

6.6.3 执行结果

生成可执行文件并上传到 SE5,此时 bmcv_weight 文件夹内的文件如图 6.39 所示。

```
root@b3e319d8a0c8:~/bmnnsdk2-bm1684_v2.7.0/examples/bmcv_weight# ls
Makefile  Readme.md  bmcv_weight  bmcv_weight.cpp  bmcv_weight.o  common.h  cutecat.jpeg  cutedog.jpeg
```

图 6.39 bmcv_weight 文件夹内容

待融合的两幅图像如图 6.40 所示。

图 6.40 待融合的图像

图 6.40 （续）

给可执行文件赋予权限，如图 6.41 所示。

```
root@b3e319d8a0c8:~/bmnnsdk2-bm1684_v2.7.0/examples/bmcv_weight# chmod 777 bmcv_weight
root@b3e319d8a0c8:~/bmnnsdk2-bm1684_v2.7.0/examples/bmcv_weight# ./bmcv_weight cutedog.jpeg cutecat.jpeg
Open /dev/jpu successfully, device index = 0, jpu fd = 8, vpp fd = 9
[bmlib_memory][error] free gmem failed!
```

图 6.41　给可执行文件赋予权限

执行 bmcv_weight，如图 6.42 所示。

```
root@b3e319d8a0c8:~/bmnnsdk2-bm1684_v2.7.0/examples/bmcv_weight# ls
Makefile  Readme.md  bmcv_weight  bmcv_weight.cpp  bmcv_weight.o  common.h  cutecat.jpeg  cutedog.jpeg  out.jpg
root@b3e319d8a0c8:~/bmnnsdk2-bm1684_v2.7.0/examples/bmcv_weight#
```

图 6.42　执行 bmcv_weight

执行结果如图 6.43 所示。

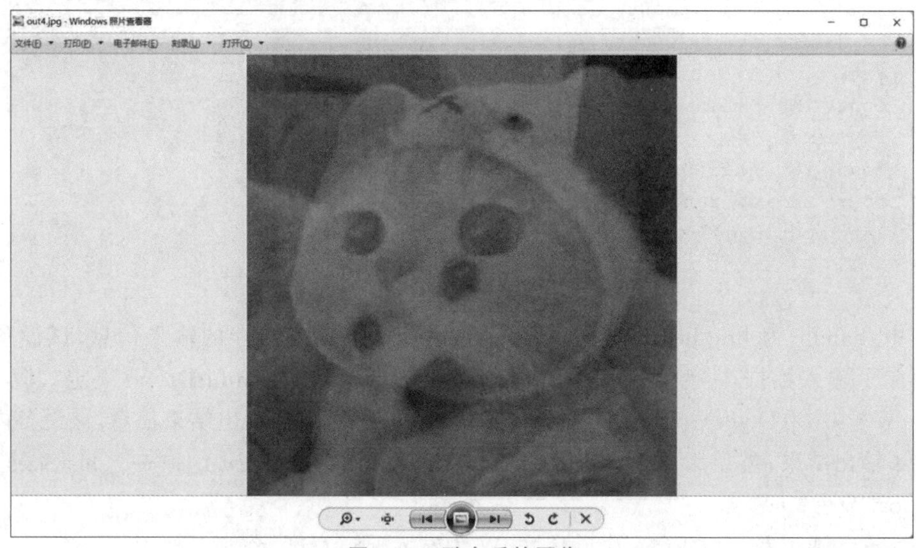

图 6.43　融合后的图像

6.7 图像灰度直方图

实验目的

直方图是一种统计工具,在图像处理中广为使用。因为它计算简便,不受平移、旋转的影响,所以可以作为图像的一种有效的局部/全局特征。直方图在 SIFT 算法、HOG 算法、直方图均衡等图像特征检测算法中都广为使用。本实验要求掌握 bmcv_calc_hist()和 OpenCV 中 calcHist()函数的使用,可以生成图像的直方图。

实验内容

搭建 BMCV 环境并运行 bmcv_calc_hist 程序。

开发环境

开发主机：Ubuntu。

云平台：算能 SE5 云平台。

实验器材

开发主机+云平台。

实验步骤

本实验的程序框架与图 6.24 一致,区别在于调用的 API 不同。因此接下来重点介绍 bmcv_calc_hist()函数的参数及其调用方法。图像灰度直方图可以反映图像中灰度的分布情况,常作为图像的一种重要特征。图像灰度直方图可以通过 BMCV 提供的 bmcv_calc_hist()函数实现。

6.7.1 bmcv_calc_hist()函数

bmcv_calc_hist()函数原型如下：

```
bm_status_t bmcv_calc_hist (
    bm_handle_t handle,
    bm_device_mem_t input,
    bm_device_mem_t output,
    int C, int H, int W,
    const int * channels,
    int dims,
    const int * histSizes,
    const float * ranges,
    int inputDtype
);
```

其中,handle 为 bm_handle 句柄;input 为已分配好设备内存的输入信息,该设备内存空间存储了输入数据,类型可以是 float32 或者 uint8,由参数 inputDtype 决定,其大小为 C×H×W×sizeof(Dtype);output 为已分配好设备内存的直方图输出结果信息,该设备内存空间存储了输出结果,类型为 float,其大小为 histSizes[0]×histSizes[1]×…×histSizes[n]×sizeof(float)。

C 为输入通道数,H 为输入通道高度,W 为输入通道宽度。

channels 为需要计算直方图的通道列表，其长度为 dims，每个元素的值必须小于 C。例如，RGB 图像的 C=3，而如果只需要计算 R 通道图像的直方图，则 dims=1。

histSizes 对应每个通道统计直方图的份数。ranges 为每个通道参与统计的范围，其长度为 2×dims。例如，对位深为 24 位的 RGB 图像，如果 3 个通道的颜色值都参与直方图统计，每个通道颜色取值范围为 0～255，因此 ranges 为[0,255,0,255,0,255]。如果每个通道的值被分为 8 比特，则 histSizes 为[8,8,8]。

inputDtype 为输入数据的类型，0 表示 float，1 表示 uint8。

该函数的调用方法如下：

```
int H = 1024;
int W = 1024;
int C = 3;
int dim = 3;
int channels[3] = {0, 1, 2};
int histSizes[] = {15000, 32, 32};
float ranges[] = {0, 1000000, 0, 256, 0, 256};
int totalHists = 1;
for (int i = 0; i < dim; ++i) {
    totalHists *= histSizes[i];
}
bm_handle_t handle = nullptr;
bm_status_t ret = bm_dev_request(&handle, 0);
float *inputHost = new float[C * H * W];
float *outputHost = new float[totalHists];
for (int i = 0; i < C; ++i) {
    for (int j = 0; j < H * W; ++j)
        inputHost[i * H * W + j] = static_cast<float>(rand() % 1000000);
}
…//创建 input 和 output 对象,分配内存
ret = bmcv_calc_hist(handle, input, output, C, H, W,  channels, dim, histSizes,
ranges, 0);
```

6.7.2　OpenCV 的 calcHist()函数

OpenCV 提供了 calcHist()函数实现直方图的计算，其原型如下：

```
void cv::calcHist (
    const Mat        *images,
    int              nimages,
    const int        *channels,
    InputArray       mask,
    OutputArray      hist,
    int              dims,
    const int        *histSize,
    const float      **ranges,
    bool             uniform = true,
    bool             accumulate = false
);
```

其中,images 为输入的图像的指针;nimages 为输入图像个数;channels 指定需要统计直方图的第几通道。

mask 为掩模,mask 必须是一个 8 位(CV_8U)的数组并且和 images 的数组大小相同。如果其值不为空,则值为 1 的点将用来计算直方图。

hist 为直方图计算的输出值;dims 为输出直方图的维度(由 channels 指定);histSize 指定直方图中每个维度需要分成多少个区间(直方图中竖条的个数);ranges 为统计像素值的区间;uniform 指定是否对得到的直方图数组进行归一化处理;accumulate 指定在有多个图像时是否累积计算像素值的个数。

该函数调用时的参考代码如图 6.44 所示。

```
//需要计算的图像的通道, 灰度图像为0, BGR图像需要指定B,G,R
    const int channels[] = { 0 };
    Mat hist;//定义输出Mat类型
    int dims = 1;//设置直方图维度
    const int histSize[] = { 256 }; //直方图每一个维度划分的柱条的数目
    //每一个维度取值范围
    float pranges[] = { 0, 255 };//取值区间
    const float* ranges[] = { pranges };

    calcHist(&gray, 1, channels, Mat(), hist, dims, histSize, ranges, true, false);/
```

图 6.44　调用 calcHist()函数的参考代码

6.7.3　画直方图

最后,可以通过 OpenCV 的 rectangle()函数将点连接起来画出直方图:

```
int scale = 2;
int hist_height = 256;
Mat hist_img = Mat::zeros(hist_height, 256 * scale, CV_8UC3);
double max_val;
Mat hist = Mat::zeros(1, 256 , CV_32FC3);
for (int i = 0; i < 250; i++)
{
    hist.at<float>(i) = outputHost[i];
}
minMaxLoc(hist, 0, &max_val, 0, 0);
for (int i = 0; i < 250; i++)
{
    float bin_val = hist.at<float>(i);
    int intensity = cvRound(bin_val * hist_height / max_val);
    rectangle(hist_img, Point(i * scale, hist_height - 1), Point((i + 1) * scale -
        1,hist_height - intensity), Scalar(255, 255, 255));
}
imwrite("bmcv_calc_hist_out.jpg", hist_img);
```

6.7.4　执行结果

按照上述步骤,生成可执行文件并上传到 SE5。给可执行文件赋予权限并执行,如图 6.45

所示。

```
root@ab162899a93b:/tmp/tmp6l8uq_dw# chmod  777 bmcv_calc_hist
root@ab162899a93b:/tmp/tmp6l8uq_dw#
root@ab162899a93b:/tmp/tmp6l8uq_dw# ./bmcv_calc_hist encodeImage.jpg
Open /dev/jpu successfully, device index = 0, jpu fd = 8, vpp fd = 9
root@ab162899a93b:/tmp/tmp6l8uq_dw#
```

图 6.45　给可执行文件赋予权限并执行

执行结果如图 6.46 所示。

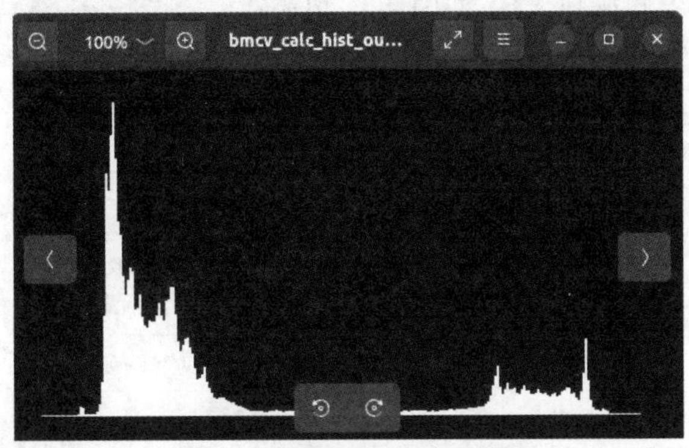

图 6.46　图像灰度直方图

6.8　FFmpeg 视频编码

实验目的

掌握使用算能平台进行视频编码的流程，包括：开发主机环境与云平台的配置，视频编码程序的编写与理解，代码的编译、运行，以及使用码流分析工具分析视频压缩码流。

实验内容

搭建实验开发环境，编译并运行编码程序，对视频文件进行编码，并利用 ffprobe 程序分析详细的封装格式和视频流信息，进一步利用码流软件 Elecard StreamEye 查看编码后的视频码流文件。

开发环境

开发主机：Ubuntu。

硬件：SE5。

实验器材

开发主机＋云平台(或 SE5)。

6.8.1　实验原理简介

FFmpeg 是目前最为流行的视频编解码开源软件，大部分音视频领域的开发者采用 FFmpeg 进行视频编解码。FFmpeg 不仅支持 H.264 和 H.265 编解码，而且支持视频 RTSP 拉流、视频格式转换等功能。目前的 OpenCV 内部的编解码部分也采用 FFmpeg 进行视频编解码。算能平台对 FFmpeg 进行了硬件加速，使其与开源 FFmpeg 相比具有更高效率的视频编解码能力。以 BM1684 为例，它支持最大 1080P@960fps 的 H.264 解码和最大 1080P@1000fps 的 H.265 解码。算能平台的 FFmpeg 简称 BM_FFmpeg,在标准的 FFmpeg 上做了二次封装,其代码也实现了开源,具体请参考 Gitee 官网 sophon-ai 下的 BM_FFmpeg 文档,并且,可以通过算能技术文档的 Multimedia_User_Guide_zh.pdf 文件查看具体的操作使用说明。

算能平台的 bmnnsdk2 中提供了相关的代码实例,具体见算能官网说明文档。

本实验以算能平台 FFmpeg 编码为例,介绍其使用方法。算能平台的 FFmpeg 编码流程和标准的 FFmpeg 编码流程一致,如图 6.47 所示。

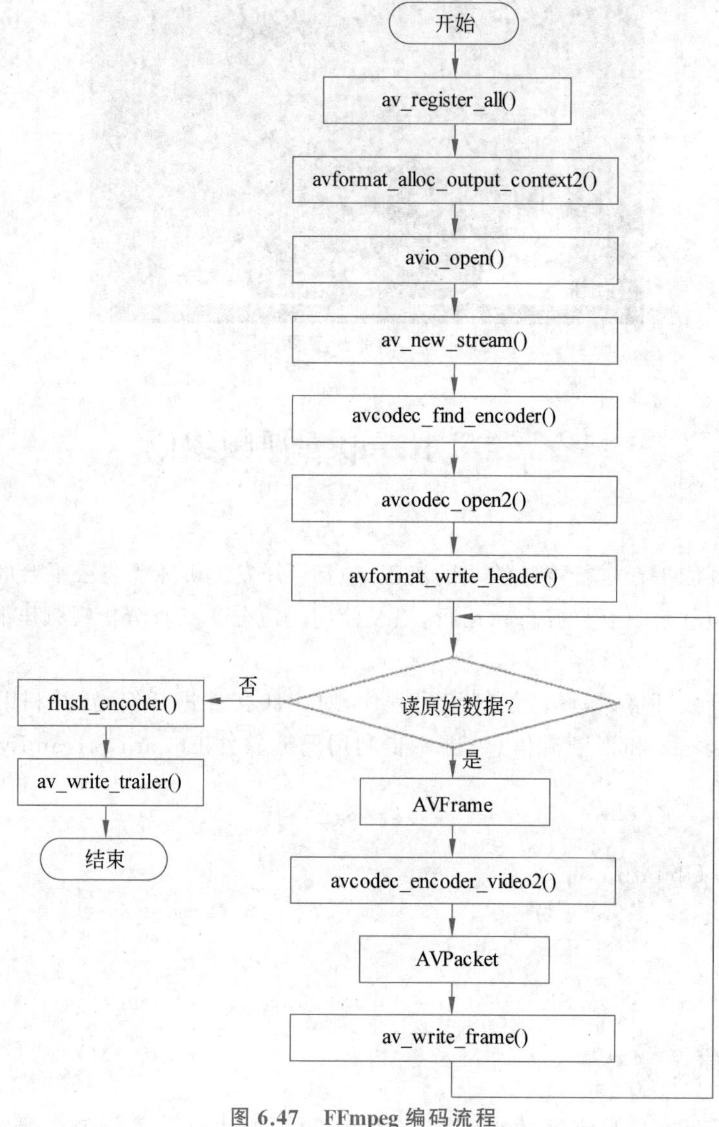

图 6.47 FFmpeg 编码流程

根据上述流程,下面介绍本实验的关键代码。

1. 头文件

由于涉及 FFmpeg 相关编程,因此需要在工程中添加 FFmpeg 中的相关头文件,具体如下:

```
#include <iostream>
extern "C" {
    #include "libavcodec/avcodec.h"
    #include "libswscale/swscale.h"
    #include "libavutil/imgutils.h"
    #include "libavformat/avformat.h"
    #include "libavfilter/buffersink.h"
    #include "libavfilter/buffersrc.h"
    #include "libavutil/opt.h"
    #include "libavutil/pixdesc.h"
}
#define STEP_ALIGNMENT 32
```

2. 主函数

为了使整个程序模块更为清晰，本实验将 FFmpeg 编码器初始化以及编码与写文件分别封装为两个独立的函数，然后在主线程中进行调用。主函数代码如下：

```
int main(int argc, char **argv)
{
    int soc_idx           = 0;
    int enc_id            = AV_CODEC_ID_H264;            //AV_CODEC_ID_H265
    int inputformat       = AV_PIX_FMT_YUV420P;
    int framerate         = 30;
    int width             = 1920;
    int height            = 1080;
    int bitrate           = 1000000;                     //b/s
    char * input_file     = "1080p.yuv";
    char * output_file    = "test.mp4";
    int ret;
    av_log_set_level(AV_LOG_DEBUG);                      //设置日志为调试级别
    int stride = (width + STEP_ALIGNMENT - 1) & ~(STEP_ALIGNMENT - 1);
    int aligned_input_size = stride * height * 3/2;
    //TODO
    uint8_t * aligned_input = (uint8_t * )av_mallocz(aligned_input_size);
    if (aligned_input==NULL) {
        av_log(NULL, AV_LOG_ERROR, "av_mallocz failed\n");
        return -1;
    }
    FILE * in_file = fopen(input_file, "rb");             //输入原始 YUV 数据
    if (in_file == NULL) {
        fprintf(stderr, "Failed to open input file\n");
        return -1;
    }
    bool isFileEnd = false;
    VideoEnc_FFMPEG writer;
    ret = writer.openEnc(output_file, soc_idx, enc_id, framerate , width,
height, inputformat, bitrate);
    if (ret !=0 ) {
        av_log(NULL, AV_LOG_ERROR,"writer.openEnc failed\n");
```

```
        return -1;
    }
    //read raw data
    while(1) {
        for (int y = 0; y < height * 3/2; y++) {
            ret = fread(aligned_input + y * stride, 1, width, in_file);
            if (ret < width) {
                if (ferror(in_file))
                    av_log(NULL, AV_LOG_ERROR, "Failed to read raw data!\n");
                else if (feof(in_file))
                    av_log(NULL, AV_LOG_INFO, "The end of file!\n");
                isFileEnd = true;
                break;
            }
        }
        if (isFileEnd)
            break;
        writer.writeFrame(aligned_input, stride, width, height);
    }
    writer.closeEnc();
    av_free(aligned_input);
    fclose(in_file);
    av_log(NULL, AV_LOG_INFO, "encode finish! \n");
    return 0;
}
```

3. 创建 VideoEnc_FFMPEG 类

从上面的代码可以发现，本实验创建了 VideoEnc_FFMPEG 类，然后在该类中进一步封装了 openEnc()方法和 writeFrame()方法，分别用于 FFmpeg 初始化以及编码与写文件操作。

VideoEnc_FFMPEG 类定义如下：

```
class VideoEnc_FFMPEG
{
public:
    VideoEnc_FFMPEG();
    ~VideoEnc_FFMPEG();
    int openEnc(const char * filename, int soc_idx, int codecId, int framerate,
                int width, int height,int inputformat,int bitrate);
    void closeEnc();
    int writeFrame(const uint8_t * data, int step, int width, int height);
    int flush_encoder();

private:
    AVFormatContext    * ofmt_ctx;
    AVCodecContext     * enc_ctx;
    AVFrame            * picture;
    AVFrame            * input_picture;
```

```
    AVStream            * out_stream;
    uint8_t             * aligned_input;
    int                 frame_width;
    int                 frame_height;
    int                 frame_idx;

    AVCodec * find_hw_video_encoder(int codecId)
    {
        AVCodec * encoder =NULL;
        switch (codecId)
        {
        case AV_CODEC_ID_H264:
            encoder = avcodec_find_encoder_by_name("h264_bm");
            break;
        case AV_CODEC_ID_H265:
            encoder = avcodec_find_encoder_by_name("h265_bm");
            break;
        default:
            break;
        }
        return encoder;
    }
};
```

可以发现,其中还定义了 find_hw_video_encoder 方法用于查找编码器。该方法调用了 FFmpeg 的 avcodec_find_encoder_by_name()函数,具体见上面的代码。

4. FFmpeg 初始化

OpenEnc()用于完成 FFmpeg 编码器的初始化等操作,代码如下:

```
int VideoEnc_FFMPEG::openEnc(const char *  filename, int soc_idx, int codecId,
int framerate, int width, int height, int inputformat, int bitrate)
{
    int ret = 0;
    AVCodec * encoder;
    AVDictionary * dict =NULL;
    frame_idx = 0;
    frame_width =width;
    frame_height =height;
    avformat_alloc_output_context2(&ofmt_ctx,NULL, NULL, filename);
    if (!ofmt_ctx) {
        av_log(NULL, AV_LOG_ERROR, "Could not create output context\n");
        return AVERROR_UNKNOWN;
    }
    encoder = find_hw_video_encoder(codecId);
    if (!encoder) {
        av_log(NULL, AV_LOG_FATAL, "hardware video encoder not found\n");
        return AVERROR_INVALIDDATA;
```

```
}
enc_ctx = avcodec_alloc_context3(encoder);
if (!enc_ctx) {
    av_log(NULL, AV_LOG_FATAL, "Failed to allocate the encoder context\n");
    return AVERROR(ENOMEM);
}
//参数初始化
enc_ctx->codec_id = (AVCodecID)codecId;
enc_ctx->width =width;
enc_ctx->height =height;
enc_ctx->pix_fmt = (AVPixelFormat)inputformat;
enc_ctx->bit_rate_tolerance =bitrate;
enc_ctx->bit_rate = (int64_t)bitrate;
enc_ctx->gop_size = 32;
enc_ctx->time_base.num = 1;
enc_ctx->time_base.den =framerate;
enc_ctx->framerate.num =framerate;
enc_ctx->framerate.den = 1;
av_log(NULL, AV_LOG_DEBUG, "enc_ctx->bit_rate = %ld\n", enc_ctx->bit_rate);
out_stream = avformat_new_stream(ofmt_ctx, encoder);
out_stream->time_base = enc_ctx->time_base;
out_stream->avg_frame_rate = enc_ctx->framerate;
out_stream->r_frame_rate = out_stream->avg_frame_rate;
av_dict_set_int(&dict,"sophon_idx", soc_idx, 0);
av_dict_set_int(&dict,"gop_preset", 8, 0);
//使用系统内存
av_dict_set_int(&dict,"is_dma_buffer", 0, 0);
av_dict_set_int(&dict,"qp", 25, 0);
//第三个参数用于向编码器传递设置
ret = avcodec_open2(enc_ctx, encoder, &dict);
if (ret < 0) {
    av_log(NULL, AV_LOG_ERROR, "Cannot open video encoder ");
    return ret;
}
ret = avcodec_parameters_from_context(out_stream->codecpar, enc_ctx);
if (ret < 0) {
    av_log(NULL, AV_LOG_ERROR, "Failed to copy encoder paras to output stream ");
    return ret;
}
if (!(ofmt_ctx->oformat->flags & AVFMT_NOFILE)) {
    ret = avio_open(&ofmt_ctx->pb,filename, AVIO_FLAG_WRITE);
    if (ret < 0) {
        av_log(NULL, AV_LOG_ERROR, "Could not open output file '%s'", filename);
        return ret;
    }
}
//写输出文件首部
ret = avformat_write_header(ofmt_ctx,NULL);
if (ret < 0) {
    av_log(NULL, AV_LOG_ERROR, "Error occurred when opening output file\n");
```

```
        return ret;
    }
    picture = av_frame_alloc();
    picture->format = enc_ctx->pix_fmt;
    picture->width =width;
    picture->height =height;
    return 0;
}
```

5. 编码与写文件

writeFrame()方法用于将读取的 YUV 数据进行编码后写入文件,代码如下:

```
int VideoEnc_FFMPEG::writeFrame(const uint8_t * data, int step, int width, int
height)
{
    int ret = 0 ;
    int got_output = 0;
    if (step % STEP_ALIGNMENT != 0) {
        av_log(NULL, AV_LOG_ERROR, "input step must align with STEP_ALIGNMENT\n");
        return -1;
    }
    static unsigned int frame_nums = 0;
    frame_nums++;
    av_image_fill_arrays(picture->data, picture->linesize, (uint8_t *) data,
enc_ctx->pix_fmt, width, height, 1);
    picture->linesize[0] =step;
    picture->pts = frame_idx;
    frame_idx++;
    av_log(NULL, AV_LOG_DEBUG, "Encoding frame\n");
    //编码过滤帧
    AVPacket enc_pkt;
    enc_pkt.data =NULL;
    enc_pkt.size = 0;
    av_init_packet(&enc_pkt);
    ret = avcodec_encode_video2(enc_ctx, &enc_pkt, picture, &got_output);
    if (ret < 0)
        return ret;
    if (got_output == 0) {
        av_log(NULL, AV_LOG_WARNING, "No output from encoder\n");
        return -1;
    }
    //准备用于复用的数据包
    av_log(NULL, AV_LOG_DEBUG, "enc_pkt.pts=%ld, enc_pkt.dts=%ld\n",
        enc_pkt.pts, enc_pkt.dts);
    av_packet_rescale_ts(&enc_pkt, enc_ctx->time_base,out_stream->time_base);
    av_log(NULL, AV_LOG_DEBUG, "rescaled enc_pkt.pts=%ld, enc_pkt.dts=%ld\n",
        enc_pkt.pts,enc_pkt.dts);
    av_log(NULL, AV_LOG_DEBUG, "Muxing frame\n");
    //复用编码帧
    ret = av_interleaved_write_frame(ofmt_ctx, &enc_pkt);
    return ret;
}
```

6. 释放资源并结束编码

FFmpeg 编码完成后需要释放申请的各种资源并结束编码,代码如下:

```
void VideoEnc_FFMPEG::closeEnc()
{
    flush_encoder();
    av_write_trailer(ofmt_ctx);
    av_frame_free(&picture);
    if (input_picture)
        av_free(input_picture);
    avcodec_free_context(&enc_ctx);
    if (ofmt_ctx && !(ofmt_ctx->oformat->flags & AVFMT_NOFILE))
        avio_closep(&ofmt_ctx->pb);
    avformat_free_context(ofmt_ctx);
}
```

从上面的代码可以发现,结束编码前需要执行 flush_encoder()函数,该函数用于向文件中写入最后一帧:

```
int  VideoEnc_FFMPEG::flush_encoder()
{
    int ret;
    int got_frame = 0;
    if (!(enc_ctx->codec->capabilities & AV_CODEC_CAP_DELAY))
        return 0;
    while (1) {
        av_log(NULL, AV_LOG_INFO, "Flushing video encoder\n");
        AVPacket enc_pkt;
        enc_pkt.data =NULL;
        enc_pkt.size = 0;
        av_init_packet(&enc_pkt);
        ret = avcodec_encode_video2(enc_ctx, &enc_pkt,NULL, &got_frame);
        if (ret < 0)
            return ret;
        if (!got_frame)
            break;
        /* prepare packet for muxing */
        av_log(NULL, AV_LOG_DEBUG, "enc_pkt.pts=%ld, enc_pkt.dts=%ld\n",
                enc_pkt.pts,enc_pkt.dts);
        av_packet_rescale_ts(&enc_pkt, enc_ctx->time_base,out_stream->time_base);
        av_log(NULL, AV_LOG_DEBUG, "rescaled enc_pkt.pts=%ld, enc_pkt.dts=%ld\n",
                enc_pkt.pts,enc_pkt.dts);
        /* mux encoded frame */
        av_log(NULL, AV_LOG_DEBUG, "Muxing frame\n");
        ret = av_interleaved_write_frame(ofmt_ctx, &enc_pkt);
        if (ret < 0)
            break;
    }
    return ret;
}
```

6.8.2 编码实验过程

1. 生成可执行文件

makefile 文件的写法与 6.4.1 节基本相同。如果是在云平台上进行测试，则可将编译好的可执行文件通过云空间文件系统上传。

查看文件夹的命令如下：

```
root@d11ae417e206:/tmp/test#ls
ffmpeg_encode  1080p.yuv
```

给可执行文件赋予权限的命令如下：

```
root@d11ae417e206:/tmp/test#chmod 777 ffmpeg_encode
```

2. 运行程序

运行程序的命令如下：

```
./ffmpeg_encode 1080.yuv output.h264
```

运行结果如下：

```
[88a79010] src/enc.c:262 (vpu_EncInit)    SOC index 0, VPU core index 4
[7f88a79010] src/vdi.c:137 (bm_vdi_init)    [VDI] Open device /dev/vpu, fd=5
[7f88a79010] src/vdi.c:229 (bm_vdi_init)    [VDI] success to init driver
[88a79010] src/common.c:108 (find_firmware_path)    vpu firmware path:
/system/lib/vpu_firmware/chagall.bin
[7f88a79010] src/vdi.c:137 (bm_vdi_init)    [VDI] Open device /dev/vpu, fd=5
[7f88a79010] src/vdi.c:229 (bm_vdi_init)    [VDI] success to init driver
[88a79010] src/enc.c:1326 (vpu_InitWithBitcode)    reload firmware...
[88a79010] src/enc.c:2461 (Wave5VpuInit)
VPU INIT Start!!!
[88a79010] src/enc.c:306 (vpu_EncInit)    VPU Firmware is successfully loaded!
[88a79010] src/enc.c:310 (vpu_EncInit)    VPU FW VERSION=0x0,
REVISION=250327
[h265_bm @ 0x42aa90] width            : 1920
[h265_bm @ 0x42aa90] height           : 1080
[h265_bm @ 0x42aa90] pix_fmt          : yuv420p
[h265_bm @ 0x42aa90] sophon device    : 0
The end of file!
```

这里需要注意的是，可以通过 av_log_set_level 设置日志的打印级别，以观察更多的调试信息：

```
av_log_set_level(AV_LOG_DEBUG);
```

6.8.3 使用 ffprobe 分析码流

媒体信息解析器 ffprobe 是 FFmpeg 提供的媒体信息检测工具。使用 ffprobe 不仅可以检测音视频文件的整体封装格式,还可以分析其中每一路音频流或者视频流的信息,甚至可以进一步分析音视频流的每一个码流包或图像帧的信息。ffprobe 的使用方法非常简单,直接使用参数-i 加上要分析的文件即可。

1. 查看封装格式指令

查看 test.mp4 文件的封装格式的指令如下:

```
ffprobe -show_format -i test.mp4
```

注意:添加参数-show_format,即可显示音视频文件更详细的封装格式信息。

2. 封装格式信息

```
[FORMAT]
filename=C:\Users\cze\Downloads\test.mp4        //输入文件名
nb_streams=1                                    //输入文件包含多少路媒体流
nb_programs=0                                   //输入文件包含的节目数
format_name=mov,mp4,m4a,3gp,3g2,mj2             //封装模块名称
format_long_name=QuickTime / MOV                //封装模块全称
start_time=0.000000                             //输入文件的起始时间
duration=3.334000                               //输入文件的总时长
size=483666                                     //输入文件大小
bit_rate=1160566                                //总体码率
probe_score=100                                 //格式检测分值
TAG:major_brand=isom
TAG:minor_version=512
TAG:compatible_brands=isomiso2mp41
TAG:encoder=Lavf58.20.100
[/FORMAT]
```

3. 查看媒体流指令

查看 test.mp4 文件中的媒体流的指令如下:

```
ffprobe -show_streams -i test.mp4
```

一个音视频文件通常包括两路及以上的媒体流(如一路音频流和一路视频流)。在指令中添加参数-show_streams,即可显示每一路媒体流的具体信息。

4. 视频流信息

```
[STREAM]
index=0                                                        //媒体流序号
codec_name=hevc                                                //编码器名称
codec_long_name=H.265 / HEVC (High Efficiency Video Coding)   //编码器全称
profile=Main                                                   //编码档次
codec_type=video                                               //编码器类型
codec_tag_string=hev1
codec_tag=0x31766568
width=1920                                                     //视频图像的宽
```

```
height=1080                                     //视频图像的高
coded_width=1920
coded_height=1080
closed_captions=0
film_grain=0
has_b_frames=3                        //每个 I 帧和 P 帧之间的 B 帧数量
sample_aspect_ratio=N/A                         //像素采样横纵比
display_aspect_ratio=N/A                        //画面显示横纵比
pix_fmt=yuv420p                                 //像素格式
level=150                                       //编码级别
color_range=tv
color_space=unknown
color_transfer=unknown
color_primaries=unknown
chroma_location=left
field_order=unknown
refs=1
id=0x1
r_frame_rate=30/1                               //最小帧率
avg_frame_rate=303/10                           //平均帧率
time_base=1/15360                               //当前流的时间基
start_pts=0                                     //起始位置的 pts
start_time=0.000000                             //起始位置的实际时间
duration_ts=51200                               //以时间基为单位的总时长
duration=3.333333                               //当前流的实际时长
bit_rate=1156005                                //当前流的码率
max_bit_rate=N/A                                //当前流的最大码率
bits_per_raw_sample=N/A                         //当前流每个采样的位深
nb_frames=101                                   //当前流包含的总帧数
nb_read_frames=N/A
nb_read_packets=N/A
extradata_size=99
DISPOSITION:default=1
DISPOSITION:dub=0
DISPOSITION:original=0
DISPOSITION:comment=0
DISPOSITION:lyrics=0
DISPOSITION:karaoke=0
DISPOSITION:forced=0
DISPOSITION:hearing_impaired=0
DISPOSITION:visual_impaired=0
DISPOSITION:clean_effects=0
DISPOSITION:attached_pic=0
DISPOSITION:timed_thumbnails=0
DISPOSITION:captions=0
DISPOSITION:descriptions=0
DISPOSITION:metadata=0
DISPOSITION:dependent=0
DISPOSITION:still_image=0
TAG:language=und
TAG:handler_name=VideoHandler
TAG:vendor_id=[0][0][0][0]
[/STREAM]
```

在 test.mp4 文件中只包含一路视频流信息。

6.8.4 使用 VLC 播放视频

压缩后的文件无法直接播放,可以通过 VLC 播放,VLC 在 Ubuntu 下可以直接通过下面的方法安装:

```
sudo apt-get install vlc
```

当然,也可以在计算机上安装 ffplay 并进行播放。

6.8.5 使用 Elecard StreamEye 分析码流

Elecard StreamEye Tools 是一款分析音视频码流的工具,可在 Elecard 官网下载安装包。

下面以 Elecard StreamEye Tools 中的 Elecard StreamEye(简称 ESEyE)为例,对编码后的视频文件进行分析。其工作界面如图 6.48 所示。

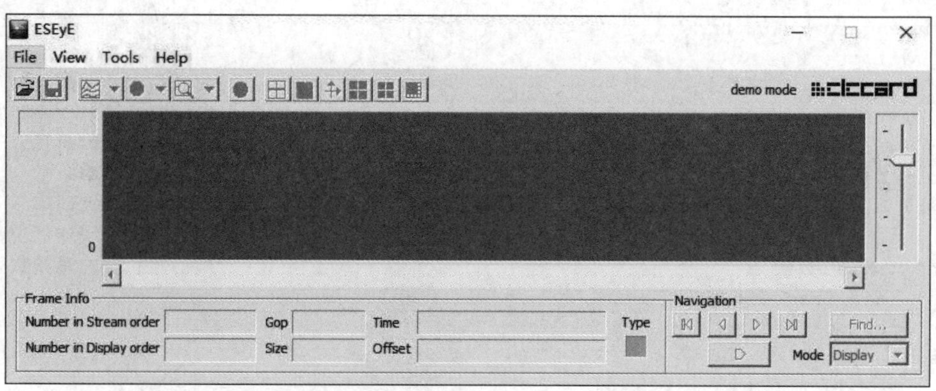

图 6.48 Elecard StreamEye 工作界面

首先打开 Elecard StreamEye 软件,在菜单栏中选择 File→Open 命令,即可选择并打开如图 6.49 所示的视频文件,并播放。

图 6.49 待分析的视频

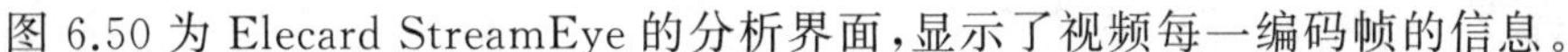

图 6.50 为 Elecard StreamEye 的分析界面，显示了视频每一编码帧的信息。

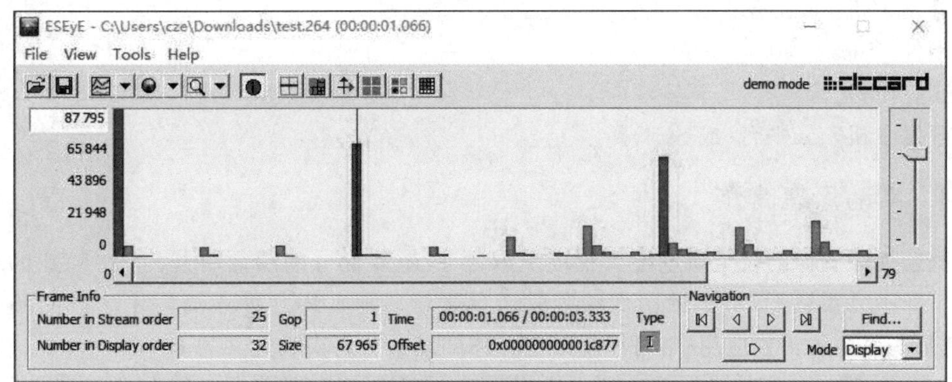

图 6.50　Elecard StreamEye 的分析界面

在菜单栏中选择 View→Info 命令，即可查看视频流信息，选择 Headers 选项卡可以显示该视频流的 SPS 和 PPS 信息，如图 6.51 所示。

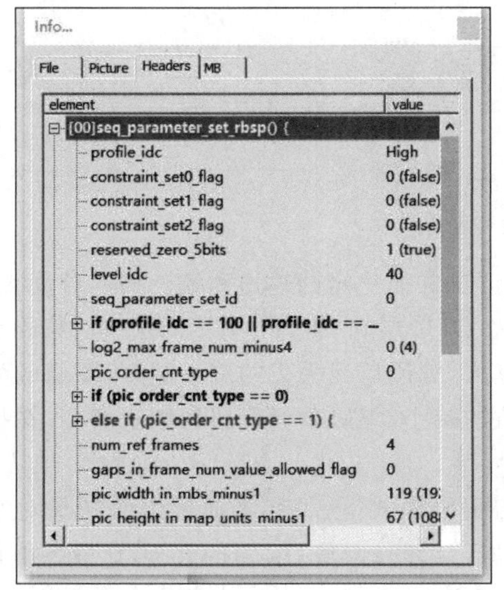

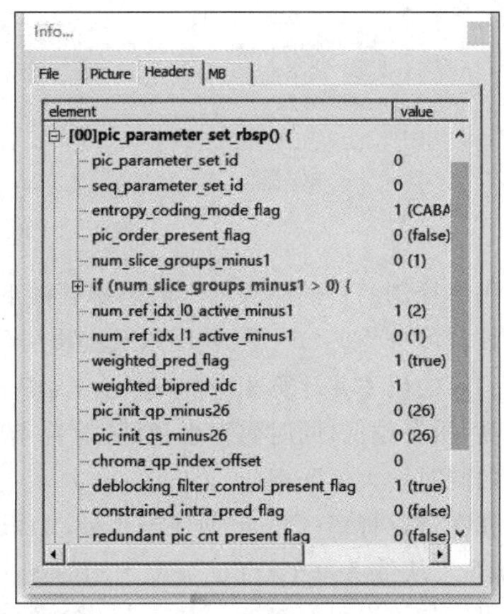

图 6.51　视频流信息

6.9　ROI 视频编码

实验目的

ROI 视频编码即针对感兴趣区域进行重点编码，提高其编码质量，而对非感兴趣区域采用低质量编码，通过这种方法可以降低码率。本实验在算能的 FFmpeg 接口下实现基于 ROI 的视频编码。

实验内容

在 6.8 节实验的基础上，进一步实现 ROI 编码，即对图像不同区域设置不同的量化参数进行视频编码。

开发环境

开发主机：Ubuntu。

硬件：SE5。

实验器材

开发主机+云平台(或 SE5)。

6.9.1 实验原理简介

整帧视频图像的视觉质量很大程度上取决于 ROI 部分的图像质量，而非 ROI 的图像质量下降不易被察觉，对整帧图像的视觉质量影响较小。ROI 并不局限于人眼的关注焦点，在某些具体的工程应用中，可以将某些具体的场景或者事物定义为 ROI。

ROI 视频编码原理如图 6.52 所示。对于输入视频帧序列，先通过特性进行 ROI 提取，输入编码器，用于控制编码参数。ROI 提取模块起到预处理和控制器的作用，ROI 提取涉及视觉显著性等。视觉显著性是指视频帧序列中能够引起人类视觉系统注意的物体所具有的特性，一般 ROI 的视觉显著性可以表现为纹理、亮度、色度、对比度、形态等特征。

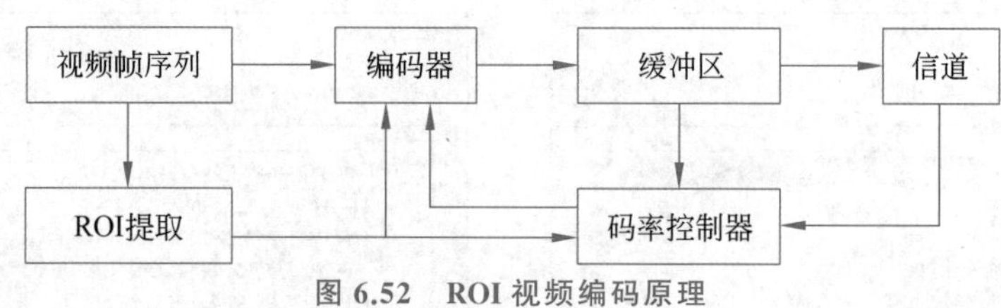

图 6.52 ROI 视频编码原理

码率控制的目的是在给定的码率条件下保证良好而稳定的输出码流。按照粒度大小，码率控制可分为 GOP 层、帧层以及宏块层(或者 CTU 层)。编码器对不同层中的编码单元分配不同的码率并计算相应的 QP 值。QP 值越大，编码单元丢失的细节越多，图像的失真度越高，质量越低，同时码率也越低；随着 QP 值的减小，编码单元保留的细节增多，在提高质量的同时增大了码率。

在固定比特率(Constant Bit Rate，CBR)的编码模式下，编码器通过编码结果对每一帧、每个宏块或者每个 CTU 分配不同的码率，动态计算并调整 QP 值的大小，让最终编码的整体码率与给定码率接近。在基于 ROI 的编码方法中，在 ROI 分析与提取的基础上，基于 CBR 的码率控制模型，对宏块级的 QP 值进行调整，即对 ROI 降低 QP 值以提高编码质量；对非 ROI 相应地提高 QP 值。通过这种方法，可以对 ROI 和非 ROI 进行更合理的码率分配，在不改变整体码率的情况下，也能提高视频的主观视觉质量。

6.9.2 关键核心代码讲解

1. 设置 ROI 有效

在编码过程中，通过设置不同区域的 QP 值设置 ROI。在设置之前，需要在初始化编码器时设置 ROI 有效，因此，需要在 6.8 节实验的 openEnc()方法中设置 ROI 有效，具体如下：

```
//av_dict_set_int(&dict, "qp", 25, 0);
...
```

```
av_dict_set_int(&dict,"roi_enable", 1, 0);
...
```

注意，上面的 av_dict_set_int(&dict, "qp", 25, 0)是 6.8 节实验的代码，更换为 ROI 编码后需要删除。

2. 设置 QP 值

在 6.8 节实验的基础上，在编码前设置图像不同区域的 QP 值。本实验将待编码图像分成 4 个区域，如图 6.53 所示，将不同区域设置成不同的 QP 值。在视频编码中，QP 值是非常重要的参数，直接影响视频的编码比特率。对于某些应用场合，尤其是当传输速率受限时，灵活地控制 QP 值使得编码比特率尽量接近给定码率尤为重要。图 6.53 中右下角区域每个编码单元(宏块或者 CTB)的 QP 值设为 10，该区域经过编码后，保留较多的细节信息；而其他 3 个区域的 QP 值为 40，这 3 个区域因此获得较低的码率和较少的计算资源。

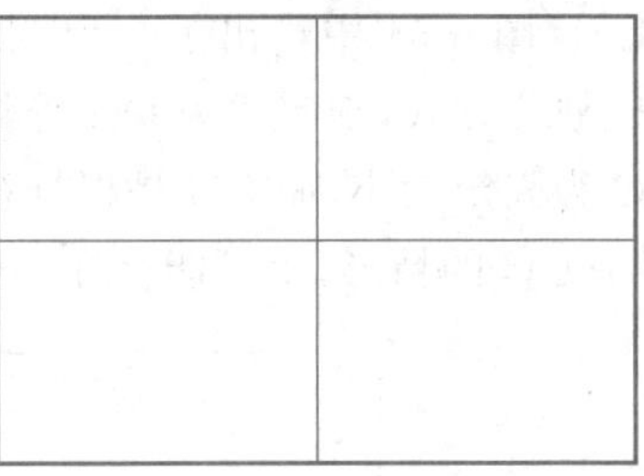

图 6.53　待编码图像的 4 个区域

3. 在 H.264 中设置 ROI

对于 H.264 编码器，首先计算每个宏块的索引位置(i，j)。当判断当前宏块位于右下角区域时，将 QP 值设置为 40；其他宏块的 QP 值则设置为 10。代码如下：

```
#define BM_ALIGN16(_x) (((_x)+0x0f)&~0x0f)
#define BM_ALIGN32(_x) (((_x)+0x1f)&~0x1f)
#define BM_ALIGN64(_x) (((_x)+0x3f)&~0x3f)
AVFrameSideData *fside = av_frame_get_side_data(picture, AV_FRAME_DATA_BM_ROI_INFO);
if (fside) {
    AVBMRoiInfo *roiinfo = (AVBMRoiInfo*)fside->data;
    memset(roiinfo, 0, sizeof(AVBMRoiInfo));
    if (enc_ctx->codec_id  == AV_CODEC_ID_H264) {
        roiinfo->customRoiMapEnable = 1;
        roiinfo->customModeMapEnable = 0;
        for (int i = 0;i <(BM_ALIGN16(height) >> 4);i++) {
            for (int j=0;j < (BM_ALIGN16(width) >> 4);j++) {
                int pos = i*(BM_ALIGN16(width) >> 4) + j;
                //test_1
                if ( (j >= (BM_ALIGN16(width) >> 4)/2) && (i >= (BM_ALIGN16
(height) >> 4)/2) ) {
                    roiinfo->field[pos].H264.mb_qp = 10;
                }else{
                    roiinfo->field[pos].H264.mb_qp = 40;
                }
            }
        }
```

4. 在 H.265 中设置 ROI

对于 H.265/HEVC 编码器,编码标准制定了一种非常灵活的 QP 控制机制,引入了量化组(Quantization Group,QG)的概念,规定一个 CTB 可以包含一个或多个固定大小的 QG,同一个 QG 内的所有含有非零系数的 CU 共享一个 QP 值,不同的 QG 可以使用不同的 QP 值。这样,编码器就能够更灵活地进行速率控制。

QG 是指将一幅图像分成固定大小($N \times N$)的正方形像素块。N 由图像参数集(Picture Parameter Set,PPS)指定,且必须处于最大 CU 与最小 CU 之间(包含最大与最小 CU)。图 6.54 中给出了一个 32×32 QG 的示意图,其中粗实线为 CTB 边界,粗虚线表示 CU 划分方式,细实线为 QG 分界线。CU 与 QG 没有固定的大小关系。由于在一幅图像中 QG 为固定大小,而 CU 是根据视频内容自适应划分的,因此可能存在一个 QG 包含一个或多个 CU 的情形,也可能存在一个 CU 包含多个 QG 的情形。

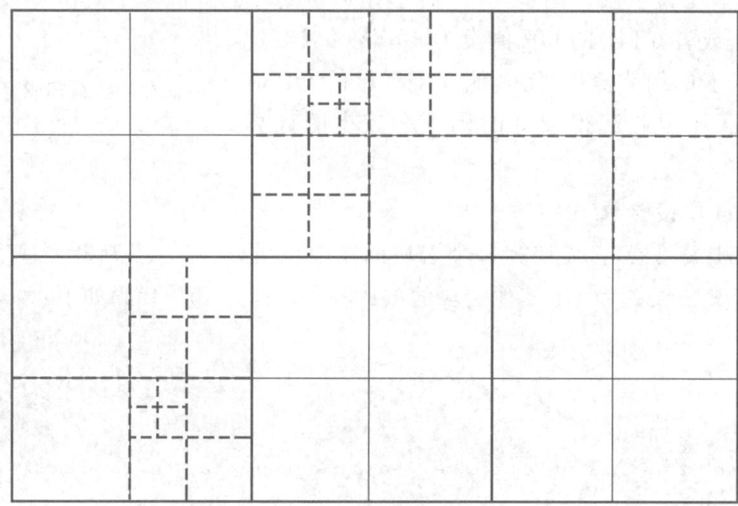

图 6.54　H.265 图像分块

在 H.265 中设置 ROI 的代码如下:

```
} else if (enc_ctx->codec_id == AV_CODEC_ID_H265) {
    roiinfo->customRoiMapEnable    = 1;
    roiinfo->customModeMapEnable   = 0;
    roiinfo->customLambdaMapEnable = 0;
    roiinfo->customCoefDropEnable  = 0;
    for (int i = 0;i <(BM_ALIGN64(height) >> 6);i++) {
        for (int j=0;j < (BM_ALIGN64(width) >> 6);j++) {
            int pos = i * (BM_ALIGN64(width) >> 6) + j;
            //test_1
            if ( (j > (BM_ALIGN64(width) >> 6)/2) && (i > (BM_ALIGN64(height) >> 6)/
2) ) {
                roiinfo->field[pos].HEVC.sub_ctu_qp_0 = 10;
                roiinfo->field[pos].HEVC.sub_ctu_qp_1 = 10;
                roiinfo->field[pos].HEVC.sub_ctu_qp_2 = 10;
                roiinfo->field[pos].HEVC.sub_ctu_qp_3 = 10;
            } else {
```

```
                roiinfo->field[pos].HEVC.sub_ctu_qp_0 = 40;
                roiinfo->field[pos].HEVC.sub_ctu_qp_1 = 40;
                roiinfo->field[pos].HEVC.sub_ctu_qp_2 = 40;
                roiinfo->field[pos].HEVC.sub_ctu_qp_3 = 40;
            }
            roiinfo->field[pos].HEVC.ctu_force_mode = 0;
            roiinfo->field[pos].HEVC.ctu_coeff_drop = 0;
            roiinfo->field[pos].HEVC.lambda_sad_0 = 0;
            roiinfo->field[pos].HEVC.lambda_sad_1 = 0;
            roiinfo->field[pos].HEVC.lambda_sad_2 = 0;
            roiinfo->field[pos].HEVC.lambda_sad_3 = 0;
        }
```

6.9.3　实验过程

1. 生成可执行文件

makefile 文件的写法与 6.4.1 节基本相同。生成可执行文件并上传到 SE5 或者云平台中。如果是在云平台上测试,则可将编译好的可执行文件通过云空间文件系统上传。

查看文件夹的命令如下：

```
root@d11ae417e206:/tmp/test#ls
ffmpeg_encode_withRoi  1080p.yuv
```

给可执行文件赋予权限的命令如下：

```
root@d11ae417e206:/tmp/test#chmod 777 ffmpeg_encode_withRoi
```

2. 运行程序

运行程序的命令如下：

```
./ffmpeg_encode_withRoi 1080.yuv output.h264
```

运行结果如下：

```
[h264_bm @ 0x429a90] width =1920
[h264_bm @ 0x429a90] height=1080
src/allocator.c:136 (ion_dmabufalloc_map)   DEBUG: retrieved virtual address
for physical memory
src/allocator.c:144 (ion_dmabufalloc_map)   DEBUG: Invalidated physical memory
src/allocator. c: 155  (ion _ dmabufalloc _ map)    DEBUG: virtual  address:
0x7f820c8000  aligned: 0x7f820c8000
src/allocator.c:176 (ion_dmabufalloc_unmap)   DEBUG: shut down virtual address
for 3133440 bytes of physical memory
[h264 _ bm  @  0x429a90 ]  input  frame:  context = ( nil ),  pts = 100,  dts =
-9223372036854775808
[85fb6010] src/enc.c:2264 (Wave5BitIssueCommand)   instanceIndex=0: cmd=0x100
[85fb6010] src/enc.c:1647 (enc_start_one_frame)   instance Index: 0. instance
Queue Count: 1, total Queue Count: 1
```

```
[85fb6010] src/enc.c:733 (VpuHandlingInterruptFlag)   INTR Done: enc pic. reason
=0x100
[85fb6010] src/enc.c:2264 (Wave5BitIssueCommand)   instanceIndex=0: cmd=0x4000
[h264_bm @ 0x429a90] output frame: context=(nil), pts=91, dts=87
enc_pkt.pts=91, enc_pkt.dts=87
rescaled enc_pkt.pts=46592, enc_pkt.dts=44544
...
```

上面为部分关键运行结果,详细运行结果请见程序运行界面。

6.9.4 Elecard StreamEye 分析

如图 6.55 所示,对视频文件进行 ROI 编码后,用 Elecard StreamEye 分析码流。通过播放编码后的视频可以看出,右下角区域比其他区域的清晰度更高,细节保留得更多。左下角使用较大的 QP 值,使得图像细节丢失,木板的间隙模糊,人工效应明显;而右下角区域使用较小的 QP 值编码,则更为清晰。

图 6.55 ROI 编码效果

同时可以调出 MB 信息查看每一个编码单元的 QP 值。从图 6.56 中可以看出，右下角区域的 QP 值更低，其他区域的 QP 值更高。

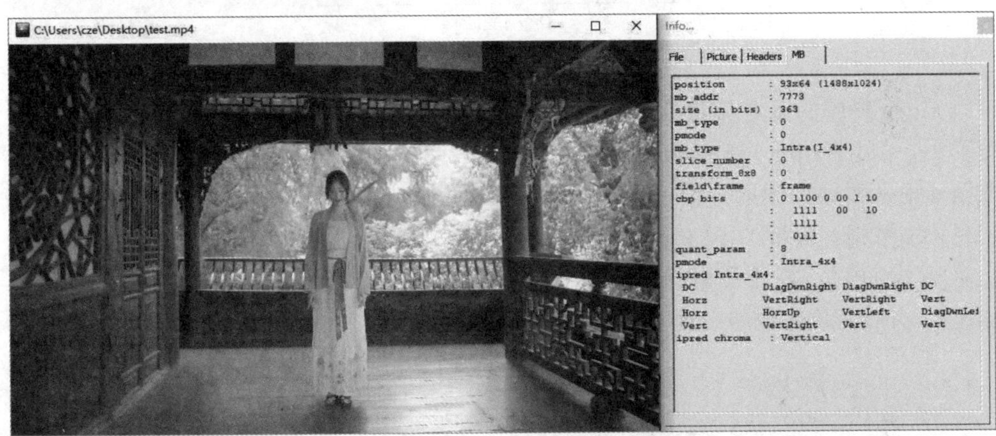

图 6.56　Elecard StreamEye 分析结果

6.10　FFmpeg 视频解码

实验目的

在掌握 FFmpeg 编码的基础上，进一步掌握 FFmpeg 视频解码的流程，包括：开发主机环境与云平台的配置，视频解码程序的理解，代码的编译、运行等。

重点掌握 FFmpeg 解码过程中常用的函数、常用的结构体以及解码的基本流程和关键步骤。

实验内容

搭建实验开发环境，编译并运行解码程序，对编码后的视频码流进行解码。

开发环境

开发主机：Ubuntu。

硬件：SE5。

实验器材

开发主机+云平台(或 SE5)。

6.10.1 实验原理简介

FFmpeg 同样提供了接口,用于对视频压缩文件进行解码,支持 H.264、H.265、MJPEG 等视频文件解码,支持解码输出 YUV 文件。FFmpeg 不仅可以对视频压缩文件进行解码,同样可以对音频文件进行解码,例如将音频 AAC 帧通过解码器解码为 PCM 数据。以 H.264 视频编解码为例,FFmpeg 编解码原理如图 6.57 所示。

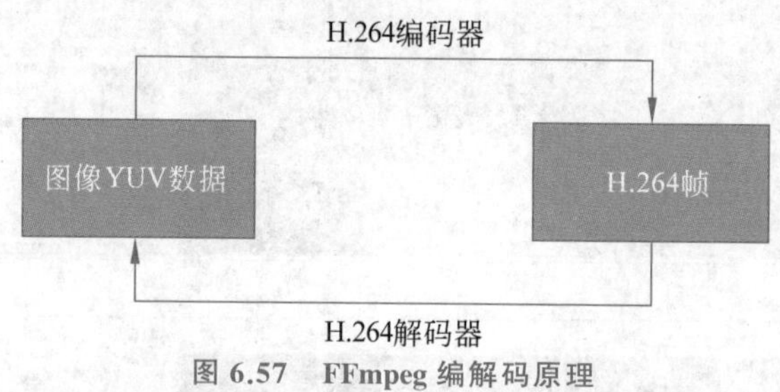

图 6.57 FFmpeg 编解码原理

FFmpeg 解码的基本流程在初始化部分与 FFmpeg 编码类似,但是在解码过程中主要调用了 av_read_frame()和 avcodec_decode_video2()函数进行解码。其中 av_read_frame()函数循环地从缓存中读取一帧视频压缩数据,avcodec_decode_video2()函数则负责解码一帧视频压缩数据。标准的 FFmpeg 解码流程如图 6.58 所示。

需要注意的是,算能公司的 FFmpeg 接口采用硬件进行加速,在 PCI-E 模式下需要指定加速卡,并执行内存同步等操作,代码如下:

```
#ifdef BM_PCIE_MODE
    av_dict_set_int(&opts,"zero_copy", pcie_no_copyback, 0);
    av_dict_set_int(&opts,"sophon_idx", sophon_idx, 0);
#endif
    if(output_format_mode == 101)
        av_dict_set_int(&opts,"output_format", output_format_mode, 18);
    //if(extra_frame_buffer_num > 5)
    av_dict_set_int(&opts,"extra_frame_buffer_num", extra_frame_buffer_num, 0);
    //av_dict_set_int(&opts, "extra_frame_buffer_num", 1, 0);
```

6.10.2 FFmpeg 解码关键函数

1. 主函数

主函数代码如下:

```
    FILE * fp_yuv = fopen(output_file.data(), "wb+");
    av_log_set_level(AV_LOG_DEBUG);                              //set debug level
    reader.openDec(input_file.data(), 1, "h264_bm", 100, 60, 0, 0);
    pFormatCtx = reader.ifmt_ctx;
    videoindex = -1;
```

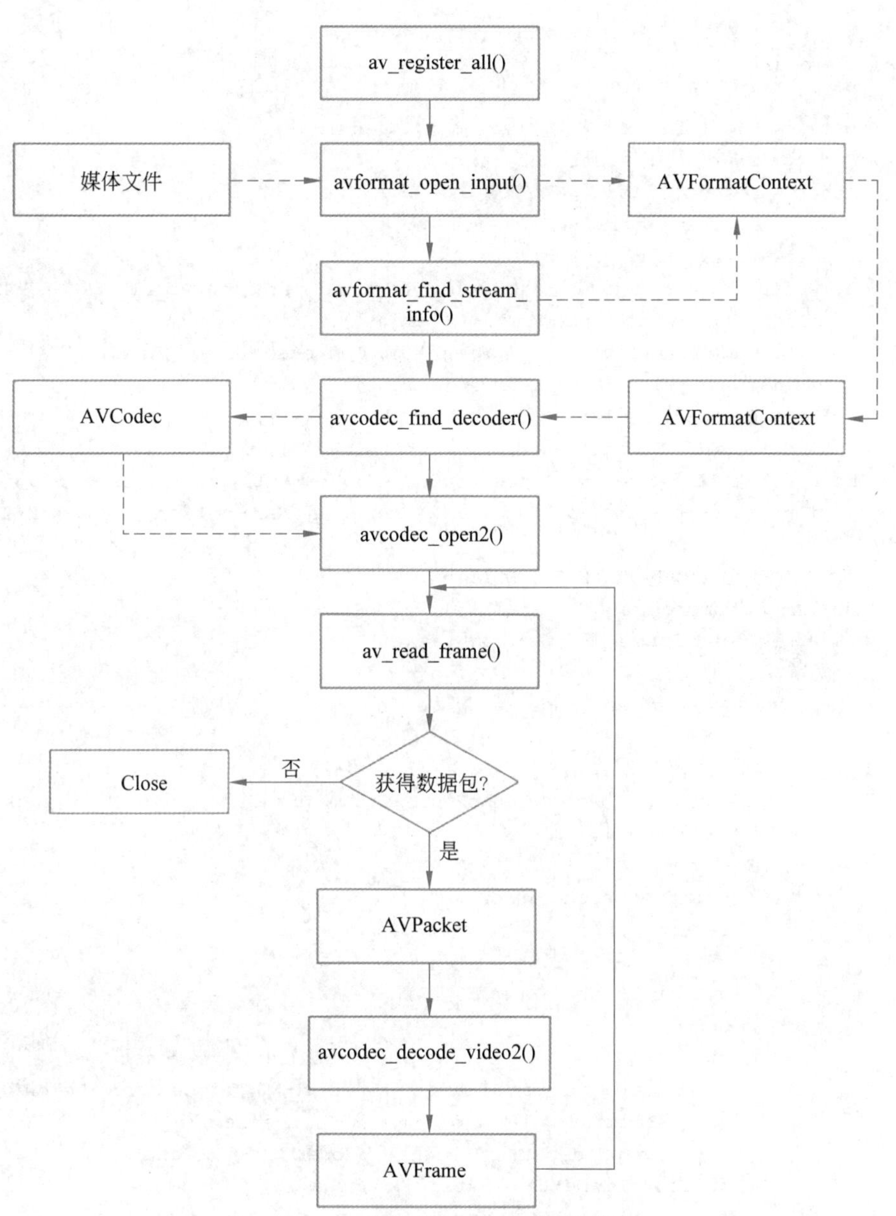

图 6.58　标准的 FFmpeg 解码流程

```
for (i = 0; i < pFormatCtx->nb_streams; i++) {
    if (pFormatCtx->streams[i]->codec->codec_type == AVMEDIA_TYPE_VIDEO)
    {
        videoindex = i;
        break;
    }
}
if (videoindex == -1)
{
```

```
        printf("Didn't find a video stream.\n");
        return -1;
    }
    cout << "video index " << videoindex << endl;
    pCodecCtx = reader.video_dec_ctx;
    pCodec = reader.decoder;
    pFrame = av_frame_alloc();
    pFrameYUV = av_frame_alloc();
    out_buffer = (uint8_t *)av_malloc(avpicture_get_size(AV_PIX_FMT_YUV420P,
        pCodecCtx->width, pCodecCtx->height));
    avpicture_fill((AVPicture *)pFrameYUV, out_buffer, AV_PIX_FMT_YUV420P,
        pCodecCtx->width, pCodecCtx->height);
    packet = (AVPacket *)av_malloc(sizeof(AVPacket));
    av_dump_format(pFormatCtx, 0, input_file.data(), 0);
    img_convert_ctx = sws_getContext(pCodecCtx->width,pCodecCtx->height,
        pCodecCtx->pix_fmt, pCodecCtx->width, pCodecCtx->height, AV_PIX_FMT_
YUV420P,
        SWS_BICUBIC, NULL, NULL, NULL);
    long long framecount = 0;
    while (av_read_frame(pFormatCtx, packet) >= 0)
    {   //读取一帧压缩数据
        if (packet->stream_index == videoindex)
        {
            //解码一帧压缩数据
            ret = avcodec_decode_video2(pCodecCtx, pFrame, &got_picture, packet);
            if (ret < 0)
            {
                printf("Decode Error.\n");
                return -1;
            }
            if (got_picture)
            {
                sws_scale(img_convert_ctx, (const uint8_t * const *)
                    pFrame->data, pFrame->linesize, 0, pCodecCtx->height,
                    pFrameYUV->data, pFrameYUV->linesize);
                y_size = pCodecCtx->width * pCodecCtx->height;
                fwrite(pFrameYUV->data[0], 1, y_size, fp_yuv);        //Y
                fwrite(pFrameYUV->data[1], 1, y_size / 4, fp_yuv);    //U
                fwrite(pFrameYUV->data[2], 1, y_size / 4, fp_yuv);    //V
                printf("\rfinish %lld [%c].", ++framecount, progressbar_icon
                    [framecount % 12]);
                fflush(stdout);
            }
        }
        av_free_packet(packet);
    }
    //flush decoder
    //当 av_read_frame()循环退出时，实际上解码器中可能还包含剩余的几帧数据
    //因此需要通过 flush_decoder 将这几帧数据输出
    //flush_decoder 即直接调用 avcodec_decode_video2()获得 AVFrame
```

```
    //而不再向解码器传递 AVPacket
    while (1)
    {
        ret = avcodec_decode_video2(pCodecCtx, pFrame, &got_picture, packet);
        if (ret < 0)
            break;
        if (!got_picture)
            break;
        sws_scale(img_convert_ctx, (const uint8_t * const *)pFrame->data,
pFrame->linesize, 0,
            pCodecCtx->height,
            pFrameYUV->data, pFrameYUV->linesize);
        int y_size = pCodecCtx->width * pCodecCtx->height;
        //输出到文件
        fwrite(pFrameYUV->data[0], 1, y_size, fp_yuv);          //Y
        fwrite(pFrameYUV->data[1], 1, y_size / 4, fp_yuv);      //U
        fwrite(pFrameYUV->data[2], 1, y_size / 4, fp_yuv);      //V
        printf("\rfinish %lld [%c].",++framecount, progressbar_icon
[framecount % 12]);
        fflush(stdout);
    }
    sws_freeContext(img_convert_ctx);
    //关闭文件并释放内存
    fclose(fp_yuv);
    cout << "Total Decode " << framecount << " frames" << endl;
    av_frame_free(&pFrameYUV);
    av_frame_free(&pFrame);
    return 0;
}
```

在上面的代码中，调用了 openDec()开启解码器，然后通过 grabFrame()获取解码后的视频帧，实际上就是完成解码动作。这两个接口都通过 VideoDec_FFMPEG 类提供。下面介绍 VideoDec_FFMPEG 类的写法，这也是本实验的核心。

2. VideoDec_FFMPEG 类

初始化构造函数代码如下：

```
VideoDec_FFMPEG::VideoDec_FFMPEG()
{
    ifmt_ctx =NULL;
    video_dec_ctx =NULL;
    video_dec_par =NULL;
    decoder =NULL;
    width = 0;
    height = 0;
    pix_fmt = 0;
    video_stream_idx = -1;
    refcount = 1;
    av_init_packet(&pkt);
```

```
    pkt.data =NULL;
    pkt.size = 0;
    frame = av_frame_alloc();
}
```

析构函数代码如下：

```
VideoDec_FFMPEG::~VideoDec_FFMPEG()
{
    closeDec();
    printf("#VideoDec_FFMPEG exit \n");
}
```

openDec()方法代码如下：

```
//文件的打开和解码器的初始化
int VideoDec_FFMPEG::openDec(const char* filename,int codec_name_flag,
    const char * coder_name,int output_format_mode,
    int extra_frame_buffer_num,int sophon_idx, int pcie_no_copyback){
    int ret = 0;
    AVDictionary *dict =NULL;
    av_dict_set(&dict,"rtsp_flags", "prefer_tcp", 0);
    //打开媒体流
    ret = avformat_open_input(&ifmt_ctx,filename, NULL, &dict);
    if (ret < 0) {
        av_log(NULL, AV_LOG_ERROR, "Cannot open input file\n");
        return ret;
    }
    //获取媒体信息
    ret = avformat_find_stream_info(ifmt_ctx,NULL);
    if (ret < 0) {
        av_log(NULL, AV_LOG_ERROR, "Cannot find stream information\n");
        return ret;
    }
    //打开编码器(二次封装函数)
    ret = openCodecContext(&video_stream_idx, &video_dec_ctx, ifmt_ctx,
            AVMEDIA_TYPE_VIDEO,codec_name_flag, coder_name, output_format_mode,
            extra_frame_buffer_num);
    if (ret >= 0) {
        width = video_dec_ctx->width;
        height = video_dec_ctx->height;
        pix_fmt = video_dec_ctx->pix_fmt;
    }
    av_log(video_dec_ctx, AV_LOG_INFO,
            "openDec video_stream_idx = %d, pix_fmt = %d\n",video_stream_idx,
pix_fmt);
    av_dict_free(&dict);
    return ret;
}
```

在上面的代码中,通过 avformat_open_input()函数打开媒体流,通过 avformat_find_stream_info()函数获取媒体信息,并且调用了 openCodecContext()打开编码器。这里 openCodecContext()是二次封装函数,实现方法如下:

```
int VideoDec_FFMPEG::openCodecContext(int * stream_idx,AVCodecContext **dec_
      ctx, AVFormatContext * fmt_ctx, enum AVMediaType type,int codec_name_
      flag, const char * coder_name, int output_format_mode,int extra_frame_
      buffer_num, int sophon_idx, int pcie_no_copyback){
    int ret, stream_index;
    AVStream * st;
    AVCodec * dec =NULL;
    AVDictionary * opts =NULL;
    ret = av_find_best_stream(fmt_ctx, type, -1, -1, NULL, 0);
    if (ret < 0) {
        av_log(NULL, AV_LOG_ERROR, "Could not find %s stream\n",
                av_get_media_type_string(type));
        return ret;
    }
    stream_index = ret;
    st =fmt_ctx->streams[stream_index];
    //查找视频流的解码器
    if(codec_name_flag && coder_name)
        decoder = findBmDecoder((AVCodecID)0,coder_name,codec_name_flag,
            AVMEDIA_TYPE_VIDEO);
    else
        decoder = findBmDecoder(st->codecpar->codec_id);
    if (!decoder) {
        av_log(NULL, AV_LOG_FATAL,"Failed to find %s codec\n",
               av_get_media_type_string(type));
        return AVERROR(EINVAL);
    }
    //为解码器分配编解码器上下文
    * dec_ctx = avcodec_alloc_context3(decoder);
    if (! * dec_ctx) {
        av_log(NULL, AV_LOG_FATAL, "Failed to allocate the %s codec context\n",
               av_get_media_type_string(type));
        return AVERROR(ENOMEM);
    }
    //将编解码器参数从输入流复制到输出编解码器上下文
    ret = avcodec_parameters_to_context( * dec_ctx, st->codecpar);
    if (ret < 0) {
        av_log(NULL, AV_LOG_FATAL, "Failed to copy %s codec parameters to decoder
            context\n", av_get_media_type_string(type));
        return ret;
    }
    video_dec_par = st->codecpar;
    //初始化解码器,选择是否启用引用计数
    av_dict_set(&opts,"refcounted_frames", refcount ?"1" : "0", 0);
    if(output_format_mode == 101)
```

```
        av_dict_set_int(&opts,"output_format", output_format_mode, 18);
    av_dict_set_int(&opts,"extra_frame_buffer_num", extra_frame_buffer_num, 0);
    ret = avcodec_open2( * dec_ctx, dec, &opts);
    if (ret < 0) {
        av_log(NULL, AV_LOG_FATAL, "Failed to open %s codec\n",
                av_get_media_type_string(type));
        return ret;
    }
    * stream_idx = stream_index;
    av_dict_free(&opts);
    return 0;
}
```

在上面的代码中,openCodecContext()打开编码器的过程中主要用到了以下函数:findBmDecoder()查找编码器(二次封装函数),avcodec_alloc_context3()分配编码上下文,avcodec_parameters_to_context()设置编码器,av_dict_set_int()进行一些参数设置。最后通过 avcodec_open2()打开编码器。

3. 解码视频帧关键函数 grabFrame()

grabFrame()函数代码如下:

```
AVFrame * VideoDec_FFMPEG::grabFrame()                        //返回一帧解码的结果
{
    int ret = 0;
    int got_frame = 0;
    struct timeval tv1, tv2;
    gettimeofday(&tv1,NULL);
    while (1) {
        av_packet_unref(&pkt);
        ret = av_read_frame(ifmt_ctx, &pkt);
        if (ret < 0) {
            if (ret == AVERROR(EAGAIN)) {
                gettimeofday(&tv2,NULL);
                if(((tv2.tv_sec - tv1.tv_sec) * 1000 + (tv2.tv_usec - tv1.tv_
                    usec) / 1000) > 1000 * 60) {
                    av_log(video_dec_ctx, AV_LOG_WARNING,"av_read_frame failed
                        ret(%d) retry time >60s.\n", ret);
                    break;
                }
                usleep(10 * 1000);
                continue;
            }
            av_log(video_dec_ctx, AV_LOG_ERROR,"av_read_frame ret(%d) maybe
eof...\n", ret);
            return NULL;                                      //TODO
        }
        if (pkt.stream_index != video_stream_idx) {
            continue;
        }
```

```
        if (!frame) {
            av_log(video_dec_ctx, AV_LOG_ERROR,"Could not allocate frame\n");
            return NULL;
        }
        if (refcount) {
            av_frame_unref(frame);
        }
        gettimeofday(&tv1,NULL);
        ret = avcodec_decode_video2(video_dec_ctx, frame, &got_frame, &pkt);
        if (ret < 0) {
            av_log(video_dec_ctx, AV_LOG_ERROR,"Error decoding video frame (%d)\
n", ret);
            continue;                                              //TODO
        }
        if (!got_frame) {
            continue;
        }
        width = video_dec_ctx->width;
        height = video_dec_ctx->height;
        pix_fmt = video_dec_ctx->pix_fmt;
        if (frame->width!= width||frame->height != height || frame->format !=
pix_fmt){
            av_log(video_dec_ctx, AV_LOG_ERROR,
                "Error: Width, height and pixel format have to be "
                "constant in a rawvideo file, but the width, height or "
                "pixel format of the input video changed:\n"
                "old: width = %d, height = %d, format = %s\n"
                "new: width = %d, height = %d, format = %s\n",
                width, height, av_get_pix_fmt_name((AVPixelFormat)pix_fmt),
                frame->width, frame->height,
                av_get_pix_fmt_name((AVPixelFormat)frame->format));
            continue;
        }
        break;
    }
    return frame;
}
```

最后关闭解码器：

```
void VideoDec_FFMPEG::closeDec()
{
    if (video_dec_ctx) {
        avcodec_free_context(&video_dec_ctx);
        video_dec_ctx =NULL;
    }
    if (ifmt_ctx) {
        avformat_close_input(&ifmt_ctx);
        ifmt_ctx =NULL;
```

```
    }
    if (frame) {
        av_frame_free(&frame);
        frame =NULL;
    }
}
```

6.10.3 实验过程

1. 生成可执行文件

生成可执行文件并上传到算能嵌入式平台或者云平台中,具体操作不再赘述。此时查看 test 文件夹内的文件如下所示:

```
root@d11ae417e206:/tmp/test#ls
ffmpeg_decoder  test.h264
```

这里的 test.h264 可以用 6.8 节实验中生成的编码文件。

给可执行文件赋予权限:

```
root@d11ae417e206:/tmp/test#chmod 777 ffmpeg_decoder
```

2. 运行程序

在目标开发机终端执行以下命令:

```
./ffmpeg_decoder  test.h264  out.yuv
```

运行结果如下。在运行结果中,stream 表示输入的码流文件,bm decoder id 表示使用的解码器名称,sophon device 表示 PCI-E 模式下使用的 Sophon 芯片序号,bm output format 表示输出数据的格式,mode bitstream 表示比特流模式,frame delay 表示解码器延迟帧数,pix_fmt 表示解码器支持的像素格式。代码中加粗的内容为关键部分。

```
root@ab162899a93b:/tmp/tmp618uq_dw# ./ffmpeg_decoder test111.h264 out.yuv
[NULL @ 0x449a10] Opening 'test111.h264' for reading
[file @ 0x44a240] Setting default whitelist 'file,crypto'
[h264 @ 0x449a10] Format h264 probed with size=2048 and score=51
[h264 @ 0x449a10] Before avformat_find_stream_info() pos: 0 bytes read:32768
seeks:0 nb_streams:1
[AVBSFContext @ 0x4521c0] nal_unit_type: 7(SPS), nal_ref_idc: 3
[AVBSFContext @ 0x4521c0] nal_unit_type: 8(PPS), nal_ref_idc: 3
[AVBSFContext @ 0x4521c0] nal_unit_type: 5(IDR), nal_ref_idc: 3
[h264 @ 0x44acc0] nal_unit_type: 7(SPS), nal_ref_idc: 3
[h264 @ 0x44acc0] nal_unit_type: 8(PPS), nal_ref_idc: 3
[h264 @ 0x44acc0] nal_unit_type: 5(IDR), nal_ref_idc: 3
[h264 @ 0x44acc0] Format yuv420p chosen by get_format().
[h264 @ 0x44acc0] Reinit context to 1920x1088, pix_fmt: yuv420p
[h264 @ 0x44acc0] nal_unit_type: 1(Coded slice of a non-IDR picture), nal_ref_
idc: 2
```

```
[h264 @ 0x44acc0] no picture
[h264 @ 0x44acc0] nal_unit_type: 1(Coded slice of a non-IDR picture), nal_ref_
idc: 1
[h264 @ 0x44acc0] nal_unit_type: 1(Coded slice of a non-IDR picture), nal_ref_
idc: 1
[h264 @ 0x44acc0] Increasing reorder buffer to 2
[h264 @ 0x44acc0] no picture ooo
[h264 @ 0x44acc0] nal_unit_type: 1(Coded slice of a non-IDR picture), nal_ref_
idc: 0
[h264 @ 0x44acc0] Increasing reorder buffer to 3
[h264 @ 0x44acc0] no picture ooo
[h264 @ 0x44acc0] nal_unit_type: 1(Coded slice of a non-IDR picture), nal_ref_
idc: 0
[h264 @ 0x44acc0] no picture ooo
[h264 @ 0x44acc0] nal_unit_type: 1(Coded slice of a non-IDR picture), nal_ref_
idc: 1
[h264 @ 0x44acc0] no picture
[h264 @ 0x44acc0] nal_unit_type: 1(Coded slice of a non-IDR picture), nal_ref_
idc: 0
[h264 @ 0x44acc0] no picture
[h264 @ 0x44acc0] nal_unit_type: 1(Coded slice of a non-IDR picture), nal_ref_
idc: 0
[h264 @ 0x44acc0] nal_unit_type: 1(Coded slice of a non-IDR picture), nal_ref_
idc: 2
[h264 @ 0x44acc0] nal_unit_type: 1(Coded slice of a non-IDR picture), nal_ref_
idc: 1
[h264 @ 0x44acc0] nal_unit_type: 1(Coded slice of a non-IDR picture), nal_ref_
idc: 1
[h264 @ 0x44acc0] nal_unit_type: 1(Coded slice of a non-IDR picture), nal_ref_
idc: 0
[h264 @ 0x44acc0] nal_unit_type: 1(Coded slice of a non-IDR picture), nal_ref_
idc: 0
[h264 @ 0x44acc0] nal_unit_type: 1(Coded slice of a non-IDR picture), nal_ref_
idc: 1
[h264 @ 0x44acc0] nal_unit_type: 1(Coded slice of a non-IDR picture), nal_ref_
idc: 0
[h264 @ 0x44acc0] nal_unit_type: 1(Coded slice of a non-IDR picture), nal_ref_
idc: 0
[h264 @ 0x44acc0] nal_unit_type: 1(Coded slice of a non-IDR picture), nal_ref_
idc: 2
[h264 @ 0x44acc0] nal_unit_type: 1(Coded slice of a non-IDR picture), nal_ref_
idc: 1
[h264 @ 0x44acc0] nal_unit_type: 1(Coded slice of a non-IDR picture), nal_ref_
idc: 1
[h264 @ 0x44acc0] nal_unit_type: 1(Coded slice of a non-IDR picture), nal_ref_
idc: 0
[h264 @ 0x44acc0] nal_unit_type: 1(Coded slice of a non-IDR picture), nal_ref_
idc: 0
[h264 @ 0x44acc0] nal_unit_type: 1(Coded slice of a non-IDR picture), nal_ref_
idc: 1
```

```
[h264 @ 0x44acc0] nal_unit_type: 1(Coded slice of a non-IDR picture), nal_ref_
idc: 0
[h264 @ 0x449a10] After avformat_find_stream_info() pos: 520810 bytes read:
520810 seeks:0 frames:101
[AVBSFContext @ 0x4521c0] The input looks like it is Annex B already
[h264_bm @ 0x44c170] Format nv12 chosen by get_format().
[h264_bm @ 0x44c170] ff_get_format: nv12.
[h264_bm @ 0x44c170] bmctx->hw_accel=0
[h264_bm @ 0x44c170] bm decoder id: 0
[h264_bm @ 0x44c170] bm output format: 0
[h264_bm @ 0x44c170] mode bitstream: 2, frame delay: -1
BMvidDecCreateW5 board id 0 coreid 0
libbmvideo.so addr : /system/lib/libbmvideo.so, name_len: 12
vpu firmware addr: /system/lib/vpu_firmware/chagall_dec.bin
VERSION=0, REVISION=213135
[h264_bm @ 0x44c170] perf: 0
[h264_bm @ 0x44c170] init options: mode, 2, frame delay, -1, output format, 0,
extra frame buffer number: 5, extra_data_flag: 1
[h264_bm @ 0x44c170] openDec video_stream_idx = 0, pix_fmt = 23
video index 0
Input #0, h264, from 'test111.h264':
  Duration: N/A, bitrate: N/A
    Stream #0:0, 101, 1/1200000: Video: h264 (High), 1 reference frame, nv12
(progressive, left), 1920x1080 (1920x1088), 0/1, 25 fps, 25 tbr, 1200k tbn, 50 tbc
finish 96 [|].[h264_bm @ 0x44c170] flush all frame in the decoder frame buffer
may be endof.. please check it............
may be endof.. please check it............
may be endof.. please check it............
may be endof.. please check it............
finish 101 [/].Total Decode 101 frames
[AVIOContext @ 0x42f6d0] Statistics: 520810 bytes read, 0 seeks
#VideoDec_FFMPEG exit
root@ab162899a93b:/tmp/tmp6l8uq_dw#
```

6.11 OpenCV 视频解码

实验目的

掌握 OpenCV 视频解码的流程,对比 OpenCV 和 FFmpeg 的区别。

实验内容

搭建开发环境,并对程序进行编译运行,通过 OpenCV 对编码后的视频码流进行解码。

开发环境

开发主机:Ubuntu。

硬件:SE5。

实验器材

开发主机+云平台(或 SE5)。

6.11.1 实验原理简介

OpenCV 也支持对视频进行解码，OpenCV 内部对 FFmpeg 进行了封装，实际上还是调用 FFmpeg 接口。但是 OpenCV 对外提供了简易的接口，可以快速调用，实现视频解码。

在 OpenCV 中用 Mat 这种数据结构表示图片。例如，利用 OpenCV，通过下面的方法即可快速实现对视频文件的解码：

```
//初始化 VideoCapture 类
VideoCapture cap;
//打开文件、摄像头或者某个 RTSP 连接
cap.open(argv[1], CAP_FFMPEG, card);
//读取视频帧，存入 image 中
Mat image;
cap.read(image);
```

OpenCV 也支持通过 VideoCapture 类接口设置一些解码参数，例如输出的高和宽、数据格式等：

```
//设置输出的高和宽
cap.set(CAP_PROP_FRAME_HEIGHT, (double)h);
cap.set(CAP_PROP_FRAME_WIDTH, (double)w);
//设置输出为 YUV 数据格式
cap.set(cv::CAP_PROP_OUTPUT_YUV, PROP_TRUE);
```

需要注意的是，OpenCV 由于内部采用了硬件加速处理，如果需要对处理后的图像或者数据进行 CPU 处理，如保存文件等，需要执行内存同步操作，代码如下：

```
//内存同步
bmcv::downloadMat(image);
for (int i = 0; i < image.avRows(); i++) {
    fwrite((char *)image.avAddr(0) + i * image.avStep(0), 1, image.avCols(),
dumpfile);
}
for (int i = 0; i < image.avRows()/2; i++) {
    fwrite((char *)image.avAddr(1) + i * image.avStep(1), 1, image.avCols()/2,
dumpfile);
}
for (int i = 0; i < image.avRows()/2; i++) {
    fwrite((char *)image.avAddr(2) + i * image.avStep(2), 1, image.avCols()/2,
dumpfile);
}
```

6.11.2 实验过程

本实验的具体过程与 6.10 节实验类似，这里不再赘述。

6.12 JPEG图像编解码

实验目的

掌握基于算能平台的JPEG编解码方法以及开发环境,包括开发主机环境搭建、硬件嵌入式开发板的连接、云平台的配置、编码程序的编译和运行等。

实验内容

搭建实验开发环境,并编写JPEG格式的静止图像编解码程序,从输入端读取原始图像数据,选择编解码模式,输出压缩编码结果。在目标开发机运行测试,验证开发环境。而如果是在云平台虚拟环境下,必须将编译好的程序上传到云平台虚拟环境,才可以进行进一步操作。

开发环境

开发主机：Ubuntu。

硬件：SE5。

实验器材

开发主机+云平台(或SE5)。

6.12.1 实验原理简介

JPEG是当前流行的静态图像压缩格式,从提出至今已经过去几十年,在互联网时代依然是主要图像压缩标准。原始未压缩的图像经过压缩算法处理后,生成JPEG格式的压缩图像。其占用的存储空间更小,更有利于图像文件的存储和传输。JPEG编码包括预测编码、变换编码、量化、熵编码等过程,在前面的理论部分已经详细介绍了其基本原理。本实验通过直接调用OpenCV库的函数实现。

算能公司的OpenCV库提供了imencode()和imdecode()函数,分别用于编码和解码。和OpenCV的其他函数使用方法一样,imencode()和imdecode()同样针对Mat数据进行处理。imencode()函数读取Mat数据格式的图像进行编码,imdecode()函数将解码后的数据以Mat数据格式返回。

6.12.2 实验过程

1. JPEG图像编码

本实验可以封装FnEncode()函数用于进行编码,该函数关键代码如下：

```
void FnEncode(const char * filenpath, int output_en)
{
    Mat save = imread(filenpath, IMREAD_UNCHANGED);
    vector<uint8_t> encoded;
    imencode(".jpg", save, encoded);                        //编码
    if (output_en)
    {
        char * str = "encodeImage.jpg";
        int bufLen = encoded.size();
```

```
        if (bufLen)
        {
            uint8_t * pYuvBuf = encoded.data();
            FILE * fclr = fopen(str, "wb");
            fwrite(pYuvBuf, 1, bufLen, fclr);            //将编码后的数据写入文件
            fclose(fclr);
        }
    }
}
```

2. JPEG 图像解码

本实验可以封装 FnDecode()函数用于进行解码，该函数关键代码如下：

```
void FnDecode(const char * filenpath, int output_en)
{
    ifstream in(filenpath, ios::binary);
    string s((istreambuf_iterator<char>(in)), (istreambuf_iterator<char>()));
    in.close();
    vector<char> pic(s.c_str(), s.c_str() + s.length());
    Mat image;
    imdecode(pic, IMREAD_UNCHANGED, &image);                     //解码
    if (output_en)
    {
        char * str = "decodeImage.bmp";
        imwrite(str, image);                                     //将解码后的数据写入文件
    }
}
```

3. 主函数

最后封装主函数，分别对输入的图像进行编码或解码：

```
int main(int argc, char * argv[])
{
    …
    switch (codec_type)
    {
    case 1:
        FnEncode(input_file.data(), outputEnable);
        cout << "encode finish ." << endl;
        break;
    case 2:
        FnDecode(input_file.data(), outputEnable);
        cout << "decode finish ." << endl;
        break;
    default:
        cout << "please input correct codec type number." << endl
            << "   "
            << " [codec-type] - the codec type you want to use . 1 -> encode ,
            2 -> decode" << endl;
```

```
        break;
    }
}
```

如上所示,可以在主函数中根据用户输入的 codec_type 值分别对输入的图像进行编码和解码。outputEnable 参数指定是否输出到文件。

6.12.3 执行与测试

程序在本地编译后上传到云平台或者本地 SE5 盒子中的过程与前面的方法相同,这里不再赘述。上传完成后,在终端中输入以下指令:

```
./test_ocv_jpumulti  <inputfile>  <testtype>  <isout>
```

参数说明:

- inputfile:输入图像文件。
- testtype:选择测试功能,1 为编码,2 为解码。
- isout:是否输出到文件,0 为不生成输出文件,1 为生成输出文件。

编码输出结果如图 6.59 所示。

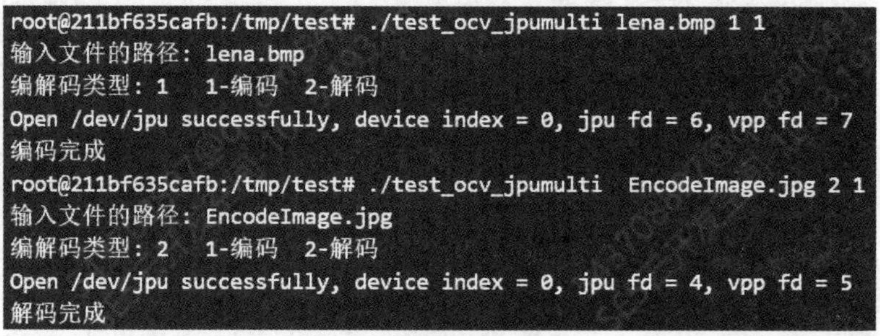

```
root@211bf635cafb:/tmp/test# ./test_ocv_jpumulti lena.bmp 1 1
输入文件的路径: lena.bmp
编解码类型: 1   1-编码  2-解码
Open /dev/jpu successfully, device index = 0, jpu fd = 6, vpp fd = 7
编码完成
root@211bf635cafb:/tmp/test# ./test_ocv_jpumulti  EncodeImage.jpg 2 1
输入文件的路径: EncodeImage.jpg
编解码类型: 2   1-编码  2-解码
Open /dev/jpu successfully, device index = 0, jpu fd = 4, vpp fd = 5
解码完成
```

图 6.59 编码输出结果

结果分析:选择编码(testtype=1),输入为图像 lena.bmp,选择输出到图像(isout=1),65KB 的图像压缩成 15KB;再运行一次程序,选择解码(testtype=2),输入刚才编码输出的图像 EnCodeImage.jpg 进行解码,同样也选择输出到图像(isout=1),15KB 的压缩图像还原成 65KB,并得到了原来格式的图像 DecodeImage.bmp。

图像压缩信息如图 6.60 所示。

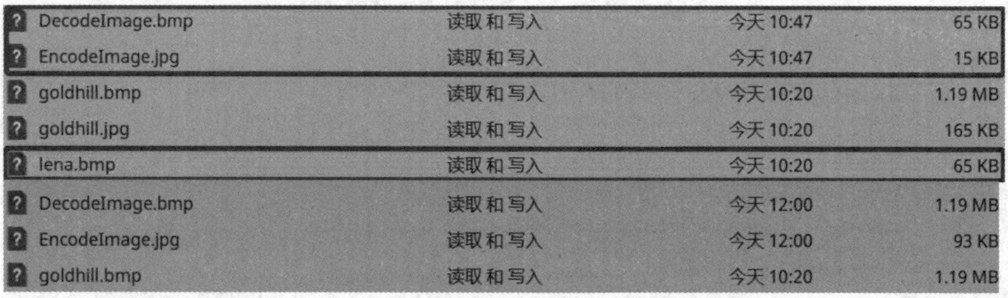

DecodeImage.bmp	读取和写入	今天 10:47	65 KB
EncodeImage.jpg	读取和写入	今天 10:47	15 KB
goldhill.bmp	读取和写入	今天 10:20	1.19 MB
goldhill.jpg	读取和写入	今天 10:20	165 KB
lena.bmp	读取和写入	今天 10:20	65 KB
DecodeImage.bmp	读取和写入	今天 12:00	1.19 MB
EncodeImage.jpg	读取和写入	今天 12:00	93 KB
goldhill.bmp	读取和写入	今天 10:20	1.19 MB

图 6.60 图像压缩信息

6.13　RTSP 拉流+RTMP 推流

实验目的

算能开发平台的 OpenCV 提供了 RTSP 拉流和 RTMP 推流接口，可以对摄像头的视频流进行 RTSP 拉流后再次通过 RTMP 推流到某个云平台。需要注意的是，拉流过程中会直接进行解码，推流过程中会进行编码。通过本实验应掌握利用 OpenCV 接口进行 RTSP 拉流和 RTMP 推流的方法。

实验内容

在 SE5 上，利用 OpenCV 接口进行 RTSP 拉流，再利用 OpenCV 接口进行 RTMP 推流。

多线程处理：线程 1 进行 RTSP 拉流，线程 2 进行 RTMP 推流。

通过 Wireshark 抓取 RTSP 拉流报文和 RTMP 推流报文。

开发环境

Ubuntu，SE5，C/C++ 。

参考例程

本实验可以参考 Git 上的 ocv_video_xcode.cpp 例程。

6.13.1　实验步骤

如图 6.61 所示，本实验利用 OpenCV 接口，在 SE5 上通过 RTSP 拉流，然后通过 RTMP 将码流推送给 PC/服务器。在实现过程中，RTSP 拉流和 RTMP 推流分别在不同的线程中实现。同时，在 RTSP 拉流的过程中会进行解码，在 RTMP 推流的过程中会进行编码。

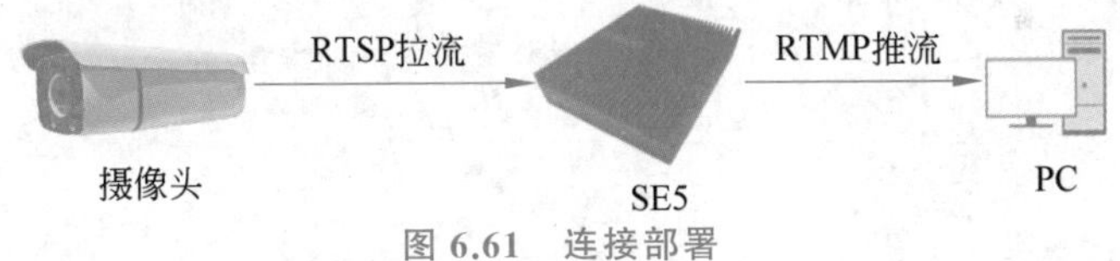

图 6.61　连接部署

本实验中的摄像头也可以直接通过 PC 实现，在 PC 上安装并启动 RTSP 服务器。

推荐使用 EasyDarwin 安装 RTSP 服务器。在 PC 上可以安装 nginx 作为 RTMP 服务器。

本实验两个线程的操作流程如图 6.62 所示。

在主线程中，只需要将打开的文件名设置为 RTSP 地址，即可实现对视频流的拉取，然后将读取的视频帧(解码后的视频帧)存入视频缓存队列。在写线程中，将写入的文件名设置为 RTMP 地址，即可实现对视频流的推送。

在 OpenCV 中分别提供了 VideoCapture 类和 VideoWriter 类，用于视频文件的读和写操作。下面介绍具体的编程实现过程。

6.13.2　主线程

1. OpenCV 获取视频流

如前所述，OpenCV 通过 VideoCapture 类实现对 URL 地址的读取并进行解码。这部

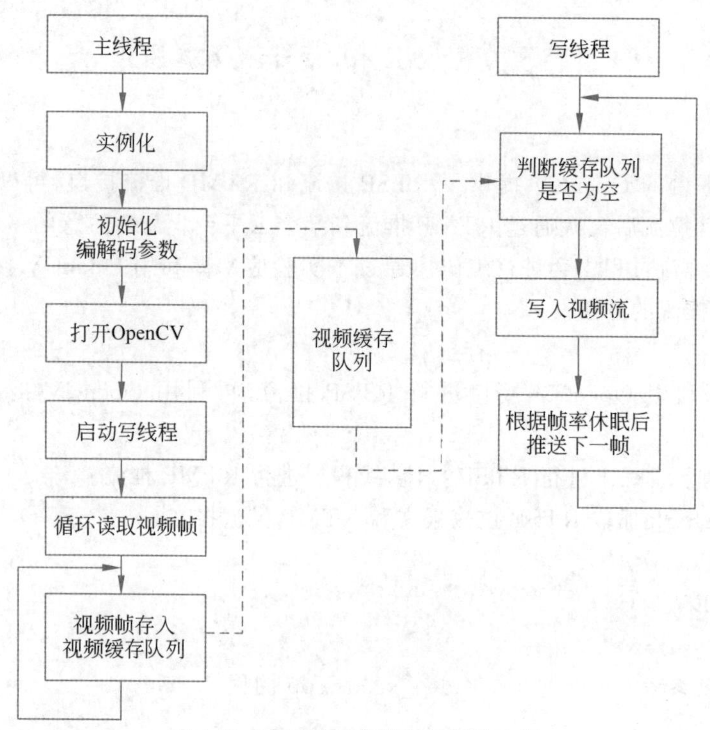

图 6.62　本实验两个线程的操作流程

分代码也可以参考 6.11 节实验实现,其关键代码如下:

```
//初始化 VideoCapture 类
VideoCapture cap;
//打开文件、摄像头或者某个 RTSP 连接
cap.open(threadPara->inputUrl, CAP_FFMPEG, threadPara->deviceId);
...
//读取视频帧,存入 image 中
Mat image;
cap.read(image);
```

上面代码中的 threadPara->inputUrl 即为输入的 RTSP 视频流地址。threadPara->deviceId 为板卡 ID。如果是 SoC 模式,则为 0;如果是 PCI-E 模式,需要指定具体的板卡 ID。

2. 将视频帧存入视频缓存队列

主线程通过 cap.read(image)获取 image 后,将其存入视频缓存队列。本实验中涉及两个不同的线程对缓存队列进行读写操作,为保障线程同步,需要通过上锁和解锁对视频缓存队列进行保护:

```
g_video_lock.lock();
//存入视频缓存队列
threadPara->imageQueue->push(image);
g_video_lock.unlock();
```

上述代码中获取的 Mat 格式的 image 就是解码后的视频帧数据。

6.13.3　写线程

1. OpenCV 推送视频流

OpenCV 提供了写入视频的接口类 VideoWriter，它以指定的编码格式将每一帧图像写入视频中。可以直接通过 VideoWriter 类对 URL 地址进行推流，代码如下：

```
VideoWriter writer;                                          //创建 VideoWriter 类
//outfile:输出视频文件的路径和名称
//fourcc:字符类型的编码,表示用于编码视频文件的编码器。以下采用 HEVC 编码
writer.open(outfile, VideoWriter::fourcc('h', 'v', 'c', '1'),
    threadPara->fps,                                         //帧率
    size(threadPara->imageCols, threadPara->imageRows),
    encodeparms,
    true,
    threadPara->deviceId);
writer.write( * toEncImage);                                 //通过 write 接口推送
```

fourcc 接口还可以设置不同的编码方式，例如：

- VideoWriter::fourcc('P','I','M','1')表示 MPEG-1 编码，文件扩展名为 avi。
- VideoWriter::fourcc('X','V','I','D')表示 MPEG-4 编码，文件扩展名为 avi。
- VideoWriter::fourcc('X','2','6','4')表示 MPEG-4 编码，文件扩展名为 mp4。
- VideoWriter::fourcc('I','4','2','0')表示 YUV 编码，文件扩展名为 avi。
- VideoWriter::fourcc('M','P','4','V')表示旧的 MPEG-4 编码，文件扩展名为 avi。
- VideoWriter::fourcc('T','H','E','O')表示使用 ogg vorbis，文件扩展名为 ogv。
- VideoWriter::fourcc('F','L','V','1')表示 flash video，文件扩展名为 flv。

本实验中的 RTSP 服务器端可以直接通过摄像头进行拉流，也可以通过在 PC 上安装 RTSP 服务器实现。本实验中的 RTMP 服务器可以通过安装 nginx 实现。

6.13.4　Windows 下 nginx 的安装与 RTMP 推流

Windows 下 nginx 的安装与 RTMP 推流的步骤如下。

(1) 进入 nginx 官网，然后点击 nginx 更新列表右侧的 download 链接，如图 6.63 所示。

(2) 选择最新版本或稳定版本，如图 6.64 所示。

(3) 将安装包解压，打开命令行窗口，进入安装文件所在的文件夹后执行 start nginx 或者 ngnix.exe。进入 conf 文件夹，打开 nginx.conf 文件，增加如下配置：

```
worker_processes 1;
events {
    worker_connections 1024;
}
rtmp {
    server {
        listen 1935;
```

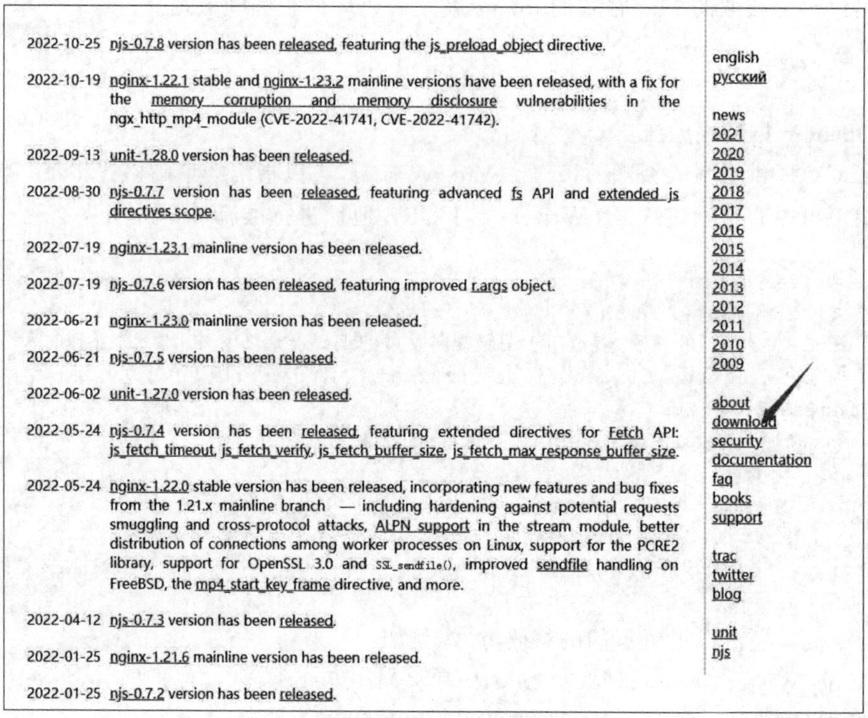

2022-10-25 njs-0.7.8 version has been released, featuring the js_preload_object directive.

2022-10-19 nginx-1.22.1 stable and nginx-1.23.2 mainline versions have been released, with a fix for the memory corruption and memory disclosure vulnerabilities in the ngx_http_mp4_module (CVE-2022-41741, CVE-2022-41742).

2022-09-13 unit-1.28.0 version has been released.

2022-08-30 njs-0.7.7 version has been released, featuring advanced fs API and extended js directives scope.

2022-07-19 nginx-1.23.1 mainline version has been released.

2022-07-19 njs-0.7.6 version has been released, featuring improved r.args object.

2022-06-21 nginx-1.23.0 mainline version has been released.

2022-06-21 njs-0.7.5 version has been released.

2022-06-02 unit-1.27.0 version has been released.

2022-05-24 njs-0.7.4 version has been released, featuring extended directives for Fetch API: js_fetch_timeout, js_fetch_verify, js_fetch_buffer_size, js_fetch_max_response_buffer_size.

2022-05-24 nginx-1.22.0 stable version has been released, incorporating new features and bug fixes from the 1.21.x mainline branch — including hardening against potential requests smuggling and cross-protocol attacks, ALPN support in the stream module, better distribution of connections among worker processes on Linux, support for the PCRE2 library, support for OpenSSL 3.0 and SSL_sendfile(), improved sendfile handling on FreeBSD, the mp4_start_key_frame directive, and more.

2022-04-12 njs-0.7.3 version has been released.

2022-01-25 nginx-1.21.6 mainline version has been released.

2022-01-25 njs-0.7.2 version has been released.

english
русский

news
2021
2020
2019
2018
2017
2016
2015
2014
2013
2012
2011
2010
2009

about
download
security
documentation
faq
books
support

trac
twitter
blog

unit
njs

图 6.63 nginx 下载界面

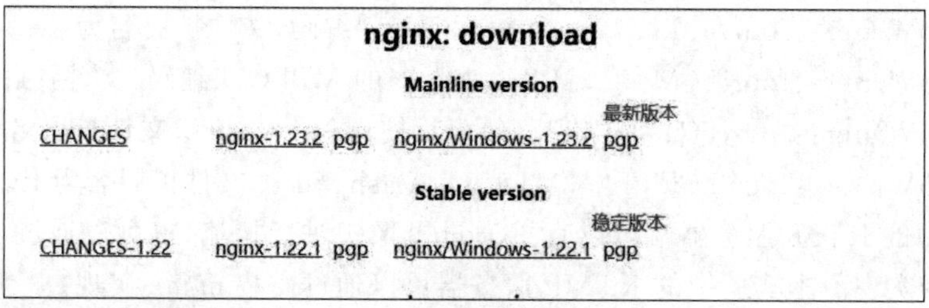

nginx: download

Mainline version

最新版本

CHANGES nginx-1.23.2 pgp nginx/Windows-1.23.2 pgp

Stable version

稳定版本

CHANGES-1.22 nginx-1.22.1 pgp nginx/Windows-1.22.1 pgp

图 6.64 选择版本界面

```
        chunk_size 4000;
        application live {
            live on;
            allow publish 127.0.0.1;
            allow play all;
        }
    }
}
```

(4) 配置 HTTP,如下所示:

```
http {
    include             mime.types;
    default_type        application/octet-stream;
    sendfile            on;
```

```
    keepalive_timeout  65;

    server {
        listen       80;
        server_name  localhost;

        #location / {
        #    root    html;
        #    index   index.html index.htm;
        #}

        # Serve HLS fragments
        location /hls {
            types {
                application/vnd.apple.mpegurl m3u8;
                video/mp2t ts;
            }
            root /tmp;
            add_header Cache-Control no-cache;
        }

        # Serve DASH fragments
        location /dash {
            root /tmp;
            add_header Cache-Control no-cache;
        }

        location /live_hls {
            types{
                #m3u8 type 设置
                application/vnd.apple.mpegurl m3u8;
                #ts 分片文件设置
                video/mp2t ts;
            }
            #指向访问 m3u8 文件的文件夹
            alias ./m3u8File;
                add_header Cache-Control no-cache;      #禁止缓存
        }
        location /stat {
            rtmp_stat all;
            rtmp_stat_stylesheet stat.xsl;
        }
        location /stat.xsl{
            root ./nginx-rtmp-module;
        }

        location /control {
            rtmp_control all;
        }
```

```
        # redirect server error pages to the static page /50x.html
        #
        error_page   500 502 503 504  /50x.html;
        location = /50x.html {
            root   html;
        }
    }
}
```

(5) 验证 nginx 配置文件:

```
$ cd <nginx 所在目录>
$ nginx -t
```

验证结果如图 6.65 所示。

```
D:\Environment\nginx-1.7.12.1-Lizard>nginx -t
nginx: the configuration file D:\Environment\nginx-1.7.12.1-Lizard/conf/nginx.conf syntax is ok
nginx: configuration file D:\Environment\nginx-1.7.12.1-Lizard/conf/nginx.conf test is successful
```

图 6.65　验证 nginx 配置文件

(6) 启动 nginx:

```
$ cd <nginx 所在目录>
$ start nginx
```

(7) 验证 nginx。

在浏览器地址栏中输入 http://localhost/,查看 nginx 是否启动成功,如图 6.66 所示。

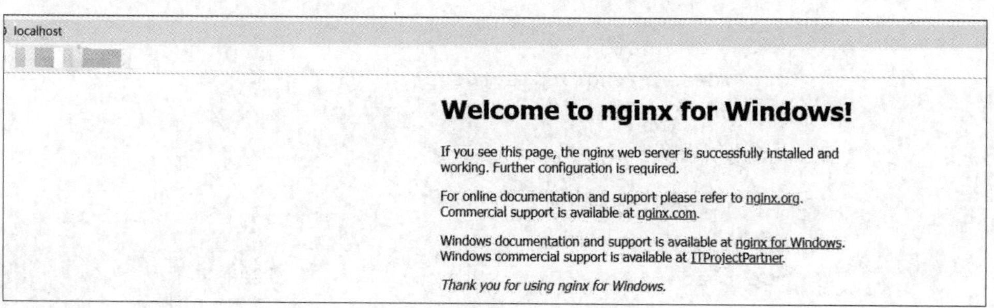

localhost
Welcome to nginx for Windows!
If you see this page, the nginx web server is successfully installed and working. Further configuration is required.
For online documentation and support please refer to nginx.org.
Commercial support is available at nginx.com.
Windows documentation and support is available at nginx for Windows.
Windows commercial support is available at ITProjectPartner.
Thank you for using nginx for Windows.

图 6.66　nginx 启动界面

在浏览器地址栏中输入 http://localhost/stat,查看 nginx 媒体流服务的情况,如图 6.67 所示。

(8) VLC 拉流。安装 VLC 播放器,并打开软件。在菜单栏中选择"媒体"→"打开网络串流"命令,在"打开媒体"对话框中选择"网络"选项卡,配置 URL(格式为 rtmp://＜IP 地址:端口号＞/live),如图 6.68 所示。

单击"播放"按钮,验证拉流是否成功,如图 6.69 所示。

6.13.5　Wireshark 安装与使用

如图 6.70 所示,根据开发主机的操作系统在 Wireshark 官网选择对应的版本。

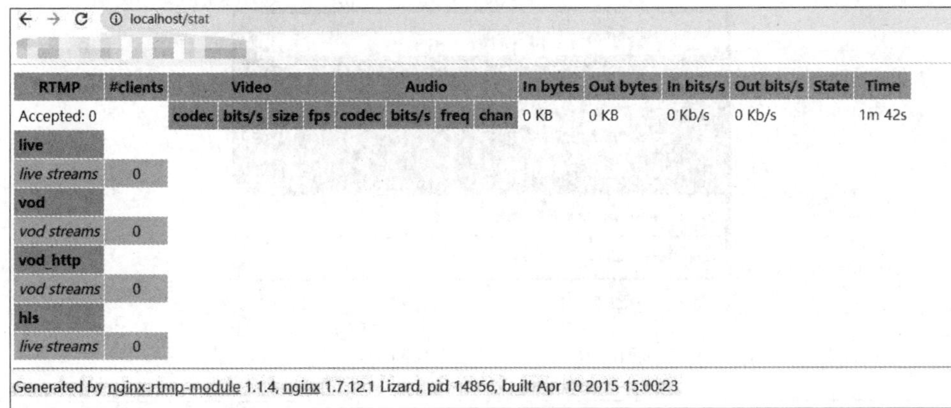

图 6.67　nginx 媒体流服务情况

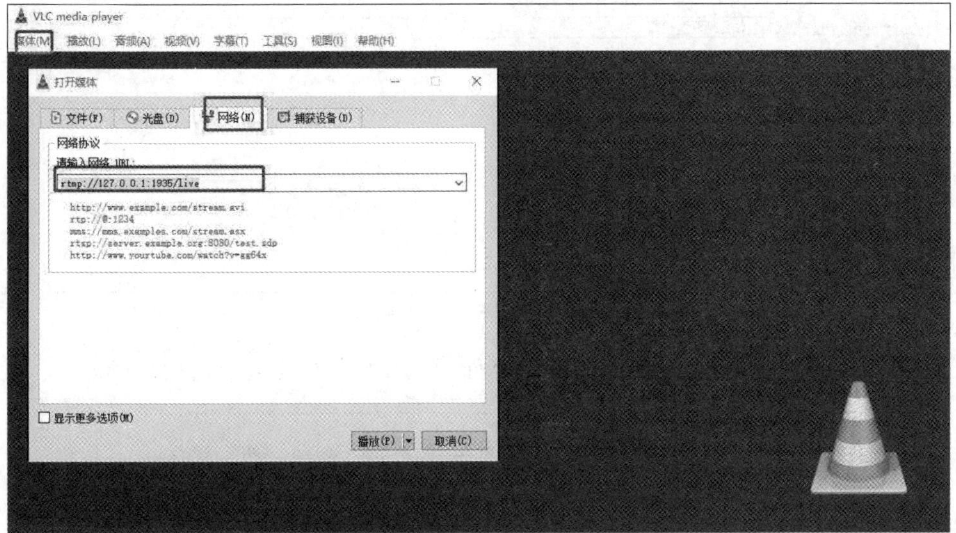

图 6.68　配置 URL

图 6.69　VLC 拉流播放界面

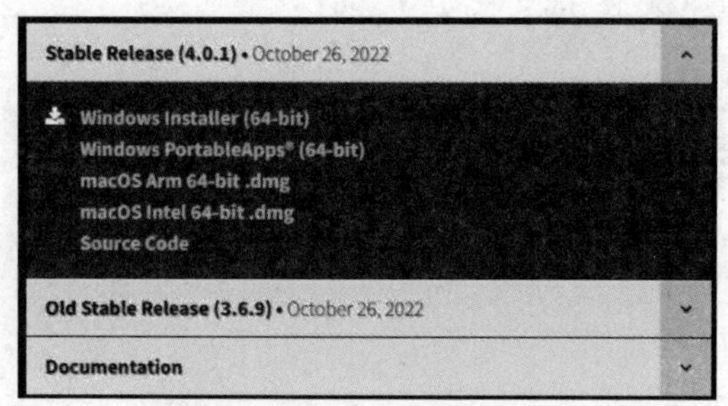

图 6.70 选择 Wireshark 版本

打开 Wireshark,并选择监听的网卡,如图 6.71 所示。

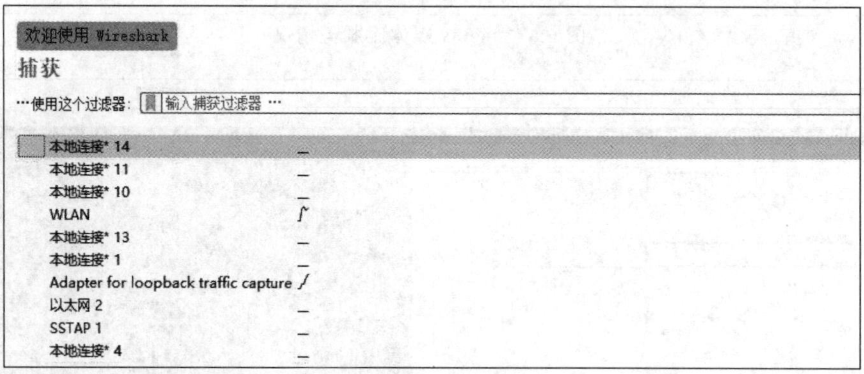

欢迎使用 Wireshark
捕获
…使用这个过滤器: 输入捕获过滤器 …
本地连接* 14
本地连接* 11
本地连接* 10
WLAN
本地连接* 13
本地连接* 1
Adapter for loopback traffic capture
以太网 2
SSTAP 1
本地连接* 4

图 6.71 选择监听的网卡

也可以在图 6.72 所示的 Wireshark 主界面的工具栏中单击捕获选项图标。

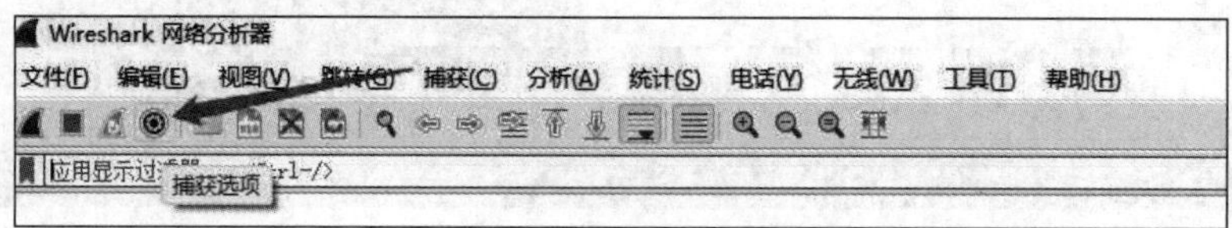

图 6.72 Wireshark 主界面

然后进入图 6.73 所示的对话框,选择要监听的网卡,单击“开始”按钮启动监听。

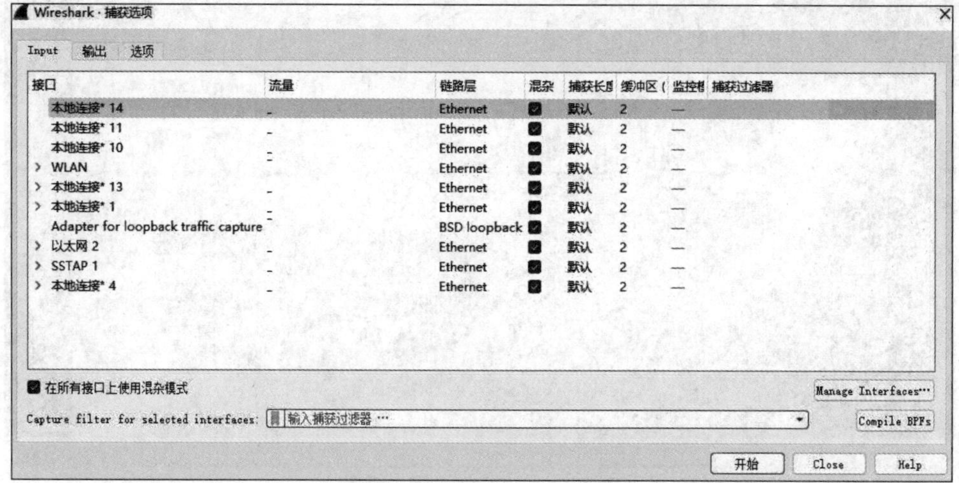

图 6.73 “捕获选项”对话框

Wireshark 抓包界面如图 6.74 所示。

No.	Time	Source	Destination	Protocol	Length	Info
81	1.368505	192.168.0.103	239.255.255.250	SSDP	482	NOTIFY * HTTP/1.1
82	1.372715	192.168.0.103	239.255.255.250	SSDP	480	NOTIFY * HTTP/1.1
83	1.377572	192.168.0.103	239.255.255.250	SSDP	492	NOTIFY * HTTP/1.1
84	1.382100	192.168.0.103	239.255.255.250	SSDP	490	NOTIFY * HTTP/1.1
85	1.386061	192.168.0.103	239.255.255.250	SSDP	460	NOTIFY * HTTP/1.1
86	1.461589	192.168.0.103	239.255.255.250	SSDP	426	NOTIFY * HTTP/1.1
87	1.467684	192.168.0.103	239.255.255.250	SSDP	435	NOTIFY * HTTP/1.1
88	1.471643	192.168.0.103	239.255.255.250	SSDP	482	NOTIFY * HTTP/1.1
89	1.477273	192.168.0.103	239.255.255.250	SSDP	480	NOTIFY * HTTP/1.1
90	1.481378	192.168.0.103	239.255.255.250	SSDP	492	NOTIFY * HTTP/1.1
91	1.486347	192.168.0.103	239.255.255.250	SSDP	490	NOTIFY * HTTP/1.1
92	1.490523	192.168.0.103	239.255.255.250	SSDP	460	NOTIFY * HTTP/1.1
93	1.631705	192.168.0.127	192.168.0.1	DNS	76	Standard query 0x80f6 A tracker.leech.i
94	1.632802	192.168.0.127	192.168.0.1	DNS	76	Standard query 0xab5e AAAA tracker.leec
95	1.644113	192.168.0.1	192.168.0.127	DNS	413	Standard query response 0x80f6 A tracke
96	1.645242	192.168.0.1	192.168.0.127	DNS	138	Standard query response 0xab5e AAAA tra
97	1.648783	192.168.0.127	135.181.197.114	UDP	142	13264 → 1337 Len=100
98	1.768512	192.168.0.103	239.255.255.250	SSDP	303	NOTIFY * HTTP/1.1
99	1.772709	192.168.0.103	239.255.255.250	SSDP	295	NOTIFY * HTTP/1.1

图 6.74　Wireshark 抓包界面

第7章 嵌入式智能车载终端实战

本章视频资料

本章学习目标

- 使用轻量级人工智能平台实现图像目标检测、跟踪和测距等功能，同时对算法进行优化和系统性能提升，以满足车载系统实时性和实用性的要求。
- 使用图像处理和计算机视觉技术，实现车辆前方道路状况的实时监测，包括行人和车辆检测、跟踪、测距以及车道线检测等功能。
- 使用 Qt 框架搭建嵌入式系统的用户界面，并实现对前置摄像头的图像处理和显示以及通过互联网实现实时视频流传输。

本章旨在使用算能 SE5 人工智能计算盒实现智能车载终端的车道线检测、目标检测、距离测量以及距离告警等功能，并将检测结果通过 Qt 实时输出至支持 HDMI 的显示设备上。通过本章的实战，读者应熟悉嵌入式人工智能开发平台，掌握 Linux 环境配置和程序编译方法，了解视频推流和拉流的方法，深入理解车道线检测、目标检测和距离测量等功能的实现原理和实现方法，并掌握嵌入式人工智能在自动驾驶中的应用。

本章首先介绍项目背景和需求；其次对整体系统进行设计，对每个功能模块进行详细分析，并对编译完成的程序进行测试；最后对实验过程和结果进行总结，回顾本章的学习目标，总结本项目中遇到的问题和解决方法，对项目结果进行分析和评估。

本章项目的任务和知识重点如下：

项目名称	项目任务	知识重点
嵌入式智能车载终端实战	任务一：目标检测	• YOLOv5 基础知识 • 环境搭建、数据集准备及训练 • 模型评估指标及方法 • 模型转换
	任务二：多目标跟踪	• 多目标跟踪的基本原理 • 卡尔曼滤波跟踪的原理和系统搭建
	任务三：车道线检测	• 车道线检测的基本原理 • 轮廓提取、霍夫变换原理和系统搭建

续表

项目名称	项目任务	知识重点
嵌入式智能车载终端实战	任务四：单目摄像头测距	• 摄像头小孔透视模型、单应变换原理 • 摄像头标定和测距实现
	任务五：综合实验	• 辅助驾驶系统设计原理 • 系统框架 • 系统搭建

7.1 项目背景

随着人工智能技术的发展，自动驾驶技术正在逐步成熟并应用到现实生活中。视觉感知是自动驾驶技术中最重要的一环，而摄像头作为视觉感知的核心传感器之一，已经成为自动驾驶领域中不可或缺的设备。摄像头因其具有价格低廉、采集数据信息丰富、轻便等优点，被广泛应用于自动驾驶领域。它可以通过采集周围环境中的图像信息，对自动驾驶汽车的道路环境、交通情况进行实时感知，从而实现自动驾驶汽车的避免碰撞和规划路径等功能。

本项目以车辆搭载单目摄像头为例，实现了碰撞提醒、车道偏移检测等应用场景。摄像头采集的图像信息通过 SE5 进行处理，实现了目标检测跟踪测距、车道线检测、实时显示等功能。具体地，通过前方的摄像头采集图像信息，对车辆前方的障碍物进行检测和跟踪，并计算其与车辆之间的距离。当检测到前方距离过近时，系统会自动发出碰撞提醒，提示驾驶员采取相应的避让措施。此外，通过检测道路的车道线，可以实现车道偏移检测和提示，提醒驾驶员注意驾驶方向。

所有这些信息都可以通过边缘计算平台进行实时处理和显示，使得驾驶员能够快速、准确地获取相关的驾驶信息。值得注意的是，边缘计算平台的应用可以将处理任务分散到多个计算设备中进行，从而提高系统的处理效率和响应速度。同时，边缘计算还可以减少数据传输的负担，保护用户隐私，这对于自动驾驶技术的推广和应用具有重要的作用。

本项目展示了摄像头在自动驾驶中的重要作用，同时也凸显了边缘计算平台在自动驾驶技术中的重要地位和潜在价值。在未来，这些技术的不断发展和创新将极大地促进自动驾驶技术的发展和应用。

7.2 项目需求

7.2.1 需求概述

本项目旨在实现基于摄像头的智能驾驶系统，通过对车辆前方的图像进行处理，实现车道线检测、目标检测和距离测量等功能，提供可靠的驾驶辅助信息。其中，车道线检测需要对车道线进行识别和跟踪，并对车辆的行驶状态进行判断和提示；目标检测需要对前方的车辆行人进行检测和跟踪；距离测量需要对车辆与前方障碍物的距离进行测量，并根据测量结果进行距离报警。同时，本项目需要将检测结果通过 Qt 实时输出至支持 HDMI 的显示设备，以便用户能够方便、快捷地获取驾驶信息，提高驾驶安全性和舒适性。

7.2.2 功能需求

通过分析,本项目需要实现的具体功能如下。

1. 车道线检测、目标检测以及距离测量

本项目需要基于算能 SE5 AI 计算盒,通过深度学习模型实现车道线检测、目标检测和距离测量功能,以提高车辆在复杂路况下的安全性。其中,车道线检测需要采用霍夫变换算法,并标记出车道线的位置;目标检测的结果需要包括目标在图像中的位置;距离测量需要通过预先标定的单应矩阵,利用目标检测结果估计目标位置,从而实现对前方目标与本车之间距离的测量。

2. RTSP 拉流解码

本项目需要通过 RTSP 进行视频流的传输,通过解码获取视频数据,为后续的车道线检测和目标检测等功能提供输入。

3. 基于霍夫变换的车道线检测和标记

本项目需要实现基于霍夫变换的车道线检测算法,对视频流进行处理,检测出车道线的位置,并在视频流中进行标记,以便用户观察。

4. 前方车辆检测和车辆距离识别

前方车辆检测使用目标检测算法(YOLOv5)对视频流中的车辆进行识别和标记检测框;车辆距离测量根据车辆在图像中的位置以及相机的视角等参数,通过几何计算得出车辆到相机的距离,进而得到车辆到本车的距离。

5. 前车距离太近时给予告警

将车辆距离识别得到的距离与预设的安全距离进行比较,若小于预设的安全距离,则判定与前车距离过近,并在视频中显示报警信息。

6. 视频流分段实时存储

将视频流进行分段处理,每一段保存为一个文件,同时对视频进行压缩,减小存储空间的占用。

7. Qt 实时检测结果显示

使用 Qt 框架进行界面设计,显示车道线检测、车辆检测和跟踪 ID 号、车辆距离等信息,同时在与前车距离太近时将报警信息实时显示在界面上。

本项目最终实现的效果如图 7.1 所示。

图 7.1 本项目最终实现的效果

7.3 相关理论

7.3.1 目标检测

目标检测即找出图像中所有感兴趣的目标(物体),确定它们的类别和位置。图像分割、物体追踪、关键点检测等通常要依赖于目标检测,因此目标检测可以说是人工智能图像处理中最为基础的功能。

目标检测的输入通常是一幅图像,通过目标检测模型,输出图像中所有目标物体的位置以及类别。目前目标检测算法主要分为两大类:基于区域的检测算法和基于密集预测的检测算法。其中基于区域的检测算法包括 R-CNN 系列、Fast R-CNN 系列、Faster R-CNN 系列等,基于密集预测的检测算法包括 YOLO 系列、SSD 系列等。在这些算法中,YOLO 系列是一种高效、准确度高的目标检测算法,它通过使用单个神经网络模型,将图像分成网格,并预测每个网格的类概率和边界框。YOLO 非常快,比 R-CNN 快 1000 倍,比 Faster R-CNN 快 100 倍。YOLOv5 于 2020 年 5 月发布,其特点就是模型小、速度快、检测精度高,因此目前被广泛应用于目标检测中,并且在嵌入式人工智能中也被广泛应用。

在本项目中,为了实现车辆行人检测功能,采用了 YOLOv5 目标检测算法。YOLOv5 是开源代码,包括 C++ 、Python 等多个版本。可以利用 YOLOv5 训练自己的数据集,用于自己的目标检测。

YOLOv5 目标检测需要对待处理对象进行预处理、推理、后处理三步。其中,预处理完成图像缩放和颜色归一化;推理从预处理后的图像中预测出可能存在的物体;由于推理会将所有可能结果都预测出来,因此需要通过后处理将严重重叠的目标和低置信度的目标剔除。

(1) 预处理。YOLOv5 预处理主要进行图像缩放、颜色归一化和通道转换等操作,将图像转换为适合网络处理的格式,这些操作使得输入数据能够满足模型的要求,从而保证模型的性能。例如,通常会在 YOLOv5 的预处理中将处理后的图像和输入张量打包为一个 FrameInfo 结构体,便于后续的推理过程使用。

(2) 推理。推理是指在模型训练完成后将输入数据输入模型中,并得到模型的输出结果。在目标检测中,推理的主要任务是对输入图像进行目标检测,即确定图像中存在哪些物体以及物体的类别、位置和大小等信息。推理的基本实现思路是:首先将输入图像输入模型中,经过一系列卷积和池化等操作,得到一系列特征图。然后,通过检测头将这些特征图转换为目标检测结果,包括目标的位置、类别和置信度等信息。

(3) 后处理。后处理主要通过置信度筛选和非极大值抑制使得目标检测更加准确,剔除冗余检测框。由于推理阶段会预测出所有可能的检测框,但是检测框并不完全准确,有些检测框重叠严重,有些检测框是物体的概率较低,因此需要通过后处理对这些结果进行筛选。后处理是指对于神经网络输出的检测框,采用一系列算法对其进行修正和筛选,以得到最终的目标检测结果的过程。常用的后处理算法包括非极大值抑制、置信度筛选等。这些算法旨在进一步优化网络输出的检测框,提高目标检测的精度和效率。

非极大值抑制是指在目标检测过程中对于重叠的检测框只保留得分最高的一个。这样可以有效地减少冗余的检测框,提高检测的准确性和效率。置信度筛选将置信度较低的检测框剔除，这些检测框是物体的概率很小。

7.3.2 多目标跟踪

多目标跟踪是指在视频中检测出一个或多个目标，并且在整个视频序列中持续跟踪这些目标，并对它们的状态进行估计和预测。多目标跟踪是智能交通系统中非常重要的一环，可以用于交通拥堵检测、车流量统计、违章监测等应用场景。在自动驾驶中，多目标跟踪为预测周围车辆轨迹提供可靠信息，是自动驾驶不可或缺的功能之一。

卡尔曼滤波是一种基于线性系统的最优估计算法，能够在多变的环境下进行目标跟踪，并准确预测目标的运动轨迹和状态。在本项目中，利用卡尔曼滤波对目标位置进行预测，并通过对预测值和实际值的比较对目标状态进行更新和修正，从而实现准确的目标跟踪。

卡尔曼滤波的主要思想是：在每个时刻 t，利用上一时刻的状态估计值和当前时刻的观测值更新当前时刻的状态估计值。在多目标跟踪中，要为每个目标建立一个卡尔曼滤波器。卡尔曼滤波可以用于目标位置的估计和预测，同时还可以对目标速度和加速度进行估计和预测。

在多目标跟踪中，假设存在 N 个目标需要跟踪，每个目标的状态可以表示为一个 k 维向量 $\boldsymbol{x}_i$，其中 k 表示目标状态(如位置、速度、加速度等)的维度。所有目标的状态向量表示为一个列向量 $\boldsymbol{X}$，即 $\boldsymbol{X}=[x_1 \quad x_2 \quad \cdots \quad x_N]^{\mathrm{T}}$。在每个时刻 t，通过传感器获得一个包含多个目标的观测测量值 z，也可以表示为一个 m 维向量，其中 m 表示被测量(如目标位置、大小、颜色等)的维度。所有目标的观测测量值表示为一个列向量 $\boldsymbol{Z}$，即 $\boldsymbol{Z}=[z_1 \quad z_2 \quad \cdots \quad z_N]^{\mathrm{T}}$。

具体地，基于卡尔曼滤波的多目标跟踪过程可以分为以下几个步骤：

(1) 初始化。对于每个目标，通过目标检测算法获取目标的位置信息，并初始化其状态向量和协方差矩阵。

(2) 预测。利用卡尔曼滤波对目标状态向量进行预测，预测下一时刻的目标位置和速度。系统模型预测下一时刻的状态向量 $\boldsymbol{x}_{i,t+1}$，并估计其协方差矩阵 $\boldsymbol{P}_{i,t+1}$。系统模型一般表示为一个状态转移矩阵 $\boldsymbol{A}$ 和一个过程噪声协方差矩阵 $\boldsymbol{Q}$，如式(7.1)所示：

$$\boldsymbol{x}_{i,t+1}=\boldsymbol{A}_i\boldsymbol{x}_{i,t}+\boldsymbol{w}_{i,t} \tag{7.1}$$

其中，$\boldsymbol{w}_{i,t}$ 是高斯分布的过程噪声，其均值为 0；协方差矩阵为 $\boldsymbol{Q}$。在预测步骤中利用上一时刻的状态向量和协方差矩阵计算出当前时刻的状态向量和协方差矩阵，分别如式(7.2)和式(7.3)所示：

$$\boldsymbol{x}_{i,t+1}=\boldsymbol{A}_i\hat{\boldsymbol{x}}_{i,t} \tag{7.2}$$

$$\boldsymbol{P}_{i,t+1}=\boldsymbol{A}_i\boldsymbol{P}_{i,t}\boldsymbol{A}_i^{\mathrm{T}}+\boldsymbol{Q}_i \tag{7.3}$$

(3) 数据关联。将当前时刻的目标检测结果与上一时刻跟踪的目标进行数据关联，判断是否为同一目标。若不是，则认为是新目标，需要对其进行初始化。

(4) 更新。对于每个跟踪的目标，利用当前时刻的测量值对其状态向量和协方差矩阵进行修正，即使用当前时刻的观测值修正预测结果，并计算出当前时刻的状态，得到更加准确的目标位置和速度信息。

(5) 删除。对于长时间未被检测到的目标，将其从跟踪列表中删除。

通过不断地进行预测、数据关联和更新等步骤，基于卡尔曼滤波的多目标跟踪算法可以实现对多个目标的实时跟踪，并输出目标的位置、速度等信息。

7.3.3 车道线检测

车道线检测是自动驾驶和辅助驾驶系统中必不可少的功能，它可以识别出道路上的车道线位置和方向，并且能够帮助车辆进行轨迹规划和控制。车道线检测还可以用于道路标记的识别和交通标志的识别等。

霍夫变换是一种图像处理算法，用于从二维图像中检测出具有特定形状的曲线或直线。在车道线检测中，霍夫变换可以将图像中的像素转换为霍夫空间中的线，进而在霍夫空间中通过寻找线的交叉点识别出车道线的位置和方向。如图 7.2 所示，霍夫变换的基本思想是：将图像中的每个点转换为霍夫空间中的一条曲线，这条曲线表示通过该点的所有直线。图像中的一条线在霍夫空间中表示为一个点，因此，找到霍夫空间中线的交点即可找到图像中的线。与其他算法相比，霍夫变换不需要事先设定车道线的形状和大小，能够适应各种不同的道路和交通场景，因此被广泛应用于车道线检测中。

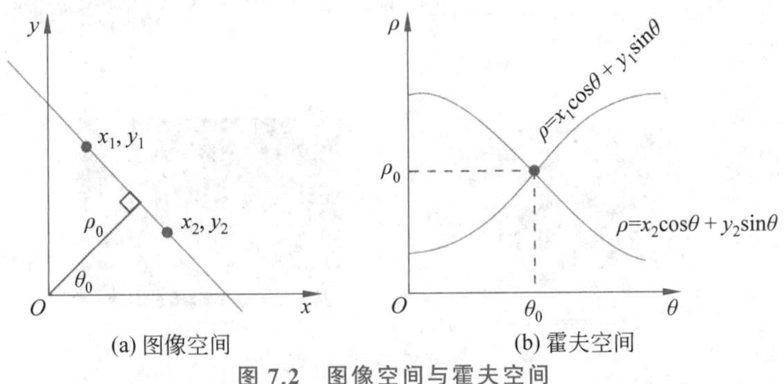

图 7.2　图像空间与霍夫空间

在车道线检测中，首先需要将原始图像转换为灰度图像，并对其进行边缘检测，以便更好地检测车道线。然后，在霍夫变换中，将边缘点转换为霍夫空间的一条曲线，这条曲线代表穿过图像空间中该点的所有直线，霍夫空间中交点数量最多的位置就最有可能是车道线。最后将这些霍夫空间中的交点转换回图像空间获得直线，就可以将车道线检测结果标记在原始图像上。

在霍夫变换中，霍夫空间可以表示为两个维度，分别是极径和极角。极径表示直线与原点的距离，极角表示直线与横轴的夹角。因此，每个边缘点可以在霍夫空间中对应一条曲线，在极坐标空间中这条曲线通常是一条正弦曲线。霍夫变换将图像中的每个点(x,y)转换为一条曲线 $r=x\cos\theta+y\sin\theta$。对于图像中的一条直线，其在霍夫空间中对应的曲线会交于一个点，该点的坐标为(θ,r)。因此，霍夫变换的实质就是将原始图像中的直线检测问题转换为霍夫空间中的点检测问题，从而实现了对直线的检测和定位。

由于车道线通常是直线，因此在霍夫空间中它们会形成交点，这些交点对应着图像中的直线。具体实现步骤如下：

（1）将输入图像转换为二值图像，使得车道线在图像中为白色，其他区域为黑色。

（2）对二值图像进行边缘检测，得到二值化后的边缘图像。

（3）对边缘图像进行霍夫变换，将所有的直线在霍夫空间中表示，其中每个点表示一条直线，即图像空间中的每条直线在霍夫空间中表示为一个点。

(4) 在霍夫空间中寻找交点,这些交点表示图像中的直线。

(5) 对直线进行滤波,找到符合条件的直线作为车道线。

通过这种方法,可以检测出图像中所有的直线,包括车道线。霍夫变换的优点是可以有效地处理噪声和断断续续的线条。但它也存在一些缺点,如计算复杂度较高、对参数设置比较敏感等,因此,在实际应用中,需要针对具体问题进行优化。

7.3.4 单目测距

为了获取车辆的精确位置和距离信息,本项目需要进行标定和测距。标定是指通过测量摄像头内参和外参,建立从图像坐标系到真实世界坐标系的转换模型。测距是指利用标定参数和图像中物体的像素坐标信息,计算物体在真实世界坐标系下的距离。

目前,常用的标定方法包括基于棋盘格的标定方法、基于球形标定板的标定方法、基于直线的标定方法等。在本项目中,采用基于棋盘格的标定方法对摄像头进行标定,获取图像和地面之间的单应矩阵。单应矩阵是一种映射矩阵,用于将真实世界坐标系中的坐标映射为摄像头中的像素坐标,如图 7.3 所示。

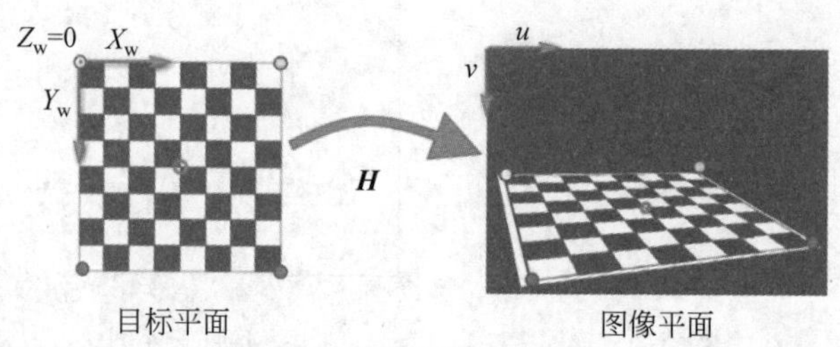

图 7.3 单应矩阵坐标映射

单应矩阵标定至少需要 4 组点对。当已知真实世界坐标系中的 4 个点 P_1、P_2、P_3、P_4 和它们在图像坐标系中的对应点 p_1、p_2、p_3、p_4 时,则可以计算得到单应矩阵 $\boldsymbol{H}$。世界坐标系到像素坐标的映射可以通过式(7.4)得到:

$$\begin{bmatrix} \lambda u \\ \lambda v \\ \lambda \end{bmatrix} = \begin{bmatrix} h_{11} & h_{12} & h_{13} \\ h_{21} & h_{22} & h_{23} \\ h_{31} & h_{32} & h_{33} \end{bmatrix} \begin{bmatrix} X \\ Y \\ 1 \end{bmatrix} \tag{7.4}$$

其中,(X,Y)表示真实世界坐标系中的点坐标,(u,v)表示图像坐标系中的点坐标,λ 为比例因子。将 4 组对应点代入式(7.4)计算,可以得到一个 8×9 的矩阵 $\boldsymbol{A}$。将矩阵 $\boldsymbol{A}$ 进行奇异值分解,得到最小奇异值对应的右奇异向量,即为单应矩阵 $\boldsymbol{H}$。计算单应矩阵需要选择至少 4 个点,这些点应该在摄像头图像中已知,并且它们对应的真实世界坐标已知。通过这些点的坐标计算单应矩阵,从而实现摄像头的测距。

在标定完成后,使用单应矩阵逆投影的方法进行目标距离测量。具体来说,先利用摄像头拍摄到的图像获取目标的像素坐标,然后利用标定参数计算出相应的真实世界坐标。最后,通过计算目标的真实世界坐标与摄像头位置之间的距离得到目标距离信息。利用单应矩阵的逆 $\boldsymbol{H}^{-1}$ 和图像中的一个点(x,y)测算出该点在地面上的位置(X,Y):

$$\begin{bmatrix} \alpha X \\ \alpha Y \\ \alpha \end{bmatrix} = \boldsymbol{H}^{-1} \begin{bmatrix} x \\ y \\ 1 \end{bmatrix} \tag{7.5}$$

在计算单应矩阵之前，需要提取图像中标定板的至少 4 对角点，并与真实世界中的点相对应。同时单应矩阵标定的精度和鲁棒性都受到对应点匹配质量的影响，因此需要使用鲁棒的对应点匹配算法，本项目中使用 OpenCV 库中用于棋盘格角点检测的 cv2.findChessboardCorners()函数在棋盘格图像中寻找棋盘格的角点坐标。提取得到的标定板如图 7.4 所示。

图 7.4　提取得到的标定板

该函数的输入参数包括待检测的棋盘格图像、棋盘格的尺寸（列数和行数）以及一些可选参数（如角点精度、搜索窗口大小等）。该函数的输出是一个布尔值。如果检测到了足够数量的角点，则返回 true；否则返回 false。同时，该函数还会输出一个由角点坐标组成的数组，用于后续的图像校正和姿态估计等任务。

7.4　总 体 设 计

本项目采用 YOLOv5 进行目标检测，采用基于卡尔曼滤波的算法进行目标跟踪，使用单应变换的方法进行车辆测距。总体设计如下。

7.4.1　总体架构设计

本项目总体架构如图 7.5 所示，由摄像头、推理框架和 Qt 显示模块组成。摄像头负责采集路况视频信息，输出 RTSP 视频码流推至 SE5。推理框架中包含 3 个线程池：前处理线程池、推理线程池和后处理线程池。其中，前处理线程池完成摄像头码流接收、解码和预处理，将图像处理成 640×640 分辨率、色彩归一化的图像，放入队列；推理线程池完成目标检测推理和车道线检测；后处理线程池完成目标检测后处理和目标跟踪、目标测距和警报以及车道线检测后处理。最后将检测信息传递给 Qt 显示模块画图，通过硬件接口 HDMI 输出给本地显示器。

本项目采用了先进的目标检测算法 YOLOv5 实现目标检测，并利用基于卡尔曼滤波器的目标跟踪算法实现目标跟踪。同时，还结合计算机视觉技术和单视图几何计算实现了车

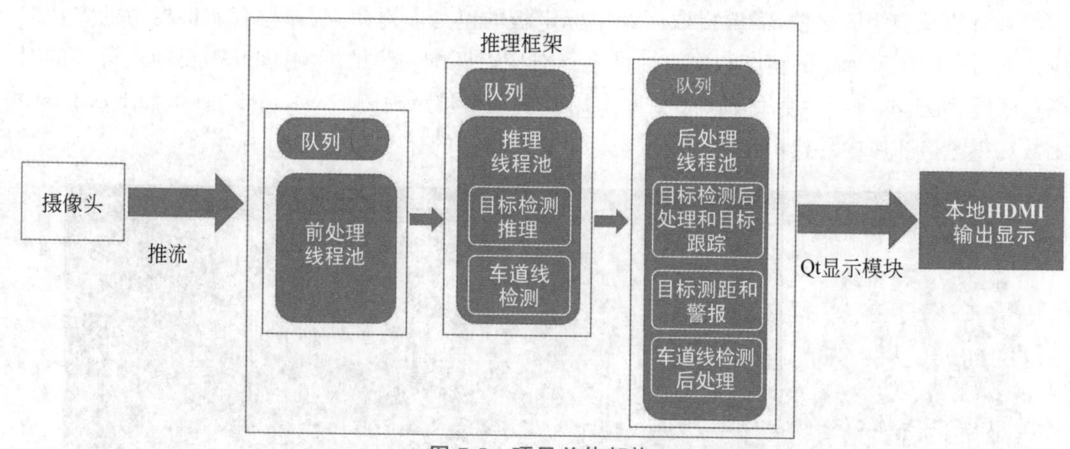

图 7.5 项目总体架构

道线检测和测距功能。具体地,本项目使用霍夫变换进行车道线检测,并结合透视变换技术实现目标测距。通过以上技术的整合,本项目成功地实现了一个高效、准确、实时的智能驾驶感知系统。

7.4.2 功能模块

本项目总体架构可以进一步细化为功能模块,如图 7.6 所示。本项目可以分为目标检测模块、车道线检测模块、目标跟踪模块、测距模块、报警模块和 Qt 显示模块。首先,基于 YOLOv5 的目标检测模块将检测结果传递给基于卡尔曼滤波的目标跟踪模块和测距模块,同时车道线检测模块检测图像中的车道线,将结果传递给 Qt 显示模块;然后,目标跟踪模块和测距模块接收目标检测结果,将检测框跟踪 ID 号、距离以及报警信息传递给 Qt 显示模块;最后,Qt 显示模块接收目标检测和跟踪信息、目标距离和报警信息、车道线信息,推送至本地显示器。

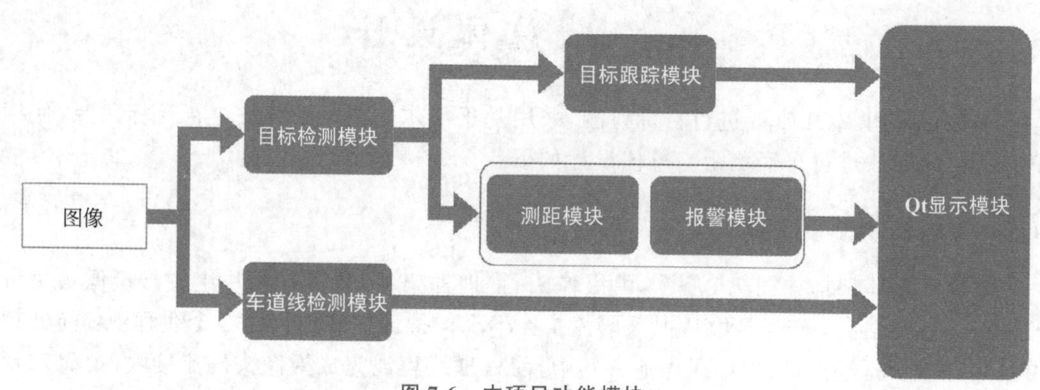

图 7.6 本项目功能模块

各模块主要功能如下:

(1) 目标检测模块。对视频的每一帧进行处理,对数据进行基于深度学习的分析,包括预处理、推理和后处理,最终检测图像中的车辆和行人等目标。

(2) 目标跟踪模块。卡尔曼滤波是一种用于估计未知状态的最优化算法,可以通过对目标位置的预测值和测量值的融合实现对目标的跟踪和预测。在本项目中,该模块用于对检测到的前方车辆进行跟踪，并预测其未来位置。

(3) 车道线检测模块。使用霍夫变换算法检测车道线，并标记出车道线的位置。该模块需要实现基于霍夫变换的车道线检测算法，并将检测结果传递给 Qt 显示模块。

(4) 测距模块。通过单应变换将图像中检测得到的目标映射至三维空间，通过几何计算得出目标的距离。该模块用于测量前方车辆与本车之间的距离，提供给系统进行判断和报警，并将测距结果传递给 Qt 显示模块。

(5) 报警模块。负责判断与前车距离是否过近，并在视频中显示报警信息。当预设的安全距离大于测量距离时，判定距离过近并进行报警。

(6) Qt 显示模块。负责显示车道线检测、目标检测、车辆距离等信息，并在发生报警时，将报警信息实时显示在界面上。该模块需要使用 Qt 框架进行界面设计，接收各模块传递过来的数据，并将数据显示在界面上。

7.4.3　技术架构

本项目基于 SE5 进行开发，采用 C++ 语言编写程序。目标检测功能基于深度学习模型(本项目采用 YOLOv5)；车道线检测采用霍夫变换算法；车辆测距功能采用单应矩阵计算方法，结合摄像头内参和外参进行测算。程序开发采用了开源库 OpenCV 和 Qt。为了提高系统性能，采用多线程技术将视频流解码、车道线检测、目标检测等功能并行处理，以提高系统的实时性。在程序测试方面，需要进行功能测试、性能测试和稳定性测试，以确保程序的稳定性和正确性，满足实际应用需求。

7.4.4　开发环境

本项目的开发环境如表 7.1 所示。

表 7.1　本项目的开发环境

配　置　项	说　明
本地编译系统	Ubuntu 18.04(或在 VMware 下安装虚拟环境)
推流系统	Windows 10(或 Ubuntu 18.04)
边缘计算盒	SE5
加速框架	Inference Framework
主要工具包	Sophon SDK 3.0.0、Qt Lib、gcc-linaro-6.3.1
深度学习模型	YOLOv5s
推流软件	EasyDarwin 8.1.0、FFmpeg、VLC
其他软件	FileZilla、Xshell

7.5　项 目 实 战

7.5.1　环境搭建与数据准备

1. 硬件环境搭建

本项目需要搭建的硬件环境如图 7.7 所示。

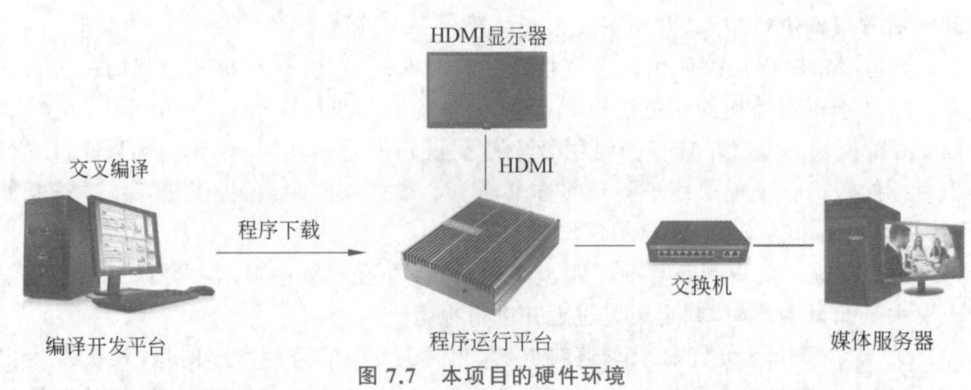

图 7.7　本项目的硬件环境

如图 7.7 所示,在编译开发平台上完成程序开发后,下载到 SE5 中。在 SE5 中运行程序,从媒体服务器读取测试视频,实现车载终端功能,如目标检测、车道线检测、测距等。检测的视频通过本地的 HDMI 显示器直接显示。这里,媒体服务器的功能是产生测试视频,模拟摄像头,由 SE5 通过 RTSP 拉流进行测试。

2. 软件环境搭建

本项目的编译开发环境可以参考第 6 章的基础实验部分,也可以参考算能公司的官网,此处不再赘述。

与上述基础实验不同的是,本项目用到了本地界面显示功能。在嵌入式人工智能开发中,通常利用 Qt 实现本地界面显示功能。因此,除了上述基础环境外,还需要搭建 Qt 开发环境,具体如下。

可以通过算能公司的 GitHub 主页下载 Qt Lib,如图 7.8 所示。

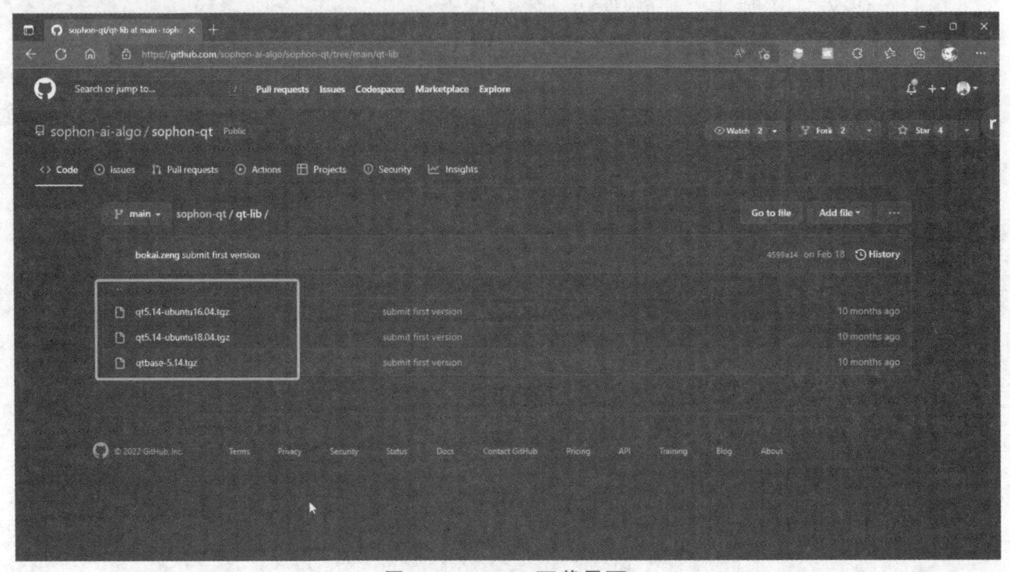

图 7.8　Qt Lib 下载界面

根据当前编译系统的 Ubuntu 版本选择不同的 Qt Lib 压缩包(Ubuntu 16.04 选择 qt5.14-ubuntu16.04.tgz,Ubuntu 18.04 选择 qt5.14-ubuntu 18.04.tgz,Ubuntu 20.04 选择 qtbase-5.14.tgz),下载后解压至用户主目录:

```
tar -zxvf qt5.14-ubuntu18.04.tgz
```

解压后获得的文件就是在 x86 环境下编译所需的 Qt Lib 文件。

为了使系统支持使用了 Qt Lib 库的程序的正常编译，还需要安装对应的依赖文件。

(1) 安装 qtbase5-dev：

```
sudo apt install qtbase5-dev
```

(2) 安装 libeigen3-dev：

```
sudo apt-get install -y libeigen3-dev
```

(3) 安装 libgoogle-glog-dev 与 libexiv2-dev：

```
sudo apt-get install -y libgoogle-glog-dev libexiv2-dev
```

本项目需要在本地环境下编译能够在 SE5 中运行的程序，因此需要搭建交叉编译环境，在 Ubuntu 18.04 的本地系统中安装 GCC 交叉编译器。GCC 下载完成后，为保证其能在全局范围内生效，将 gcc-linaro-6.3.1-2017.05-x86_64_aarch64-linux-gnu 解压至系统根目录下：

```
sudo tar -xvf gcc-linaro-6.3.1-2017.05-x86_64_aarch64-linux-gnu.tar.xz -C /
#代码尾部的-C 参数表示自定义解压目录。/为 Ubuntu 系统根目录
```

解压完成后，还需要配置环境变量，让交叉编译器全局有效。此处还需要配置刚才解压的算能 SDK 与编译器的环境变量。在 Ubuntu 的用户主目录下显示隐藏的.bashrc 文件，如图 7.9 所示。

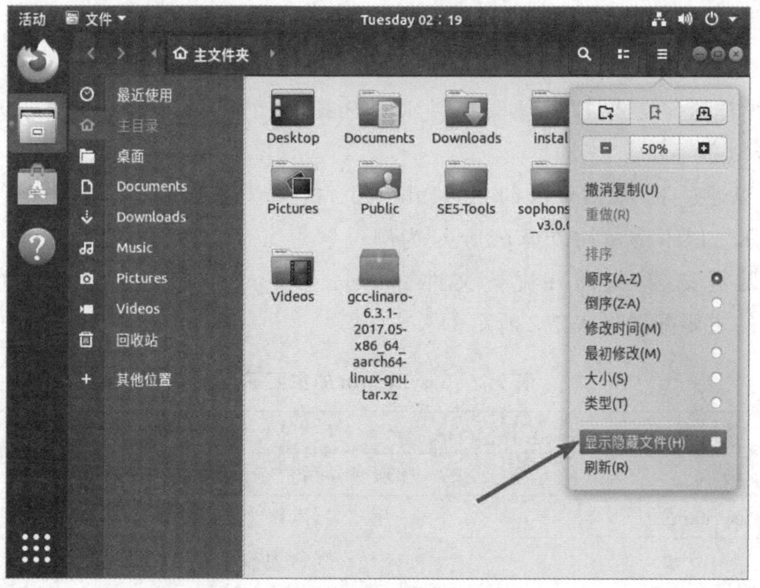

图 7.9　显示隐藏文件

可以在用户主目录中看到.bashrc 文件。打开该文件后,在末尾添加如下代码:

```
#编译器路径(之前解压至根目录,所以此处不用修改)
export PATH=/gcc-linaro-6.3.1-2017.05-x86_64_aarch64-linux-gnu/bin/aarch64-
linux-gnu-g++:/gc-linaro-6.3.1-2017.05-x86_64_aarch64-linux-gnu/bin/aarch64-
linux-gnu-gcc:$PATH
#算能 SDK 路径(此处根据实际情况将$sophonsdk_dir 修改为 Sophon SDK 根目录。如
REL_TOP=/home/ chi/sophonsdk_v3.0.0)
export REL_TOP=$sophonsdk_dir
```

添加完成后,单击右上角的"保存"按钮,如图 7.10 所示。

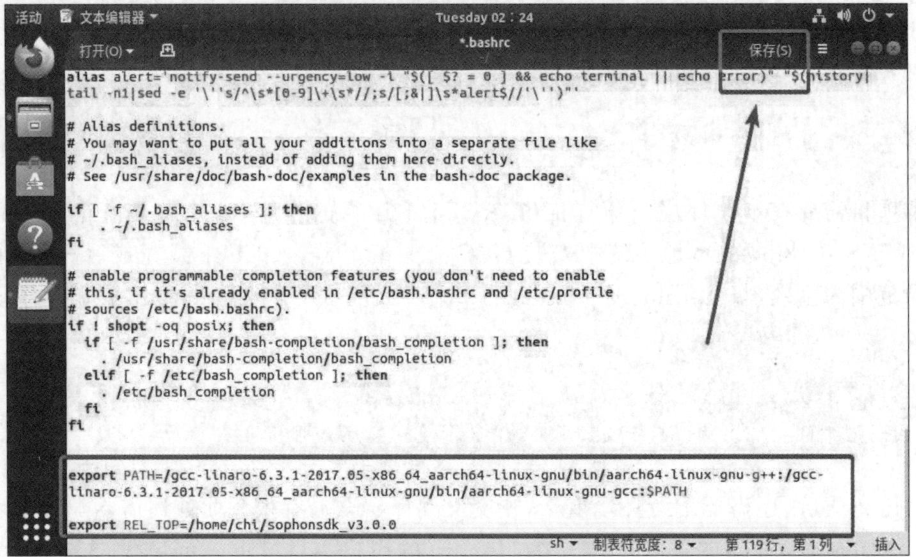

图 7.10 保存环境变量配置

至此,编译环境就搭建好了。若后续编译过程中出现错误,请首先排查编译环境是否配置完整且正确。

为了让媒体服务器模拟摄像头提供 RTSP 拉流功能,本项目采用 EasyDarwin 模拟 RTSP 服务器功能。

同样,可以通过 EasyDarwin 的 GitHub 主页,根据本地系统的类型进行下载,如图 7.11 和图 7.12 所示。以下演示均以 Windows 为例。

此软件无须安装,只需在配置文件 easydarwin.ini 中进行简单的配置即可使用。EasyDarwin 的主要配置如表 7.2 所示。

表 7.2 EasyDarwin 的主要配置

配 置 项	说 明
Port (http)	服务器后台端口号(默认为 10008)
Default_username	用户名(默认为 admin)
Default_password	密码(默认为 admin)
Port(RTSP)	RTSP 推流端口号(默认为 554)

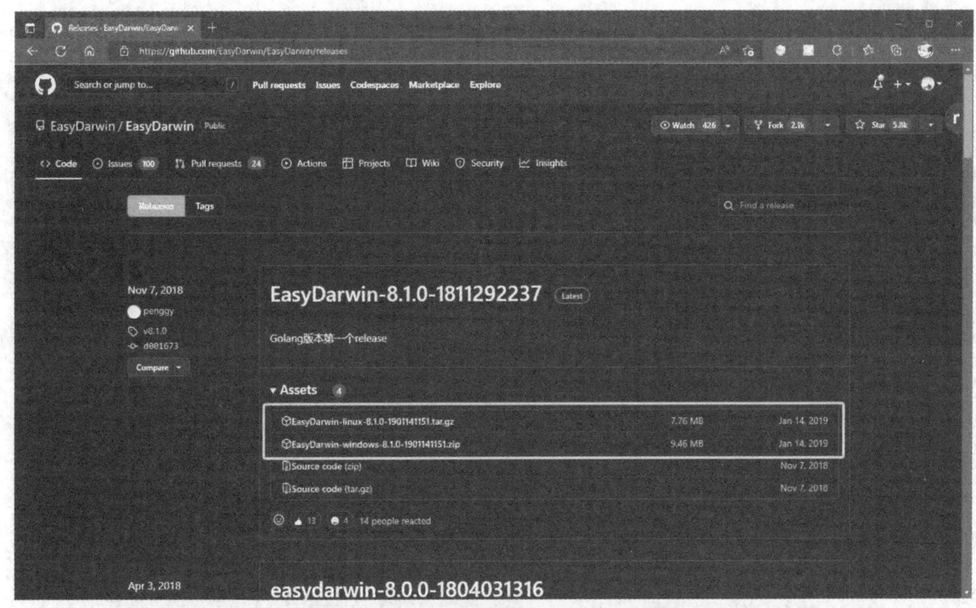

图 7.11　EasyDarwin 的 GitHub 主页

EasyDarwin-windows-8.1.0-1901141151

名称	修改日期	类型	大小
logs	2022/12/26 22:48	文件夹	
www	2022/12/16 2:43	文件夹	
easydarwin	2022/12/16 2:43	Data Base File	36 KB
EasyDarwin	2022/12/16 2:43	应用程序	15,078 KB
easydarwin	2022/12/16 2:43	配置设置	2 KB
ServiceInstall-EasyDarwin	2022/12/16 2:43	应用程序	2,467 KB
ServiceUninstall-EasyDarwin	2022/12/16 2:43	应用程序	2,467 KB

图 7.12　EasyDarwin 下载得到的文件

如无特殊需求，则不建议修改配置文件。

配置完成后，在浏览器中打开 http://127.0.0.1:10008 进入后台（若在配置文件中修改了端口号，此处需相应地修改链接中的端口号），并输入配置文件中的用户名和密码（若没修改过配置文件，则使用默认用户名与密码），若能成功登录后台，则媒体服务器搭建完成，如图 7.13 所示。

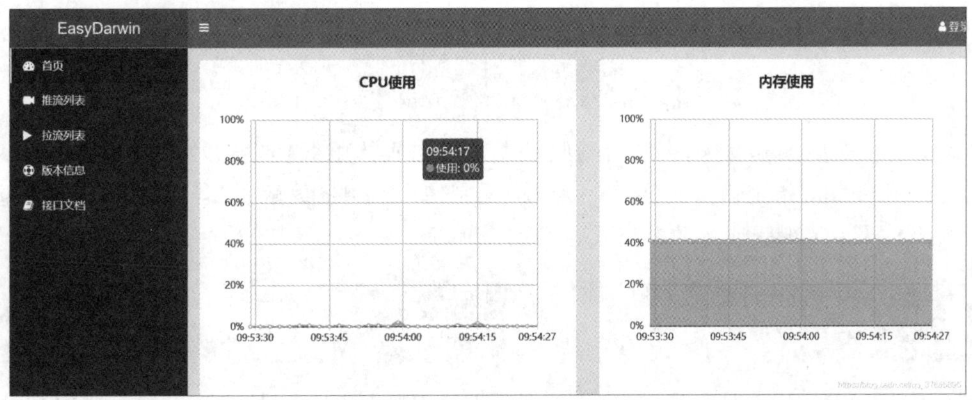

图 7.13　EasyDarwin 后台界面

接下来进入 FFmpeg 官网,下载 FFmpeg 作为推流工具,如图 7.14 所示。

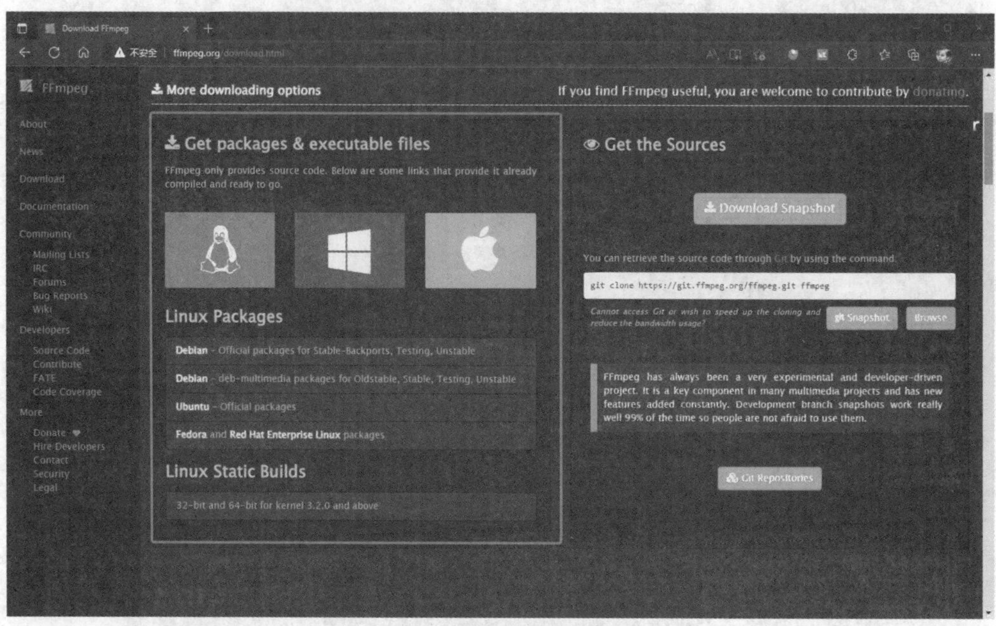

图 7.14 FFmpeg 官网下载页面

下载完成后,解压得到如图 7.15 所示的文件。

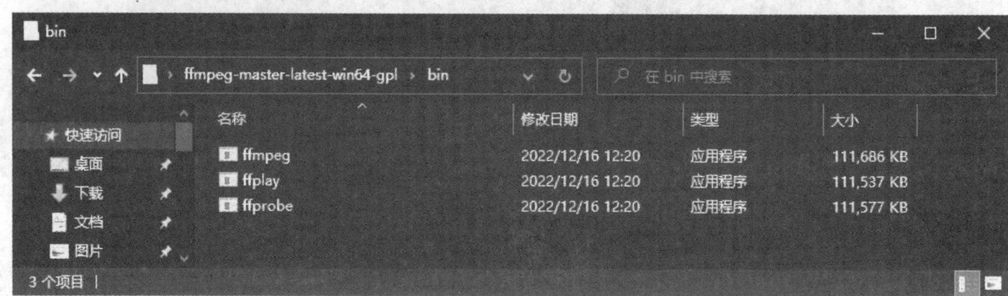

图 7.15 FFmpeg 解压后的文件

这里仅使用 ffmpeg 文件,使用时需要切换至 FFmpeg 下的 bin 目录,并在命令行中调用 ffmpeg 执行推流命令。下面对 FFmpeg 的推流命令进行解释。命令格式如下:

```
ffmpeg -re -i <视频地址> -rtsp_transport <传输方式> -vcodec h264 -f rtsp rtsp://
<服务器 IP 地址>/<子路径>
```

其中,-re 表示按照帧率发送,否则会按照最高速率向媒体服务器发送数据;传输方式为 tcp 或 udp;-i filename 指定输入文件名;-vcodec 强制使用 Codec 编解码(若为 copy 代表不进行重新编码);-f 指定视频或音频的格式。例如:

```
ffmpeg -re -i c:\Users(RDG\Desktop\out.mp4 -rtsp_transport tcp -vcodec h264 -f
rtsp rtsp://127.0.0.1:554/test
```

即将 C:Users\ROG\Desktoplout.mp4 文件推流,播放地址为 rtsp://127.0.0.1:554/test。

按 Win+R 键打开“运行”对话框，输入 cmd，然后使用 cd ＜路径＞命令进入解压的 FFmpeg 文件所在路径，如图 7.16 所示。

```
C:\WINDOWS\system32\cmd.exe
Microsoft Windows [版本 10.0.19045.2364]
(c) Microsoft Corporation。保留所有权利。

C:\Users\ROG>cd C:\Users\ROG\Desktop\ffmpeg-master-latest-win64-gpl

C:\Users\ROG\Desktop\ffmpeg-master-latest-win64-gpl>
```

图 7.16　进入 FFmpeg 文件所在路径

执行上面的推流命令，如图 7.17 所示。

```
C:\WINDOWS\system32\cmd.exe - ffmpeg  -re -i C:\Users\ROG\Desktop\out.mp4 -rtsp_transport tcp -vcodec h264 -f rtsp rtsp://127.0.0....
, 14953 kb/s, 29.97 fps, 29.97 tbr, 30k tbn (default)
    Metadata:
      handler_name    :  Ambarella AVC
      vendor_id       : [0][0][0][0]
      encoder         : Ambarella AVC encoder
  Stream #0:1[0x2](eng): Audio: aac (LC) (mp4a / 0x6134706D), 48000 Hz, stereo, fltp, 128 kb/s (default)
    Metadata:
      handler_name    :  Ambarella AAC
      vendor_id       : [0][0][0][0]
Stream mapping:
  Stream #0:0 -> #0:0 (h264 (native) -> h264 (libx264))
  Stream #0:1 -> #0:1 (aac (native) -> aac (native))
Press [q] to stop, [?] for help
[libx264 @ 000001b59deef4c0] using SAR=1/1
[libx264 @ 000001b59deef4c0] using cpu capabilities: MMX2 SSE2Fast SSSE3 SSE4.2 AVX FMA3 BMI2 AVX2
[libx264 @ 000001b59deef4c0] profile High, level 4.0, 4:2:0, 8-bit
[libx264 @ 000001b59deef4c0] 264 - core 164 - H.264/MPEG-4 AVC codec - Copyleft 2003-2022 - http://www.videolan.org/x264
.html - options: cabac=1 ref=3 deblock=1:0:0 analyse=0x3:0x113 me=hex subme=7 psy=1 psy_rd=1.00:0.00 mixed_ref=1 me_rang
e=16 chroma_me=1 trellis=1 8x8dct=1 cqm=0 deadzone=21,11 fast_pskip=1 chroma_qp_offset=-2 threads=18 lookahead_threads=3
 sliced_threads=0 nr=0 decimate=1 interlaced=0 bluray_compat=0 constrained_intra=0 bframes=3 b_pyramid=2 b_adapt=1 b_bia
s=0 direct=1 weightb=1 open_gop=0 weightp=2 keyint=250 keyint_min=25 scenecut=40 intra_refresh=0 rc_lookahead=40 rc=crf
mbtree=1 crf=23.0 qcomp=0.60 qpmin=0 qpmax=69 qpstep=4 ip_ratio=1.40 aq=1:1.00
Output #0, rtsp, to 'rtsp://127.0.0.1:554/test':
  Metadata:
    major_brand     : isom
    minor_version   : 512
    compatible_brands: isomiso2avc1mp41
    encoder         : Lavf59.34.102
  Stream #0:0(eng): Video: h264, yuvj420p(pc, progressive), 1920x1080 [SAR 1:1 DAR 16:9], q=2-31, 29.97 fps, 90k tbn (de
fault)
    Metadata:
      handler_name    :  Ambarella AVC
      vendor_id       : [0][0][0][0]
      encoder         : Lavc59.55.100 libx264
    Side data:
      cpb: bitrate max/min/avg: 0/0/0 buffer size: 0 vbv_delay: N/A
  Stream #0:1(eng): Audio: aac (LC), 48000 Hz, stereo, fltp, 128 kb/s (default)
    Metadata:
      handler_name    :  Ambarella AAC
      vendor_id       : [0][0][0][0]
      encoder         : Lavc59.55.100 aac
frame=  491 fps= 25 q=29.0 size=N/A time=00:00:18.79 bitrate=N/A speed=0.957x
```

图 7.17　启动 FFmpeg 并进行推流

此时可以看到推流已成功开始。登录 EasyDarwin 的后台界面，查看是否成功推流至 EasyDarwin 服务器，如图 7.18 所示。

可以使用 VLC 测试是否推流成功。首先在 VLC 官网下载该软件，然后安装并启动 VLC，在菜单栏中选择“媒体”→“打开网络串流”命令，如图 7.19 所示。

在“请输入网络 URL”下的文本框中输入刚才在 FFmpeg 执行命令中指定的播放地址，如图 7.20 所示。

单击“播放”按钮后，就可以看到推流的实时画面了，如图 7.21 所示。

此处需要注意，当推流视频播放完毕后，推流将会自动结束。若需继续推流，要重新在命令行执行上述 ffmpeg 推流命令。

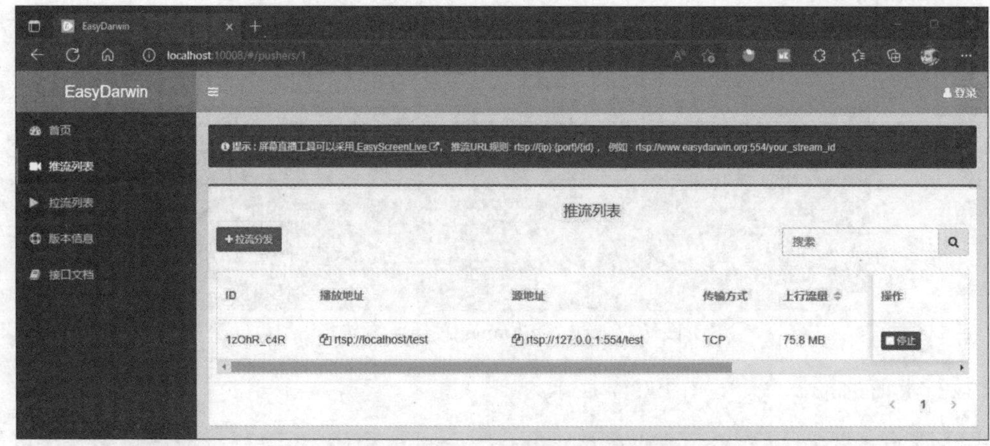

图 7.18　EasyDarwin 后台推流列表

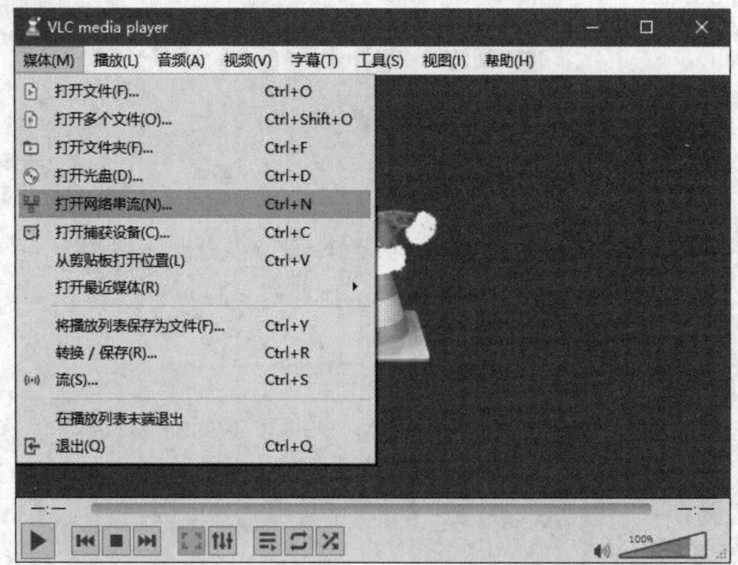

图 7.19　选择“媒体”→“打开网络串流”命令

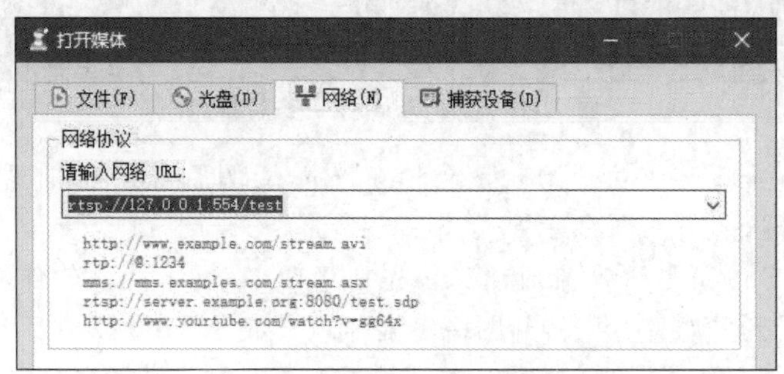

图 7.20　输入网络 URL

3. 数据准备

本项目不对 YOLOv5 模型进行重新训练，直接利用已有模型文件对车辆、行人进行检测识别。

图 7.21　VLC 播放推流的实时画面

本项目输入的视频可以直接基于测试视频完成。

7.5.2　程序框架

本项目文件夹为 visual_perception_proj，其中包括以下子文件夹：

- bin：可执行文件。
- calib：相机标定模块。
- docs：环境部署和代码编译文档。
- results：代码运行的结果。
- source：包含代码文件夹 code、Qt 库 install.zip、配置参数 cameras.json、深度学习模型 yolov5s_1batch_fp32.bmodel 和运行脚本 run_hdmi_yolo_line.sh。
- video：测试视频。

7.5.3　目标检测

如前所述，目标检测包括预处理、推理和后处理 3 个步骤。

1. 预处理

YOLOv5 预处理主要是进行缩放、归一化等操作，使图像数据满足模型的要求，提高模型的性能。

下面这段代码是 YOLOv5 的预处理函数，它的作用是对输入的图像进行预处理，以满足 YOLOv5 模型的输入要求，并将处理后的图像和输入张量打包为 FrameInfo 结构体，便于后续的推理过程使用。

```
/* 函数名称:YoloV5::preprocess
 * 参数:
 * frames:vector 类型,保存输入图像数据
 * frame_infos:vector 类型,保存预处理后的图像数据和输入张量
 * 返回值:int 类型,函数执行状态码
 * 函数功能:对输入图像进行预处理,将预处理结果保存到 frame_infos 中
 */
```

```
int YoloV5::preprocess(std::vector<bm::FrameBaseInfo>& frames, std::vector<
bm::FrameInfo>& frame_infos)
{
   int ret = 0;
   bm_handle_t handle = m_bmctx->handle();
   //输入图像总数
   int total = frames.size();
   //计算最后一个批次包含的图像数量
   int left = (total%MAX_BATCH == 0 ? MAX_BATCH: total%MAX_BATCH);
   int batch_num = total%MAX_BATCH==0 ? total/MAX_BATCH: (total/MAX_BATCH + 1);
   //循环处理每个批次
   for(int batch_idx = 0; batch_idx < batch_num; ++ batch_idx) {
       int num = MAX_BATCH;
       int start_idx = batch_idx * MAX_BATCH;
       if (batch_idx == batch_num-1) {
           num = left;
       }
       bm::FrameInfo finfo;
       //保存缩放后的图像数据
       bm_image resized_imgs[MAX_BATCH];
       ret = bm::BMImage::create_batch(handle, m_net_h, m_net_w, FORMAT_RGB_
             PLANAR, DATA_TYPE_EXT_1N_BYTE, resized_imgs, num, 64);
       assert(BM_SUCCESS == ret);
       //处理当前批次的每幅图像
       for(int i = 0;i < num; ++i) {
           bm_image image1;
           //将 AVFrame 类型的图像数据转换为 BMImage 类型的图像数据
           bm::BMImage::from_avframe(handle, frames[start_idx + i].avframe,
               image1, true);
           //缩放图像
           ret = bmcv_image_vpp_convert(handle, 1, image1, &resized_imgs[i]);
           assert(BM_SUCCESS == ret);
           uint8_t * jpeg_data=NULL;
           size_t out_size = 0;
//是否使用 Qt 显示
#if USE_QTGUI
           //jpeg 压缩图像
           bmcv_image_jpeg_enc(handle, 1, &image1, (void**)&jpeg_data, &out_size);
#endif
           //保存压缩后的图像数据
           frames[start_idx + i].jpeg_data = std::make_shared<bm::Data>(jpeg_
                data, out_size);
           frames[start_idx + i].height= image1.height;
           frames[start_idx + i].width = image1.width;
           cv::Mat tmp;
           //将缩放后的图像数据转换为 OpenCV 中的 Mat 类型
           cv::bmcv::toMAT(&resized_imgs[i], tmp, true);
           frames[start_idx + i].cvimg = tmp;
           av_frame_unref(frames[start_idx + i].avframe);
           av_frame_free(&frames[start_idx + i].avframe);
```

```
            finfo.frames.push_back(frames[start_idx+i]);
            bm_image_destroy(image1);
        }
        //图像归一化参数设置
        bm_image convertto_imgs[MAX_BATCH];
        float alpha, beta;
        bm_image_data_format_ext img_type = DATA_TYPE_EXT_FLOAT32;
        auto inputTensorPtr = m_bmnet->inputTensor(0);
        if (inputTensorPtr->get_dtype() == BM_INT8) {
            img_type = DATA_TYPE_EXT_1N_BYTE_SIGNED;
            alpha       = 0.847682119;
            beta        = -0.5;
            img_type = (DATA_TYPE_EXT_1N_BYTE_SIGNED);
        } else {
            alpha       = 1.0/255;
            beta        = 0.0;
            img_type = DATA_TYPE_EXT_FLOAT32;
        }
        //图像通道转换
        ret = bm::BMImage::create_batch(handle, m_net_h, m_net_w, FORMAT_RGB_
            PLANAR, img_type, convertto_imgs, num, 1, false, true);
        assert(BM_SUCCESS == ret);
        bm_tensor_t input_tensor = *inputTensorPtr->bm_tensor();
        bm::bm_tensor_reshape_NCHW(handle, &input_tensor, num, 3, m_net_h, m_net_w);
        ret = bm_image_attach_contiguous_mem(num, convertto_imgs, input_tensor.
            device_mem);
        assert(BM_SUCCESS == ret);
        //归一化处理
        bmcv_convert_to_attr convert_to_attr;
        convert_to_attr.alpha_0 = alpha;
        convert_to_attr.alpha_1 = alpha;
        convert_to_attr.alpha_2 = alpha;
        convert_to_attr.beta_0  = beta;
        convert_to_attr.beta_1  = beta;
        convert_to_attr.beta_2  = beta;
        ret = bmcv_image_convert_to(m_bmctx->handle(), num, convert_to_attr,
            resized_imgs, convertto_imgs);
        assert(ret == 0);
        bm_image_dettach_contiguous_mem(num, convertto_imgs);
        finfo.input_tensors.push_back(input_tensor);
        //释放内存
        bm::BMImage::destroy_batch(resized_imgs, num);
            bm::BMImage::destroy_batch(convertto_imgs, num);
            frame_infos.push_back(finfo);
        }
    }
```

以上代码的处理流程如下：

(1) 计算输入的图像总数，确定批次数量和每个批次的图像数。

(2) 对于每个批次,先创建一个 FrameInfo 结构体,并为其中的 input_tensors 成员添加当前批次的输入张量。

(3) 对于当前批次的每个图像,首先使用 BMImage::from_avframe()函数将 AVFrame 类型的图像数据转换为 BMImage 类型,然后使用 bmcv_image_vpp_convert()函数对图像进行 VPP 转换,得到大小为 m_net_h×m_net_w 的 RGB 格式的图像数据,并将其保存在 resized_imgs 数组中。

(4) 对于每个图像,再利用 bmcv_image_jpeg_enc()函数对其进行 JPEG 编码,得到 JPEG 格式的图像数据,并将其保存在 jpeg_data 中。

(5) 使用 cv::bmcv::toMAT()函数将 VPP 转换后的图像数据转换为 OpenCV 中的 cv::Mat 类型,并将其保存在 FrameBaseInfo 结构体的 cvimg 成员中。

(6) 释放当前图像的 AVFrame 类型的数据。

(7) 使用 bm_tensor_reshape_NCHW()函数对当前批次的输入张量进行重塑,使其维度为(num, 3, m_net_h, m_net_w)。

(8) 使用 bm_image_attach_contiguous_mem()函数将 VPP 转换后的图像数据连续地存储到输入张量的设备内存中。

(9) 使用 bmcv_image_convert_to()函数将 VPP 转换后的图像数据从 uint8_t 类型或 int8_t 类型转换为 float32 类型,并将其保存在 convertto_imgs 数组中。

(10) 使用 bm_image_dettach_contiguous_mem()函数将 convertto_imgs 数组中的图像数据从输入张量的设备内存中解绑,以避免内存泄漏。

(11) 将当前批次的 FrameInfo 结构体添加到 frame_infos 数组中,并在函数结束前释放所有动态分配的内存。

2. 推理

下面的代码实现了 YOLOv5 目标检测模型的前向推理功能,输入参数为一组图像帧信息 frame_infos,其中每一帧的信息包括输入张量和输出张量。在函数中,首先通过循环获取每一帧的输入张量,然后将输出张量添加到帧信息的输出张量向量中。然后通过调用 bmnet->forward()函数对输入张量进行前向推理,将结果保存在输出张量中。最后调用 mlaner->run()函数对输出张量进行处理,完成车道线检测任务,并返回执行结果。代码中还包括了一些条件编译指令和断言等,以保证推理过程正确地操作。

```
int ret = 0;
//遍历每一批次中的每一帧
for(int b = 0; b < frame_infos.size(); ++b) {
    //初始化每个输出张量
    for (int i = 0; i < m_bmnet->outputTensorNum(); ++i) {
        bm_tensor_t tensor;
        frame_infos[b].output_tensors.push_back(tensor);
    }
    //是否需要将输入张量的数据转储到文件中
#if DUMP_FILE
    bm::BMImage::dump_dev_memory(bmctx_->handle(),
        frame_infos[b].input_tensors[0].device_mem, "convertto",
        frame_infos[b].frames.size(), m_net_h, m_net_w, false, false);
```

```
#endif
    //进行前向推理
    ret = m_bmnet->forward(frame_infos[b].input_tensors.data(),
        frame_infos[b].input_tensors.size(),
        frame_infos[b].output_tensors.data(),
        frame_infos[b].output_tensors.size());
    assert(BM_SUCCESS == ret);
    //进行车道线检测
    mlaner->run(frame_infos[b]);
}
return 0;
```

3. 后处理

在进行后处理中，首先对输入帧进行循环迭代，获取帧的宽度和高度，然后按照指定的网格结构遍历输出层，并解析输出层的预测值以确定边界框、类别置信度和物体置信度。根据指定的阈值进行过滤，将符合要求的目标添加到 yolobox_vec 中，其中包括目标的位置、得分、类别等信息。接下来，对 yolobox_vec 中的目标执行非极大值抑制操作，最终将符合条件的检测框添加到 bbox_vec 中，其中还计算了检测框的距离信息。并且对车道线检测结果做了后处理。

下面代码的作用是通过置信度筛选出目标，用检测框左上角和右下角坐标表示一个检测框，并进行保存。

```
//创建一个 BMNNTensor 类型的输出张量 output_tensor
bm::BMNNTensor output_tensor(m_bmctx->handle(), "", 1.0, &frameInfo.output_
tensors[0]);
//获取目标数目 box_num
int box_num = output_tensor.get_shape()->dims[1];
//获取输出数据的指针 output_data,指向当前批次的目标数据
float * output_data = (float *)output_tensor.get_cpu_data() + batch_idx * box_
num * nout;
//遍历每个目标
for (int i = 0; i < box_num; i++) {
    //获取当前目标的指针 ptr
    float * ptr = output_data + i * nout;
    //获取当前目标的得分 score
    float score = ptr[4];
    //如果得分超过预设的阈值 m_objThreshold
    if (score >= m_objThreshold) {
        //计算目标的分类置信度和类别编号
        int class_id = argmax(&ptr[5], m_class_num);
        float confidence = ptr[class_id + 5];
        //如果分类置信度超过设定的阈值 m_confThreshold
        if (confidence >= m_confThreshold) {
            //创建一个 NetOutputObject 类型的对象 box,存储目标信息
            bm::NetOutputObject box;
            //计算目标得分
            box.score = confidence * score;
```

```
                //如果目标得分仍然超过设定的阈值 m_confThreshold
                if (box.score >= m_confThreshold) {
                    //计算目标的位置信息,包括中心坐标和宽高
                    float centerX = (ptr[0]+1)/m_net_w * frame_width-1;
                    float centerY = (ptr[1]+1)/m_net_h * frame_height-1;
                    float width = (ptr[2]+0.5) * frame_width / m_net_w;
                    float height = (ptr[3]+0.5) * frame_height / m_net_h;
                    //将位置信息存储到 box 中
                    box.x1  = int(centerX - width  / 2);
                    box.y1  = int(centerY - height / 2);
                    box.x2  = box.x1 + width;
                    box.y2  = box.y1 + height;
                    //存储目标的类别编号
                    box.class_id = class_id;
                    //计算目标到摄像头的距离
                    calcPosition(box);
                    //将目标信息存储到 yolobox_vec 中
                    yolobox_vec.push_back(box);
                }
            }
        }
    }
```

剔除置信度较低的检测框之后,仍然存在一部分严重重叠的检测框,下面通过非极大值抑制方法剔除重叠检测框,保留其中置信度最大的检测框。首先,将所有检测框按不同类别标签分组,组内按分数高低进行排序,取得分最高的检测框先放入结果序列。遍历剩余检测框,计算与当前得分最高的检测框的交并比,若大于预设的阈值则剔除。然后对剩余的检测框重复上述操作,直到处理完所有推理的数据,即可得到最后需要保留的检测框序列信息。

非极大抑制方法的具体实现如下所示:

```
//获取输入检测框数量
int length = dets.size();
//初始化索引值
int index = length - 1;
//按照检测框得分从小到大排序
std::sort(dets.begin(), dets.end(), [](const bm::NetOutputObject& a, const bm::
    NetOutputObject& b) {
    return a.score < b.score;
});
//计算所有检测框的面积
std::vector<float> areas(length);
for (int i=0; i<length; i++)
{
    areas[i] = dets[i].width() * dets[i].height();
}
//非极大值抑制,遍历所有检测框
while (index > 0)
{
```

```
        int i = 0;
        while (i < index)
        {
            //计算重叠部分的坐标及面积
            float left = std::max(dets[index].x1, dets[i].x1);
            float top = std::max(dets[index].y1, dets[i].y1);
            float right = std::min(dets[index].x1 + dets[index].width(), dets[i].x1
                + dets[i].width());
            float bottom = std::min(dets[index].y1 + dets[index].height(), dets[i].
                y1 + dets[i].height());
            float overlap = std::max(0.0f, right - left) * std::max(0.0f, bottom -
                top);
            //如果重叠部分面积比例超过阈值,则删除当前检测框
            if (overlap / (areas[index] + areas[i] - overlap) > nmsConfidence)
            {
                areas.erase(areas.begin() + i);
                dets.erase(dets.begin() + i);
                index --;
            }
            else
            {
                i++;
            }
        }
        index--;
    }
```

7.5.4　多目标跟踪

在根目录\source\code\tracker\KalmanFilter 下的 kalmanfilter.cpp 文件中实现了卡尔曼滤波的预测和更新功能。

1. 利用卡尔曼滤波预测目标位置

利用卡尔曼滤波预测目标位置的代码如下：

```
void KalmanFilter::predict(KAL_MEAN &mean, KAL_COVA &covariance)
{
    //定义位置和速度的标准差
    DETECTBOX std_pos;
    std_pos << _std_weight_position * mean(3),
               _std_weight_position * mean(3),
               1e-2,
               _std_weight_position * mean(3);
    DETECTBOX std_vel;
    std_vel << _std_weight_velocity * mean(3),
               _std_weight_velocity * mean(3),
               1e-5,
               _std_weight_velocity * mean(3);
    //将位置和速度的标准差组合成一个均值向量 tmp
```

```
    KAL_MEAN tmp;
    tmp.block<1,4>(0,0) = std_pos;
    tmp.block<1,4>(0,4) = std_vel;
    //对均值向量求二次方,得到协方差矩阵
    tmp = tmp.array().square();
    KAL_COVA motion_cov = tmp.asDiagonal();
    //对目标的位置和协方差进行预测
    KAL_MEAN mean1 = this->_motion_mat * mean.transpose();
    KAL_COVA covariance1 = this->_motion_mat * covariance * (_motion_mat.
        transpose());
    covariance1 += motion_cov;
    mean = mean1;
    covariance = covariance1;
}
```

2. 利用卡尔曼滤波更新目标位置

利用卡尔曼滤波更新目标位置的代码如下:

```
KalmanFilter::update(const KAL_MEAN &mean, const KAL_COVA &covariance,
        const DETECTBOX &measurement)
{
    //对状态预测值进行投影
    KAL_HDATA pa = project(mean, covariance);
    KAL_HMEAN projected_mean = pa.first;
    KAL_HCOVA projected_cov = pa.second;
    //计算卡尔曼增益
    Eigen::Matrix<float, 4, 8> B = (covariance * (_update_mat.transpose())).
        transpose();
    Eigen::Matrix<float, 8, 4> kalman_gain = (projected_cov.llt().solve(B)).
        transpose();                                          //8×4
    //计算新的状态值和协方差矩阵
    Eigen::Matrix<float, 1, 4> innovation = measurement - projected_mean;
                                                              //1×4
    auto tmp = innovation * (kalman_gain.transpose());
    KAL_MEAN new_mean = (mean.array() + tmp.array()).matrix();
    KAL_COVA new_covariance = covariance - kalman_gain * projected_cov * (kalman_
        gain.transpose());
    return std::make_pair(new_mean, new_covariance);
}
```

调用方法在根目录\source\code\tracker下的bm_tracker.cpp文件中。此函数以虚函数的方法将预测和更新统一在同一函数中,以便连续调用。其关键代码如下:

```
m_tracker->predict();                          //对所有跟踪器进行预测
m_tracker->update(detections);                 //基于当前检测结果,更新跟踪器的状态
for(Track &track : m_tracker->tracks) {   //遍历所有跟踪器
    if(!track.is_confirmed() || track.time_since_update > 1) continue;
    auto tmpbox = track.to_tlwh();  //将跟踪器状态转换为左上角坐标和宽度、高度的形式
```

```
    bm::NetOutputObject dst_rc(tmpbox(0), tmpbox(1), tmpbox(2), tmpbox(3));
                                      //根据左上角坐标和宽度、高度创建 NetOutputObject
    dst_rc.track_id = track.track_id;
                                      //将跟踪器的 ID 和距离赋给 NetOutputObject
    dst_rc.distance = track.distance;
    results.push_back(dst_rc);        //将 NetOutputObject 加入结果列表中
}
```

7.5.5　车道线检测

1. 提取车道线边缘信息

车道线检测的关键代码位置为根目录\source\code\examples\yolov5_line 下的 laneDetection.cpp。

车道线检测主要通过提取图像中的边缘信息，在一个区域内用霍夫变换提取直线。关键代码如下：

```
std::vector<cv::Vec4i> LaneDetector::detection(cv::Mat image) {
    cv::Mat gray, edges;                                    //定义灰度图和边缘图
    std::vector<cv::Vec4i> lines;                           //定义存储直线的向量
    cv::cvtColor(image, gray, cv::COLOR_BGR2GRAY);          //将图像转换为灰度图
    cv::GaussianBlur(gray, gray, cv::Size(5, 5), 0, 0);     //对灰度图进行高斯模糊
    cv::Canny(gray, edges, 50, 150);                //使用 Canny 边缘检测算法检测边缘
    edges = mask(edges);                                    //对边缘图进行掩模处理
    cv::HoughLinesP(edges, lines, 2, 3.14/180, 15, 40, 20 ); //使用霍夫变换检测直线
    return lines;                                           //返回检测到的直线
}
```

然后计算所有检测到的直线的斜率，如果太大则丢弃该直线。关键代码如下：

```
for (auto i : lines) {
    ini = cv::Point(i[0], i[1]);
    fini = cv::Point(i[2], i[3]);
    double slope = (static_cast<double>(fini.y) - static_cast<double>(ini.y)) /
        (static_cast<double>(fini.x) - static_cast<double>(ini.x) + 0.00001);
    //如果斜率太大，丢弃这条线；否则保存它们及其斜率
    if (std::abs(slope) > slope_thresh) {
        slopes.push_back(slope);
        selected_lines.push_back(i);
    }
```

此时仅仅是对图像中所有线条进行了标记。在车载智能终端中，仅识别出车道线还远远不够，还需要进行左车道线和右车道线的分类：

```
double img_center = static_cast<double>(splitBound);    //将线分为左车道线和右车道线
while (j < selected_lines.size()) {
    ini = cv::Point(selected_lines[j][0], selected_lines[j][1]);
```

```
        fini = cv::Point(selected_lines[j][2], selected_lines[j][3]);
        if (slopes[j] > 0 && fini.x > img_center && ini.x > img_center) {
                                                          //将线分为左侧或右侧的条件
            right_lines.push_back(selected_lines[j]);
        }
        else if (slopes[j] < 0 && fini.x < img_center && ini.x < img_center) {
            left_lines.push_back(selected_lines[j]);
        }
```

2. 车道线拟合

车道线拟合的代码如下：

```
//如果检测到右车道线,则使用线的所有初始点和最终点拟合一条线
if (left_right_lines[0].size() > 0) {
    for (auto i : left_right_lines[0]) {
        ini = cv::Point(i[0], i[1]);
        fini = cv::Point(i[2], i[3]);
        right_pts.push_back(ini);
        right_pts.push_back(fini);
    }
    if (right_pts.size() > 0) {
//右车道线在这里形成
        cv::fitLine(right_pts, right_line, cv::DIST_L2, 0, 0.01, 0.01);
        right_m = right_line[1] / right_line[0];
        right_b = cv::Point(right_line[2], right_line[3]);
    }
}
```

7.5.6 测距

1. 摄像头标定

摄像头单应矩阵标定是在根目录下的 calib 文件夹下的 calibHomography.py 中完成的,需要提前在编译平台中完成标定。通过找到图像中棋盘格角点,使用 cv2.findHomography()函数计算单应矩阵。

下面这段代码用于对摄像头进行标定,可以理解为建立一个图像与真实世界的比例尺。在代码中,ret 参数用于判断是否能在预设图像中找到角点,找到则返回 true;img 输出的结果是针对原始图像绘制棋盘格,并生成一张结果图。findHomography()函数的作用是找到真实世界地面和图像中地面的转换矩阵,将像素坐标点转换为真实地面坐标点。获得的单应矩阵存储到 homography_matrix.json 文件中,以便后续的测距代码调用。

```
#定义棋盘格规格和单元格大小
ptSize = (6, 4)
gridLength = 20
#读入图像并转换为灰度图
img = cv2.imread(imgPath)
gray = cv2.cvtColor(img, cv2.COLOR_BGR2GRAY)
#找到棋盘格角点
```

```
ret, corners = cv2.findChessboardCorners(img, ptSize)
#定义棋盘格三维坐标
objp = np.zeros((1, ptSize[0] * ptSize[1], 3), np.float32)
objp[0, :, :2] = gridLength * np.mgrid[0:ptSize[0], 0:ptSize[1]].T.reshape(-1, 2)
#如果找到棋盘格角点,则进行单应矩阵标定
if ret is True:
#在图像上标出棋盘格角点
img = cv2.drawChessboardCorners(img, ptSize, corners, ret)
#计算单应矩阵
H, _ = cv2.findHomography(objp, corners)
#保存单应矩阵
dictData = {"homography_matrix": H}
save_params(dictData, save_path='homography_matrix.json')
#在图像上显示标定结果
cv2.imwrite("./results.jpg", img)
cv2.imshow('Chessboard', cv2.resize(img, (1280, 720)))
cv2.waitKey(0)
```

2. 测距实现

下面的测距代码存放于根目录\source\code\examples\yolov5_line 中的 yolov5s.cpp 文件的末尾。

测距的原理是：将上一步生成的矩阵与检测框底边的中点相乘，从而得到目标在地面上的位置。选择检测框的底边原因是：将对象用矩形框标记后，底边是距离地面最近的位置。测距代码如下：

```
void YoloV5::calcPosition(bm::NetOutputObject& box)
{
    double y = box.y2;
    double x = (box.x1 + box.x2)/2.0;
    cv::Mat pt(3,1,CV_64F);
    pt.at<double>(0,0) = x;
    pt.at<double>(1,0) = y;
    pt.at<double>(2,0) = 1.0;
    cv::Mat tmp = HInv * pt;
    double positionX = tmp.at<double>(0,0)/tmp.at<double>(2,0);
    double positionY = tmp.at<double>(1,0)/tmp.at<double>(2,0);
    //box.position = cv::Point(positionX/100, -positionY/100);
    box.distance = -positionY/100;
}
```

7.5.7　本地界面播放

Qt 是一种用于创建图形用户界面(Graphic User Interface，GUI)的开发框架，它能够在多种操作系统平台上运行，并提供了一系列易用的控件、布局和设计工具，方便开发人员快速创建各种美观、实用的应用程序。本项目的 Qt 显示模块获取目标检测、车道线检测、目标跟踪和目标测距的数据之后，根据这些信息在界面中标记目标检测框和目标距离、车道

线等可视化提示信息。

Qt 绘图代码存放于根目录\source\code\bmgui 下的 video_pixmap_widget.cpp 文件中。下面给出其中的关键代码。

下面是绘图函数 drawBox()中绘制检测框的代码:

```
//遍历检测到的所有目标矩形
for(int i = 0; i < m_netOutputDatum.obj_rects.size(); ++i) {
    bm::NetOutputObject pt;
    //获取目标跟踪矩形或者检测到的矩形
    if (m_netOutputDatum.track_rects.size() > i) {
        pt = m_netOutputDatum.track_rects[i];
    }else {
        pt = m_netOutputDatum.obj_rects[i];
    }
    //判断目标是否有距离过近报警
    if(pt.isWarning==1){
        //设置红色画笔,线宽为 5
        QPen redPen(Qt::red);
        redPen.setWidth(5);
        painter1.setPen(redPen);
    }
    else{
        //设置绿色画笔,线宽为 5
        QPen greenPen(Qt::green);
        greenPen.setWidth(5);
        painter1.setPen(greenPen);
    }
    //构造矩形并画出来
    QRect rc(pt.x1, pt.y1, pt.x2-pt.x1, pt.y2-pt.y1);
    painter1.drawRect(rc);
    //设置字体和字号
    QFont font("Arail", 20);
    painter1.setFont(font);
    //构造跟踪目标的文本信息,并在目标左上角绘制出来
    QString text = QString("%1-%2M").arg(pt.track_id).arg(pt.distance, 0, 'g', 3);
    painter1.drawText(pt.x1-1, pt.y1-4, text);
}
```

下面是车道线绘制的代码:

```
//创建一个蓝色画笔
QPen bluePen(Qt::blue);
//设置画笔的宽度为 5
bluePen.setWidth(5);
//将画笔设置到 painter1 上
painter1.setPen(bluePen);
//如果 obj_rects 大于 0
if(m_netOutputDatum.obj_rects.size()>0){
    //从 obj_rects[0]中获取线段的信息并存储在 ls 中
```

```
    std::vectorcv::Vec4i ls = m_netOutputDatum.obj_rects[0].lines;
    //从 ls 中获取第一条线段的起点和终点坐标,存储在 keypoint1 和 keypoint2 中
    const QPoint keypoint1{ intRound(ls[0][0]), intRound(ls[0][1]) };
    const QPoint keypoint2{ intRound(ls[0][2]), intRound(ls[0][3]) };
    //从 ls 中获取第二条线段的起点和终点坐标,存储在 keypoint3 和 keypoint4 中
    const QPoint keypoint3{ intRound(ls[1][0]), intRound(ls[1][1]) };
    const QPoint keypoint4{ intRound(ls[1][2]), intRound(ls[1][3]) };
    //在 painter1 上绘制两条直线,分别连接 keypoint1 和 keypoint2 以及 keypoint3 和
    //keypoint4
    painter1.drawLine(keypoint1, keypoint2);
    painter1.drawLine(keypoint3, keypoint4);
}
```

7.6 部署与测试

7.6.1 编译与部署

首先安装编译工具 cmake：

```
sudo apt-get -y install cmake
```

将程序源代码解压至用户主目录，如图 7.22 所示。

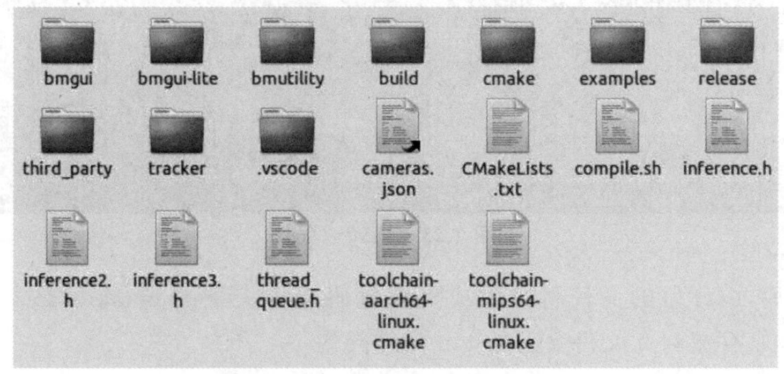

图 7.22 用户主目录中的源代码

然后打开终端，为源代码文件夹赋予权限。先使用 cd 命令定位到源代码文件夹的上一层文件夹，然后输入以下命令赋予当前用户对目标文件夹及其内部文件可读可写权限：

```
sudo chmod -R 777 visualPerception/
```

按回车键执行后，输入管理员密码。接下来若没有任何提示，则表明命令执行成功。

注意，此步骤非常重要，绝大多数错误的原因是没有成功赋予当前用户对对应文件夹的操作权限。在后续上传文件至 SE5 时还需要配置权限。

首先配置 Qt Lib 的路径(在开源官网下载后解压得到的 install 文件夹路径)。打开 CMakeLists.txt 文件，找到以下代码段，并按照注释进行替换和修改：

```
if (USE_QTGUI)
if (${TARGET_ARCH} STREQUAL "soc")
set (QTDIR /opt/qt5.14-18.04-soc)#将此路径更改为未修改的 Qt Lib 解压后的根目录
set (Qt5widgets_DIR /opt/qt5.14-18.04-soc/lib/cmake/QT5widgets)
#将此路径更改为 Qt Lib 解压后根目录下的 lib/cmake/QT5widgets 文件夹
```

由于需要在 SE5 的 HDMI 输出最终识别结果,所以上面修改了负责 HDMI 显示的参数。若不需要 HDMI 显示,则可跳过该步骤。

打开 compile.sh 文件,跳转到第 34 行。此处的-DUSEQTGUI 参数可控制是否通过 HDMI 输出识别结果。该脚本文件中此参数的默认值为 OFF,将其更改为 ON 即可。

```
cmake_params="-DTARGET_ARCH=target_arch -DUSEQTGUI=ON"   #设置参数,将 OFF 改
                                                         #为 ON
```

然后在终端内进入程序源代码所在目录,输入编译命令:

```
bash ./compile.sh soc
```

终端出现如图 7.23 所示的提示时即为正在编译。此过程中不要执行其他操作。若在此过程中出现错误,应首先检查是否给源代码目录赋予了权限。

```
[ 97%] Building CXX object third_party/live555/CMakeFiles/live555.dir/UsageEnvir
onment/HashTable.cpp.o
[ 97%] Building CXX object third_party/live555/CMakeFiles/live555.dir/liveMedia/
uLawAudioFilter.cpp.o
[ 98%] Building CXX object third_party/live555/CMakeFiles/live555.dir/UsageEnvir
onment/UsageEnvironment.cpp.o
[ 98%] Building CXX object third_party/live555/CMakeFiles/live555.dir/UsageEnvir
onment/strDup.cpp.o
[ 99%] Linking CXX static library ../../lib/liblive555.a
[ 99%] Built target live555
[100%] Linking CXX executable ../../bin/yolov5s_line_demo
[100%] Built target yolov5s_line_demo
```

图 7.23　编译过程

编译完成后,编译好的文件将会生成到段代码文件夹下的 cmake-build-debug 文件夹内,可执行文件则存放在此文件夹下的 bin 文件夹内。

将修改过后的 Qt Lib 库(解压后文件夹名也为 install,注意不要与编译时使用的 Qt Lib 搞混)与 cmakecmake-build-debug 文件夹一同上传到 SE5 中。

打开 FileZilla 软件,在右侧选择路径/home/admin(此路径为 SE5 中预设的 admin 用户的主目录),然后将需上传的文件夹拖动至 admin 文件夹下,等待上传完成即可,如图 7.24 所示。

上传完成后,在本地新建脚本文件 run_hdmi_yolo_line.sh,代码如下。注意按照注释进行路径的修改。

```
#!/bin/sh -x
fl2000=$(lsmod | grep fl2000 | awk '{print $1}')
echo $fl2000
if["$fl2000" !="fl2000" ]; then
```

```
echo"insmod fl2000"
else
echo"fl2000 already insmod "
fi
export PATH=$PATH:/system/bin:/bm_bin
export QTDIR=/home/admin/install/lib      #Qt Lib 在系统上的路径(根据需要进行修改)
export QT_QPA_FONTDIR=$QTDIR/fonts
export QT_QPA_PLATFORM_PLUGIN_PATH=/home/admin/install/plugins
                                    #plugins 在 install 下的路径(根据需要进行修改)
export
LD_LIBRARY_PATH=$LD_LIBRARY_PATH:/home/admin/install/lib/:/home/admin/cmake-
build-debug/lib/
#添加 Qt Lib 的路径与 bmlib 库的路径到环境变量中(以冒号分隔)
# bmlib 库路径为 cmake-build-debug 文件夹下的 lib 文件夹
export QT_QPA_PLATFORM=linuxfb:fb=/dev/fl2000-0 #framebuffer 驱动程序
export QWS_MOUSE_PROTO=/dev/input/event3
chmod +x ./yolov5s_line_demo
./yolov5s_line_demo
```

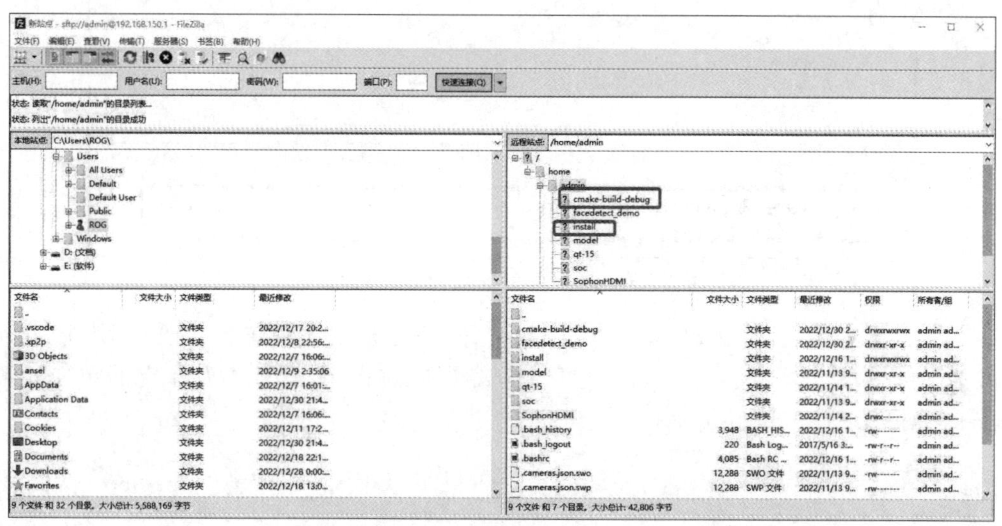

图 7.24　利用 FileZilla 软件上传文件夹

编辑完成后，将其上传至 SE5 中的/home/admin/cmake-build-debug/bin 文件夹中，然后打开终端软件 Xshell，以 admin 的身份登录后进入上述路径，执行以下命令：

```
./yolov5s_line_demo -help
```

注意：若提示权限不足，则参照前面的赋权命令对 cmake-build-debug 文件夹授权。

此命令用来查看命令行参数的帮助信息，其中最重要的信息为--bmodel，即 bmodel 文件的存放路径，如图 7.25 所示。

如图 7.26 所示，在 FileZilla 中进入此文件夹中(若没有，就新建文件夹；若提示权限不足，就在目标文件夹上右击，在快捷菜单中选择“权限”，然后将权限设置为 777，记得要选择“对其及其子目录与文件生效”选项)，将先前准备好的深度学习模型上传至此文件夹中。

```
Debian GNU/Linux comes with ABSOLUTELY NO WARRANTY, to the extent
permitted by applicable law.
Last login: Fri Dec 30 21:20:51 2022 from 192.168.150.100
admin@Ai-box:~$ cd cmake-build-debug/
admin@Ai-box:~/cmake-build-debug$ cd bin/
admin@Ai-box:~/cmake-build-debug/bin$ ls
base64_unittest  cameras.json  run_hdmi_yolo_line.sh  stream_unittest  videoui_demo  yolov5s_line_demo
admin@Ai-box:~/cmake-build-debug/bin$ ./yolov5s_line_demo -help
Usage: yolov5s_line_demo [params]

        --bmodel (value:/data/models/yolov5s_1batch_fp32.bmodel)
                input bmodel path
        --config (value:./cameras.json)
                path to cameras.json
        --help (value:true)
                Print help information.
        --max_batch (value:1)
                Max batch size
        --num (value:1)
                Channels to run
        --output (value:None)
                Output stream URL
        --skip (value:1)
                skip N frames to detect
```

图 7.25 命令行参数的帮助信息

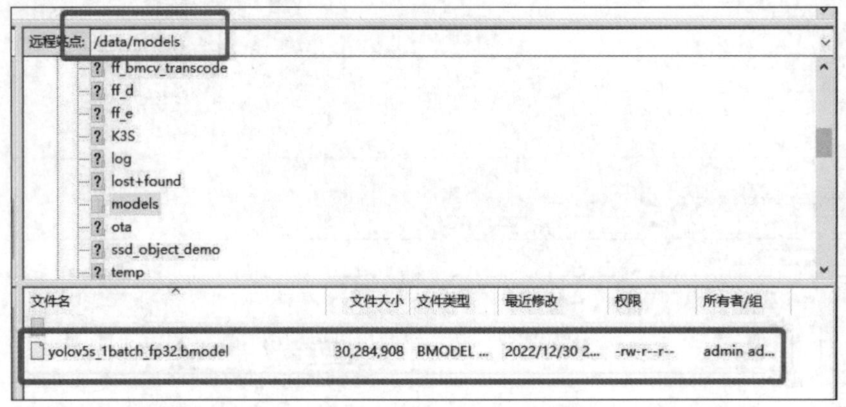

图 7.26 深度学习模型存放路径

完成上述步骤后，再新建 cameras.json 文件(注意根据注释进行修改)。其中，road_ROI 为图像中车道线检测时的感兴趣区域，需要提前指定；HMat 为标定的单应矩阵；address 为摄像头 RTSP 拉流地址。

```
{
 "max_show_windows": 16,
 "cards": [
   {
     "devid": 0,
     "cameras": [
       {
         "address": "rtsp://192.168.150.100:554/test",
         "chan_num": 2,
         "road_ROI": [[604,806],[912,536],[1033,528],[1396,804]],
         "HMat": [[1.6917548704398884,-1.5983741568609355,883.7178702266243],
                  [-0.013188324263021405,-0.8237382886626196,756.7365746500346],
                  [1.6910074589321605e-06,-0.0016404044446291432,1.0]
         ]
       }
     ]
```

```
    }
  ],
  "pipeline": {
    "preprocess": {
      "thread_num": 4,
      "queue_size": 16
    },
    "inference": {
      "thread_num": 1,
      "queue_size": 16
    },
    "postprocess": {
      "thread_num": 4,
      "queue_size": 16
    }
  }
}
```

完成编辑并保存后，也将其上传至 cmake-build-debug/bin 文件夹中，如图 7.27 所示。

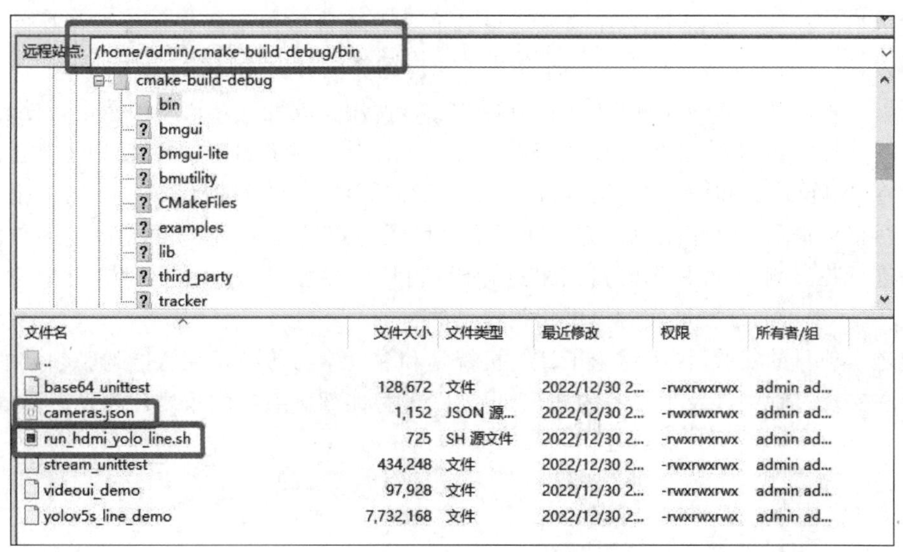

图 7.27　bin 文件夹中的文件

完成上述步骤后，就可以在 SE5 上运行程序了。将 SE5 的 HDMI 与显示器连接后，在 Xshell 中执行脚本文件 run_hdmi_show.sh：

```
sudo ./run_hdmi_show.sh
```

若执行后报错信息为找不到库文件，可检查脚本文件 run_hdmi_yolo_line.sh 中的库文件路径是否为绝对路径。

7.6.2　测试结果

从图 7.28 显示的实时输出可以看到，车道线以蓝色线条标识，车辆以绿色矩形框标识，且在框上方标注了车辆的ID与距离,且框线会随着新车辆的出现或离开而新增或消失,并随着车辆的移动而移动。当车辆距离过近时,标识车辆的绿色矩形框会变为红色,以实现距离报警的功能。

图 7.28 Qt实时输出画面

本项目旨在实现车道线检测、车辆检测、车距测量和距离报警等多项功能,并通过Qt实时输出检测结果至支持HDMI的显示设备上。本项目使用了计算机视觉和深度学习等技术手段,结合OpenCV、Qt等工具库完成了相应的算法开发。

本项目采用基于边缘检测的车道线检测方法,使用霍夫变换对道路图像进行处理,实现了车道线的检测,并结合车辆行驶状态进行提示。针对车辆检测,本项目使用了基于深度学习模型YOLOv5的目标检测算法,通过卡尔曼滤波算法对目标进行跟踪,并结合距离报警模块进行报警提示。在车距测量方面使用了单目距离测量方法,通过预先标定的单应矩阵对车辆进行距离测量,并根据测量结果进行距离报警。最后通过Qt实时输出检测结果至本地设备,实现了向驾驶员实时提供相关信息的目的。

通过本项目的实验,深入讨论了计算机视觉和深度学习等技术在智能驾驶领域的应用。本项目在实现过程中涉及了丰富的知识,也展示了智能驾驶系统的重要性和发展前景。

第8章

基于无人机的建筑图像识别实战

本章视频资料

本章学习目标

- 掌握轻量型人工智能平台实现方法。
- 掌握从图像中检测建筑物的方法。
- 掌握感兴趣区域编码方法。
- 掌握 RTMP 推流以及直播整体系统环境搭建方法。

本章在 SE5 上拉取媒体流，实现建筑物识别功能，并将结果视频推流至 PC 端、移动端和直播平台。本章的目标是使用 YOLOv5 模型进行目标检测，对检测后的结果进行感兴趣区域编码，随后进行推流和视频切片保存。本章首先介绍项目背景以及项目需求，然后在总体设计内容中概述项目设计的功能模块，在模块详解内容中详细说明模块的设计思路和关键实现，最后进行项目部署与测试。

本章项目的任务和知识重点如下：

项目名称	项目任务	知识重点
基于无人机的建筑图像识别	任务一：建筑物检测	• 环境搭建 • 数据集标签转换 • 模型训练和评估 • 模型转换
	任务二：基于检测结果的 ROI 编码	• ROI 编码原理 • 通过检测结果理解 ROI 编码的实现
	任务三：视频推流和视频片段保存	• RTMP 原理 • 搭建推流服务器，视频推流展示
	任务四：综合实验	• 无人机建筑物识别系统设计原理 • 系统框架 • 系统搭建

8.1 项目背景

建筑物的巡检和维护需要耗费大量的时间和人力，而传统的巡检和维护方法往往存在效率低下、有安全隐患等问题。与传统的地形测绘和影像航拍方法相比,无人机测绘可节省 3 倍以上的时间和成本,以往可能需要数天或数周的数据采集工作可以在数小时内完成,并快速完成建模分析。无人机绘测技术作为传统航空摄影测量手段的有力补充,能够有效弥补全野外测量和卫星遥感绘测法的不足,被广泛应用于国家重大工程建设、灾害应急与处理、国土监察、新农村和小城镇建设等方面,尤其在基础绘测、土地资源调查监测、土地利用动态监测、数字城市建设和应急救灾绘测数据获取等方面具有广阔的应用前景。

随着神经科学、计算机科学和集成芯片技术等的飞速发展,人工智能技术迎来了新的发展热潮,使无人机的自主飞行和智能控制成为可能,也使无人机飞行实时监测成为可能。人工智能技术是提升无人机应用能力的革命性技术,对无人机的发展具有重大影响。

本项目以无人机的城市建筑物识别、跟踪、违章识别为应用场景,利用无人机边缘计算的算力进行处理,实现建筑物检测、建筑物变化识别、对建筑图像感兴趣区域高清编码进行回传等功能。具体来说,本项目基于嵌入式人工智能平台开发,通过搭载在无人机上的摄像头实时获取无人机拍摄的城市空中视频,通过人工智能技术检测建筑物,并对感兴趣区域内发生变化的建筑物进行自动识别。最后,通过视频推流技术,将识别结果画面推送到直播平台或服务器端,便于从终端进行拉流显示,图 8.1 展示了无人机建筑物图像检测示例。

图 8.1　无人机建筑物图像检测示例

8.2 项目需求

8.2.1 需求概述

本项目旨在实现基于摄像头的智能无人机建筑物航拍识别,即通过对无人机采集的视频进行图像处理,实现建筑物检测、对比,发现建筑物的变化,并将结果视频推流和分段存储,提供无人机巡检过程中识别的建筑物信息。在硬件上,本项目需要使用无人机、摄像头以及计算机、显示器等设备,实现实时传输和展示;在软件上,本项目需要使用轻量型人工智能平台、建筑物检测算法、感兴趣区域编码算法、RTMP 推流和直播系统等实现无人机建筑物图像自动识别。

8.2.2 功能需求

如前所述，准确的识别、绘测与高效高质的图像传输是非常重要的。通过分析，本项目需要实现的具体功能如下：

(1) 建筑物航拍视角图像检测，对所有建筑物标注出检测框。

通过 YOLOv5 深度学习算法训练建筑物检测模型，利用该模型在 SE5 上实现实时建筑物目标检测，提取当前图像中的建筑物检测框及其置信度。

(2) 对变化区域的图像进行感兴趣区域编码。

在先前的建筑物检测功能中，可以获取建筑物的检测数组，因而可以通过降低轮廓内的区域的 QP(量化参数)值，提升轮廓外的区域的 QP 值来降低图片码流的大小，进而减小图像传输压力。QP 值越低，编码后保留的细节越多；QP 值越高，编码后保留的细节越少。对于本项目，我们感兴趣的是识别出的建筑物，因此在建筑物部分保留较多细节，其余部分可以稍微模糊，以此降低码率。

(3) 同时对编码后的视频流进行本地存储(每 5s 一段视频)。

通过 RTSP 读取媒体流的帧率，再通过帧率计算 5s 内应该有多少帧被处理。当对应数量的帧被处理后，就将该段视频保存至本地。

(4) 视频推流可视化。

为了实时查看无人机巡检结果，需要将结果视频推流至平台。通过 RTMP 将编码视频流推流至本项目搭建的 nginx 服务器或直播平台，利用计算机或移动设备接收并查看结果视频。

8.3 相关理论

感兴趣区域(ROI)编码是一项基于感兴趣区域的视频编码技术，其编码流程如图 8.2 所示。ROI 编码对图像中的感兴趣区域减少 QP 值，从而分配更大的码率以提升画面质量；而对不感兴趣的区域则增加 QP 值，从而分配更小的码率(这部分区域的画面质量会因此有所下降)。这样可以达到在不损失图像整体质量的前提下节省网络带宽占用和视频存储空间，或者在不增加网络带宽占用和视频存储空间的前提下提高视频的整体质量。本项目为减少无人机航拍回传的带宽占用，采用 ROI 技术对边缘端识别的视频进行 ROI 编码，在回传的过程中降低视频码率。

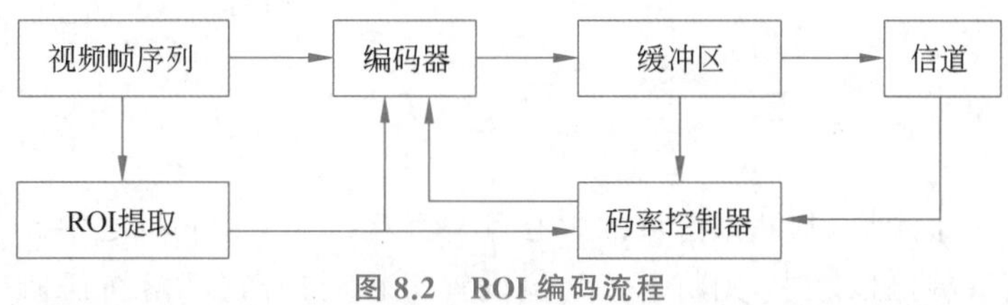

图 8.2　ROI 编码流程

在 ROI 编码模块中，对识别后的视频流进行 ROI 编码，降低目标检测模块识别出的建筑物所在的矩形区域的 QP 值，提高非感兴趣区域的 QP 值。

基于 YOLOv5 的目标检测模块在推理后会得到识别出的对象的检测框,将这些检测框存放到队列 detectedRects 之中。在 ROI 编码模块,这些检测框依次从该队列中出队,并同步从识别过后的帧缓冲区取出一帧,对该帧进行 ROI 编码(即配置 roiinfo 结构体)。建筑物的 ROI 如图 8.3 所示,其中建筑物是 ROI 区域,小网格(在屏幕上显示为蓝色)是对建筑物上每个 16×16 的像素块的宏块划分。

图 8.3　建筑物的 ROI 划分

ROI 编码算法的主要流程如下:

(1) 每个 16×16 的像素块为一个宏块。图像大小以 16 像素取整,因此一幅图像会被分成整数个宏块。一个 ROI 切分为多个宏块如图 8.4 所示。

(2) 每 16×16 个像素点组成一个宏块后,可以将一幅图像划分成多个宏块,如图 8.5 所示。

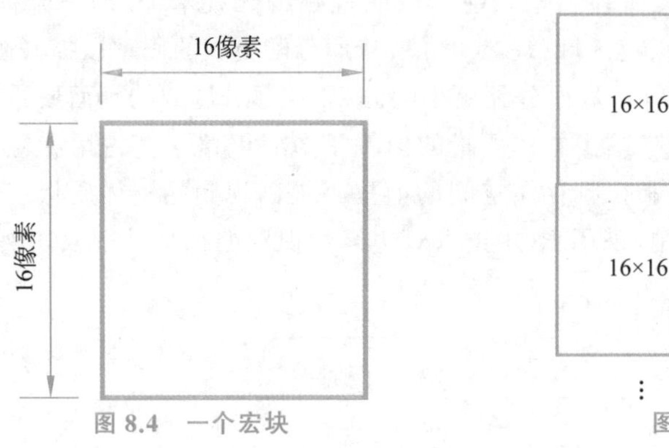

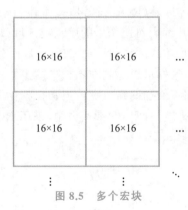

图 8.4　一个宏块　　图 8.5　多个宏块

(3) 读取下一个宏块,判断该区域的中心点是否落在某个检测框之中。

(4) 若它落在检测框之中,则将其 QP 值设置得较低;若它不落在任何一个检测框中,则将其 QP 值设置得较高。

假设图 8.6 中的虚线框即为上一步识别出来的检测框,宏块的中心用圆点标出。若

ROI 的中心落在检测框之中，便将其 QP 值设为 20(较低值)；反之则设置为 40(较高值)。

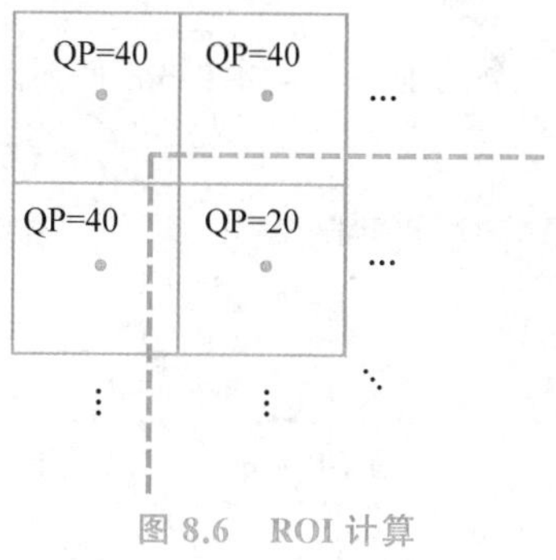

图 8.6　ROI 计算

8.4　总体设计

8.4.1　总体架构设计

本项目主要由 3 个模块组成，分别对应创建 3 个线程。其中，第一个线程负责媒体流的拉流，将获取的媒体流解码后按帧存放至缓冲区中；第二个线程负责对缓冲区中的帧进行图像识别，并完成检测框提取，然后将处理后的帧存到队列中；第三个线程从队列中取出处理好的帧，进行发布前的处理，例如 ROI 编码、HEVC 编码等。处理完成后，便将媒体流推送至 nginx 服务器上，客户端再从 nginx 服务器拉流。本项目总体架构如图 8.7 所示。

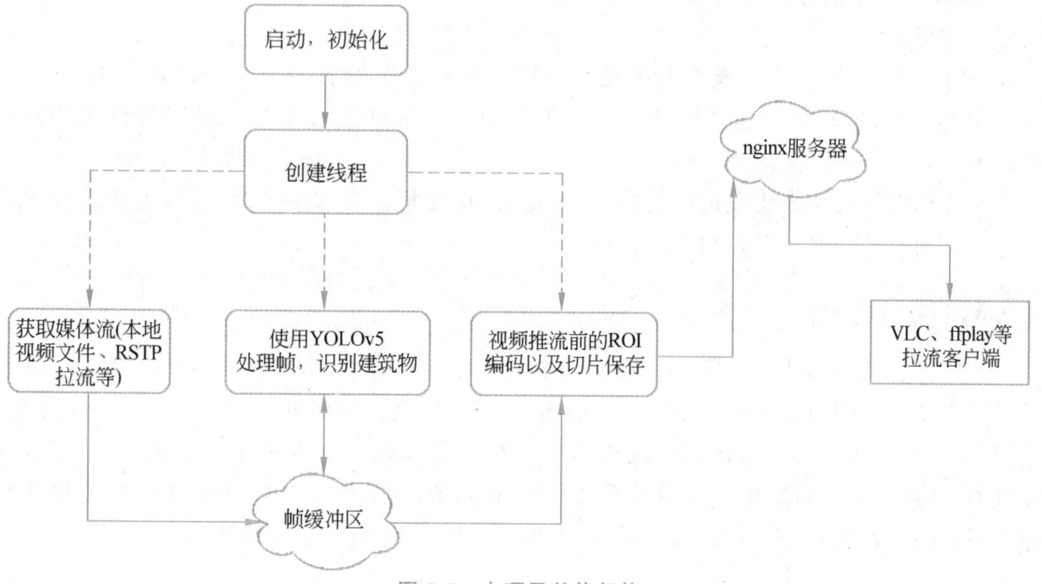

图 8.7　本项目总体架构

本项目采用目标检测算法进行建筑物检测。然后通过 ROI 编码降低不感兴趣区域图像质量，减小传输所需的带宽。最后使用 RTMP 进行视频推流，同时每隔 5s 将视频切片写入本地。通过以上技术的整合，本项目成功地实现了一个实时且有效的无人机建筑物识别系统。

8.4.2 功能模块

本项目实现的系统主要有 3 个功能模块,如图 8.8 所示。

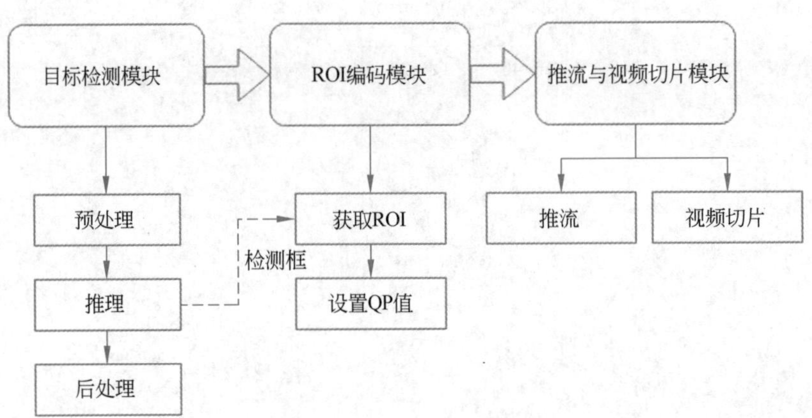

图 8.8 本项目的功能模块

系统的 3 个模块分别是目标检测模块、ROI 编码模块、推流与视频切片模块。首先进行目标检测,其次进行 ROI 编码,最后进行推流和视频切片。

目标检测模块主要包括预处理、推理和后处理 3 个环节。其中,预处理环节负责将原始图像(即将参与推理的图像)进行缩放,使之大小成为 640×640 以适应先前训练的网络模型;推理环节启动推理,开始进行目标检测,该过程由 SE5 上的神经网络加速硬件自动完成;后处理环节主要进行检测框置信度过滤和非极大值抑制,以提高检测结果的准确率并降低检测的冗余度。

可以发现,在目标检测模块的推理环节中得到的检测框所圈定的范围即 ROI。因此,在 ROI 编码模块中,降低这些区域的 QP 值,提高其他区域的 QP 值,以达到降低视频码率的效果。

推流和视频切片模块在推流的同时,会每 5s 将视频保存为一个片段,以方便远程观看无人机航拍效果并保存视频到本地留作记录。

8.4.3 技术架构

本项目运行于算能公司的 SE5 中。为提高算法运行效率,本项目采用 C++ 编程。本项目采用算能自带的 BM_FFmpeg 以及 OpenCV 开发库进行图像处理,包括视频拉流、缩放、绘图、ROI 编码等处理。采用当前流行的 YOLOv5 开源模型框架进行目标检测。为了提高系统的实时性,本项目采用多线程编程技术,将视频流解码、建筑检测、推流和分段存储等功能在不同的线程中分开并行处理。最后,本项目使用 RTMP 进行视频推流。

8.4.4 开发环境

本项目的开发环境如表 8.1 所示。

表 8.1　本项目的开发环境

配　置　项	说　　明
本地编译系统	Ubuntu 18.04(或在 VMware 下安装虚拟环境)
边缘计算盒	SE5(或云平台)
主要工具包	Sophon SDK 3.0.0、gcc-linaro-6.3.1
深度学习模型	YOLOv5
软件开发环境	Docker(使用算能官方镜像 sophonsdk_v3.0.0_20220716)、Visual Studio Code、FinalShell 等

8.5　项目实战

8.5.1　环境搭建

1. 硬件开发环境

本项目需要搭建的硬件开发环境如图 8.9 所示。

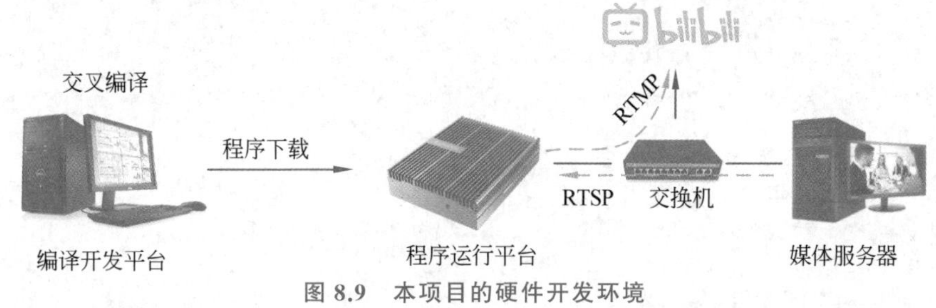

图 8.9　本项目的硬件开发环境

如图 8.9 所示，在 SE5 中下载已经开发好的程序并运行程序，通过 RTSP 从媒体服务器读取测试视频，以模拟无人机功能，对视频进行检测后，通过 RTMP 将检测结果推送到 bilibili 直播平台。

2. 软件环境搭建

本项目中的编译开发环境参考表 8.1 和算能公司官网，此处不再赘述。

本项目中可以将检测结果推送到直播平台，也可以将结果直接推送到媒体服务器。对于后一种情况，媒体服务器需要安装 RTMP 服务器软件。本项目采用 Nginx 搭建 RTMP 服务器软件，具体应根据自己 PC 的操作系统类型选择相应的版本。

在 Windows 平台上搭建编译开发环境的步骤如下：

(1) 在 Nginx 官网下载安装包，推荐选择 Nginx 1.7.11.3 Gryphon.zip 版本。

(2) 将安装包解压。

(3) 配置 Nginx。打开 nginx/conf 文件夹，新建一个文件，命名为 nginx.conf，然后在该文件中输入如下内容：

```
worker_processes  1;
events {
```

```
    worker_connections  1024;
}
rtmp {
    server {
        listen 1935;
        chunk_size 4000;
        application live {
            live on;
            allow publish 127.0.0.1;
            allow play all;
        }
    }
}
```

在 Linux 平台上,通过包管理器下载的 Nginx 安装包不含 RTMP 模块,需要自己编译。

构建完成后,同样进行配置修改,配置文件为 ${nginx_dir}/build/conf/nginx.conf,删除原有内容,添加如下内容:

```
worker_processes  1;
#error_log  logs/error.log;
#error_log  logs/error.log  notice;
#error_log  logs/error.log  info;
#pid        logs/nginx.pid;
events {
    worker_connections  8192;
}
rtmp {
    server {
        listen 1935;
        chunk_size 4000;
        application live {
            live on;
        }
    }
}
http {
    include mime.types;
    default_type  application/octet-stream;
    sendfile off;
    server_names_hash_bucket_size 128;
    client_body_timeout 10;
    client_header_timeout 10;
    keepalive_timeout 30;
    send_timeout 10;
    keepalive_requests 10;
    server {
        listen 80;
        server_name localhost;
        location /stat {
```

```
        rtmp_stat all;
        rtmp_stat_stylesheet stat.xsl;
    }
    location /stat.xsl {
        root nginx-rtmp-module/;
    }
    location /control {
        rtmp_control all;
    }
    location / {
        root   html;
        index  index.html index.htm;
    }
    error_page   500 502 503 504   /50x.html;
    location = /50x.html {
        root   html;
    }
  }
}
```

8.5.2 模型与数据

获取 yolov5s_building_seg.pt 模型文件。

1. 下载 YOLOv5 源码

以下操作都在 Docker 容器中进行。

```
#首先创建一个存放与 YOLOv5 相关的文件夹以及一个存放代码的项目文件夹
mkdir /workspace/YOLOv5
mkdir /workspace/project
#将该文件夹的路径通过 export 声明为环境变量
export YOLOv5=/workspace/YOLOv5
cd ${YOLOv5}
cd yolov5_github
#使用 git 标签从远程创建本地 v6.1 分支
git branch v6.1 v6.1
```

2. 修改 models/yolo.py

通过修改 models/yolo.py 文件中的 Detect 类 forward()函数最后的 return 语句实现不同的输出。在本项目中，需要使用 4 个输出：

```
def forward(self, x):
  z = []                                                  #推理输出
  for i in range(self.nl):
    x[i] = self.m[i](x[i]) +                              #卷积
    bs, _, ny, nx = x[i].shape              #x(bs,255,20,20) to x(bs,3,20,20,85)
    x[i] = x[i].view(bs, self.na, self.no, ny, nx).permute(0, 1, 3, 4, 2).contiguous()
    if not self.training:                                 #推理
```

```
      if self.dynamic or self.grid[i].shape[2:4] != x[i].shape[2:4]:
        self.grid[i], self.anchor_grid[i] = self._make_grid(nx, ny, i)
      if isinstance(self, Segment):                              #框+掩码
        xy, wh, conf, mask = x[i].split((2, 2, self.nc + 1, self.no - self.nc - 5), 4)
        xy = (xy.sigmoid() * 2 + self.grid[i]) * self.stride[i]  #坐标
        wh = (wh.sigmoid() * 2) ** 2 * self.anchor_grid[i]      #宽高
        y = torch.cat((xy, wh, conf.sigmoid(), mask), 4)
      else:                                                      #检测(仅对检测框)
        xy, wh, conf = x[i].sigmoid().split((2, 2, self.nc + 1), 4)
        xy = (xy * 2 + self.grid[i]) * self.stride[i]            #坐标
        wh = (wh * 2) ** 2 * self.anchor_grid[i]                 #宽高
        y = torch.cat((xy, wh, conf), 4)
      z.append(y.view(bs, self.na * nx * ny, self.no))
  #return x if self.training else x                              #3个输出
  #return x if self.training else (torch.cat(z, 1))              #1个输出
  return x if self.training else (torch.cat(z, 1),) if self.export else (torch.cat
(z, 1), x)                                                       #4个输出
```

3. 导出 JIT 模型

要运行导出 JIT 模型的 py 文件,需要使用 pip 安装许多的依赖和包。为了不污染容器的 Python 原生包环境,下面使用 Python 的虚拟环境 virtualenv。

Sophon SDK 中的 PyTorch 模型编译工具 BMNETP 只接受 PyTorch 的 JIT 模型(TorchScript 模型)。

JIT(Just-In-Time)是一组编译工具,用于弥合 PyTorch 研究与生产之间的差距。它允许创建可以在不依赖 Python 解释器的情况下运行的模型,并且可以更积极地进行优化。在已有 PyTorch 的 Python 模型(基类为 torch.nn.Module)的情况下,通过 torch.jit.trace 就可以得到 JIT 模型,如 torch.jit.trace(python_model, torch.rand(input_shape)).save('jit_model')。PyTorch 模型编译工具 bmnetp 暂时不支持带有控制流操作(如 if 语句或循环)的 JIT 模型,因此不能使用 torch.jit.script,而要使用 torch.jit.trace,它仅跟踪和记录张量上的操作,不会记录任何控制流操作。这部分操作 YOLOv5 已经实现了,只需运行如下命令即可导出符合要求的 JIT 模型:

```
cd ${YOLOv5}/yolov5_github
#安装 Python 虚拟环境 virtualenv
pip3 install virtualenv
#切换到虚拟环境
virtualenv -p python3 --system-site-packages env_yolov5
source env_yolov5/bin/activate
#安装依赖
pip3 install -r requirements.txt  #此过程遇到依赖冲突或者错误属正常现象
#导出 JIT 模型
python3 export.py --weights yolov5s_building_seg.pt --include  torchscript
#退出虚拟环境
deactivate
#将生成的 JIT 模型 yolov5s.torchscript 复制到${YOLOv5}/build 文件夹下
mkdir ${YOLOv5}/build
```

```
cp yolov5s_building_seg.torchscript${YOLOv5}/build/yolov5s_coco_v6.1_4output.
trace.pt
#再复制一份到${YOLOv5}/data/models 文件夹下
mkdir -p  ${YOLOv5}/data/models
```

4. 模型转换

以下操作都在 Docker 容器中进行。

(1) 创建辅助脚本。

创建几个 shell 脚本辅助转换，以下的脚本应该创建于 ${YOLOv5}/yolov5_github 文件夹中：

```
cd ${YOLOv5}/yolov5_github
```

首先创建并编写 model_info.sh 文件。可以修改 model_info.sh 中的模型名称、生成模型的文件夹和输入大小、使用的量化 LMDB 文件目录、batch_size、img_size 等参数，具体如下：

```
#!/bin/bash
root_dir=$(cd `dirname $BASH_SOURCE[0]`/../ && pwd)
build_dir=$root_dir/build
src_model_file=$build_dir/"yolov5s_coco_v6.1_4output.trace.pt"
src_model_name=`basename ${src_model_file}`
dst_model_prefix="yolov5s"
dst_model_postfix="coco_v6.1_4output"
fp32model_dir="fp32model"
int8model_dir="int8model"
#lmdb_src_dir="${build_dir}/coco/images/val2017/"
image_src_dir="${build_dir}/coco_images_200"
#lmdb_src_dir="${build_dir}/coco2017val/coco/images/"
#lmdb_dst_dir="${build_dir}/lmdb/"
img_size=${1:-640}
batch_size=${2:-1}
iteration=${3:-2}
img_width=640
img_height=640
function check_file()
{
if [ ! -f $1 ]; then
echo "$1 not exist."
exit 1
fi
}
function check_dir()
{
if [ ! -d $1 ]; then
echo "$1 not exist."
exit 1
fi
}
```

然后创建并编写 gen_fp32bmodel.sh 文件:

```
#!/bin/bash
source model_info.sh
pushd $build_dir
check_file $src_model_file
python3 -m bmnetp --mode="compile" \
--model="${src_model_file}" \
--outdir="${fp32model_dir}/${batch_size}" \
--target="BM1684" \
--shapes=[[${batch_size},3,${img_height},${img_width}]] \
--net_name=$dst_model_prefix \
--opt=2 \
--dyn=False \
--cmp=True \
--enable_profile=True
dst_model_dir=${root_dir}/data/models
if [ ! -d "$dst_model_dir" ]; then
echo "create data dir: $dst_model_dir"
mkdir -p $dst_model_dir
fi
cp "${fp32model_dir}/${batch_size}/compilation.bmodel"  "${dst_model_dir}/${dst_model_prefix}_${img_size}_${dst_model_postfix}_fp32_${batch_size}b.bmodel"
```

(2) 生成 FP32 BModel。

执行以下命令,使用 bmnetp 编译生成 FP32 BModel:

```
chmod +x gen_fp32bmodel.sh
./gen_fp32bmodel.sh
```

若模型生成成功,输出如图 8.10 所示。

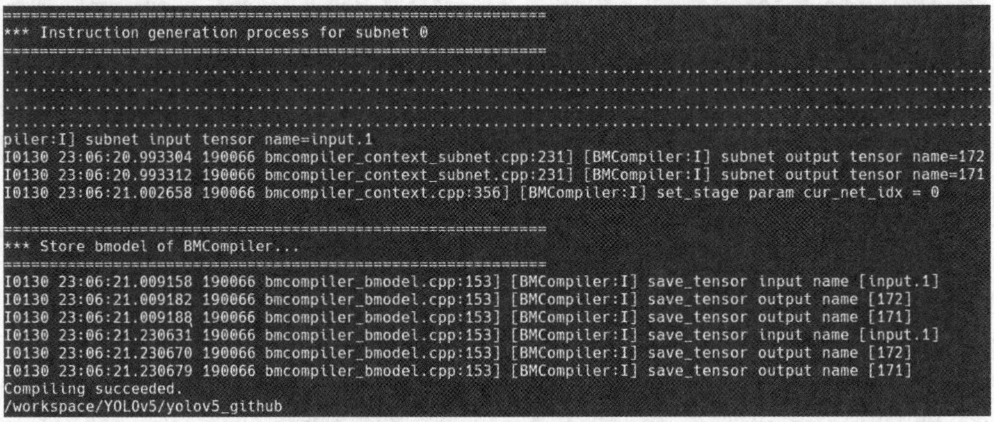

```
==========================================================
*** Instruction generation process for subnet 0
==========================================================
......................................................................................
......................................................................................
......................................................................................
......................................................................................
piler:I] subnet input tensor name=input.1
I0130 23:06:20.993304 190066 bmcompiler_context_subnet.cpp:231] [BMCompiler:I] subnet output tensor name=172
I0130 23:06:20.993312 190066 bmcompiler_context_subnet.cpp:231] [BMCompiler:I] subnet output tensor name=171
I0130 23:06:21.002658 190066 bmcompiler_context.cpp:356] [BMCompiler:I] set_stage param cur_net_idx = 0

==========================================================
*** Store bmodel of BMCompiler...
==========================================================
I0130 23:06:21.009158 190066 bmcompiler_bmodel.cpp:153] [BMCompiler:I] save_tensor input name [input.1]
I0130 23:06:21.009182 190066 bmcompiler_bmodel.cpp:153] [BMCompiler:I] save_tensor output name [172]
I0130 23:06:21.009188 190066 bmcompiler_bmodel.cpp:153] [BMCompiler:I] save_tensor output name [171]
I0130 23:06:21.230631 190066 bmcompiler_bmodel.cpp:153] [BMCompiler:I] save_tensor input name [input.1]
I0130 23:06:21.230670 190066 bmcompiler_bmodel.cpp:153] [BMCompiler:I] save_tensor output name [172]
I0130 23:06:21.230679 190066 bmcompiler_bmodel.cpp:153] [BMCompiler:I] save_tensor output name [171]
Compiling succeeded.
/workspace/YOLOv5/yolov5_github
```

图 8.10 模型生成成功的输出

在 ${YOLOv5}/data/models 下同时生成 yolov5s_640_coco_v6.1_4output_fp32_1b.bmodel,即转换好的 FP32 BModel。使用 bm_model.bin --info 查看的模型信息如图 8.11

所示。

```
root@archlinux:~# cd ${YOLOv5}/data/models/
root@archlinux:/workspace/YOLOv5/data/models# bm_model.bin --info yolov5s_640_coco_v6.1_4output_fp32_1b.bmodel
bmodel version: B.2.2
chip: BM1684
create time: Mon Jan 30 23:06:21 2023

==========================================
net 0: [yolov5s]  static
------------
stage 0:
input: input.1, [1, 3, 640, 640], float32, scale: 1
output: 172, [1, 32, 160, 160], float32, scale: 1
output: 171, [1, 25200, 38], float32, scale: 1

device mem size: 66084864 (coeff: 30238080, instruct: 252544, runtime: 35594240)
host mem size: 0 (coeff: 0, runtime: 0)
root@archlinux:/workspace/YOLOv5/data/models#
```

图 8.11　模型信息

8.5.3　目标检测

1. 预处理

在预处理部分，主要完成对输入参数的合法性的判定以及对图像的修剪缩放，将图像处理成以前训练的网络所能接受的 640×640 像素大小。

首先进行的是对输入参数合法性的判定，其实需要判定的对象很简单，就是输入的图像数量是否超过了单次推理所能接受的最大数量（即 max_b 的值）。

```
if( image_n > max_batch) {
    std::cout << "input image size > MAX_BATCH (" << max_batch<< ")." <<    std::endl;
    return -1;
}
```

确定输入参数合法后，开始进行图像分辨率缩放处理。首先将图像数据复制到 BMCV 的内存空间中：

```
bm_image image1;
bm_image image_aligned;
//将 OpenCV 格式的图像 images[i]转换成 BM 格式的图像 image1
cv::bmcv::toBMI((cv::Mat&)images[i], &image1);
//判断 image1 宽度是否为 64 的倍数，需要进行对齐
bool need_copy = image1.width & (64-1);
if(need_copy){
    //如果需要对齐，则创建一个新的 BM 格式的图像 image_aligned 并对齐
    int stride1[3], stride2[3];
    bm_image_get_stride(image1, stride1);
    stride2[0] = FFALIGN(stride1[0], 64);
    stride2[1] = FFALIGN(stride1[1], 64);
    stride2[2] = FFALIGN(stride1[2], 64);
    bm_image_create(m_bmContext->handle(), image1.height, image1.width,
    image1.image_format, image1.data_type, &image_aligned, stride2);
    //为 image_aligned 分配设备内存
    bm_image_alloc_dev_mem(image_aligned, BMCV_IMAGE_FOR_IN);
    //定义 copyToAttr 结构体，并初始化为 0
    bmcv_copy_to_atrr_t copyToAttr;
```

```
    memset(&copyToAttr, 0, sizeof(copyToAttr));
    //设置 copyToAttr 的属性
    copyToAttr.start_x = 0;
    copyToAttr.start_y = 0;
    copyToAttr.if_padding = 1;
    //将 image1 复制到 image_aligned
    bmcv_image_copy_to(m_bmContext->handle(), copyToAttr, image1, image_aligned);
    }
else {
    //如果不需要对齐,则直接使用 image1
    image_aligned = image1;
}
```

视频分辨率是 1280×720,但是神经网络的输入张量需要的图像大小是 640×640,因此需要计算出将原图像缩小至 640×640 所需的缩放率。声明并赋值 bmcv_padding_atrr_t 结构体,该结构体将包含图像的填充(padding)属性信息,再使用 bmcv_image_vpp_convert_padding 函数完成图像缩放:

```
//定义一个变量表示是否需要对齐图像宽度
bool isAlignWidth = false;
//获取调整比例,使图像的宽高符合网络的输入要求
float ratio = get_aspect_scaled_ratio(images[i].cols, images[i].rows, m_net_w,
m_net_h, &isAlignWidth);
//定义图像填充属性,包括填充的像素值和输出图像的大小
bmcv_padding_atrr_t padding_attr;
memset(&padding_attr, 0, sizeof(padding_attr));
padding_attr.dst_crop_sty = 0;
padding_attr.dst_crop_stx = 0;
padding_attr.padding_b = 114;
padding_attr.padding_g = 114;
padding_attr.padding_r = 114;
padding_attr.if_memset = 1;
if (isAlignWidth) {
    padding_attr.dst_crop_h = m_net_wratio;
    padding_attr.dst_crop_w = m_net_w;
}else{
    padding_attr.dst_crop_h = m_net_h;
    padding_attr.dst_crop_w = m_net_wratio;
}
//定义一个裁剪区域并进行缩放操作
bmcv_rect_t crop_rect{0, 0, image1.width, image1.height};
auto ret = bmcv_image_vpp_convert_padding(m_bmContext->handle(), 1, image_
aligned, &m_resized_imgs[i], &padding_attr, &crop_rect);
//如果需要对齐图像,则先进行图像对齐再进行缩放,否则直接进行缩放操作
#ifndef WITHOUT_OPENCV
    assert(BM_SUCCESS == ret);
#else
    auto ret = bmcv_image_vpp_convert(m_bmContext->handle(), 1, images[i], &m_
resized_imgs[i]);
```

```
#endif
assert(BM_SUCCESS == ret);
```

最后将处理后的连续的图像数据内存区附着(attach)到输入张量(input_tensor)中,便可以开始进行推理:

```
if (image_n != max_batch)
  image_n = m_bmNetwork->get_nearest_batch(image_n);

bm_device_mem_t input_dev_mem;
bm_image_get_contiguous_device_mem(image_n, m_converto_imgs.data(), &input_dev_
mem);
input_tensor->set_device_mem(&input_dev_mem);
input_tensor->set_shape_by_dim(0, image_n);
```

2. 推理

完成预处理后,便可激活神经网络开始推理。使用 bmrt_launch_tensor_ex()函数配置一个输入张量,同时开始进行推理:

```
bool ok=bmrt_launch_tensor_ex(m_bmrt, m_netinfo->name, m_inputTensors, m_
netinfo->input_num,m_outputTensors, m_netinfo->output_num, user_mem, false);
```

3. 后处理

后处理阶段主要完成对推理结果的过滤,以获取尽可能精确且非冗余的预测结果。要提高预测结果的准确率,可以通过设置置信度阈值并滤除低于该阈值的结果实现。后处理的核心代码如下:

```
#如果当前预测得分大于目标检测的阈值
if (score > m_objThreshold)
{
  #找到预测中概率最大的类别
  int class_id = argmax(&ptr[5], m_class_num);
  #获取该类别的置信度
  float confidence = ptr[class_id + 5];
  #如果该类别的置信度大于置信度阈值
  if (confidence >= m_confThreshold)
  {
    #计算检测框中心点的位置和宽度高度
    float centerX = (ptr[0]+1)/m_net_wframe_width-1;
    float centerY = (ptr[1]+1)/m_net_hframe_height-1;
    float width = (ptr[2]+0.5) * frame_width / m_net_w;
    float height = (ptr[3]+0.5) * frame_height / m_net_h;
    #将检测结果封装为 YoloV5Box 对象,它包含检测框的位置、大小、类别、置信度等信息
    YoloV5Box box;
    box.rect.x = int(centerX - width / 2);
    box.rect.y = int(centerY - height / 2);
    box.rect.width = width;
```

```
        box.rect.height = height;
        box.class_id = class_id;
        box.score = confidence * score;
        #将检测结果添加到 yolobox_vec 向量中
        yolobox_vec.push_back(box);
    }
}
```

需要注意的是,在前面的预处理阶段将图像缩放成 640×640,因此在后处理阶段,在标定检测到的建筑时,需要将推理结果除以缩放率,才能够在原图上正确绘制出检测框。

对于目标检测,一般而言,同一个对象可能会有多个预测结果,因此便会产生冗余的现象。要减少冗余,获取最合适的结果,就需要进行非极大值抑制,如图 8.12 所示。

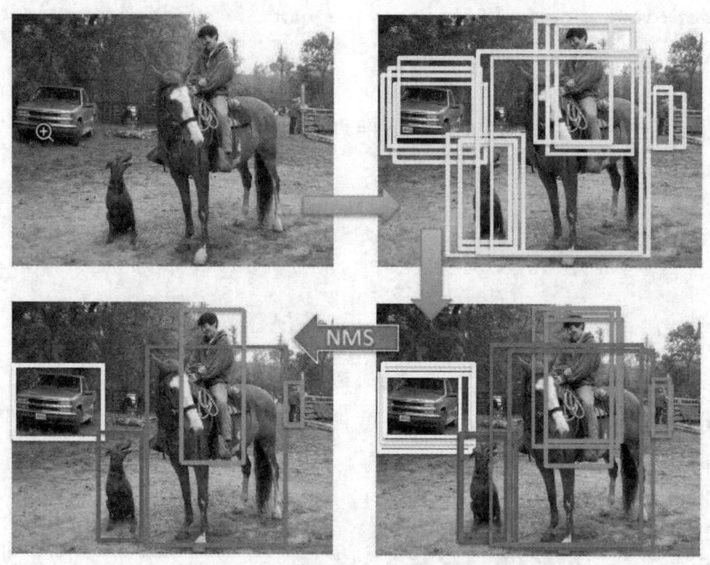

图 8.12　机器学习多预测结果过滤

算法流程大致如下:

(1) 对每个物体类中的检测框(YoloV5Box),按照分类置信度降序排列。

(2) 在某一物体类中,选择置信度最高的边界框 YoloV5Box1,将 YoloV5Box1 从输入列表中去除,并加入排序列表。

(3) 逐个计算 YoloV5Box1 与 YoloV5Box2 的交并比(IoU),计算公式如图 8.13 所示。若 IoU 大于阈值,则在输入列表中去除 YoloV5Box2。

(4) 重复步骤(2)和(3),直到输入列表为空,完成一个物体类的遍历。

$$\text{IoU}=\frac{\text{相交部分面积}}{\text{相并部分面积}}=$$

图 8.13　IoU 计算公式

(5) 输出排序列表,算法结束。

```
//根据分数从高到低排序
std::sort(yolobox_vec.begin(), yolobox_vec.end(), [](const YoloV5Box& a, const
YoloV5Box& b) {
    return a.score > b.score;
```

```
});
//非极大值抑制,返回筛选后的检测框在 yolobox_vec 中的下标
std::vector<int> picked;
NMS_picked(yolobox_vec, picked, m_nmsThreshold);
int count = picked.size();
//将筛选后的检测框存入 yolobox_tmp 中
for (int i = 0; i < count; i++) {
    yolobox_tmp.push_back(yolobox_vec[picked[i]]);
}
```

在 NMS_picked()函数中实现大部分 NMS 算法，以下是核心代码：

```
//NMS 算法
//对每个检测框进行 NMS 过滤
for (int i = 0; i < n; i++)
{
  const YoloV5Box& a = dets[i];
  int keep = 1;
  for (int j = 0; j < (int)picked.size(); j++)
  {
    const YoloV5Box& b = dets[picked[j]];
    //计算两个检测框相交的面积
    float left = std::max(a.rect.x,  b.rect.x);
    float top = std::max(a.rect.y,  b.rect.y);
    float right = std::min(a.rect.x + a.rect.width,  b.rect.x + b.rect.width);
    float bottom = std::min(a.rect.y + a.rect.height, b.rect.y + b.rect.height);
    float overlap = std::max(0.0f, right - left) * std::max(0.0f, bottom - top);
    float inter_area = overlap;
    //计算两个检测框相并的面积
    float union_area = areas[i] + areas[picked[j]] - inter_area;
    //计算 IoU,并判断是否保留当前检测框
    if (inter_area / union_area > nmsConfidence)
      keep = 0;
  }
  if (keep)
    picked.push_back(i);
}
```

8.5.4　ROI 编码

ROI 编码的核心代码如下：

```
if (strcmp(threadPara->codecType.c_str(),"H264enc") ==0) {
  //计算处理的图像区域的宏块数量
  int nums = (BM_ALIGN16(threadPara->imageRows) >> 4) * (BM_ALIGN16(threadPara
->imageCols) >> 4);
  //设置 roiinfo 结构体中的宏块数量
  roiinfo.numbers = nums;
  roiinfo.customRoiMapEnable = 1;
```

```
  //分配内存存储 roiinfo 结构体
  roiinfo.field = (cv::RoiField *)malloc(sizeof(cv::RoiField) * nums);
  //处理图像区域的行数
  for (int i = 0;i < (BM_ALIGN16(threadPara->imageRows) >> 4);i++) {
    //处理图像区域的列数
    for (int j=0;j < (BM_ALIGN16(threadPara->imageCols) >> 4);j++) {
      //计算当前宏块在 field 数组中的位置
      int pos = i * (BM_ALIGN16(threadPara->imageCols) >> 4) + j;
      //遍历所有 ROI
      for(auto rect : detectAreaRect)
      {
        //判断当前宏块的中心点是否在 ROI 内
        if(isPointInRect(cv::Point2f(j * 16+8,i * 16+8),rect))
        {
          //设置当前宏块的码率参数
          roiinfo.field[pos].H264.mb_qp = 10;
          break;
        }
        else
        {
          //设置当前宏块的码率参数
          roiinfo.field[pos].H264.mb_qp = 40;
        }
      }
    }
  }
}
```

8.5.5 推流和视频切片

推流指的是把采集阶段封包的内容传输到服务器的过程。将识别建筑物后的图像进行推流后,拉流客户端便能从推流服务器上获取视频流,能够实现对无人机航拍建筑物识别的远程实时监测与画面共享。

在 OpenCV 中提供了 VideoWriter 类进行推流,该类提供了 cv2.VideoWriter 类将图像序列保存为视频。同时,通过 cv2.VideoWriter 类,也可以修改视频的各种属性,完成对视频类型的转换以及将视频流推送至 RTMP 服务器上。

视频切片保存的部分基于 VideoWriter 类编写了 SliceVideoWriter 类,同样编写了 open、write 等常用方法。

推流前配置推流的地址:

```
 if(strstr(threadPara->outputName.c_str(),"rtmp://") || strstr(threadPara->
outputName.c_str(),"rtsp://"))
    is_stream = 1;
 writer.open(outfile, VideoWriter::fourcc('a', 'v', 'c', '1'),
    threadPara->fps,
    Size(threadPara->imageCols, threadPara->imageRows),
```

```
    encodeparms,
    true,
    threadPara->deviceId);
```

在上述代码中，outputName 和 outfile 的值为设定的 RTMP 地址。

SliceVideoWrite 类的主要成员以及注释如下：

```
class SliceVideoWriter {
private:
  unsigned int frameCount;              //对处理的帧计数
  double fps;                           //媒体流的 FPS
  VideoWriter writer;                   //VideoWriter 的实例，用来将视频切片写至本地
  int framesPer5Sec;                    //5s 内应存在的帧数
  int fourcc;                           //独立标示视频数据流格式的四字符代码
  unsigned int videoClipsCount;         //已经完成的视频切片数量
  std::string encodeparams;             //编码器参数
  std::string videoClipsSavePath;       //视频切片保存路径
  ...
}
```

SliceVideoWriter 类的主要方法有 open 和 write，代码如下：

```
bool open(const String& videoSavePath, int fourcc, double fps, Size frameSize,
const String& encodeParams, bool isColor = true, int id=0) {
    writer.open(getNewViodeClipName(videoClipsSavePath.c_str()), fourcc, fps,
        frameSize, encodeParams, isColor);
    this->videoClipsSavePath = videoSavePath;
    this->fps = fps;
    this->frameCount = 0;
    this->fourcc = fourcc;
    this->framesPer5Sec = fps * 5;
    this->videoClipsCount = 0;
    this->encodeparams = encodeParams;
}
void write(InputArray image, char * data, int * len, CV_RoiInfo * roiinfo){
  //将当前帧存放至本地
  writer.write(image,data,len,roiinfo);
  //当处理的帧数达到 framesPer5Sec 时，便关闭当前的 VideoWriter，以结束上一段视频切
  //片，然后重新打开一个 VideoWriter，开始新的视频切片录制
  if (!((++frameCount) % framesPer5Sec))
  {
    cout << "slice !"<<endl;
    writer.release();
    writer.open(getNewViodeClipName(videoClipsSavePath.c_str()), fourcc, fps,
        image.size(), encodeparams, true);
    if (!writer.isOpened())
    {
      cerr << "Could not open the output video file for write\n";
    }
```

```
      videoClipsCount++;
    }
  }
```

最后在配置完 ROI 编码后,调用两个类的 write 方法即可进行推流和视频片段的保存:

```
writer.write(*toEncImage,out_buf,&out_buf_len, &roiinfo);
sliceWriter.write(*toEncImage,out_buf,&out_buf_len, &roiinfo);
```

8.6 部署与测试

8.6.1 编译

1. 获取源码包

以下操作在 Docker 宿主机(即虚拟机)中进行。首先将 uva_building_proj.zip 下载到 Docker 宿主机,这里假设该文件被放到~/Downloads/中。然后查看算能开发环境 Docker 的 ID,如图 8.14 所示。

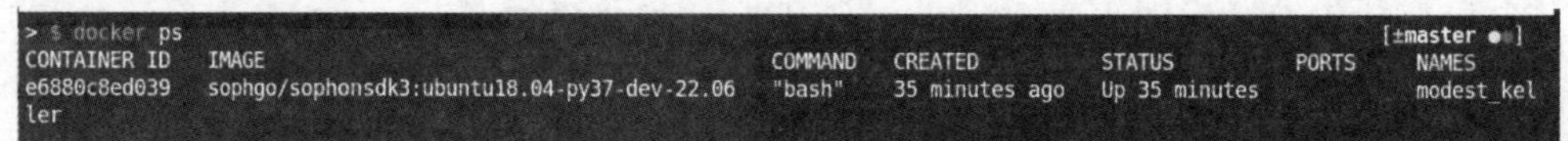

图 8.14 查看 Docker 的 ID

记住 CONTAINER ID 的内容,然后使用 docker cp 命令将文件复制到 Docker 环境中:

```
docker cp ~/Downloads/uva_building_proj.zip e6880c:/workspace/project
```

命令中的 e6880c 换成刚刚查看的 CONTAINER ID 的值,一般只需要输入前 6 位即可。进入 Docker 后,首先解压刚刚复制的 uva_building_proj.zip 文件:

```
cd /workspace/project
unzip uva_building_proj.zip
```

若解压成功,uva_building_proj 文件夹的内容应该如图 8.15 所示。

2. 编译代码

以下操作在 Docker 中进行。进入源码文件夹并编译:

```
cd /workspace/project/uva_building_proj/code
make
```

编译过程中会产生部分警告,无须理会。make 指令执行后查看当前文件夹下是否生成了 building_yolo_xcode 可执行文件。

3. 整理要上传的文件

在/workspace/project/uva_building_proj/bin 文件夹中有已经编译好且测试通过的文件,可以选择将整个 bin 文件夹上传至 SE5 中。也可以按如下操作整理 rebuild-bin 文件

```
uva_building_proj
|-- README.md
|-- bin
|   |-- building_yolo_xcode
|   |-- run_ocv.sh
|   |-- uva.names
|   |-- uva_720p.mp4
|   |-- uva_720p_changed.mp4
|   `-- yolov5s_building_seg.bmodel
|-- code
|   |-- Makefile
|   |-- bmnn_utils.h
|   |-- ocv_video_xcode.cpp
|   |-- ocv_video_xcode_yolov5_multithread.cpp
|   |-- utils.hpp
|   |-- yolov5.cpp
|   `-- yolov5.hpp
|-- results
|   `-- results.mp4
|-- sources
|   `-- yolov5s_building_seg.pt
`-- video
    |-- uva_720p.mp4
    `-- uva_720p_changed.mp4

5 directories, 18 files
```

图 8.15　uva_building_proj 文件夹的内容

夹，以测试刚刚编译的程序以及 8.2 节转换的模型是否可用。

```
cd /workspace/project/uva_building_proj/
mkdir rebuild-bin
cp video/* rebuild-bin
cp ${YOLOv5}/data/models/yolov5s_640_coco_v6.1_4output_fp32_1b.bmodel rebuild
-bin/yolov5s_building_seg.bmodel
cp code/building_yolo_xcode rebuild-bin
echo "building" >> rebuild-bin/uva.names
```

8.6.2　运行程序与测试结果

1. 将整理好的文件上传至 SE5

使用 scp 上传文件。

在 Docker 中执行如下命令：

```
cd /workspace/project/uva_building_proj/
#linaro@IP 地址换成 SE5 的 IP 地址
scp -r rebuild-bin linaro@192.168.1.100:~/project
```

2. Linux 运行前的准备

首先需要启动 nginx 服务，确保按照 8.5.1 节的介绍完成 nginx 的安装和配置。

以下操作在 PC 中完成，根据自己 PC 的操作系统类型执行相应操作。

(1) Linux 平台。

```
cd ${nginx_dir}/build/
sudo ./sbin/nginx -c ./conf/nginx.conf
#运行 sudo ./nginx -s stop 关闭 nginx
```

查看当前 IP 地址,如图 8.16 所示。

```
> $ ip addr
1: lo: <LOOPBACK,UP,LOWER_UP> mtu 65536 qdisc noqueue sta
    link/loopback 00:00:00:00:00:00 brd 00:00:00:00:00:00
    inet 127.0.0.1/8 scope host lo
       valid_lft forever preferred_lft forever
    inet6 ::1/128 scope host
       valid_lft forever preferred_lft forever
2: enp4s0: <NO-CARRIER,BROADCAST,MULTICAST,UP> mtu 1500 q
    link/ether e8:6a:64:71:35:6b brd ff:ff:ff:ff:ff:ff
3: wlan0: <BROADCAST,MULTICAST,UP,LOWER_UP> mtu 1500 qdis
    link/ether 60:dd:8e:a7:af:da brd ff:ff:ff:ff:ff:ff
    inet 192.168.1.109/24 brd 192.168.1.255 scope global
       valid_lft 6004sec preferred_lft 6004sec
    inet6 fe80::e2d2:8e56:7ed7:9985/64 scope link noprefi
       valid_lft forever preferred_lft forever
    inet6 fe80::fc06:a04b:1991:d9c1/64 scope link
       valid_lft forever preferred_lft forever
```

图 8.16　查看当前 IP 地址

如果推拉流地址是 rtmp://192.168.1.109:1935/live/test,依据该 IP 地址进行修改。此时就可以使用 ffplay 对该地址进行拉流,如图 8.17 所示。

```
> $ ffplay rtmp://127.0.0.1:1935/live/test                                [±master ●●]
ffplay version n5.1.2 Copyright (c) 2003-2022 the FFmpeg developers
  built with gcc 12.2.0 (GCC)
  configuration: --prefix=/usr --disable-debug --disable-static --disable-stripping --enable-amf --enable
-avisynth --enable-cuda-llvm --enable-lto --enable-fontconfig --enable-gmp --enable-gnutls --enable-gpl -
-enable-ladspa --enable-libaom --enable-libass --enable-libbluray --enable-libbs2b --enable-libdav1d --en
able-libdrm --enable-libfreetype --enable-libfribidi --enable-libgsm --enable-libiec61883 --enable-libjac
k --enable-libmfx --enable-libmodplug --enable-libmp3lame --enable-libopencore_amrnb --enable-libopencore
_amrwb --enable-libopenjpeg --enable-libopus --enable-libpulse --enable-librav1e --enable-librsvg --enabl
e-libsoxr --enable-libspeex --enable-libsrt --enable-libssh --enable-libsvtav1 --enable-libtheora --enabl
e-libv4l2 --enable-libvidstab --enable-libvmaf --enable-libvorbis --enable-libvpx --enable-libwebp --enab
le-libx264 --enable-libx265 --enable-libxcb --enable-libxml2 --enable-libxvid --enable-libzimg --enable-n
vdec --enable-nvenc --enable-opencl --enable-opengl --enable-shared --enable-version3 --enable-vulkan
  libavutil      57. 28.100 / 57. 28.100
  libavcodec     59. 37.100 / 59. 37.100
  libavformat    59. 27.100 / 59. 27.100
  libavdevice    59.  7.100 / 59.  7.100
  libavfilter     8. 44.100 /  8. 44.100
  libswscale      6.  7.100 /  6.  7.100
  libswresample   4.  7.100 /  4.  7.100
  libpostproc    56.  6.100 / 56.  6.100
    nan    :  0.000 fd=   0 aq=    0KB vq=    0KB sq=    0B f=0/0
```

图 8.17　使用 ffplay 拉流

此时暂时还没有任何画面。等到 SE5 运行编译的程序后,便会向该 RTMP 地址推流,fflpay 就会有显示。

(2) Windows 平台。

在 Nginx 文件夹下打开 cmd,输入`nginx`或`nginx -c conf/nginx.conf`启动 Nginx,推拉流的地址同上,获取计算机 IP 地址后自己进行改写即可。然后打开 VLC,开启网络串流并进行拉流。相关方法请参考 6.13 节。

3. 运行

以下操作在 SE5 中完成。

进入刚刚传过来的文件夹:

```
cd ~/project/rebuild-bin
#或 cd ~/project/bin
```

生成运行脚本 run_ocv.sh,按自己的 RTMP 推流地址修改--outputName 参数的值。

例如，使用自建的 nginx 推拉流服务器，则在命令行输入以下命令生成运行脚本：

```
echo " chmod +x ./building_yolo_xcode;./building_yolo_xcode --input1="./uva_720p.mp4" --input2="./uva_720p_changed.mp4" --bmodel=./yolov5s_building_seg.bmodel --classnames=./uva.names --code_type="H264enc" --frameNum=1200 --outputName="rtmp://192.168.1.109:1935/live/test" --encodeparams="bitrate=4000" --roi_enable=1 -videoSavePath="./video_clips" " > run_ocv.sh
```

在命令行输入如下命令运行脚本：

```
sh ./run_ocv.sh
```

若使用第三方推拉流服务器，则输入以下命令：

```
echo "chmod +x ./building_yolo_xcode;./building_yolo_xcode --input1="./uva_720p.mp4" --input2="./uva_720p_changed.mp4" --bmodel=./yolov5s_building_seg.bmodel --classnames=./uva.names --code_type="H264enc" --frameNum=1200 --outputName="RTMP服务器地址+串流密钥" --encodeparams="bitrate=4000" --roi_enable=1 --videoSavePath="./video_clips""  > run_ocv.sh
```

在命令行输入与上面相同的命令运行脚本。

```
sh ./run_ocv.sh
```

运行之后若无报错，等待数秒之后，前面打开的 ffplay 或 VLC 就会开始显示画面，如图 8.18 所示。

图 8.18　接收端播放视频

4. 推送视频流至直播平台

这里的直播平台以 bilibili 为例。首先注册一个 bilibili 账号，找到用户中心，进入“我的直播间”→“开播设置”，随后选择“直播分类”并填写“房间标题”，如图 8.19 所示。

图 8.19 bilibili 开播设置

单击“开始直播”按钮后，需要进行实名认证，如实填写后等待审核通过即可。若审核通过，再次单击“开始直播”按钮，会得到 bilibili 提供的 RTMP 服务器地址以及串流密钥，记住 RTMP 服务器地址与串流密钥即可，后续步骤会使用到，如图 8.20 所示。

打开自己的直播间，即可看到如图 8.21 所示的画面。

可以看到，除了基本的推拉流得以实现以外，也较为精确地实现了建筑物识别和标注。仔细看可以发现，红色方框内的图像质量较好，较为清晰；红色方框外的图像质量较差，较为模糊。这说明 ROI 编码也被正确执行了。

本项目实现了基于无人机的建筑物图像识别，实现了基于 YOLOv5 模型的逐帧的建筑物识别、视频 ROI 编码和切片保存以及视频流的拉流推流。SE5 提供了强大算力，加快了图像推理的速度。在推理过程中，需要进行预处理和后处理，以适应硬件推理所需的张量大小，提高识别准确率并减少冗余。在视频编解码部分，采用了 ROI 编码技术，即感兴趣区域保持较高的图像质量，降低不感兴趣区域的图像质量，从而减小传输所需的带宽，减轻图像传输压力。本项目较好地结合了上述功能模块。完整地完成本项目有助于掌握和理解人工智能在生活实践中的作用、媒体流的推拉流运作模式以及视频编解码对信息传输带宽减负的意义。

图 8.20　bilibili 提供的服务器地址和串流密钥

图 8.21　直播间播放视频

参考文献

[1] 朱文武,王鑫,田永鸿,等.多媒体智能：当多媒体遇到人工智能[J].中国图象图形学报，2022,27(9)：2551-2573.

[2] 杨涛,杨博雄,尹萍,等.基于高性能嵌入式AI计算平台的人机交互手势控制识别研究[J].信息记录材料，2019,20(11)：175-177.

[3] 李荣.Linux开发的五类必备工具[J].计算机与网络，2018,44(21)：44-45.

[4] 普拉蒂克·乔希,大卫·米兰·埃斯克里瓦,维尼修斯·戈多伊.OpenCV实例精解[M].呆萌院长，李风明,李翰阳,译.北京：机械工业出版社，2016.

[5] LJUMOVIC M. C++多线程编程实战[M].姜佑,译.北京：人民邮电出版社，2016.

[6] 王雷.TCP/IP网络编程基础教程[M].北京：北京理工大学出版社，2017.

[7] 梁丰程.浅谈IP传输在电视直播中的应用[J].视听，2019(9)：263-264.

[8] SCHULZRINNE H，CASNER S L，FREDERICK R,et al. RTP：A Transport Protocol for Real-Time Applications[J]. RFC，1995. DOI：10.1109/FUZZY.1994.343865.

[9] 赵阳，李亚峰，王丽华.RTP/RTCP在多媒体通信系统中的应用[J].计算机技术与发展，2015，25(4)：65-68.

[10] 方玫.OpenCV技术在数字图像处理中的应用[J].北京教育学院学报(自然科学版)，2011，6(1)：7-11.

[11] YASRAB R .面向图像语义分割的新型卷积神经网络及其应用研究[D].北京：中国科学技术大学，2017.

[12] 李子楠.视讯互动游戏设计技术研究[D].济南：山东大学，2013.